47-59. S.W.B 4144
       L.W.B 639

R-R S. Wraith. 56 ?

Mullinen & Co. Ltd.
7.50 - 16 6 P.R., Dunlop.
7 seater Limousine.
rear window 外開き
        greater

7/ 3 87 Km/.
160 km/h 80:

coil stand-by
Delco Remy distributor.
(R)
  R-R
    Lucas light.

Body. Mullines 5528
shoes   BLW 32 (BLWE
                 52-53.
Engine L3/ B   Long W.B.
                Sedis B.

Austin Somerset A40. 53
Austin Princess 57. ↑
                    24度
88651 Km.
Humber Pulman. 47.
(ピラーズバンパー).

小林彰太郎
名作選

1962-1989

CAR GRAPHIC

1962年3月発売のCG創刊号を飾ったメルセデス・ベンツ300SLロードスター。マニア垂涎のスポーツカーだけに、読者にインパクトを与えるに充分だった。

村山のテストコースでハンドリングを確認する。

300SLのコクピットに収まる小林彰太郎。試乗記からは彼の熱い思いが伝わってくる。

ジャガーEタイプと記念撮影するCG創刊当時のスタッフ。向かって右から、カメラマン役で後に執筆も担当することになる三本和彦氏、小林彰太郎、高島鎮雄氏、吉田二郎氏の3人の編集スタッフ、隣りのお二人はジャガーの当時のディーラーの方と思われる。

ロータス・セヴン

ポルシェ 356B スーパー 90

ホンダS600。小林のお気に入りの1台。ヨーロッパ取材にも個人所有のS600を日本から持ち込んだ。

CG長期テスト車でもあったロータス・ヨーロッパを富士スピードウェイに持ち込んだときのショット。背後のルノー16も長期テスト車である。

1968年、日本自動車研究所（谷田部）のバンクを第5輪速度計を装着したファミリア・ロータリークーペが行く。

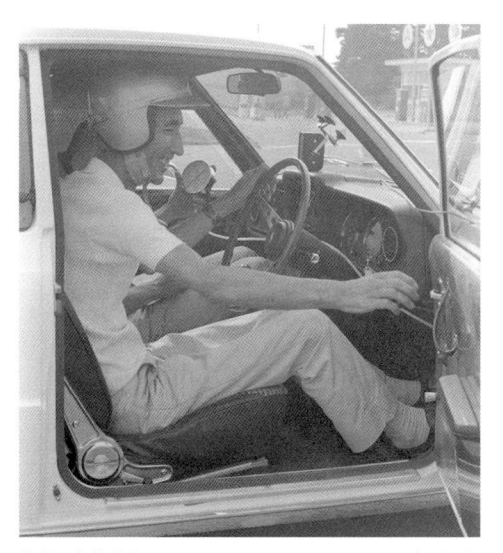

リアバンパーを外し、第5輪の取り付け作業を行なうCGスタッフの面々。

待望の本格的なロードテストのスタートとあって、喜びの表情を隠せない（？）小林編集長。これからブレーキのフェードテストに臨むところ。

フェアレディ2000

コーナーウェイトを測るスカイラインGT-R。
谷田部にて。

"ナナサンのカレラ"も小林にとって
忘れられぬスポーツカー。

東名高速をひたすら走るメルセデス600。これで東京と飛騨高山を「大きな声では言えない」ハイペースで飛ばしに飛ばして往復したのは語り種。

アルピーヌA110で箱根を駆け抜ける。ハンドリングテストの舞台は箱根か伊豆が多かった。

谷田部での計測のための準備をする。小林自ら作業するのはいつものことだ。クルマはアルフェッタ。

ヨーロッパで試乗した初代ソアラ。80年代は海外試乗会の機会が増え、小林も多くの時間を割いた。

ジャガーXJ6とXJS

谷田部でメルセデス190Eでスラローム・テストを敢行する小林。ただし、この車両は長期テスト車で、本書に掲載したロードインプレッションはヨーロッパで試乗したときのもの。

小林彰太郎 名作選
1962-1989

「小林彰太郎 名作選」刊行にあたり

「天職」という言葉はこの人のためにある。

自動車ジャーナリスト、CGエディターになるために生まれてきた人だと確信している。

いち読者時代も、CAR GRAPHIC編集部員として彼の下で働いた時代も、あるいは亡くなって1年が過ぎようとしている今も、その思いはまったく変わらない。

小林彰太郎さんがいなければCAR GRAPHICは生まれなかった。いやそれだけじゃなく、日本の自動車ジャーナリズムも今とはまったく違ったものになっていただろう。

まさに天性の自動車ライターであり、アイデアマンであった。自分が求める自動車雑誌の理想像が胸のうちに溢れ、それを実現するために、日本はもちろん世界を奔走し、健筆をふるった。

高島鎮雄さんという稀代のパートナーに恵まれた幸運にも助けられ、まさに縦横無尽、八面六臂の活躍を続けた。まさにエースであり、4番バッターであり、監督でさえあった。

既成概念にとらわれず、自由人であり続け、理想主義を貫く人だった。常人にとっては突飛とも思える行動を実行に移した。

考えてもみて欲しい。1960年代早々にCGを創刊するにあたり、当時の日本でも宇宙船にも等しいメルセデス・ベンツ300SLを巻頭特集として採り上げ、なかんずく自らステアリングを握ってロードテストするなどという発想を、一体他の誰がするだろう。実績もなにもない新参の自動車雑誌にとって、身の丈に合ってないことはもちろんだ。

しかし小林彰太郎さんは行動を起こす。常人とは異なる身の丈の持ち主だったからである。

だからCGは、その草創期から世間一般の常識にとらわれない、型破りで破天荒な自動車雑誌だった。価値観も異なった。だから編集方針も、そこから生

まれる主張も、他とは一線を画するものだった。歯に衣着せぬ語り口で自動車を評価し、文化を語った。モータースポーツの魅力を伝えた。

　それもこれも自動車に対する溢れんばかりの興味と好奇心、そして愛情に基づくものだった。だからこそそのスタンスが次第に読者の共感を呼び、やがて大きなムーブメントとなって、CGに対する評価が定着し、日本車だけでなく、世界の自動車の進化を促す結果につながったと、"小林チルドレン"のひとりとして自負している。

　彼の辿った足跡はそのままCGの歴史でもある。彼の刻んだ轍なしに、今のCGはあり得ない。

　とはいえ雑誌は基本"ナマもの"である。日々前に進み、変わり続けなければ命脈は断たれる。だからこそ黄金期の小林彰太郎さんの記事を、単行本として1冊にまとめておきたかった。後世に残るいわば"ベスト盤"として、単行本化しておきたかったのである。

　本書は彼が編集長を務めた1962年4月号から1989年4月号までのCAR GRAPHICに掲載された試乗記から、印象深い記事を選りすぐったものだ。

　ご一読いただけば、昔の記憶が甦るだけでなく、いかに先進的であったか、いかに突出したジャーナリストであったかが、再びご理解いただけると思う。

　なお、年代とともに変わる語句の表記の違い、今日の基準に照らすと不適切な表現もあるが、オリジナリティを尊重して、誤植の修正とレイアウトを変更したことを除き、基本的に当時の記事をそのまま転載することにした。

　計算高いプロフェッショナリズムでもなく、生臭い野心でもなく、小林彰太郎さんが最期の一瞬まで持ち続けた読者に寄り添ったアマチュアリズムの発露を楽しんでいただけたら、これに勝る幸せはない。

2014年10月
株式会社カーグラフィック代表取締役社長　加藤哲也

小林彰太郎 名作選 1962-1989　目次

刊行にあたり ──────────────── 10

第1章　1962-1969
60年代のCARグラフィック ────────── 16
【試乗記】
メルセデス・ベンツ300SL ───────── 18
ジャガー Eタイプ ──────────── 23
ロータス・セヴン ───────────── 29
トヨペット・クラウン・デラックス ────── 34
プリンス・グロリア・デラックス ─────── 39
メルセデス・ベンツ220E ────────── 44
MG1100 ─────────────── 50
ポルシェ 356B ───────────── 55
ルノー 8 ────────────── 62
ホンダS600 ───────────── 68
いすゞ・ベレット1600GT ──────── 74
スバル1000スポーツ ─────────── 80
ロータス・ヨーロッパ ─────────── 88
モーリス・ミニ・クーパー ────────── 97
マツダ・ファミリア・ロータリークーペ ──── 104
ダットサン・フェアレディ 2000 ─────── 112

第2章　1970-1979
70年代のCAR GRAPHIC ────────── 120
【試乗記】
ニッサン・スカイラインHT2000GT-R ──── 122
アルピーヌ・ベルリネット1300S ─────── 129
ニッサン・フェアレディ 240Zレーシング ─── 134
メルセデス・ベンツ600サルーン ─────── 139
プジョー 504 ──────────── 148
ポルシェ 911T 2.4 ─────────── 154
ジャガー XJ6 ──────────── 162
シトローエンGS ──────────── 170

BMW2002 tii	180
TVRヴィクセン	186
アルファ・ロメオ2000GTV	192
アルファ・ロメオ・ジュニアZ	199
ホンダ・シビック	204
シトローエンSM	212
BMW3.0 Si	223
アルファ・ロメオ・アルフェッタ	230
ポルシェ・カレラRS	238
フェラーリ・ディーノ246GT	245
ポルシェ・カレラGTS 904	252
アルファ・ロメオ8C 2300	259
ランボルギーニ・ウラコ250S	267
フェラーリ365GT/4 BB	274
BMW320	282
ホンダ・アコード	290
ルノー 5 GTL	300
フォルクワーゲン・ゴルフ・ディーゼル	308

第3章　1980-1989

80年代のCG	318

【試乗記】

トヨタ・ソアラ2800GT	320
アルピナC1-2.3	326
アウディ 80クァットロ	334
メルセデス・ベンツ190／190E	341
ジャガー XJ6 ＆ XJS	347
メルセデス・ベンツ500SEL	355
BMW735i	360
ベントレー・ターボR	367

小林彰太郎 略歴	375

第1章
1962-1969

1960年代のCARグラフィック

　日本にとって1960年代は、敗戦の傷跡もようやく癒えて人々の暮らしが上昇し始めた時代である。時の内閣の打ち出した高度経済成長政策、所得倍増計画という錦の御旗の下で、国民はしゃにむに働き、10年後の夢の生活を思い描いていた。自動車はまだ一般家庭では高嶺の花だったものの、モータリゼーションの気運が確実に高まりつつあったのもこの頃である。

　1950年代の終わり、自動車を愛してやまない小林彰太郎の夢は、それまでの自動車雑誌とは異なる「理想の自動車雑誌」をつくることだった。モーターブックスという名ばかりの会社を起こし、海外の自動車メーカーに手紙を送ってはせっせと資料集めをするなど、自動車雑誌づくりのために準備を進めていた。そうはいっても出版となるとひと筋縄でいかないのが道理。小林は悶々とした日々を送ることになる。

　しかし、アメリカ大使館でアルバイトをしながらモーターマガジンに試乗記を寄稿するなかで、状況は大きく変化する。編集長と些細なことで衝突したのをきっかけにモーターマガジンと袂を分かった小林が、いよいよ新雑誌創刊に向けて動き出したのだ。小林の考えに賛同し、モーターマガジン編集部から飛び出した高島鎮雄と吉田二郎のふたりの編集スタッフ、そして小林の良き理解者だった出版社（二玄社）社長の渡邊隆男の協力を得て、新しい自動車雑誌はスタートを切る。小林の情熱はついに結実した。CARグラフィックの誕生である。小林、32歳のときだった。

　1962年3月に発売された創刊号は、誌名どおり写真をたっぷり使ったビジュアル重視の誌面構成と、1冊の半分を"ワンメイク特集"（ひとつの自動車メーカーを多角的に採り上げた資料的価値の高い企画）に充てていたのが特色である。メルセデス・ベンツ特集の創刊号のロードテストに超弩級のスポーツカー、メルセデス300SLロードスターをもってきたことも読者に衝撃を与えた。

　テスターを務めたのはもちろん小林で、それは創刊2号以降も新しいスタッフが加わるまでのあいだ暫くつづく。なにしろ当時の編集スタッフ3人のなかで運転免許を所持していたのは小林だけだったから、日本車から外国車までの

すべての試乗を行なう必要があったのである。体調を崩した65年正月からの1年8ヵ月、外部のジャーナリストやライターに執筆を依頼したことを別にすれば、60年代のほとんどは小林がメインとなって試乗記を担当していた。

　CARグラフィックにおける自動車のテストは2種類あり、ひとつはテストコースを使用して自動車の動力性能などを計測すると同時に一般道や峠道で操縦性や乗り心地、燃費を評価するロードテスト、もうひとつは一般道・峠道を使ってのロードインプレッションだ。しかし、本格的なロードテストが実現するのは日本自動車研究所（JARI）のテストコース（通称：谷田部）を舞台とする68年8月まで待たねばならなかった。創刊当初からの数年にわたり使用して来た機械試験所のオーバルコース（通称：村山）は直線距離が短く、バンク部分の曲率も小さいために、外国車や年々性能が向上する日本車には適していなかったことや、計測器材が充分ではなかったことから、小林が理想としたロードテストとはほど遠かった。

　谷田部では、"第5輪"を導入することにより発進加速、追い越し加速といった動力性能のデータ採取ばかりか、踏力計を利用したブレーキ性能の計測、燃料流量計を使った定速燃費の計測、また毎回ではなかったもののスキッドパッドでの操縦性の確認も可能になった。単に人間の感覚による評価を計測データが裏付けするという、村山時代に比較して、より正確なロードテストが実現したのである。本格的なロードテストの第1回は68年9号のファミリア・ロータリークーペ（本書の104ページ参照）で、その試乗記からも小林の喜びが伝わってくる。

　ロードインプレッションも時代の経過につれ多少は変化した。最終的には高速道路を使い箱根に行くのがパターン化するが、それは1968年に東名高速道路が開通（全面開通は69年）してからのことであり、それまでは多摩周辺のワインディングロードがメインの"テストコース"だった。もっとも60年代の日本はまだ自動車の台数が少なく、開通まもない東名などは最高速を試そうと思えるほど交通量は少なかったし、一般道にしても現在のような渋滞はほとんどなかった。一般道の路面が荒れていたことを除けば、テストする環境はとりあえず整っていた。

　　　　　　　　　　　　　　　　　　　　　　　　　　（文中敬称略）

ロードテスト

メルセデス・ベンツ300SLロードスター

　メルセデス300SLのハンドルを握って思い切り飛ばす事、それは恐らくすべてのスポーツカー愛好家の見果てぬ夢に違いない。ある晴れた冬の１日、私はこの幸福を120％味わう事ができた。テスト車は現在日本にある最新型の300SLハードトップ、所は村山の機械試験所テストコース。
　厚ぼったい、重々しいドアを開け、高く幅広い"敷居"（この中を鋼管フレームが縦貫している）を越えてシートに体を滑り込ませるのには、ちょっとしたテクニックを要する。しかし一度バケットシートに深く身を沈めるとその完璧な居住性は機能主義的なスポーツカーというよりは、むしろ豪華なグランツーリスモのそれである。初めての車に乗ればいつもそうする様に、各種のコントロールの位置を確かめ、計器類を一瞥してから、イグニッションキーを一段右へ廻す。電気ポンプが軽いうなりを上げて100リッター入りタンクから96オクタン燃料を噴射ポンプへ送り込むのを数秒待って、キーを更に一段右へ廻す。途端に、３リッター６気筒　OHC　250HPエンジンは轟然とスタートした。正面の計器パネルの左にある、7000rpmまでのタコメーターの針が、800の辺りで小刻みに振れ、細かい振動がかすかに伝えられるだけで、エンジンの機械的なノイズや排気音は、アイドリング時には殆んど聞こえない。油圧、油温、水温計の指度を確認し、はやる気持を抑えながら、慎重にスタートする。2000rpmまで廻転を上げ、深いクラッチを静かに合わせると、この馬力荷重5.3kg/HPの途方もないパワフルなメルセデスは、まるで３トン半のロールスの様にスムーズにスタートした。ロー、セカンド、サードを5000rpmまで踏んでゆっくりと2000mのコースを一周する間にやゝ自信と落着きを取りもどしたので、２周目は各ギヤで6500のマキシマムまで踏み込んだ。東のゆるいバンクをセカンドで廻り、一気に加速すると、600mのストレートの終りではトップで180km/hに達した。最終減速比3.42のこの300SLのマキシマムは242km/hという事になっているが、この村山のコースでは180というのが限度で、あとは腕よりも胆っ玉のサイズの問題だと思った。この日横に乗った同乗者の幾人かは生れて初めて100km/h

以上の速さで走ったのであったが、異口同音に全々恐ろしくないばかりか、一向に速く感じなかったといった。メルセデスのすぐれた高速安定性を裏書きするものであろう。

　加速性能をテストするのに、外国ではfifth wheelといって、テールに自転車の様な車輪を付け、正確な電気式速度計を用いるのが例であるが、私達の場合その装置がないので止むを得ず速度計とストップウォッチに頼る事にした。たゞしSS ¼マイル（standing start ¼mile、静止からスタートして400mを走り切るまでのタイム）は村山テストコースの規準走路で計測したので正確である。
　一口にいって、300SLの加速性能は今まで多くの資料で読み、話に聞いた通りであった。1330kgの自重に対して250HPだからそれは当然と言えるかもしれないが、特筆すべきはその加速の仕方のスムーズで静か（スポーツカーの標準からみて）な事である。何度か試みる中に、3000rpmでスタートして、各ギヤで6500rpmまで踏み込むとベストタイムが得られる事がわかった。ギヤシフトは理想的で、非常に確実かつ迅速にシフトできる。加速の物凄さはドライバー自身よりも、傍で見ている方が印象的だという。室内では余り気にならない排気音も外ではすさまじく、又急加速の度にテールが低く沈むのがはっきり見えるからである。スムーズなクラッチと、優れたスウィングリヤアクスルのために、急加速時のホイールスピンは極く少ないが、それでも65km/hでローからセカンドへシフトする際には一瞬鋭く後輪がスピンした。加速性能のデータは次の通りであった。乗員2名、燃料約30ℓ、晴天無風、各4回のテストの平均値である。

0－60km/h　　　3.2秒
0－90km/h　　　5.7秒
0－120km/h　　 8.2秒
0－150km/h　　 12.6秒
SS ¼マイル　15.4秒（ベストタイム15.3秒）
SS ¼マイルのフィニッシュはサードで丁度160km/hに達した。

すぐれた加速性能も、信頼できる制動力がこれに伴わなければフルに発揮できない。61年モデルから全輪にダンロップディスクブレーキが付けられたが、テスト車は前後共深いタービン翼車の様な冷却フィンを切ったアルフィン・ドラムで、ヴァキュームサーヴォが付いている。制動力の真価はレースの様な苛酷な使用条件の下でなければ本当にはわからないが、専らアカデミックな興味から50km/hで惰行中急制動をかけたら、7.5mで真直ぐに停止した。踏力はサーヴォのために軽いが、写真でもわかる様に、ノーズダイヴはこの種の車としてはかなりひどい方である。

　村山の周回コースは1周2000mの楕円で、南北二つの600m直線路をバンクのついた馬蹄形のカーブが結んでいる。普通の乗用車では、東のゆるいバンクは60km/h、西のやゝ強いバンクは80km/h以上で廻ってはならない事になっているが、300SLはこれを100と120で不安なく廻った。このメルセデスのコクピットに身を沈めると、自分があたかもスターリング・モスになったかの様な自信を得る。

　東のゆるいバンクをセカンドで100km/hで廻り、コーナーの出口からセカンド、サードで6500rpmまで踏んで一気に160km/hまで加速してトップに入れる。そのまゝ数秒、タコメーターは約4800、速度計は180を指す。もうコーナーが目の前に迫る。途端に強くブレーキ、160に速度が落ちたのをチラッと見てすばやくサードへダウンシフト、瞬間、タコメーターの針は6000へ再びはね上ると同時に強力なエンジンブレーキを全身に感じる。再びブレーキ、速度は120に落ち、そのまゝハーフスロットルでコーナーへ入る。ステアリングの動き、僅か45°位でメルセデスはタイヤの跡も残さずにコーナーを抜ける。再びサードで6500まで加速、トップで170km/hに達した途端に制動、サードへダウンシフト、制動、セカンドへダウンシフト、100までスピードを殺して東のせまいバンクを廻って1ラップを終える。

　高速での方向安定は驚異的にすぐれ、180でも手放しで不安のない程で、文字通り銀の矢の様に直進する。この速度でもボティの風切り音は（ハードトップを付けてあれば）非常に少ないが、エンジンの機械的なノイズは5000rpm以上では相当に大きく車内にこもり、小声では同乗者と話が通じなくなる。コーナーでのロードホールディングは当然ながら抜群で、全輪はしっかりと路面をグリップし、タイヤは殆んど鳴らない。高速コーナリング時の操向性はニュート

ラルであるが、強大なトルクのために、スロットルによって故意にオーバーステアを起こさせる事はやさしい。意外に思ったのはステアリングが重い事である。ロックからロックまで3回転、回転半径5.8mだから特にhigh-gearedというわけでもないのに馬鹿に舵が重いのである。高速でバンクを廻る時の保舵力も相当だが、パーキングの時などは更に強い力を要する。この事はスキッドパン（操向性をテストする円形の試験場）上でのテストで一層よく経験された。

即ち、半径17.5mの円周上を、30km/hから40、50と速度を次第に上げて周回したのであるが、所定のコースを維持するには非常に大きな保舵力を要した。60km/hに至って後輪は遂にグリップを失って外側へ滑り出し、それ以上の速度は不可能に思われた。尚、写真で見られる通り、スポーツカーとしてはロールはかなりする方である。300SLのステアリング機構にはショックダンパーが付いているが、このテスト車にはパーツ難から220Sのそれが付いていた。そのためか村山のバンク程度の粗い路面でも細かいショックが手に伝えられる程であった。

300SLの乗心地はスポーツカーと乗用車の中間位の硬さである。純粋のスポーツカーというよりは、むしろ重量級の、ダンパーのよく効いた欧州の乗用車的な乗心地である。市内の低速運転では硬く感じるが、高速になると却って小さい凸凹を感じなくなる。たゞ舗装路の深い穴などには意外に意気地がなく大げさに反応するが、振動はたゞの一度で止み、決してあおらない。

250HP／6200rpm、最大トルク31.5mkg／5000rpmというデータだけからは、始終ギヤシフトを繰り返さなければ走らない、扱いにくい悍馬を想像されるかもしれないが、300SLの燃料噴射エンジンは高性能スポーツカーとしては異例にフレキシブルなのに驚く。もしその気になれば、トップで1000rpm（約40km/h）でもスムーズに走れるし、市内をサードでゆるゆると低速運転する事も不可能でないばかりか、メルセデスの取扱説明書もこの様な運転法をむしろ是認している位なのである（しかし一度この車のハンドルを握ったら、誰もこんな走り方をしないだろうが）。

メルセデスの様な高速車ではタイヤには細心の注意が必要である。取扱説明書によれば普通の高速ドライブには"トゥアリング・スペシアル"6.70－15タイヤで、平均速度160km/h程度までは前28lb/in^{2}後31lb/in^2、平均200km/hまでは31lb/in^2、34lb/in^{2}のタイヤ圧力を推奨している。又、レースの場合は"スー

パー・スポーツ" 6.50−15タイヤを43lb/in², 50lb/in²にして使う事になっている。このテストでは、"トゥアリング・スペシアル"タイヤを28/31にして使った。ステアリングの重さは或はこのためかもしれない。

メルセデスの居住性はスポーツカーというより豪華なグランツーリスモ級の完璧さである。十分な寸法を持った本皮のバケットシートのデザインはまさに理想的で、高速コーナリングの際もパセンジャーの体をしっかりと左右方向にサポートする。シートのクッションには細かい気孔が開けられており、長距離レースやラリーの際のシートの通気（これが悪いと汗でべとついて不愉快）まで考慮されているのはさすがである。太い、大径のステアリングホイールはダッシュボードに近く、スターリング・モス流の両腕を伸ばして握る姿勢が自然である。正面の計器パネルには左に700rpmまでのタコメーター、右に270km/hまでの速度計が位置し、その間に縦に動く寒暖計型の油圧、油温、水温、燃料計がある。

そのデザインは機能主義的なスポーツカーの性格からは遠いかもしれないが、とにかく180km/hで走行中、一瞬で示度を確認できたのは事実である。計器の下のダッシュにはずらりと同じ形のスイッチ類が5つ並んでいる。それらのデザインは一昔前の米車的で、操作もいさゝかやりにくい。冬の寒いドイツ車の常で、ダッシュの左右には独立した暖房換気装置のコントロールが完備している。58年秋のモデルから300SLロードスターには着脱式金属製ハードトップがオプショナルになり、このテスト車にはそれが付いていた。ハードトップの利点の一つは良好な後方視界で、細いスクリーンピラーと共に殆んど死角をなくすのに成功している。ハードトップと枠なしのウィンドウとの間の気密も完全で、あらゆる天候の下で快適な高速ドライブが楽しめる。

テストを終り、300SLのテールライトが夕闇に吸い込まれ、エグゾーストノートの次第に遠のくのを聞きながら、私は大きな溜息をついた。

（1962年4月号）

ロードテスト

ジャガー・Eタイプ・ロードスター

　Eタイプ・テストの前夜、手許にある限りの資料から、その性能について私なりにおおよその見当をつけておいたつもりだったが、実際に操縦してみた結果、すべての点で想像を絶していた事を告白しなければならない。
　その一例はエンジンの驚くべきフレキシビリティである。出力265HP／5500rpm、最大トルク36mkg／4000rpm、重量当り馬力220HP／トンという数字だけを見るならば、恐ろしくパワフルな、従って極めて扱いにくい悍馬を想像しても不思議ではない。
　しかし事実は全く逆で、もしその気になればトップで僅々20mphで無理なく走り、そのまゝ踏み込めば150mphのマキシマムまで一気に加速できるのである。だが、このジャガーの操縦がやさしいという人がもしいたら、それは大うそつきでなければ一流のレーシングドライバーに違いない。フレキシブルなエンジン、強力な全輪ディスクブレーキ、すぐれたロードホールディングを可能にする全輪独立懸架のおかげで、生れて初めてEタイプのハンドルを握ったドライバーでも、俺はこんなに上手くなったのかと錯覚を起こすほど高速でコーナーを廻る事ができるだろう。だがそれはドライバーの腕前のためではなく、車が良すぎるからなのだ。
　この車から100％の性能を引き出すには並々ならぬ操縦技術と共に、すばらしい高速道路が与えられなければならない。残念な事に、この二つとも現在の日本では望めないものなのである。
　早朝7時半、約束の新宿駅西口前へ着くとすでに純白のEタイプが精悍な動物の様に低くうづくまって私達を待ちかまえていた。新東洋の弥富氏から簡単な説明を聞き、操縦席にもぐり込む。
　全高僅か1220mm、モノコック構造のEタイプはやはり300SL同様、厚く高いサイドシルが敷居の様に通っているので、幌を立ててあるとまさにもぐり込むという形容が適当な程乗りにくい。バケットシートと木製リムのステアリングホイールの長さを調節し、各種のコントロールの位置と作動を確かめ、いよい

よ村山テストコースへ向ってスタートする。

深いクラッチを一ぱいに踏み、ローに入れ、静かに左足をゆるめたつもりだったが、265HPのこのジャガーは綱を放たれた猛獣の様に猛烈と飛び出した。最初の数百メートルは全くやみくもにローだけで走らざるを得ないほど、すごい勢いだった。広い道路が急にせまくなった感じで、目の前にあるはずの速度計を見る余裕など全々ない。

甲州街道に出て、ようやく2nd、3rdにシフトする事ができた。2500rpm程度ではエンジンの機械的ノイズも排気音も極めて静かで速度感は更にないが、周囲の交通の流れがまるで止っている様に見える事で、初めて自分がいかに速く走っているかを悟る程である。

Eタイプのエンジンは、従来のXK150Sと全く同一で、圧縮比9、3個のSUキャブレター付265HP／5500rpm、タコメーターは5500〜6000がレッドゾーンである。テスト車は実質的に新車だったため、このテストではいかなる場合もrpmを5500以上には上げなかった事を付記したい。

一周2キロの村山テストコースは私達の他に車はなく、天候は快晴無風、俄然血管のプレッシュアは100lb/inに上る。

こゝで初めてEタイプをEタイプらしく操縦する事ができた。加速テストは幌を立て、2人乗って行なった。何度か試みる中に、2000rpmでクラッチを放し、各ギヤで5500まで踏み込むと最良の結果が得られる事がわかった。

静止から急激なスタートをすると従来のXK150などでは右後輪が簡単にスピンしたが独立懸架とリミテッドスリップ・デファレンシャルを備えたこのEタイプでは、200rpmで荒くクラッチを放しても殆んどスピンせずに猛烈な加速に移る。そのローギヤの加速のすさまじさは、横に乗った何人かの猛者達でさえ軽い脳貧血を起すほどだと白状した事でも知れよう。

各ギヤで5500rpmまで踏み込むと、ローで40mph（約4秒）、セカンドで74mph（約6秒）、サードで105mph（約7秒）に達する。SS¼マイルは、4回の平均値15.3秒で、¼マイルラインを通過した時の速度はサードで95mphであった。序でに記せば、先月テストした300ＳＬは15.4秒で、速度はサードで丁度100mph（160km/h）であった。

スルーギヤの加速タイムは次の通りである。

0-30mph　　2.8秒

0 – 40mph　　4.1秒
0 – 50mph　　5.9秒
0 – 60mph　　7.1秒
0 – 70mph　　9.1秒
0 – 80mph　　11.7秒

　残念ながら、僅か600mの村山のストレートではこれ以上の速度の加速テストは不可能であった。

　エンジンのフレキシブルな事は前にも述べたが、トップギヤは20mphから100mphまでいかなる速度でも瞬間的なレスポンスを示す。

　例えば、20～40mphから80～100mphまで、各20mphはすべて5秒台で加速できる。サードにシフトダウンすれば、加速タイムは更に約1秒半縮まる。40～60mphを例にとれば、トップ5.4秒、サード4.1秒、セカンド2.7秒である。ギヤシフトは典型的なジャガーのそれで、確実ではあるがレバーのストロークは比較的大きく、シンクロは余り強力ではない。殊に静粛にダウンシフトしようと思えばかなり正確なダブルクラッチを要した。

　Eタイプは全輪にサーヴォ付ダンロップディスクブレーキを備え、前後のシステムは独立している。サーヴォ付ブレーキの常で、低速ではあまり効かない様に感じるが、高速での制動は強力かつ確実である。テスト車では奇妙な事にテストを繰返してディスクが熱するにつれ、停止距離が逆に縮まった。30mphで惰行中、全制動をかけたら、9.4mで真直ぐに停止した。

　写真でわかる様に、スポーツカーとしてはノーズダイヴはかなりひどい方だが、300SLほどではない。

　1周2000mの周回コースのラップタイムはフライングスタートで1分35秒であった。

　東のゆるいバンクへセカンドで60mphで入り、コーナーを¾廻ったあたりからフルスロットル（5500rpm、74mph）まで加速してサードにシフト、そのまゝ約4秒、90mphに達したところでトップに入れる。約3秒で速度計の針は105を指し、タコメーターは4000を越す。ストレートはもう終りに近く、急なバンクが見る見る眼の前に追ってくる。途端に力一ぱいブレーキ、速度を85mphまで殺し、すばやくダブルクラッチを踏んでサードへダウンシフト。一瞬タコメーターは再び4400まではね上り、強力なエンジンブレーキを全身に感じながら

コーナーへ75mphで入る。

　このバンクは50mph（80km/h）で自然に廻れるように設計されているが、Eタイプはその1倍半の速度で、ステアリングホイールを約45°切りながら不安なく廻った。全輪独立懸架の威力はコーナーでは遺憾なく発揮され、75mphで急なバンクを廻っても4輪は確実に路面をグリップし、タイヤは全々鳴らない。全く、Eタイプのコーナリング能力は驚異的にすぐれ、そのスピードを定めるのは車の性能ではなく、ドライバーの腕とコースのコンディションであるとさえいえる。

　この日の最高速度は、サードでもトップでも105mph（168km/h）しか出せなかった。因みに先月テストしたメルセデス300SLは回し走路で180km/hに達した。この差は、前に述べた理由で、Eタイプは5500rpm以上に回転を上げなかったためと思われる。もし6000rpmまで踏み込む事ができたなら、加速性能に関する限り、両者はほゞ等しいか、Eタイプの方が僅かながらすぐれているに違いない。

　ジャガーのエンジンのスムーズで静粛な事は定評があるが、Eタイプも例外ではない。排気音は殆んどマークⅡ・サルーン並みに静かで、トップで40mph程度で近づいてくるのを見ていると、全々音が聞こえず、まるで滑ってくる様だという。

　エンジンの機械的ノイズは3000rpm程度までは殆んど気になる程ではなく、4500を越えるとさすがに急に大きくなるが、それすら（オープンの場合は）風音に消されてしまう位である。

　モノコック構造の後輪独立懸架の車、従ってデフがボディに固定されている車では、ギヤノイズや足廻りの音が室内に拡大されて伝えられる場合が往々にしてあるので（ロータス・エリートはこの著例）この点大いに興味があったが、Eタイプの遮音、防音措置は非常にすぐれ、幌を立てた場合にも決して気になるほどノイズレベルは高くならなかった。

　エンジンの大きな騒音源に冷却ファンがあるが、Eタイプの場合はサーモスタットによって自動的に作動する電気モーターなので、高速走行中は作動せず、これが全体として低いノイズレベルに大いに貢献している。

　加速テストの様な苛酷な条件下でも、水温は常に80°に保たれ、エンジンを止めておくと初めて90°位に上り、再びキーをonにすると先ず電気モーターが

軽いうなりを上げて冷却風を送るのが聞こえる。従来のXKシリーズでは市内を低速走行すると沸くおそれが多分にあったが、Eタイプではこの点、心配はない。

ラック・アンド・ピニオン・ステアリングはロックからロックまで2½回転というhigh gearingにもかゝわらず、高速でも低速でも保舵力は軽く、正確である。たゞ、路面のショックは比較的敏感に手に感じられ、粗い路面のバンクでは、細かい振動が常に手に伝えられた。

ステアリング特性は実質的にはニュートラルであるが、非常に大きいパワーリザーヴのために、スロットルでパワースライドを故意に起こさせる事は常に可能である。

スキッドパン（操向性をテストする円形試験場）は、例によって半経17.5mの円周上を15mphから20、25、30と次第に速度を上げて周囲してみたが、30mphに至って後輪は遂にグリップを失って外側へ振り出された。Eタイプは前後にトーションバー型スタビライザーを備えているが、それでもかなりロールする。今度のテストでは、悪路らしい悪路は走らなかったので断定的な事はいえないが、経験した範囲ではEタイプのモノコック構造ボディは非常に高い強度と剛性を持つ事が看取された。

オープンボディの車、特に軽量のスポーツカーでは、skuttle shakeと呼ばれるダッシュ辺りの振動が殆んど不可避的であるが、Eタイプではそれは皆無に等しかった。ドアとボディ本体との間隙を注意深く観察した結果も同様であった。

Eタイプの乗心地は従来のいづれのXKシリーズよりも柔らかい。殆んどマークⅡサルーンに匹敵する位である。よい路面では文字通り滑る様に走り、粗い路面も感じるというより、単に聞こえるに過ぎない。大きい凸凹を高速で乗り越えても反応は意外なほど極限され、振動はたゞの一度で吸収されて決して後に残らない。

Eタイプのサスペンションは、スポーツカーの乗心地に新しい境地を開いたものといえよう。

テスト車のタイヤは標準のダンロップRS5で、圧力は前23、後30にして走った。取扱説明書によれば、平均100mphを超える高速ドライブには前30、後35に圧力を高める事が指示されており、レースの場合はダンロップR5を35、40にして使う事になっている。

Eタイプの居住性は、純粋のスポーツカーとしては何もいう事はないが、長距離の高速ドライブ用グランツーリスモとしてはやゝ不十分である。フォームラバーを本皮で覆ったバケットシートは、従来のXKより薄く、硬く、かつフラットで、長時間ドライブすると疲れる。
　中央のトンネル、両側のサイドシル、前後のスカットル及びクロスメンバーによって区切られた乗員のためのスペースは、このサイズのスポーツカーとしては異例に狭く、長身のドライバーにはレッグルーム、ヘッドルーム共にギリギリしかない。身長178cmの私でも、脚を水平に伸ばす事はできない程である。木製リムの魅力的なステアリングホイールのアングルは、従来のXKよりはるかに寝ており、（マークⅡ程度）最初は奇異に感じるがこれは結局馴れの問題だろう。
　つや消しのビニールレザーで覆われたダッシュには、ドライバー正面に160mphの速度計と6000rpmのタコメーターが並び、中央にはマークⅡサルーンと同様な、アンメーター、燃料計、油圧計、水温計及び各種のスイッチ類を配置したパネルが埋めこまれている。
　このパネルとトランスミッション・トンネルは、コンソールで結合され、そこにラジオ（オプショナル）と灰皿が要領よく収まっている。パセンジャー正面にはグローブボックス（蓋なし）とグラブハンドルがある。座席の後にはかなり広い荷物のスペースがあるが、床が傾斜しているので、急加速、急減速の度に荷物は滑りやすい。リヤトランクは広いが、浅いために有効なスペースは限られる。ドアは捲上げ式の枠なしガラス窓を持ち、深いラップラウンドスクリーンとの間の気密も完全なので、高速でも風は室内に舞い込まない。幌の上げ下ろしは極く簡単で、体裁よく畳んでカバーされる。又、幌を畳み込んだまゝで、プラスチックのハードトップも付けられる。2スピードのブースターを持ったヒーターはすこぶる強力で、ハンドルを握る手は汗ばむ程だった（或はこれは緊張のためかもしれない）。

　150mphのマキシマム、しかもトップで僅々30mphで市内を無理なく走れるフレキシブルなEタイプは、まさに驚くべき二重目的のスポーツマシンである。

　　　　　　　　　　　　　　　　　　　　　　　（1962年5月号）

ロードテスト

ロータス・セヴン

　世界中で、このロータス・セヴンほど非実用的でしかも操縦してこれほど愉しいスポーツカーはない。セヴンは、クラブレースに出て勝つこと、たゞそれだけを目的につくられた"純粋の"スポーツマシンだからだ。スポーツカーとして最低限に必要なものは何でも揃っている。だが不要なものは何ひとつない。

　現代の（余りにも快適な）スポーツカーの水準から見ると、このロータスは野蛮なほど居住性が悪い。乗心地はMG・TCよりもっと硬く、シートはフロアに薄いマットレスを敷いただけのようなものだし、サイドウィンドゥもドアさえもない。その代り、（それ故に）車重は全くうそのように軽い。僅か360kgである。一見旧式極まる30年代のスポーツカーのようなスタイルながら、シャシーは天才的なエンジニア・レーシングドライバー、コーリン・チャプマンの独創の塊まりなのだ。

　セヴンの骨格は非常に肉の薄い（0.050in）、口径1in及び0.75inの鋼管を熔接したスペースフレームで、それにアルミニュームのプロペラシャフト・トンネルとフロアパンが結合されて、軽く強い一体構造をなしている。ボディパネルもアルミで、軽飛行機のように、Dzusファスナーによって固定されるので、修理の際は極く簡単に取り外せる。フェンダーとノーズピースはプラスティック製でいくらも重さを加えない。セヴンの主要な機械的部分の多くは、英国の色々な小型サルーンから失敬してきたものである。

　エンジンはBMC Aタイプ948cc、フォード・アングリア997cc、フォード・コンサル315 1340ccのいづれかを選べるが、テスト車はモーリス・マイナーやA40用の948ccシングルS.U付37HPがついている。ギヤボックスもBMC Aタイプだがシフトレバーはリモートコントロールに改造されている。

　リヤアクスル、ブレーキ、ホイール、フロントサスペンションの一部は、スタンダードテンからの借りものである。前後のサスペンションはロータスの特許で、フロントはダブルウイッシュボーンとコイル・ダンパーユニットだが、上のAアームの前部が左右連結されており、スタビライザーの役割を兼ねている。

リヤアクスルは、パラレルのアッパートレーリングアームにより前後方向に、A型のロアーアームで左右方向に吊られ、スプリングはやはりダンパーを内蔵したコイルである。

　ロータス・セヴンは、英国内では組立キットの形でも売られており、アマチュアが僅かの工具と20時間ほどの愉しい労働で組立てることができる。この場合は完成車にかゝる購入税が免除されるので、僅か500ポンド（50万円）ほどでスーパースポーツが手に入るとは実に羨ましい話だ。

　ドアのない、極度に低いロータスにうまく滑り込むのは若いスポーツマンでなければむづかしい。フロアに直接薄いフォームラバーのクッションを敷いただけのようなシートは全くスパルタ式だが、レッグルームは適当で脚も腕も十分に伸ばせる。左右のシートの間には重要な強度部材であるトンネルが大きく張り出し、肘のあたる部分にマットが張ってあってアームレストの役割をする。これは最初ロータスらしからぬ贅沢？だと思ったのだが、走っている中にこのアルミの箱がエンジンの熱と太陽に熱せられるからだとわかった。

　このロータスが極度に低いことは、シートに座ったまゝ、手のひらを道路につけられることでもわかろう。ステアリングホイール（これもファミリイ・サルーンから失敬してきたプラスティック製のいささか安っぽいもの）とシフトレバーの相対的な位置もよい。三つのペダルは非常に間隔が狭く、理想をいえばボクサー・シューズをはくことだ。

　計器類はスポーツカーの標準からいっても完璧で、ドライバーの正面に8000rpmまでのタコメーター、その左右に油圧計と水温計がある。速度計とアンメーターはレースの時にはあまり必要ではないからパセンジャー側の左隅に追いやられている。スイッチ類はすべて上下式のもので、走りながら手さぐりでも確実に操作できる。

　路上へ出てまずびっくりするのはものすごく鋭敏なスロットルのレスポンスである。このセヴンのエンジンは全くストックのまゝのBMC Aタイプ948cc 37HP／5000rpmにすぎないのだが、同じエンジンを46.5HPにスープアップして使っているMG・ミジェットなど問題にならない。車重はMGの710kgにくらべ、約半分の360kgにすぎないのだから。とにかく、パワーは相対的にありあまっている感じで、ロー、セカンド、サードでは全くあっというまにタコメーターはマキシマムの6000rpmに達する。それは丁度クラッチでも滑っているのかと

思うほどである。クラッチは浅く、やや重いが、2500rpmくらいで荒く放しても、ほとんどホイールスピンなしに矢のような加速に移る。シフトレバーの動きは極く小さく、手首だけの僅かの運動で確実にシフトできる。バルブクラッシュの始まる6000まで踏めば、各ギヤで約40、60、105には容易に達する。

トップギヤの加速も普通のサルーンのサード以上で、30km/hから80km/hくらいの間ならば、踏めば瞬間的に鋭いレスポンスを示す。トップは100km/hあたりから加速が鈍る。それは、一つには限られたパワーのためであり、また一つには露出したランプ、ホイール、大きく偏平なスクリーンなどの空気抵抗のためだろう。

マキシマムは約130km/hだが、短かい村山のテストコースでは120km/hがせいぜいだった。しかしそのスピード感はEタイプ・ジャガーで180km/h出した時の比ではない。何しろ、息がつまりそうな風をまともに受け、今にもボディがバラバラになるのではないかと思うほどの振動を全身に感じるからである。

ロータス・セヴンはいわばGPレーサー（ただしフォーミュラ・ジュニアの）にライトとフェンダーをくくりつけたようなものだからノイズや振動や風に対する防備はゼロに等しい。マフラーは極く簡単なのがついてはいるが、テールパイプはパセンジャーの左後で終りなので、3000rpm以上では胸のすくような排気音のために隣同士は怒鳴り合わなければ話が通じない。エンジンで駆動されるファンはなく、代りにラジエタの前に電気ファンがあって、ダッシュのスイッチで操作される。この日は暑かったので常時使ったが、苛酷な加速テストの際も85°以上には水温は上らなかった。

加速テスト
0－30km/h　　2.3秒
0－40km/h　　3.5秒
0－50km/h　　4.7秒
0－60km/h　　6.6秒
0－70km/h　　8.7秒
0－80km/h　　10.8秒
0－100km/h　　14.9秒
SS¼マイル　　19.7秒（最終速度105km/h）

	2nd	3rd	4th
20–40km/h	1.8秒	2.7秒	―
30–50km/h	2.0秒	2.9秒	4.2秒
40–60km/h	―	2.9秒	4.4秒
60–80km/h	―	―	5.0秒

　大型のスポーツカー、たとえばXK150からこのロータスに乗りかえたら、ファミリイサルーンからゴーカートに乗り移ったように感じるだろう。そしてしばらくは仲々真直ぐに走れないかもしれない。ロータスの乗心地はそれほどに硬く、ステアリングは驚くほど鋭敏だからである。ラック・アンド・ピニオンのステアリングは2¾回転、最小半径は4.2mにすぎず、ものすごく軽いので、馴れないとどうしても切りすぎる。ドライバー1人乗るとかなりテールヘヴィになるセヴンの方向安定はあまりよくはなく、100km/hで直線を保つにはかなり神経を使う。操向性はニュートラルか、むしろ軽いアンダーだが、相対的に十分なパワーのため、スロットルでリヤを外側へスライドさせることは、セカンド、サードでなら可能である。

　ロータスのロードホールディングの真価は村山テストコースのようなバンクのついたコーナーでは本当のところよくわからない。ロータスが本領を発揮できるのは、鏡のように平らな路面でなければならない。極度に硬いサスペンションと軽量のため、村山程度の粗い路面の凹凸も、忠実に反応して、軽いリヤアクスルは横方向へ断続的に跳ぶからである。スプリングの動きは極く小さく、常に細かい上下方向の振動が絶えないが、ピッチング、ローリングは皆無に等しい。高速でコーナーへ入っても、低い重心と硬いバネのため、遠心力を感じるだけでロールは全くない。ブレーキは前後共ドラムで、踏力はやゝ重く効果もそれほど強くないが、漸進的に効くので高速でも自信をもって踏める。サイドブレーキは妙なところにある。ダッシュの下、パセンジャーの前にレバーが水平に寝ており、緊急の用にはまず役立つまいと思われた。

　ロータス・セヴンは、実用にも使えるツーリング・スポーツカーではなく、あくまでもアマチュアレースのための車である。残念ながらまだ日本ではロータスの真価を発揮できるようなサーキットレースがないが、近い将来、鈴鹿コー

スでレースが始まれば、まさに水を得た魚のようにこの小さなファニーフェイスのセヴンは精彩をとりもどすだろう。その時には何とかこの車を借り出す口実を今から考えているところである。

（1962年11月号）

ロードテスト

トヨペット・クラウン・デラックス

　新しいクラウンデラックスRS41には、オーバードライブ付3速ギヤボックス付とトヨグライド自動変速機付モデルの2種あるがテストしたのは前者の方であった。
　新型は旧RS31にくらべてホイールベースで160mm、全長で200mm長く、全高は70mm低くなり、寸法的にはアメリカのコンパクトに近い。ニュークラウンが旧型にくらべて画期的に進歩したのはやはりボディ内外のデザインである。ボディスタイルはこゝではしばらく触れないとして、ドライバーに直接関係の深いインテリアについていえば、ドライビングポジションが格段に向上したことをまず挙げたい。旧クラウンの前席はどちらかといえば旧式な米車に乗ったようで、高いシートからボンネットを見下ろして、馬鹿に低い位置にあるステアリングを、曲げたひざの間でグルグル廻すような感じがしたものだが、新型のそれはむしろヨーロッパの3リッター級の車の感じに近い。ずっと低くなったシートの深さ、背もたれの角度は適当で、いちばん後へ下げればよほど長身でもない限り、極く自然な姿勢で運転できる。ステアリング、ペダルなどのシートに対する相対的な位置と角度もよく考えられている。ホイールベースの延長分は特に前席で強く感じられ、レッグルームは十分である。全高は70mm低くなったがヘッドルームには何ら影響ない。
　ピラーは一般にずっと細くなり、前、側方の視野に死角は殆んどない。米車のようにスクリーンへ直接に強力な接着剤でつけられたバックミラーの位置も適当で、後席に3人掛けた場合でも邪魔されずに後方がはっきり見える。両フェンダー上のミラーはその本来の機能の他、この巾の広い車の車巾を読むのに絶好の目標になる。
　エンジンとパワートレーンが従来のモデルと同一なのだから当然といえば当然ながら、走り出した感じはまさにまがうかたなきクラウンである。テスト車は前述のようにオーバードライブ付3速なのだが、混んだ市内を抜ける間はステアリングコラム付根の左にあるノブを引いて、オーバードライブをoffにして

走った。このノブが押し込んであるとフリーホイールが作用してエンジンブレーキが効かないからである。市内のおそい交通の流れの中では3速ギヤボックスでも（むしろその故に？）何ら不自由なく、ローで40くらいまで踏んでシフトすれば大ていの国産車を後にすることができる。ダイヤフラム式プレッシュアスプリングを使ったクラッチは軽く、作動は一般にスムーズだが、2、3度だけ静止からスタートする時に原因不明のジャダー（ガクガクすること）を経験した。クラウンのステアリングは、軽いだけが取柄で不確実極まるとして従来しばしば酷評したものだが、今度の車のそれは意外にしっかりしているので驚いた。ギヤ比（20:1）も構造（ウォーム・セクターローラー）も旧型と同じで、変った点と言えばコラムの途中に2個のジョイントが付いたことで、むしろ逆の効果が出そうだと思うのだが、全く意外にすなおでかなり確実でさえあった。もうひとつ予想外だったのは、高速トルク型の3Rエンジンが思ったより低速でねばることであった。以前乗ったクラウン1900ではエンジンが低速でフレキシビリティに欠け、3速ギヤボックスの悲哀を痛感したので酷評した覚えがある。ところが今度のクラウンでは、殆んど歩くほどのペースからでもセカンドでノックもせずに（もちろん極めて緩慢ながら）引張れるのを経験した。ローは未だにノン・シンクロだが、走行中にシフトダウンする必要もチャンスもあまりないので大して痛痒は感じない。

　甲州街道へ出てから、ダッシュのノブを押しこんで、オーバードライブを使って見た。車速が50km/hに達すると速度計右下のインディケーターがグリーンに輝いて、オーバードライブが可能になったことを告げる。この時1、2秒アクセルから足を放すと自動的にオーバードライブ（ギヤ比0.7）に入り、急にエンジンノイズが低くなる。速度が40km/hに下がると自然にトップにもどる。（旧型クラウンではこの速度は夫々40km/hと30km/hだった。）追越しや坂路で強トルクが必要な場合は、アクセレレーターをフロアまで踏み込むとキックダウンスイッチがはたらいて瞬間的にトップへもどることは一般のオーバードライブと同じである。オーバードライブは、セカンドで50km/h以上に加速して一瞬アクセルを放しても入るが、ひとつ気を付けなければならないのは今度急加速しようとしてアクセルを踏みこむと、トップへではなくセカンドへもどって急激なショックをトランスミッションに与える恐れがあることだ。3.4という高いギヤ比から当然想像されるように、オーバードライブでの加速は極く緩慢

だから、空いたハイウェーを80くらいを持続して走る場合以外にはあまり使い途はないといってよい。

前にも述べたようにオーバードライブコントロールがONの時はエンジンブレーキが効かないから混んだ市内や曲りくねった郊外の道では何だか不安で、このテストでは殆んど常にoffにして走ったほどである。

次にストップウォッチと速度計による非公式の加速テストの結果を示す。

0－30km/h	2.8秒
0－40km/h	3.8秒
0－50km/h	5.8秒
0－60km/h	7.4秒
0－70km/h	9.5秒
0－80km/h	12.9秒
0－100km/h	20.2秒

SS ¼マイル　20.8秒（最終速度103km/h）

	セカンド (7.8)	トップ (4.8)
20－40km/h	3.6秒	6.8秒
30－50km/h	3.3秒	6.0秒
40－60km/h	3.4秒	6.1秒

　カタログによるマキシマムは140km/hだが、村山の短かい走路ではトップで120km/hがせいぜいだった。各ギヤの絶対的なマキシマムはロー40、セカンド80、サード130と言うところである。結論的に言えば、この高速トルク型エンジンにはO.D.付3速よりも、やはり普通の4速ギヤボックスの方がマッチしているのではなかろうか。ギヤ比の不可避的に分散した3速では、セカンドからトップへ入れた途端特に、ガタンと加速の鈍るのをどうしょうもないからである。この点、新しいクラウンで当然何らかの改良があると思ったのに旧態依然なので、卒直に言っていささか失望した。このエンジンならむしろトヨグライド付の方を私ははるかに好む。

ブレーキはクラウンの自慢できる点のひとつだ。50km/hで惰行中に急制動をかけたら10.3mで停止した。御覧のようにノーズはあまり沈まないでテールがひどく上る。

　新しいクラウンデラックスは特殊なリヤサスペンションを備えている。昨年のモーターショーに出品されたスポーツ、トヨペットXとほぼ同じ、プレスのゴツいトレーリングアームとコイルスプリングがリジッドアクスルを支え、パナールロッドとデフケース上部から前方へ出た短かいトルクロッドで縦横に吊っている。フロントは従来通りのダブルウィッシュボーンとコイルである。トヨタ側の発表ではバネ常数を低くしてはるかに柔らかい乗心地になったというのだが、実際に乗った感じではむしろ硬めになったような印象を受けた。また、新設計のX型フレームに対し、モノコックに近い強固な構造のボディは8ケ所で厚いラバーを介してボルト締めされ、サスペンションからの振動がボディへ伝わるのを防いだと言われるのだが、私の体験では舗装路を走行中もボディへ極く細かい振幅の振動が伝えられた。最初タイヤ空気圧の過大ではないかと思ったのだがそうでもないところを見ると、ボディの弾性支持に原因があるのかもしれない。乗心地は一般に極くフラットで大きいピッチングやロールは皆無である。旧型でも然りだったが、前席の乗心地は後席よりはるかによい。案外弱いのはたいこ橋のような凹凸を高速で乗り越える場合で、後席の乗客は大げさに上下に揺すられる。しかし振動はただ一度で止み、後に残ることはない。

　操縦性は、恐らく低くなった重心のために旧クラウンよりはるかに向上している。ステアリングが意外にしっかりしていることは前に述べた。操向性は軽いアンダーである。村山テストコースの東西のバンクは、70と90でなら廻れるが相当緊張する。保舵力は特に軽くはない。急激な操舵をすると、後車軸は独特の運動をする。リジッドアクスルをコイルで吊っている車、例えばプジョー404やヴォルヴォでも多かれ少なかれ経験されることだが、横方向ヘリヤアクスルが揺動するのである。これが起るのはよほど極端に速く鋭いコーナーを廻ろうとする場合だから実用上は問題にならないだろう。

　インテリアの意匠設計が旧型にくらべて格段にすぐれ、各種のコントロールのデザインや配置が改善されて使いやすくなったことはすでに述べた。インテリアは豪華だが、渋い色調で統一され、眼を疲れさせない。安全性に対する配慮もよく行き届いている。ダッシュがクラッシュパッドで覆われているのはも

ちろん、ドア内張やクォーターパネルなどにもパッドが入り、鉄板が露出している部分はほとんどない。計器類は現代の実用車としては異例に完備している。ドライバー正面の集合パネルには中央にラジオのダイアル式の180km/hまでの速度計（積算計及びトリップレコーダー付）その左にアンメーターと燃料計、右に水温計と油圧計が収められている。ダイナモや油圧の状態が単なる赤や緑のランプでなく、明確な数字と指針で示されるのははるかに確実で好きだ。使用頻度の多いライトとワイパースイッチはプッシュボタン式で、ダッシュの右端に上下に並んでいるのはいい。その他のスイッチやコントロール、スロットル、チョーク、オーバードライブ等はダッシュ下の別のパネルに二つづつ分けて配置されている。パセンジャー側のダッシュにはかなり大きいロッカーがあるほか、その下に広い棚があるのは細かい手荷物を置けて至極便利である。標準装備の室内循環式ヒーターのコントロールはダッシュ中央下にある三つのレバーで、操作もしやすい。熱風のダクトは後席にも導びかれている。この他、サーチチューナー付のラジオとか、灰皿を引出すと現れるライターとか、素人受けのしそうな装置はまさに至れり尽くせりと言ったところでむしろこうした点では同クラスの外車以上に完備している。

　トヨタは今度のニュークラウンで、自家用と営業用に異なったリヤサスペンションを備えた車種を出して正しい方向へ大きく一歩を踏み出した。新しいクラウン・デラックスについて色々文句をつけたけれども、本質的な問題はギヤボックスに関することだけである。たとえエンジンが今のままでも、その特性によくマッチした4速ギヤボックスが付いたならば、クラウンは別の車のように生れ変るだろうと惜しまれてならない。

（1962年12月号）

ロードテスト

プリンス・グロリア・デラックス

　エンジンとサスペンションが基本的に同一だという点を除けば、新しいグロリアはバンパーからバンパーまで全くの新設計で、旧型の俤はどこにも見出せない。性能的に大巾に向上したのは言うまでもないが、それにも増して印象的なのは、到底同じ工場の製品とは思えないほどリファインされたボディ内外のデザインと工作の質的進歩である。

　従来のグロリアを含めて、一般にプリンス系の車は国産車に稀なすぐれた高速性能を持ちながら、室内設計に人間工学的な配慮が足りないために扱いにくく、運転して疲れやすかった。今回、新しいグロリアを300kmほど連続して操縦したのだが、一向に不当な疲労を感じなかったのは、この点がいかに徹底的な改良を受けたのを示している。

　まず、ドライビングポジションが非常によい。ホイールベースが150mm延び、更に従来室内に大きく張り出していたギヤボックスのこぶが小さくなった結果、前席のレッグルームは十分以上になった。シートの深さ、背もたれの角度共に適当で、身長178cmの私でも前後の調節を¾くらい後にすれば自然な姿勢で操縦できた。大径の、感触のよいステアリングホイールの高さ、角度も申し分なく、正面の計器パネルの視野を全く妨げない。ペダル類の相対的な位置もよく、オルガン型のアクセレーターの基部にはラバーの滑り止めを付けるなど、細かい神経を使ったあとが見られる。

　ホイールベース2680mm、全長4650mmのグロリアはアメリカのコンパクトカーに匹敵するサイズだが、混んだ市内へ初めて出ても何ら不便は感じなかった。広い前後のスクリーンと細くなったピラーのため、ドライバーの視野は申し分ない。フロントフェンダーの縁に、丁度2、3年前のフォードに付いていたような丸いクロームのパイロットがあるので、狭い道路でのすれ違いにも自信をもって道巾すれすれに寄ることができる。また、座高が普通以上のドライバーならトランクの角が見えるのでバックの際も不自由は感じない。

　グロリアの大きな特徴の一つは、全く新しい全シンクロ4速ギヤボックスで

ある。メーカーはこれをオーバードライブ付3速と説明しているが、いわゆるO.D.とは異なり、要するにトップが直結でなく、0.713：1だというにすぎない。しかしこれを旧グロリアの旧式な"3速＋エマージェンシーロー"的4速にくらべるとはるかに合理的で、エンジンが同一にも拘らず走行性能を全く変えるのに成功している。新旧グロリアのオーバーオールギヤ比を比較すると、

	ロー	セカンド	サード	トップ
新	14.5	7.8	4.8	3.4
旧	18.9	12.2	7.4	4.6

となり、従来のエマージェンシーローが消えてトップの上に更にもう一段O.D.が付いたと同様な結果になった。この新しいギヤボックスは混んだ市内の低速運転と次第に完成しつつある都市間のスーパーハイウェーでの容易な高速走行という二律背反的な要求を両立させるための苦肉の策で、テストの結果ではかなりの程度所期の目的を遂げていると言ってよい。4速と言っても実質的には3速＋O.D.だから、シフトパターンもそれにふさわしい方式がとられている。すなわち、従来のセカンドの位置がロー、サードとトップの位置が夫々セカンド、サードで、O.D.は更に持ち上げて手前へ引くと入る。

市内はもちろん、空いた郊外のドライブはO.D.を無視してサードまでの3速で十分カバーできる。テスト車は既走行距離約2000kmの新車で、しかもオプショナルのクーラー付のため、パワーを100％発揮しているとは思われないが、ローで40km/h、セカンドで75km/hサードで120km/hには容易に達した。1862cc 94HP／4800rpmエンジンは実質的に旧型と変らないが、マウンティングや防音処理の変更のため、従来より静粛でスムーズになったように感じる。マフラーも改良されて、例の独特なシューシューいう音が消えたエンジン関係で一番やかましいのは高回転時のファンノイズで、これはクーラー取付車の6枚羽根のためかもしれない。

クラッチペダルには今度新しくサーヴォスプリングが付いたので踏力は極く軽いが（旧グロリアは極めて重かった）、つながりはやや緩慢すぎる感じがした。シンクロはローを除いて極く強力である。ローはダブルクラッチを踏むか、かなり時間をかけなければ、静粛なシフトは不可能だった。シフトの機構は、コラムシフトとしては確実な方である。

グロリアのエンジンは高速トルク型で、比較的ひんぱんなギヤシフトを要す

るタイプである。速度計には各ギヤの速度範囲が色線で記入されている。ローは40km/hまで、セカンドは20-70、サードは30-115　O.D.は45以上と言ったところだが、セカンドで敏感なレスポンスを示し始めるのは40から、サードは55くらいからで、80でも踏めばかなりの加速が効く。ハンドブックによるO.D.のミニマムは45km/hだが、実際には60km/h以上出さなければO.D.に入れようとは思わない。3.4と言う高いギヤ比から想像されるように、O.D.での加速は緩慢で、専らハイウェーの高速巡航用ギヤとして扱わねばならない。

　速度計にはオーバースピードウォーニング装置と言う面白いものが組み込まれている。これは、速度計中央の小窓の数字を例えば60にセットしておくと、速度が60に達した時赤ランプと共に軽い警音が鳴り出してドライバーの注意を促がす装置である。

　ギヤノイズは、殊にサードとO.D.では極く静かである。シャシーに固定されたデフのマウンティングも新しいグロリアの改良点の一つで、ふだんは殆んどノイズは聞こえないがサードでエンジンブレーキをかけた時にややボディに音がこもった。

　次にストップウォッチと速度計による簡単な加速テストの結果を示す。

0-30km/h　　3.3秒
0-40km/h　　4.7秒
0-50km/h　　6.7秒
0-60km/h　　8.8秒
0-70km/h　　11.9秒
0-80km/h　　13.9秒
0-100km/h　　21.4秒
SS ¼マイル　21.8秒（最終速度102km/h）

	セカンド	サード	トップ
	(7.8)	(4.8)	(3.4)
20-40km/h	4.1秒	6.3秒	———
30-50km/h	3.9秒	5.9秒	9.6秒
40-60km/h	3.8秒	5.5秒	9.6秒

前述のように、テスト車は約2000km走っただけの実質的な新車であり、しかもクーラー付のために、加速タイムはかなり実力を下廻ることが想像された。同じ日に、すでに数万キロ走ったプリンスの実験車と乗りくらべるチャンスがあったが、はるかに出足、特に低速からの加速がよいのが明らかに感じられたことを付記しておく。

　村山テストコースの600mストレートでは公称のマキシマム、145km/hは出せず、サードとトップのいずれでも125km/hまでであった。この時のエンジン回転数は夫々約5300rpmと3750rpmに相当する。道路さえ許せば、このグロリアは1日中120を持続しても、車にもドライバーにも無理な負担をかけないだろう。

　リヤにドディオンアクスルを備えるグロリアのロードホールディングは旧型時代にも定評があったが、それはこのニューモデルに更にリファインされた形で受け継がれている。重心が低くなりバネ下重量が更に軽減されたことなどの綜合的な結果として、コーナリング能力ははるかに向上したことが感じられた。東西のバンクは夫々80と100で全々不安なく廻ることができる。ロードホールディングはリジッドなリヤアクスルを備えた実用車としては抜群で、タイヤも殆んど鳴らない。

　ステアリングも大きな改良点の一つである。旧グロリアのステアリングはロックからロックまで4回転というlow-gearedにも拘らず極めて重かったが、新型では現代の標準以上に軽い。ギヤ比は殆んど変っていないが、ステアリングギヤがウォーム・ローラーから抵抗の少ないリサーキュレーティングボール式に改良されたためと思われる。更にシャフトにフレキシブルカップリングが設けられたので切り始めに一寸頼りなさがないではないが、その後はかなり確実である。路面のショックは殆んど手に感じない。ホイールベースが150mmも延びたにも拘らず、回転半径は従来通り5.4mで、狭い道でのUターンにも苦労しない。

　グロリアは従来から重厚な乗心地と悪路を飛ばせることで定評があるが、新型では更に柔らかになった反面、悪路ではややあおる傾向が現れた。フロントは大きい後退角を持ったウィッシュボーンとコイル、リヤは新しい2枚巾広リーフスプリングとドディオンアクスルの組合せによるサスペンションは、急加速、急減速の場合も殆んど姿勢に変化がないし、方向安定が極めてよいことは従来通りだが、悪路に対しては以前より敏感に反応を示すようになった。舗装

路ないしはA級の砂利道での乗心地は極くすぐれ、前席と後席で乗心地に大差ないのも特徴的である。

　この日は特に悪路をえらんで走ることはしなかったが僅かの経験でもボディの強度、剛性は普通の使い方をする限り十分以上であることは看取された。ただ、以前のモデルになかったことだが、悪路でダッシュの部分が僅かながら振動した。

　インテリアは一口にいって極めて豪華であり、デザイン、レイアウト共にようやく世界的水準に達したと言える。織生地を主として、磨耗しやすい周囲の部分にビニールレザーを張った前後のベンチシートは寸法的に三人が楽に並んですわれ、後席にはセンターアームレストが出る他、各ドアにも引き手を兼ねたアームレストが設けられている。ドアのレギュレーターやドアハンドルの位置は、旧型では非常に具合が悪く、度々誌上で苦言を呈しておいたのだが、新型ではこれらはすべて改良されて理想的な位置に移された。三角窓の開閉がハンドル式になったのは盗難防止に効果があるだろう。ダッシュのデザインも面目を一新した。計器類は正面のパネルに集められ、160km/hまでの速度計の左右に燃料計と水温計が要領よく収められている。速度計には積算計とトリップレコーダーの他、前記のオーバースピードウォーニング装置が組み込まれている。外気導入、室内循環いづれにも使えるヒーター、リヤウィンドウのデフロスター、無段変速のワイパーとスクリーンジェット、ラジオとパワーアンテナ等はすべて標準装備であり、他にシートベルト、自動給油装置と冷暖房を兼ねるエアコンディショナーがオプショナルで付けられる。

　新しいグロリアは、以前にも増して高速性能を重視した車となった。3.4という高いトップギヤは端的にそれを物語っている。だがこのギヤボックスが十分にその威力を発揮するにはエンジンにもう少しトルクが欲しい。うわさされる2.5リッター6気筒エンジンが搭載された時、この車は初めてその車重とギヤにバランスしたパワーを得て、世界の同クラス車と対等にハイウェーを、また山道を走ることができるだろう。長いボンネットはその時のためにあるように思えてならない。

（1962年12月号）

ロードインプレッション

メルセデス・ベンツ220SE

　75年前，ゴットリープ・ダイムラーが最初の自動車を設計した時，そのモットーは"Das Beste oder Nichts"であった。最新型のメルセデス・ベンツ220SEで1日ドライブしてみて，この信念が現在でも忠実に追求されていることがはっきりと感じとられた。

　ウエスタン自動車からテストに提供されたのは，220シリーズ中でも最も強力な，燃料噴射134HP（SAE）エンジン付の220ＳＥセダンで自動変速機付モデルである。コースは，最初の計画では箱根の予定であったが，生憎前日に3月には珍しい大雪が降り，箱根は交通止のニュースが入ったため，止むを得ず三浦半島方面へ行くことにする。

　それ自身の重みでカチリと小気味のよい音を立てて閉まるドアに手を触れた瞬間から，このメルセデスが，実に細かい神経で設計され，入念に仕上げられた車であることに気付く。ドライビング・ポジションは，腕も脚も十分に伸ばしてハンドルを握るタイプのドライバーにはまさに理想的である。セパレートのフロントシートの背もたれは，ドイツ車によくあるタイプで，角度を垂直からほとんど水平にまで無段階に調節できる。クッションは最初馬鹿に硬く感じるが，一日中すわりづめでも全く疲れないところを見ると，やはりそのデザインは大変な研究の結果であることがわかる。フロントシートの間には非常に便利なプラスチックのトレーがあり，カメラや眼鏡など傷つきやすい物を置ける。また，この部分を，オプショナルの折り畳めるクッション・バックレストで埋めることにより，ベンチシートとして3人掛けることもできる。リヤは，3人非常に楽に掛けられるベンチで，センターアームレストが出る。テスト車の内装はすべて良質の皮だが，クロースもオプショナルである。

　メルセデス特有の，白いプラスチック製ステアリングホイールは理想的な位置と角度をもっている。実際，ラジエターに輝くスリーポインテッド・スターを見つめながら，腕を十分に伸ばしてこのステアリングホイールを握ると，恰

もモンテカルロ・ラリーに出発するボーリンガーになったような気持になるから不思議だ。

　乗員の安全性について，ベンツの設計者は大変神経を使っている。ステアリングのセンターボスは，直径15cmもある柔らかいレザーパッドで覆われているのを始め，ダッシュボードの上下の縁もレザーの柔らかいセイフティパッドでカバーされる。このテスト車はヤナセ社長用の車なのだが，忠実な運転手君がダッシュの上縁の皮を磨きこんだらしく，スクリーンに反射して困った。ベンツの設計者がここに皮を張った目的のひとつは，実は反射防止にあったのだが。このほか，ドア周りにしても危険な金属部分は皆無で，すべてパッドで覆われるか，柔らかい材質で作られている。この車で面白いのは，ボディのあらゆるところにパッセンジャーが掴まるグラブハンドルの備えがあることだ。ドライバー側を除く各ドアには，引き手を兼ねたアームレストの他に，その前方の便利な位置にグラブハンドルがあり，更にルーフにも３個所に同様なハンドルがある。だから，各パッセンジャーは高速コーナリングや緊急の場合，必ず手近かなハンドルにとびついて吾が身を支えることができる。

　このメルセデスのインテリアでただひとつ不満に思うのは計器類のデザインである。それは寒暖計式にリボンが上下する速度計を中心として，左右に油圧，水温，燃料，警告灯類などをまとめた矩型の集合メーターだが，いささか雑然として一目では確認しにくい。

　操縦席からの視界はすばらしくよい。スカットルは低く，（或いはシートが相対的に高いのか），大きくカーブした深いスクリーンを通じて，フロントフェンダーの両端がはっきり見え，初めて混んだ市内へ出ても車巾を読むのに一向に困らない。後方視界も同様にすぐれている室内のバックミラー（アンティ・ダズル装置付）のほかスクリーンの直前左右にもミラー（室内から手を伸ばして調節できる）があるので，白バイに対する備えも十分である。この車にはオプショナルのサンルーフが付いていた。

　さて，前置きが長くなってしまったが，早速テストに出掛けよう。220ＳＥは，ボッシュのマニフォールド・インジェクションを備えている。出力は，ツイン・ソレックス付220Ｓの124HP／5200rpmにくらべて10HP多い134HP／5100rpmだが，トルクははるかに強く，（19.2/3700に対して21.2/4100）またずっとフレキシブルであるのが決定的な利点とされる。噴射装置は，エンジンスピードで駆

動されるプランジャーポンプで、噴射の時期は従ってバルブの開閉時期に応じて変化する。噴射量も、気温、空気の密度、速度に応じて自動的に調節される。こう書くと、いかにも複雑のように聞こえるが、ドライバーとしては普通のキャブレター付の車と全く同じ要領で操作すればよい。エンジンが冷えている間は、丁度自動チョークと同様に、濃い燃料が自動的に噴射され、その間はダッシュに警告灯が点灯しているが、5分も走れば温たまり、ランプは消える。

前記のように、この220ＳＥにはオプショナルのＤＢ４速自動変速機が付いている。ベンツの技術者によれば、ドライバーは単純にスポーツマン型と、ただハンドルにつかまって車にすべての操作をまかせるロボット型に分類することはできないと言う。常にタコメーターとにらめっこをしてシフトレバーから手を離さないスポーツマン型も、時にはくたびれて、のんびりと自動変速機付米車か何かでドライブしたくなるものだと言うのである。最初300ＳＥに標準装備され、現在では220にもオプションで付くようになったＤＢ自動変速機は、いわばスポーツマン型にもロボット型にも適した、メルセデス独自の完全オートマチック・トランスミッションなのだと言う。それは、原理的にはＧＭのハイドラマティックによく似ている。構造を簡単に述べると、流体クラッチ（トルクコンバーターではない）に、2組のプラネタリーギヤ、3組づつのバンドブレーキ及びディスククラッチを結びつけ、これらの組合せによって前進4段の変速比を得るもので、機械効率はトルコンよりはるかにすぐれていると言う。変速比は4.1、6.47、10.3、16.3.ギヤのセレクターは、普通のシフトレバーと同じスタイルで、ステアリングの付根にＰＲＯ４３２のインディケーターがあり、夜間は照明される。Ｐはパーキング、Ｒはレバース、Ｏはニュートラルである。

このメルセデスの自動変速機は、なるほど先のベンツの技術者の考えのように、ドライバーのくせとその時の気分により、また道路の状態に応じて、実に色々な使い分けが効く。それについて述べる前に、作動の原則を説明しておこう。"2"は、ハイドラマティックのＬに相当し、2nd以上にはいくら踏んでもシフトは起こらない。坂路のスタートとか、トレーラーを牽いて山道を上り下りする際などのためである。また、長い曲りくねった峠を下りる際などに強力なエンジンブレーキとして使用する。"3"はサードまでで、トップへはシフトされない。"4"は言うまでもなく、普通のドライブ・レインジで、4速全部が使用される。

仮にあなたがロボット型のスロー・ドライバーだとすると，セレクターを常に"4"に置き，ただアクセレレーターを踏むだけで静かにドライブするだろう。"4"の位置でも，アクセルの踏み方で三通りの加速法ができる。まず，一番おとなしいタイプ。静かにアクセルを踏むと，スタートは2ndギヤからなされ，僅か25km/hでサードへ，40km/hでトップへ自動的にシフトが起こる。次に，やや荒くスロットルを踏むと，やはりスタートは2ndギヤだが，サードへは40km/h，トップへ約105km/hにならなければシフトは起こらない。この方法でも，信号からのスタートではまず大ていの車を後にすることができるが，もうひとつ，最後の奥の手が残っている。それはキックダウンスイッチを使う方法である。アクセルをフルスロットルから更に一段踏み込むと，キックダウンスイッチが作動し，1stギヤから猛烈な加速に移る。この場合，アクセルを踏み続けていれば，1stは25km/hまで，2ndは約60km/hまで，3rdは約105km/hまでホールドされる。

　以上は"4"の場合だが，"3"はトップへのシフトが起らないことを除けば"4"と同じで，スロットルの踏み方によって3種の加速の仕方が選べる。

　日本のように混んだ，低速の交通事情では"4"はオーバードライブのつもりでハイウェーへ出てから使い，市内ではもっぱら"3"だけでドライブした方が便利なことがわかった。馴れれば運転は全くフールプルーフであるが，普通のオートマチックとは異なり，かなり積極的にドライバーの意志を反映できるので，たしかにスポーツマン型でも運転して退屈はしない。この日のテストでは，"2"を使うほどの坂はただ1ヶ所，江ノ島ホテルの入口の急坂だけで，市内はすべて"3"，ハイウェーへ出てから時折"4"をセレクトした。例えば"3"の場合，普通にスロットルを踏んで行くと，2ndからスタートして40km/hでサードへ軽いショックと共に入る。アクセルを踏み続けてトップへは自動的にシフトされないから常にサードの加速力と制動力を以って安心して走れる。サードは110km/h以上まで軽く伸びるが，エンジンとギヤノイズだけでは普通の車のトップかと思うほど静かである。キックダウンは，低速ないし中速での追い越しにも利用できる。この燃料噴射エンジンは，非常に広い範囲にわたって強いトルクを発生するので，サードではキックダウンを使わずとも常に鋭い加速が得られるが，ハイウェーをトップで走りながら前車に追い付いた場合など，キックダウンは極めて有効である。例えば60km/hで走行中，大きなバス

に追い付いた時など、スロットルをフロアまで踏みつければ、瞬間的にサードへシフトダウンされ、一気に追い越すことができる。そしてスロットルを一旦ゆるめれば再びトップにもどって、静粛なクルージングが続けられるわけである。"3"から"4"へ、又その逆にスムーズにシフトするには一寸した練習が必要である。それは丁度シトローエンDS19のセレクターを動かす要領に似ている。

　この非常にすぐれたメルセデスの自動変速機でひとつ文句をつけたいのは、セレクターレバーについてである。各ポジションが不明確で、いちいちインディケーターを見て確かめなければならない。どうせフロントシートには3人掛けることは例外なのだから、フロアシフトを模した、もっとガッチリしたレバーにすればもっと確実だろうと思った。

　220ＳＥのマキシマムは約170km/h、SS $\frac{1}{4}$ マイルの加速は約18秒と言うことになっているが、この日は公道しか走らなかったからむろん高速を出すチャンスはなかった。

　メルセデスのすぐれた操縦性については今更述べるまでもないが、三崎のそばの空いたワインディングロードでの僅かの経験でも、それが一流のスポーツカーの水準にあることが感じられた。ステアリングはメルセデスのならいで常にやや重いがすこぶる正確で、路面のショックは全く手に伝えられない。ロックからロックまで3$\frac{1}{2}$回転、半径5.8mだから特に鋭い方ではないが、この狭い日本の道路で使っても決して手に余るほどではない。城ケ島のパーキングロットは、前夜の雪が融けてスキッドテストには最適の状態にあった。全輪独立懸架を備えたメルセデスのコーナリング能力は驚異的にすぐれ、後輪はよほどのことではグリップを失わない。もしスキッドに入っても徐々に滑り出すから、ステアリングですばやく補正することは極く易しい。真冬のモンテカルロ・ラリーで220SEが断然強みを発揮する理由は、何よりも卓越したこのロードホールディングにあるのだ。

　しかも乗心地は極めて柔らかい。良好なロードホールディングとソフトな乗心地は本来相いれないものとされていたのだが、ベンツの技術陣はこれを見事に結びつけるのに成功した。

　ブレーキは、前輪ディスク、後輪アルフィン付ドラムで、サーヴォ付である。

当然，踏力は軽く，すこぶる強力だが，柔らかいサスペンションのためにノーズダイヴはかなりする。このブレーキで一寸気になったのは，ペダルを踏み続けていると，スピードがおそくなってから却ってサーヴォの効きが強くなる傾向があることだ。従って停止する前に足の力をゆるめないと，最後へ来てガクッと止まるおそれがあった。

　完備したインテリアについては書けばきりがないが，特に気付いたよい点を記せば，2スピードのワイパーは写真でもわかるように非常に広範囲を拭き，中央でダブるので死角は全くないと言ってよい。スクリーンジェットは足踏スイッチで，ワイパーが同時に5，6回作動する。このテストの日は雪どけの道で大いに重宝した。冬の寒いドイツの車は，強力なヒーターを必ず備えている代りに室内の通風のよくない車が多いが，メルセデスは共にすぐれている。ヒーターは前後左右別々にコントロールがあり，同時にそれは後席へも暖気を送る。ダッシュの左右両端には，ドア窓へ暖気を送るエアーの出口がある。ヒーター・デフロスターは極めて有効で，5人乗って窓を閉め切って走っても，どの窓も全然曇らなかったのは特筆に価する。前ドアの3角窓は，プラスチックのハンドホイールで開閉されるので，外側から開けられる心配はない。リヤクォーターには，室内の空気を吸い出すヴェントが備えられている。窓を全部閉めておいて，ドアを閉めると，このヴェントから空気が勢いよく押し出されるのが，手を当てているとわかるほどである。

　モノコックボディの剛性の高いことは悪路でも全然軋みや振動のないことで容易に推察された。しかも，このサイズの完全な5／6座セダンとしては異例に軽く，1360kg（水，オイル，スペア，ツールを含む）にすぎない。

　メルセデスは，特に日本では高価な車である。しかし性能，居住性，室内装備，耐久性など，すべての点を考慮に入れるなら，それはむしろ安いとさえ言える。

　メルセデス220SEは，The Best Touring Car in the Worldであると思う。

（1963年5月号）

ロードインプレッション

MG1100

　63年の英国小型車の中で最も技術的に興味あるのは，BMCのＡＤＯ16（モーリス1100／ＭＧ1100を意味する社内の型式名。ミニマイナー／オースティン850はＡＤＯ15）だろう。ＭＧ1100は言うまでもなくモーリス1100のスポーツ版で，1098cc横置エンジンの出力が48HP／5100rpmから，ツインＳＵキャブレターを付け，圧縮比を8.9に上げることにより，55HP／5500rpmに高められている点を除き，機構的に全く等しい。

　ディーラー，日英自動車の御厚意で，最近輸入されたＭＧ1100を短時間ながらテストする機会を与えられたのでその印象をお伝えしたい。4ドアと2ドアモデルがあるがテスト車は前者であった。（2ドアは現在輸出専用で，左ハンドル型だけだと言う。）

　ＡＤＯ16は一口に言えばＡＤＯ15をひとまわり大きくしたもので，横置4気筒エンジンによる前輪駆動，四角いボディの四隅に付けたホイールと言う設計の基本は変らない。ＡＤＯ16が革命的な小型車だと言われるのは，Alex MoultonとAlec Issigonisの協力により生れた"Hydrolastic"と呼ぶ"ゴムと水"による独特の全輪独立懸架を採用して，小型車としては異例に快適な乗心地と，スポーツカーにも劣らないすぐれたロードホールディングを結びつけた点にある。"Hydrolastic"についてはすでに何度か紹介されたのでここでくわしくは繰り返さないが，一口に言えばそれは，4輪に付いたラバースプリングの前後同士を液体で連結した一種の関連懸架である。サスペンション・アームの型式はＡＤＯ15と非常によく似ている。ＡＤＯ15ではスプリングは単なるラバーコーンであるが，ＡＤＯ16ではラバースプリングの下部に液体（水とエチールアルコール）を封入したチェンバーがあり，サスペンション・アームは液体を介してラバーを圧縮する。この液体のチェンバーは，金属の隔壁によって二つに分けられ，上下のチェンバーは2ウェイ・バルブで連絡されている。車輪が物に乗り上げると，サスペンションアームが下のチェンバーを圧縮し，液体はバルブ

を押し開いて上のチェンバーへ流れ，ラバースプリングを圧縮する。逆に車が穴へ落ちた場合は上から下のチェンバーへ，液体はバルブに抗して流入する。つまり，"Hydrolastic"はそれ自体でスプリングと復動式ダンパーの役目を兼ねるわけである。また，サスペンション・アームの運動量（ストローク）と液体の流量の関係はリニア（正比例的）でなく，後者は幾何級数的に増すよう設計されているので，従ってバネレートは荷重に応じて変化するわけである。これだけでも普通の金属スプリングにはない画期的な特徴だが，更にすぐれているのは前後サスペンション・ユニットが細いパイプラインで連結され，互いの動きを打ち消し合い，全体として車の姿勢の平衡を保つ点である。すなわち，前輪が物に乗り上げると，前のスプリングが圧縮されると同時に液体が後方へ流れ，後のスプリングの圧力を上げ後輪を押し下げようとする。つまり，後輪が障害物に乗り上げる時には，バネレートがすでに上って（硬くなって）いるので，強い反応を示さず，結果としてピッチングがミニマムに抑えられるわけだ。

　この関連懸架は，コーナリング時のロールに対してもよく抵抗する。コーナー時にボディがロールして外側の前後サスペンションが圧縮されると，ピストンで圧縮された液体が前後ユニットから出てパイプラインの圧力を高め，結果的に外側のサスペンション全体のバネを硬くし，ロールに抵抗することになる。

　さて，理屈はこうだが実際に乗った結果はどうだろう。結論を先に述べるなら，これは掛け値なしにすばらしいサスペンションであることが判明した。ただしこれには註釈が必要である。バンパーをつかんでゆすってみるとまるで極度にソフトな米車のように軽く上下に動く。しかし乗ってみるとこれから想像されるのとは全く逆にむしろ硬めな乗心地でさえある。だからこの車から魔法のカーペット的な乗心地（そんなものは現在のところありはしない）を期待したら失望するかもしれない。絶対的にすばらしいのは，一流のスポーツカーにも劣らないロードホールディングとの関連においてであり，その意味では他に類を見ない。乗心地だけを切り離して見ても，ＭＧ1100は同クラスのファミリイ サルーンと同等か，それ以上である。不整な路面は，殆んど乗客に路面の変化を感じさせることなく，かなりのスピードで通過できる。要するに急激な姿勢の変化がないからである。より注意深い乗客なら，全輪が全く独立に常に細かく運動して，懸命にショックを伝えまいとしていることがわかるだろう。ピッチングは全くないと言える。ただし，急激なスタート時には柔らかいサスペ

ンションの車のように一瞬鼻が上がる。また，或る種の波打った路面ではピッチングは起らない代りに，水平のままで小さい上下動が反復されるのを経験した。しかし，それは極く軽度のもので，普通の車のようにその傾向が次第に増大したりすることは全くない。驚くべきは車輪の接地性のよいことで，洗濯板状のコーナーでも殆んどタイヤは路面を離れず，ましてやコントロールを失なうことはない。ダンピングはすこぶる強力で，フルロードでひどい凹凸に遭遇してもサスペンションがボトミングしたことは一度もなかった。

　ＭＧ1100の真価が本当に発揮されるのは高速コーナリングの際である。それは前輪駆動自体の安定性，すぐれた"Hydrolastic"サスペンション，低い重心，ボディの四隅についたホイールなど，すべてのファクターの綜合的な結果に違いないが，全く他の車に乗るのが馬鹿らしくなるほど容易に，速くコーナーを廻ることができる。ロールは極度に少なく，タイヤは鳴らず，不整な路面も操縦安定性にはいささかの影響も与えない。

　前輪駆動と言えばステアリングは重いと考えられたのは昔話で，このＭＧ1100のそれは常に軽く，しかもすこぶる正確で鋭い。ツェッパ定速ジョイントのために，低速でいっぱいにハンドルを切っても，２ＣＶなどで経験されるフラクチューエーションは皆無だから，前輪駆動という実感はこの面では全々ない。ただ，経験あるドライバーなら，コーナーをスロットルを踏んだままで廻る前輪駆動独特のテクニックを本能的にとるだろう。操向性は，60／40という重量配分からでも想像がつくようにアンダーで，この傾向はスピードを増すにつれて増大するが，コーナーの途中でスロットルから足を上げると逆に内側へ切れ込む性質をのみこんでいれば，コーナーを内側すれすれに小さく廻ることができる。この操向性の変化の度合はミニマイナーほど明確ではないにせよ，高速コーナリングには意識的に利用できて面白い。

　ステアリングの極めて軽いことはすでに述べた。ロックからロックまで3.2回転だから特に鋭いはずはないが実際には想像以上に敏感である。

　この日は専ら公道のみを走り，車が全くの新車のためもあって，加速テストは行わなかった。また同じ理由でエンジンをフルスロットルまで使わなかったから絶対的な性能については憶測の範囲を出ないが，現代の１リッター級ファミリイ サルーンとして水準以上のものであろうことは容易に想像がついた。

4気筒1098ccエンジンの出力は55HP／5500rpm，最大トルク8.57mkg／2500rpmだが，特筆すべきは非常にフレキシブルな点である。トルクカーヴは1500から4000rpmまで殆んどフラットな線形を画いており，実際に運転してみてもトップで30km/h以下から90km/hくらいまで，同じペースでスムーズに加速できた。4速ギヤボックスのローはいまだにノン・シンクロであるのは，他のライバル，特に独仏の車が全シンクロを謳っている現在，販売政策上不利と思われるが，実際上では何ら不自由は感じない。フロア・シフトレバーの作動は，横置エンジン・ギヤボックスとの間を長いロッドで結んでいるため，やや動きが大きいが，少くとも確実である。4速のギヤ比はモーリス1100と共通だが，エンジンのパワー特性にマッチし，この車の用途に最適のギヤ比配分を持っている。5500rpmまで踏みこんだ場合の各ギヤでのスピードは，ロー40，セカンド60，サード95，トップ130と言ったところだが，実際には楽に6000rpm以上に上げられるので，これより更に10％は伸びる。もちろん，トップは別で，理想的な状態での絶対的なマキシマムはTheAutocarのテストによれば143km/hである。加速タイムは同誌によれば，0—30mph5.4秒，0—50mph12.7秒，SS ¼マイル21.3秒であり，1リッター級サルーンとしてははるかに水準を抜いている。因みにモーリス1100のマキシマムは126km/h, SS ¼マイル22.7秒を要している。

　ディスク／ドラムのブレーキはこの車の性能に対して十分な制動力を持つ。60／40の重量配分は，急制動時には更に前輪荷重が増し，後輪が先にロックする可能性が強いので，BMCの技術者は後輪へのブレーキパイプにレリーフ・バルブを設けて全輪へ均一に制動力がかかるように設計している。

　この車の全長は3.7mにすぎないが室内スペースはほとんど1½リッター級に匹敵する。前輪駆動，コンパクトなスプリング・ユニットによる全輪独立懸架のために，トランスミッション，ホイールアーチは全く室内へ張り出さないからである。前後のドアの広いことは驚くべきで，1.34mの低い全高にもかかわらず，各席への出入りは全く容易である。ドアはすべて曲面ガラスが用いられ，ドアも薄いので特に肩や肘のあたりの車巾は十分以上にある。フロントのセミ・バケットシートのクッションは厚く，バックレストは左右方向に対してもよく体を支えてくれる。前席は普通の前後の調節のほかに，ボディへのクラン

プの位置を3ケ所に変えることができるので，まずよほど並外れた巨体でも適当なレッグルームが得られるだろう。ドライビング・ポジションはミニマイナーとマグネット（現在のではなく58年までの）の中間くらいの姿勢である。ステアリング・シフトレバーの相対的な位置は適当だが，ペダルがひどく左の方へ寄っているので，最初はとても奇異に感じた。ドライバーは比較的高くすわるので，前後方の視野はまさにこれ以上望むべくもない。ダッシュのデザインはいささかお粗末である。速度計は横向きのリボン式で，その左右に水温計と燃料計があるだけである。その位置はあまりにも低すぎて，のぞきこまなければ見えない。この車の性格としては，タコメーターと油圧計はぜひ欲しいところだ。警告灯，ライト，ワイパー，スイッチ，スターターなどのスイッチはダッシュの右端の便利な位置にある。この車は手荷物の置き場には不自由しない。パッセンジャー側のダッシュにロッカー（その蓋はマグネットで閉まる）があり，またダッシュの下には全巾にわたる浅い棚がある。左右の前ドアには地図や雑誌が数冊入るくらいのポケットがあり，更にリヤシートの後にも棚がある。本来のトランクも，外観から想像されるよりはるかに広い。後席のベンチは必要以上に厚く，高くすわるので，フットルームはすれすれである。リヤアクスルの干渉がないのだから，どうしてもっと低くしないのか，一寸理解できない。

　Easy Careは自動車界にあっても流行語の観があるが，MG1100はこの面でも特筆に価する。冷却水及びサスペンションはシールされ，故障しない限り補充の必要はないし，グリースポイントは3000マイル毎に僅か4ケ所あるだけである。

　MG1100は，スポーツカーの操縦性と真に快適な乗心地と言う相反するファクターを，革命的なサスペンションの採用によって結びつけるのに成功した。コンパクトなボディに驚くべき居住性を包含し，性能に対して経済的なこのMG1100は，世界の1リッター級サルーン中，最大の傑作車であることは今後の販売実績が示すことだろう。

　テストを終って自分の車に乗りかえた時，全く運転するのが嫌になるほど，自動車技術の進歩を全身で思い知らされた。

（1963年6月号）

ロードテスト

ポルシェ 356B 1600 スーパー 90

　ポルシェのようにもはや定評の確立したスポーツカーをテストし、批評することは中々勇気のいる仕事である。およそ四つの車輪の付いたものなら、ロータスからロールスまであらゆる種類の車を操縦したことがあるけれども、今まで奇妙なことにほとんどポルシェのハンドルを握るチャンスがなかった。だから、新しいスーパー90を従来のポルシェと比較する資格はないわけだが、ロータス、Eタイプ、300SL、アバルト等、世界的に一流と言われるスポーツカーをテストした経験の集積がもし判断の規準になるとすれば、このテストレポートもいささかの客観性を持ち得ると言えるだろう。

　現在のポルシェ1600には3種のエンジンがある。

	1600	1600S	1600 S-90
圧縮比	7.5	8.5	9.0
出　力（DIN）	60HP／4500rpm	75HP／5000rpm	90HP／5500rpm
トルク（DIN）	11.2mkg／2800rpm	11.9mkg／3700rpm	12.3mkg／4300rpm

　エンジンを除いて3車はすべて共通だが、スーパー90は細部がやや異なる。まず、リヤサスペンションに横置一枚リーフの補正スプリングが付加されていることで、これはコーナリング時に内側のホイールが浮き気味になるのを防ぎ、コーナリングパワーを増す効果がある。（1600／1600Sにも注文で装備できる）また、スーパー90には165-15のスーパースポーツ・タイヤ（ダンロップ、ミシュラン、グッドリッチの3種から選べる）が標準装備である。
　ボディは、クーペとカブリオレ（取外せるハードトップも付く）の2種で、スピードスターやハードトップ・クーペは現在のカタログにはない。
　テスト車は、1600シリーズの中で最もパワフルなスーパー90のクーペで、オプショナルの電動式サンルーフが付いている。低いクーペにエレガントにもぐり込むのは一寸した技術だが、その居住性のすばらしさはまさにポルシェであ

る。外誌には、"ポルシェを着る"と言う言葉が時に使われるが、一度でもポルシェのコクピットにすわったことのある人ならこの形容があながちオーバーでないことを御存知だろう。質のよいレザーのバケットシートに深々と身を沈め、バックレストの傾きを好みの角度に調節し、3スポークのがっしりしたステアリングを十分に腕を伸ばして10時10分に握れば、車の中にすわったと言うより、体が車の一部になったようだ。足もとの広々していることは特徴的で、ポルシェは十三文半巾広の大足でも楽に運転できる唯一のスポーツカーに違いない。クラッチとブレーキペダルはフロアから直接生えており、吊下げ式よりはるかに自然に踏める。オルガン式のスロットルペダルはブレーキとほとんど同一面にあり、ヒール・アンド・トウでシフトダウンするのに具合がいい。

　ひと口に言って、ポルシェはジーキルとハイド氏的な二重人格者である。初めて混んだ街中へほうり出された時の第一印象は、これがかの有名なポルシェかと意外に思うほど、御しやすくおとなしい実用車と言う感じであった。むろん、加速がすばらしいのはすぐにわかるが、走りっぷりがいかにもスムーズで、いわゆるスポーツマシン的な荒々しさはみじんも感じられないのだ。90HP／5500rpmエンジンは600rpmで全くスムーズにアイドルし、ノイズレヴェルも、少くとも市内で使う4000rpm程度まではさしてやかましいとは思えなかった。最大トルク12.3mkg／4300rpmの高速型エンジンと高いギヤ比の組合せから当然想像されるように、せいぜい60km/hしか出せない街中ではローとセカンドがほとんどで、たまにサードに入れた途端に信号でブレーキを踏むくらいである。しかしひんぱんなギヤシフトも、ポルシェにあっては少しも苦にならない。有名な特許のセルフサーヴォ・ボークリング式シンクロは文字通りフールプルーフで、30km/h以上からでもローへすばやく静粛にシフトダウンできる。セカンド（7.82）は1600cc級としては異例に高く、優に80km/hまで引っ張れる。しかもギヤノイズはごく低いので、市内をロー、セカンドだけで走っても、門外漢が想像するほど不便や不快感はない。

　乗心地も、およそスポーツカーと言う概念からは遠いほど快適である。ＶＷに似た乗心地だがもっと柔らかい。ただ、ポルシェに乗った途端に気になったのは、スウィングアクスルのリヤエンジン車（特にエンジン／トランスミッションが比較的フレキシブルに吊られている場合）に特有の、リヤエンド全体が横方向に揺動する傾向であった。これも気になったのは始めの中だけで、直き

になれた。

　御しやすく、乗心地のすぐれたポルシェが、混んだ街中でも実用に使い得る唯一の100マイル級スポーツカーだと言うのは、まぎれもない事実である。

　村山テストコースに着いた私達は、ここで初めてポルシェの実力の片鱗を知ることができた。(ポルシェの性能を100％知りたければスズカを1日借り切るか、ノンストップで深夜、東京・大阪を往復してみるかしなければなるまい。) タコメーターでイエローゾーンの始まる5500rpmまで踏み込めば、ローで約45、セカンドで83、サードで130まで一気に加速できる。十分になじんだエンジンなら、瞬間的に7000rpmまで踏めると言うから、セカンドで100、サードで160以上出せる計算になる。フルスロットルの豪快な咆哮はまさにポルシェ独特のもので一寸形容できない。テスト車のクラッチは踏みしろが非常に深く、実際につながるのは短かい距離なので、レーシングスタートは一寸した技術を要した。フルパワーを後輪に無駄なく伝えるのにかなりクラッチをスリップさせることが必要で、一瞬ながらクラッチの焼ける臭いが鋭く鼻をつく。SS ¼ マイルは、スタートの上手下手で0.3秒位の差がつき、うまくいった場合が18.0秒クラッチを放すタイミングがまづいと18.3秒であった。いづれも2人乗って燃料半量の状態においてである。ホイールスピンが全くないのは、ひとつには42／58と言う重量配分によるし、またひとつには滑りやすいクラッチの性質によるのだと思われる。

0 − 30km/h	2.6秒
0 − 40km/h	3.5秒
0 − 50km/h	4.4秒
0 − 60km/h	5.5秒
0 − 70km/h	6.7秒
0 − 80km/h	8.0秒
0 − 90km/h	9.8秒
0 − 100km/h	11.0秒
0 − 110km/h	14.0秒
0 − 120km/h	17.3秒
SS ¼ マイル	18.0秒

	ロー	セカンド	サード	トップ
20－40km/h	1.9秒	3.7秒	6.8秒	――
30－50km/h	――	3.1秒	6.3秒	――
40－60km/h	――	2.9秒	5.0秒	9.3秒

　スーパー90のエンジンは完全な高速トルク型で、3000rpmあたりから急にパワーが出る。だからエンジンから有効なパワーを絞り出すには、それこそひんぱんにギヤシフトをくり返して、常に3000～5500の間に回転を保たねばならない。レッドゾーンの始まる5500のピークを超えても、エンジンは全くスムーズで、際限なく回転が上がりそうな気構えなので、ロー、セカンドでは特にタコメーターに注意しないと容易にover－revさせる恐れがある。タコメーターの左の集合計器にはエンジンの油温計がある。正常な油温はグリーン・ゾーンで示されるが、苛酷な加速テストをくり返す中に僅かながら油温の上昇するのが認められた。ディーラーの説明では、これはエンジンが新しいためで、なじんだエンジンなら長時間高速運転を続けても、また逆に市内で発進停止をいくらくり返しても、油温計の指針は決してグリーンの範囲を出ないとのことであった。ポルシェのエンジンはぶち廻せば廻すほど活気がつくとよく言われるが、本当にそんな気がするくらいタフである。
　ギヤシフトの感触は、あまりスムーズで軽いので最初はむしろ頼りない気がした。これは、一般に硬い英国車（むろんフロントエンジンの）のギヤシフトに馴れているからかもしれないが、全々腕の力を抜いたままで入る。いつものくせで、ダウンシフトは無意識にダブルクラッチを踏むが、ポルシェは全くその必要がない。それこそ、いつでもどこへでも静粛にシフトダウンできるのは、かえって気味が悪いくらいだった。
　スーパー90の公称マキシマムは185km/hだが、村山の短かいコースでは150km/h止まりであった。しかし、同じコースで、ポルシェよりエンジンの大きいＭＧＢやＴＲ４でさえ130km/hしか出せなかったことを考えるならスーパー90が1600cc級として実に驚くべき加速性能を持っていることがわかる。150km/hはトップで約4800rpmに相当するが、エンジンは全くスムーズであり、空力的なボディの風切り音も低いので、とても150km/hと言う実感はない。

ロードホールディングは、端的に言って抜群である。高速になればなるほどぴたりと路面に吸い着いた感じで大きい波状の路面に遭遇してもボディが浮くと言うことは皆無である。テールヘヴィの車の方向安定は横風に影響されやすいと言われるが、この日は幸か不幸か無風状態であったので、これを確かめることはできなかった。

　ステアリングは、低速ではやや重く感じるが、高速では軽く、ごく柔らかに握っているだけで車は思い通りに動いてくれる。すべてのコントロールは軽くスムーズなので、ポルシェは操縦するのに最も肉体的な力を必要としないスポーツカーだと言える。その反面、ポルシェを十二分に乗りこなすには、繊細な神経とインテレクチュアルな努力を要求される。と言っても、これはレーシングスピードでコーナーを廻る場合などについてであって、普通のオーナーがハイウェーのカーブをせいぜい高速で廻ったつもりでも、ポルシェのコーナリング能力の80％程度しか発揮していないはずである。

　初期の356で速くコーナーを廻った経験がないので書かれたものに頼るほかないが、相当強いオーバーステアだと言うことになっている。しかしこの10年間の絶えざる改良により、現在の356B、特にリヤに横置一枚リーフ補正バネの付いているスーパー90の操向性は、後輪の接地性が限界に達するまで、むしろアンダーステアを示すようになった。だから、普通のオーナーが日常路上で体験する程度のスピードでは、ポルシェの操縦性は別に特に変ったものではないはずである。現在のポルシェが操縦しやすくなったと言われるのは、この事実を指しているのだろう。だが、レーシングスピードでコーナーを廻る場合には事情は全く異なる。村山のトラックを次第にスピードを上げながら周回している中に、突然（と思った）後輪は接地性を失なってスキッドした。60Ｒコーナーを120で入った途端である。たしかにスーパー90の操向性はアンダーを持続するが、限界に達すると急にオーバーに転ずる。ポルシェに経験の深いドライバーなら、後輪が滑るのを十分に予知できるのだろうが、私のようになじみの薄い者には突如としてスキッドするように感じられる。カレラＧＴによるレーシング・テクニックを書いた本に、テールのスキッドをステアリングをすばやく左右に振って抑えながら廻ると書いてあったが、なるほどそんなものかと思うだけで、村山のような幅のせまいコーナーで実験する勇気は正直のところない。曲りくねったスズカ・サーキットを平均127km/hで廻るフォン・ハンシュ

タインの腕は実にすごいものだと改めて感服した。

　それはともかくとして、村山のコーナーを廻るスピードに関する限り、ポルシェは標準的なスポーツカーより20km/hは速い。コーナリングがあまりにも容易なので、調子に乗ってスピードを上げすぎると初心者はスピンする恐れがあると言うことだ。テスト車にはグッドリッチのスーパースポーツ・タイヤが付いていた。スーパー90のすぐれたコーナリングは、このショルダーにまでトレッドのついたレーシング・タイヤに負うところが大きいと思われる。100km/h以上で60Rコーナーを廻ってもタイヤは全く鳴らない。その代り、このタイヤは舗装の目地程度の凹凸でもゴツゴツと感じる。

　ポルシェはいまだに全輪ドラム・ブレーキに固執している数少ない高性能車である。ドラム径は前後共11インチ、タービン状の冷却兼補強フィンが深く切ってある。踏力は軽くはないが、非常にバランスがよいことは特筆に価する。150km/hから急制動をかけても、全体の姿勢には大して変化なく、恰も巨人の見えざる手で後ろ髪を掴まれたようにgを感じるだけだ。50km/hからフルストップをかけたら10.5mで真直ぐに停止した。ハンドブレーキはスポーツカーらしからぬ、ダッシュの下のアンブレラ型である。すこぶる強力だが、普通のハンドブレーキのようにもどしバネがないらしく、ひねってから押し込まないと完全に外れない。

　ポルシェのロイター製ボディは工作と仕上げのすぐれていることではもはや定評がある。ドアはまるで15000ドルのロールスのように、それ自身の重みでコトリと閉まる。ボディの剛性の高さは例外的で、どんな悪路を走っても軋みや振動は皆無である。ポルシェの主な用途は言うまでもなく高速長距離旅行であり、室内はこの目的のために、至れり尽くせりの配慮が払われている。快適なバケットシートについてはすでに述べたが、リヤには折畳める二つの補助シートがあり、日本の規則では一応4人乗りである。無論、短時間なら乗れないこともない程度のもので、主な目的は水平に倒して荷物のスペースとすることである。フロントの"トランク"はやはり50ℓタンクとスペアでほとんど占領されているので、大きなスーツケースの類はリヤコンパートメントに積むほかはない。細々した手廻り品を入れる場所は、ダッシュのロッカーのほか、前席の足もととドア全巾にわたるポケットがある。

　冬の寒いドイツの車だけに、現在のポルシェのヒーターは完璧だが、一方暑

い日の通風も適当である。ヒーターのメインコントロールはシフトレバーの付根にある大きなノブで、エアの出口は左右のドアの敷居にある。デフロスターはフロントスクリーンだけでなく、リヤウィンドウにも付いているのは特筆に価する。

テストの日は特に暑くはなかったにせよ、せまいクーペで街中を低速で走っても別に暑さを感じなかったのはベンチレーションがよいと言うより、熱源であるエンジンが前にないためだろう。三角窓とリヤクォーターパネルを開ければ、走行中の通風は十分である。テスト車はオプショナルの電動式スライディング・ルーフが付いていた。曲率の大きいルーフのために、開口部は小さい。室内で気付いたことを二三。ステアリングの左に出ている、がっしりしたウィンカーレバーはヘッドライトのディマーを兼ねるほか、手前へ持ち上げればヘッドライトを点滅して警告あるいは親愛の情を示すことができる。普通、足踏み式のディマーのあるべき位置には、スクリーン・ジェットのポンプがある。ワイパーは63年型から無段変速式になった。ダブルチョーク・ソレックスに今年から自動チョークがついたのに伴って、従来のハンドスロットルはなくなった。テスト車は、熱いエンジンをしばらく止めておくと、相当長い間スターターを引っ張らないと掛からないくせがあった。

前後のボンネット、それに62年型からガソリン・フィラーのフラップも、室内からレリースを引かないと開かない。ダッシュの下にはVWと同じく、開、閉、予備（6ℓ）の燃料切換コックがある。

エンジンカバーの開口部はごくせまいので、熱心なオーナーでも自分でできることと言ったら、オイルとファンベルトの点検と、スパークプラグの交換（備付の特殊なレンチがいる）くらいしかない。タペット調整も車の下からでないとできない。ポルシェのエンジンはごく特殊な精密機械だから、万々一故障したら、賢明なドライバーのなすべきことは、直ちに車を止め、信頼できるサービス工場に電話をすることだけだろう。

ポルシェ・スーパー90は、1600cc級として抜群の高性能と完璧な居住性と言う二律背反的な要素をあわせ持つ文字通りのグランツーリスモである。それは、長く使えば使うほど、ほとんど動物的な愛着を感じるような車である。

（1963年9月号）

ロードテスト
ルノー8

　R8はいうまでもなく現在ルノーの主力で、小型のファミリイセダンを買おうと思うフランス人の10人中9人くらいまでがまず候補にあげる類いの車である。いわば最大多数のフランス人が、現代の小型実用車に対して持つ要求をひとつに集約したものがR8だと見てよいだろう。だとすれば、平均的フランス人の要求は非常に高度のものであり、ルノーの技術者は完全にそれを理解し、R8はそれに対する完璧な解答だといってよい。

　もし、ルノー4CV、5CVドーフィヌ、それにこのR8を同時に乗りくらべるチャンスがあれば、フランス人の基本的なファミリイセダンに対する要求がいかに変化し、またルノーの技術者がいかにそれに対応してきたかがはっきり理解されるに違いない。4CVの時代には、フランス人の要求はつつましく、とにかく4人の大人が乗れて、できるだけ少ないガソリンでAからBへ行き着ければ大して文句もいわなかった。だが今日では事情は全く異なる。4人の大人が楽に乗れ、鋭い加速と100km/h以上の巡航速度を併せもち、柔らかい乗心地でしかもスポーツカー並みの高速安定性が期待される。その上、乗用車は単なる機能だけの機械ではないから、性能のみで売れるものではない。性能や実用性とは直接の関係はないが、何らかの魅力を持つ車がベストセラーになり得るのだ。外国の実用車を正当に評価することは、それが置かれた社会的背景をよく理解することなしにはできない。特にフランス車で代表されるような欧州大陸の車の場合は然りなのでこゝに述べた。

　R8に乗りこんで誰でも一様にほめるのは、実に快適なフロントのバケットシートである。サイズ、デザイン、掛け心地のすべての点で、高価格のグランツーリスモのそれに匹敵する。よく、国産車のシートなどに、すわった途端は馬鹿によさそうだがものの2時間も乗っているとどこかが痛くなってくるのがあるが、R8のシートは一日中すわっていても最初の印象と変らない。材質はスポンジにプラスチックを張ったものだが、手触りは本皮かと思うほどで、むろん

臭いもしない。リヤシートの居住性は当然ながらフロントより落ちるが、前席をいっぱい下げた場合でも、後ろの乗客には適当なレッグルームが残されている。ドライビングポジションは、奇妙なことに、先月テストしたルノーフロリドよりはるかによい。ペダル類が、室内に大きく張り出したホイールアーチをさけるためにかなり中央へオフセットされていることだけはやや気になるが、他のコントロール類はごく自然である。4速（3速もある）フロアシフトレバーはステアリングから手を自然に落とした位置にあって扱いやすい。理想的な位置と角度にあるステアリングホイールは逆V型スポークを持ち、リムには表裏にフィンガーグリップが付いている。運転席からの視界はすこぶるよい。R8のボンネットは中央が逆に凹んでいるが、これは決してスタイリストの気まぐれではない。僅かのことだが、車の直前の死角をかなり減らしている。インテリアは簡素ながらよい材質と色調で統一され、安手な感じは全くない。ダッシュボードは反射を防ぐためにグレーの結晶塗装で仕上げられ、上下の縁はクラッシュパッド入りの黒いビニールレザーで覆われる。計器類はごくシンプルで、矩形の速度計（積算計のみでトリップはなし）の中に燃料計と各種のウォーニングランプが組みこまれているだけだ。ステアリングコラムから左右に出ている細い2本のレバーは、右がウィンカー、左がフランス車特有のホーンプッシュを兼ねたライトの切換えレバーである。ホーンは押し方によって強弱2種の音が出る。ライトのメインスイッチは妙なところにかくれている。ステアリングコラムを包むナセルの下側で、探してもそれと教えられなければわかりにくい。シングルスピードのワイパー、及びプランジャー式スクリーンジェット（標準装備）のノブはダッシュ右隅にある。テストの日は晴天でワイパーを使うチャンスはなかったが、ドライバー側のブレードはガラスのRに合わせて大きくわん曲しており、スクリーンの隅に拭き残しを全く許さないすぐれた設計である。

　スタータースイッチは、これもフランス車の常でステアリングロックを兼ねているために、夜など馴れないとキーを入れにくい位置にある。R8の自動チョーク ソレックス（又はゼニス）付エンジンは、冷えていても暖まっていても常に一度でスタートした。面白いのは、水温のウォーニングランプが、オーバーヒートの際だけでなく、朝エンジンをかけた直後など、適温に達するまで点いていることだ。いうまでもなく、R8の冷却水は−40℃まで保証の不凍液を含

んで工場を出る時に封印されており、エンジンをオーバーホールする時以外に水を足す必要はない。

　R8は現代の1リッター級サルーンの中で傑出した高性能を備えている。その理由は簡単で、725kgという軽量ボディに、高効率の956cc 48HP／5200rpmエンジンと、その特性によくバランスした4速ギヤボックスを備えているからに他ならない。R8のエンジンはこの程度の低価格車には分不相応とも思える、5ベアリングを備えている。従って回転は極めてスムーズに6000以上まで優に上り、耐久性も十分なはずである。4CV、コンテッサなど、ルノー系のリヤエンジン車に親しんでいるドライバーは、このR8のエンジンが静かでスムーズなのに一驚するに違いない。トランスミッションのギヤノイズも、少くとも前席ではほとんど気にならないほど低い。各ギヤは非常によく伸びる。加速の伸びが止まる（しかし、バルブクラッシュはまだ起らない）まで踏めば、ロー45、セカンド70、サード105に達する。これは、先月テストしたフロリドSと全く同じであった。フロリドのエンジンは圧縮比が9.5で出力は51HP／5500rpmだが、車重がR8より80kgも重いので、加速は両車ともほとんど優劣がない。どちらもSS ¼ マイルを22.4秒で走る。これは5年前なら1リッター級スポーツカーのタイムである。R8とフロリドのギヤリングは全く同じだが、最高速度だけは空気抵抗の少ないフロリドがかなり高く140km/h、R8は125km/hである。短かい村山のストレートでは、R8のマキシマムは110km/hに止まったが、あと500mの走路があれば125に確実に達し、またそれを長時間維持することも可能に思えた。トップギヤ1000rpm当りの速度は24km/hで、125km/hの際のエンジンrpmは5000を僅か超えるだけだから、この堅牢な5ベアリングエンジンには決して過度な負担とはならないだろう。ローを除きシンクロ付4速ギヤボックスは適切なギヤ比の配分を持っており、うまく使えば常に思うがままの加速・減速が愉しめる。レバーの動き、特に左右の動きはかなり大きいが、従来のリヤエンジンルノーに比較すればはるかに確実で、シンクロはすこぶる強力である。殊に100まで常用できるサードは、最近の夜の東海道のような80km/hの交通の流れに乗って走る場合など、自信をもって追い越しに使える。一方、エンジンはかなりフレキシブルで、トップのまま30km/hからでもノックすることなく加速が効くほどだ。

0－30km/h	2.7秒
0－40km/h	3.6秒
0－50km/h	5.0秒
0－60km/h	7.2秒
0－70km/h	9.6秒
0－80km/h	12.9秒
0－90km/h	17.0秒
0－100km/h	20.0秒
SS ¼マイル	22.4秒

	2nd（9.2）	3rd（6.7）	4th（4.5）
20－40km/h	2.7秒	4.3秒	6.8秒
30－50km/h	2.9秒	4.0秒	6.6秒
40－60km/h	3.3秒	4.0秒	6.7秒

　先月のフロリドの時は大雨で、十分に操縦性をテストすることができなかったが、この日は絶好のコンディション（晴天、無風）だったので、R8から100％の性能を引き出すことができた。R8のサスペンションはドーフィヌと基本的には同じだが、重要な改良点はスウィングアクスルを前方からラディアスアームで吊るようになったことである（日野コンテッサは最初から同じ方式を使っている）。R8は空車時の重量配分37/63程度で今なおかなりテールヘヴィだが、4CV、ドーフィヌを通じてサスペンションの絶えざる改良の結果、このR8では賞賛さるべき高度の操縦安定性に到達した。村山のコーナーへ80＋で入っても、R8の操向性はニュートラルである。サードで入ってコーナーの途中で踏みこんでも操向性には何ら変化は起らない。リヤエンジン車でこれほど自信を以てコーナーへ飛びこめる車は、私の経験した限りではポルシェのほかにはない。1周2kmのラップタイムは1′12″5（2人乗車）であった。リヤエンジンルノーの常でステアリングは非常に軽い。ラック・アンド・ピニオンの機構には、今なおリターンスプリングが入っているのでキャスターアクションは不必要なほど強い。高速での方向安定も従来のルノーよりはるかに良好になっているのだから、もはやリターンスプリングの存在理由は薄くなってきたといえるだろう。

乗心地の大巾な改善はドーフィヌにくらべてまさに画期的である。コイルとエアロスタブルラバークッション併用のバネはドーフィヌよりはるかにソフトで、しかも強力なダンパーとスタビライザーはロールとピッチングを有効にチェックする。テスト車には普通のミシュランタイヤ（スティールコード入りではない）が付いていた。村山のコーナーの粗い路面では多少のショックとノイズをボディに伝えるが、スムーズな路面ではほとんど音を発しない。

　5ベアリングのエンジンと共に、このR8で身分不相応なぜいたくにも思えるのが全輪ロッキード・ベンディックスのディスクブレーキである。サーヴォなしだが踏力は普通で、いかなるスピードからでも安定した効果を示した。50km/hからの制動距離は12.0m。このブレーキでもうひとつすぐれた点は、急制動時の重心移動で軽くなった後輪が先にロックするのを防ぐために、ブレーキ系統にプレッシュアレリーフバルブがあることで、実際に4輪へ均一の制動力が配分されることがわかった。

　さきに、この程度の実用車で5ベアリングエンジンと全輪ディスクは身に過ぎたぜいたくではなかろうかと述べたが、最近フランスへ行った友人の話では、パリあたりの運転の習慣はそれこそフルスロットル、フルストップの連続で、実際に高速耐久性のあるエンジンとブレーキが安全のために必要らしいのである。

　この車でただひとつ欠点らしいものはボディの強度と剛性についてである。強度については一日のテストでは確実なことはいえないが、少くとも剛性はあまり高いものでないことは推察できた。100～110km/hの間で、ボディパネルはかなりひどいドラミングを起こすのである。

　再びインテリアにもどって。この車はフランスの低価格車としては異例にアクセサリイ類が完備している。ヒーター・デミスター、スクリーンジェット（手動プランジャー）、一対のサンバイザーは標準装備である。ダッシュの左右両端には、ヒーターとは独立したベンチレーターがある。車速が60以上になるとドア窓を閉めてあってもこのベンチレーターのみで十分なほどだ。風量と風の向きは調節可能で、ドアに3角窓がないことは何ら不便ではない。プジョー404にせよシトローエンDSにせよ3角窓なしで室内の換気に不自由しないのは、このR8同様、すぐれたベンチレーターを備えているからに他ならない。雨の多い、湿度の高い日本の車が見ならってほしい点である。

四角いフロントボンネットの下は驚くほど広いトランクで、フロアはビニールマットで覆われている。スペアはトランクとは別に、その下に格納される。

　加速性、操縦性、居住性、乗心地等、すべての点においてルノー8は現代の1リッター級ファミリイサルーンの水準を抜いた車であるといえよう。フランス本国だけでなく、世界の市場でのベストセラーとなったとしても不思議ではない。

（1963年11月号）

ロードテスト

ホンダS600

　３月１日から発売されたホンダS600は、すでに市販されているS500のボディにひとまわり大きい606cc 57HP／8500rpm、5.2mkg／5500rpm（S500 531cc 47HP／8500rpm、4.6mkg／4500rpm）エンジンを載せた高性能版で、ボディ、シャシーは細部を除き同一である。価格は５万円高の50.9万円。

　S600のエンジンは、排気量で75cc、出力において10HP大きいだけだが、一般的な性能は予想以上に向上していることがテストの結果確認された。走路の関係で最高速試験は両車について行うことができなかったのでメーカーの公表値に頼るほかないが、S500の130km/hに対してS600は145km/hである。SS¼マイルは優に１秒縮まり、２人乗車で19.1秒（S500は20.2秒）を記録した。これのみでも僅か606ccの軽スポーツとして世界に誇るに足る高性能だが、一層驚くべきはその高度な実用性である。GPエンジンの模型を見るようなDOHC高出力エンジンのスペックだけを見れば誰しも始終ギヤシフトを繰り返さなければまともに走らない、扱いにくい悍馬を想像するに違いない。ところが事実は全く逆で、その気になればトップで30km/h（2000rpm）の低速を保って静かに市内を走り、そのままスムーズに加速さえ効くのである。更に、このホンダは舗装路しか走れない"非実用的"な純スポーツではない。160mmの高い地上高と順応性に富んだサスペンションのために、悪路を実用車と変らぬスピードで踏破できるタフネスをも備えているのだ。

　テスト車はすでに1800kmほど走ったアイヴォリイのソフトトップ（ハードトップは６万円のオプショナル）付２シーターで、ギヤボックスは標準の４速（５速もオプショナル）である。テスト車は相当苛酷に扱われてきたらしく、エンジンノイズは私が過去に乗った何台かのホンダ・スポーツよりはるかにやかましかったが、約1000rpmのアイドリングから10000を超えるマキシマムまで、それこそ電気モーターのようにスムーズに廻転が上る。11000までのタコメーターは9500から上がレッドゾーンで、9000を超えればさすがにパワーは急速に落ちるが10000以上でもまだバルブクラッシュは起こらない。４速ギヤボッ

スのレイシオはS500と多少異なり、一般に僅かながら低くなっている。(3.89、2.19、1.43、1.09)、10000まで踏んだ時のスピードは1st45、2nd80、3rd120近辺だが、エンジンは依然としてスムーズなので、タコメーターに注意しないと容易にover-revさせる危険がある。ダイアフラム・スプリングクラッチのつながりはごくスムーズかつ急速で、6000くらいに廻転を上げて放せば誰でもすばやいスタートが可能である。絶対的なトルクが小さいから、アスファルト上ではホイールスピンは起し得ない。僅か10cmほどの短かい垂直なシフトレバーは理想的な位置にあり、動きは小さく確実である。2nd以上に付いているシンクロはすこぶる有効で、加速テストの際にも一度もギヤは鳴らなかった。ノン・シンクロの1stは静止から常に一度で入る。非常にフレキシブルなエンジンのため、走行中に1stへシフトダウンする必要は殆んどないが、ダブルクラッチを踏めば20km/hからも静かにシフトできた。

　加速性能はいかなる標準をもってもすばらしい。2人乗って80まで9.1秒、100まで14.3秒(S500は夫々11.6秒と19.5秒)。SS¼マイルは4回の平均が19.1秒(ベストタイム19.0秒)であった。短い村山のストレートでは、最高速を試みるチャンスはなく、130(トップで約8700rpm)に止まったが、メーカーのテストでは約2kmの走路で瞬間速度147.5(平均)を記録している。

　このエンジンで特筆に価するのは、高出力エンジンとしてまさに例外的なフレキシビリティである。最大トルクは5.2mkg／5500rpmだが、2500〜9000という広範囲にわたって4.5mkg以上の有効なトルクを発生する。実際に操縦してもその通りで、トップギヤでさえも僅か30km/h(2000rpm)から躊躇せずに明確な加速に移るほどだ。追越加速のデータが示すように、30km/hから100km/hまでの各20km/hを加速するのに要するタイムは、サードはすべて5秒前後、トップは7秒台を維持する。だから、好むならば40km/h制限を守って静かに街中を走ることは一向に苦痛ではない。10000以上軽く回転の上るエンジンでしかも2000rpm(30km/h)をトップで維持できるのはウソのような話だが、まぎれもない事実なのである。

0-30km/h　　　2.4秒
0-40km/h　　　3.6秒
0-50km/h　　　5.0秒

0–60km/h	6.0秒
0–70km/h	7.1秒
0–80km/h	9.1秒
0–90km/h	11.5秒
0–100km/h	14.3秒
0–110km/h	17.5秒
0–120km/h	21.4秒
SS ¼マイル	19.1秒

	1st.	2nd.	3rd.	4th.
20–40km/h	2.4秒	3.1秒	5.2秒	——
30–50km/h	——	3.2秒	5.4秒	7.9秒
40–60km/h	——	3.0秒	5.1秒	7.7秒
60–80km/h	——	3.6秒	4.8秒	7.1秒
80–100km/h	——	——	5.3秒	7.7秒

　エンジンはテストを通じて常に同じ調子を保ち、高出力パワーユニットによくある気まぐれは全く経験されなかった。温まっても冷えても常に一発でスタートし、水温計の針は高速テストの後も市内の低速走行の際も一貫して80℃付近を指していた。これは多少冷えすぎと思われるので、オプショナルのラジエターシャッター（¥2200）を付けるべきだろう。スパークプラグはNGK12mm No.8が標準だが、高速試験の際はメーカーの指示に従ってNo.12に換えた。このクールタイプは低速でミスする傾向があるので、レース以外は標準のNo.8で十分と思われる。

　スポーツカーにノイズはつきものだが、このホンダも走行中は相当やかましい。主な騒音源はエンジンよりもむしろファイナル・ドライブである。速度のいかんにかかわらず、ボディに固定されたデフとドライブチェンから特有なノイズを発する。テスト車のドライブチェンはあるいは調整を要する状態にあったのかもしれない。というのは静止からスタートすべく僅かに左足をゆるめると、丁度モーターサイクルのようにチェンの張るのが明らかに感じられたからである。排気音はかなりよく消されており、市内をサードで抜けても巡査の注

意を惹くほど大きくない。

　次に操縦性について。以前S500をテストした時、高速での方向安定があまりよくないと記したが、今度のS600では異なった印象を受けた。120でも直進を保つのに何ら神経を使わない。減速比15.1：1のラック・アンド・ピニオンステアリングは常に軽く、極めて鋭敏で、コーナーもハンドルを廻すというより手首だけの僅かの運動で廻れる。操向性はアンダーステアだが、コーナリングパワーの極限近くに達すると先ず滑り出すのは後輪の方である。滑り方が特有で、きれいにスライドするのではなく、断続的に横に跳ぶ。これはサスペンションよりもタイヤに多く責任があるようだ。テスト車のタイヤはダンロップの乗用車用（ダンセーフ以前の）で、村山でのテストは空気圧を2kg/cm^2（標準は1.4kg/cm^2）に高めて走った。より接地性のよい、例えばダンロップＳＰラウンドショルダータイヤに換えるなら、この車のコーナリングパワーははるかに向上するはずである。ロールは比較的大きい。端的にいって、ホンダの操縦性はスポーツカーとして例外的によいとはいえないが、その小粒なサイズの故に、大型のスポーツよりコーナリングはずっと容易である。コントロール類のデザイン、配置は実によいが、ただひとつだけ不満をいうなら、スロットルペダルの位置が高くて、ヒール・アンド・トウで減速することが困難な点である。もし私がこの車を買えば、即座にスロットルをスリッパー型に改造するだろう。

　ホンダの乗心地が軽スポーツとして異例によいことは以前S500をテストした時にも述べたが、この日S600でかなりの悪路を走り廻った結果、予想以上にタフなことも確認された。むろんバネは硬く、運動量は短いが、細かい路面の不整はよくサスペンションに吸収され、直接的なショックは身に感じない。大きい凹凸を高速で乗りこえてもあおらず、ジャンプもしない。要するに4つのタイヤは常に路面と接触を保っているのである。地上高は160mmもあるのは強みで、悪路もほとんど実用車と同じ気易さで強行突破できる。この軽スポーツが断然精彩を放つのが山間の曲りくねったせまい道を飛ばす時で、セカンドとサードをフルに利用すればいかなる車もテールについて走ることはできない。この日は吾々が東京箱根と呼んでいる五日市奥の山道で、ホンダの面白さを100％満喫した。ブレーキは非常によい。前後輪212mm径アルフィン・ドラムで、リーディング・トレーリングシュー式である。

　踏力は常に軽く、120で踏めば強力に効き、姿勢も安定している。50km/hか

らは9.5mで停止した。ノーズダイヴはごく軽い。ハンドブレーキは、S500ではいささかスポーツカーらしからぬ、ダッシュ下のTハンドルだったが、このS600はドライバー左側のレバーに改良されたので、緊急の場合にも使えるようになった。なお、作動中はダッシュに赤ランプが点く。

　ボディの強度と剛性はオープンスポーツとして例外的に高い。悪路を走ってもスカットル部やドアの開口部の振動や変形は全く経験されなかった。ボディは従来のS500と全く同一で、すでにS500のテストの際に述べたのでここでは繰り返さないが、この日特に気付いたことのみをつけ加えたい。幌の構造と工作は非常によく、耐候性は完全に近い。幌とドアガラス、スクリーンの間の密着はよく、100以上の高速でも決してバタつかないのは賞讃に価する。オープンにした場合はスクリーンの上縁に風よけのスポイラーが付くようになっている。これが中々有効で、帽子なしでも髪は乱れなかった。

　コクピットは極めて機能的であると同時に魅力的である。ロータス・エリート風のダッシュには飛行機の計器のような黒地に白文字のデンソー製メーターが4個、美しく並んでいる。正面は11000までの機械式タコメーターと160km/hの速度計（トリップレコーダーはオプショナル￥4600）で、その左に水温計及びアンメーター／燃料計がある。ダッシュ中央とトランスミッション・トンネルの間はスイッチボードとコンソールで結合され、後者には灰皿、オプションのラジオ、ライターが収納される。

　ヘッドライトのディマー、ホーンはダッシュ上にある上げ下げレバーで、ステアリングから手を放さずに操作できるのはよい。従来のS500では内張が少々悪趣味なキルティングだったが、S600はより単純なビニールレザー張りに変った。フロアは良質のラバーマットで覆われる。これは汚れやすいカーペットなどよりどれだけ実用的か知れない。バケットシートは非常によいデザインで、腰にかかるセイフティベルト（ドライバー側は標準装備、パセンジャー側は￥2500のオプション）を使えば高速コーナリング時もよく左右方向に身体をサポートできる。シートを一番後ろへ下げれば、身長178cmの私でもほぼ自然な姿勢で操縦できる。幌を上げた場合のヘッドルームも適当である。

　1リッター級スポーツ以上の性能、完全な居住性、車で行けるところならどこへでも行けるタフなサスペンション、異例にフレキシブルなエンジン等、す

べての点を綜合した場合、この50.9万円のホンダS600はwonderful buyといわねばならない。複雑なエンジンの信頼性と耐久力については、この短かいテストだけで即断はつかないが、それは時間が語ってくれるだろう。

（1964年4月号）

ロードテスト

いすゞ・ベレット1600GT

ベレットのスポーツクーペには現在3種類のヴァリエーションがある。1600GT、1500GT及び1500クーペである。ボディは3車とも全く同一だがエンジンとギヤボックスの仕様が異なる。エンジンの仕様を次に示すと…

	1600GT	1500GT	1500クーペ
容積	1579cc（83×73）	1471cc（79×75）	同左
圧縮比	9.3	8.5	同左
気化器	SU 2個	SU 2個	ストロンバーグ
出力	88／5400	77／5400	68／5000
トルク	12.5／4200	12／4200	11.3／2200

ギヤボックスは1600／1500GTがよりクロース・レイシオであるのに対し、1500クーペはエンジン同様、普通のベレット・サルーンと共通のものを備えている。メーカーの発表による最高速度と0-400m加速タイムは、1600GT 160km/h、18.2秒、1500GT 150km/h、18.8秒、1500クーペ145km/hである。価格は夫々93万、88万、83万円である。

今度いすゞ自動車の御好意で藤沢工場テストコースを借用してテストしたのは、3車のうちもっとも高性能版の1600GTであった。テスト車は増加試作段階のものらしく、しかも相当荒く取扱われた車であったが、性能は予想をはるかに上廻り、0-400mの加速タイムは17.8秒であった。これは1600級GTとしては文句なしに速く、およそロータス・エランに匹敵する。1600GTのエンジンは1500GTより単に容積がひとまわり大きいだけでなく、更に高度にスープアップされている。

例えば圧縮比9.3のシリンダーヘッドはアルミ製、エグゾーストはデュアル、フライホイールは更に軽量化されているといった具合である。この日は

1500GTにも短時間ながら乗るチャンスがあったのだが、1600GTのエンジンはそれに較べて低速でのスムーズさと粘りがやや劣るように思われた(あるいは前記のように1600GTのテスト車は荒く扱われた車であったので、これは本来の姿ではなく、調整不良によるのかもしれぬことを附記しておく)。とにかく、1600GTは相当な高速型エンジンである。約800rpmのアイドリングはラフで、2000rpm以下ではほとんど有効なトルクはない。その代り2200〜2300あたりから急激にトルクが高まり、5000以上までそれを持続する。8000rpmまでのタコメーターにはレッドゾーンが記されていないが、メーカーでは6000以上には瞬間的を除いて上げないように要望している。私もそれに従って加速テストの際にも6000をシフトの規準としたが、踏み続ければ回転はまだまだ上る気配なので、やはり安全のためにレッドゾーンを表示すべきだと思った。1600GTのギヤ比は国産車としては異例にhigh-gearedである。ギヤボックスはベレット・サルーンよりクロス・レイシオで、(3.44、2.13、1.38、1.00)、大体ヨーロッパの標準的GTのギヤ比配分をもっている。ファイナルドライブは、かなり小さく、3.778(4.111もオプション)である。タイヤはサルーンより径が1″大きい5.60‐14だから、トップギヤ1000rpm当りのスピードは約30km/hとなる。車重は1500デラックスサルーンより10kg重い940kgでしかも上記のようにhigh-gearedなのだが、88HPエンジンのパワーは、十分以上である。各ギヤは非常によく伸びる。6000rpmまで踏めば、ロー51km/h、セカンド83km/h、サードで130km/hまでそれこそ一気に引っ張れる。低速でややラフなエンジンも2000を超えると急にスムーズになり、6000に至るまで異常な振動周期は全く経験されなかった。160km/hといわれるトップスピードを出すチャンスはこの1周2.5kmのコース上ではなく、せいぜい145km/h止まりであった。その時のエンジン回転数はまだ5000rpmの一寸下にすぎず、なおじりじりと加速しつつあったから、2kmのストレートがあればスタンディングスタートからでも160km/hのマキシマムに達することは十分可能と思われた。トップギヤの実用的なミニマムスピードは50km/hかそれ以上である。40km/hを保つことはできるがそこから加速することは無理で、カリカリとひどくノックする。これはエンジンが低速でのフレキシビリティに欠けることを意味するのではなく、特徴的なhigh-gearingのためとみるべきだろう。むしろ高速型エンジンとしては異例にフレキシブルなことは追越加速のデータを御覧頂ければ納得がいくだろう。

例えば、20km/hから80km/hまで各20km/hを加速するのに要するタイムは2ndと3rdの夫々について大差ないくらいだ。勿論、ベレット・サルーンと比較すればはるかにひんぱんなギヤシフトを要求されるが、それでもこの1600GTを混んだ、スピードのおそい東京都内で毎日の"あし"に使うことを忌避する理由は全くないといってよい。苛酷な加速テストを繰り返しても水温と油圧は全くノーマルであった。ただし、このテスト車のエンジンは高速で走った直後スイッチを切っても仲々停止しない、いわゆるrun-onの起る傾向があった。これは本来そうであるのか、あるいはこの車だけのくせなのかは確認できなかった。

0 – 40km/h	2.8秒
0 – 60km/h	4.9秒
0 – 80km/h	7.9秒
0 – 100km/h	12.2秒
0 – 120km/h	18.7秒
0 – 400m	17.8秒

	2nd	3rd	4th
20 – 40km/h	2.4秒	4.5秒	—
30 – 50km/h	2.3秒	4.2秒	—
40 – 60km/h	2.3秒	4.2秒	6.4秒
50 – 70km/h	2.4秒	4.1秒	6.1秒
60 – 80km/h	2.9秒	3.9秒	6.3秒

クラッチはサルーンと全く異なり、踏力はやや重いがスパッとつながり、スリップは少ない。踏力の点は、メーカーの説明によると現在の生産型ではダイアフラム・スプリング式に改良されたのでずっと軽くなった由で、後で試みた1500GTでこの点が事実であるのを確認した。4速フロアシフトの感触は残念ながらヨーロッパ車より落ちる。シンクロは少々弱く、敏速なダウンシフトはダブルクラッチなしには静粛にできない。ローがノンシンクロなのはやはりハンディで、静止からは一度で入らないことが多かった。

サスペンションは基本的にはベレット・サルーンと同一だが、バネレートはむろんはるかに高く、フロントのスタビライザーも太い。ラック・アンド・ピニオンステアリングの機構そのものもサルーンと同一だがホイールは慣性質量の小さい木製リム、軽合金スポークで、操向の感覚はかなり異なる。端的にいってサルーンより重く、応答は敏感である。高速での方向安定は非常によく、120km/hでも手放しして何ら不安がないほどだ。テスト車では100km/hを超えるとステアリングが小刻みに振れるのが看取された。恐らく前輪のバランス不良と思われるが、ラック・アンド・ピニオン　ステアリングは完全にリヴァーシブルだから、ホイールバランスには特に留意する必要がある。ステアリングのレスポンスは非常に敏感で、高速ではそれこそリムの円周で5cm動かしても車は即座に応答する。操向性は一種独特で簡単に表現することが難かしい。低速では弱いアンダーないしニュートラルで、ベレット・サルーンよりもかなり高速までこの傾向を持続するが、やはりスウィングアクスル　タイプの車の例にもれず、あるスピードに達すると急激にオーバーに転ずる。これは荷重状態によっても異なり、一般的にいえば後席に人が乗った場合の方が操縦性がよくなる。このことは後輪にネガティヴ・キャンバーがついた時に操縦性が向上することを示すに他ならない。この車は空車状態ではキャンバーはゼロだが、車の使用条件はせいぜい前席に2人乗って飛ばす場合が多いと想定されるから、軽荷重時に最良の操縦性を発揮するよう、サスペンションをセットすべきではないだろうか。現状のサスペンションで2人乗車の場合、直径15mの円周上を次第にスピードを上げて廻ると、40km/hに至って後輪はスリップを始め、車は求心的に小さく廻りこむ。実際に高速コーナリングを行なっても大体この旋廻テストから予想された通りであった。藤沢テストコースのコーナーはバンクを使わずに廻ると、およそ85km/hで後輪は急にスリップを始める。慣れると後輪が滑り出すのを予知できるから、事前にステアリングを小刻みに振ってスキッドを防ぎながらコーナリングするテクニックを身につけるようになる。オーバーステアの車で高速コーナリングするのは相当に練習を要するが、慣れればアンダーの強い車よりも速く小さく廻れて面白い。

　乗心地はサルーンより相当硬いが、スポーツカーの標準からすればむしろ異例に快適である。この日は悪路を走るチャンスがなかったので断定的なことは

いえないけれども、少なくも舗装路の路面の不整はよく、サスペンションに吸収されて、乗心地はごくフラットである。硬いバネにもかかわらずタイヤのアドヒージョンのよいのは特徴的で、さすがに全輪独立懸架だけのことはある。これは、加速テストの際、5000rpmに回転を上げて急激にクラッチを放した時でも後輪のスピンが極端に少ないことにもよく現われている。

　1600GTはフロントにダンロップ・住友製のディスクブレーキを標準装備している。(他のベレット各モデルにもオプションで付けられる) 後輪はアルフィン・ドラムである。テストした1600ＧＴは初期の試作車で前後輪ともドラムであったので、ディスクブレーキのテストだけは別の1500ＧＴで行なった。ベレットのドラム・ブレーキが決して標準以下であるわけではないが、一度ディスクブレーキ付に乗ったらドラム付の車で飛ばす気には到底なれない。120km/hから繰返し急制動をかけてみたがそれこそ見えざる巨大な手で後髪を掴まれたように大きな減速度のみを感じ、急激なショックや姿勢の変化は全くない。これはブレーキの性能だけでなく、サスペンション、理想的な前後の重量配分等、色々な要因が入ってくるが、とにかく高速から自信を以て急制動をかけられるので、高速で飛ばしても実に安心感がある。

　次にインテリアについて。ベレットGTは文字通り２＋２クーペで、それ以上でも以下でもない。前席のバケットシートは左右方向にもかなりよく身体をサポートする。バックレストはアジャスタブルで水平まで数段階に傾斜を変えられるが、これは主にパセンジャー側でしか利用価値がない。というのは微妙な調節がきかないからで、少くともドライバー側だけでもノッチをもっと細かくして欲しいところだ。シートの前後調節量も私には不足でいちばん後ろに下げても脚が少々きゅうくつであった。外人は一般に手が非常に長いので、外車に乗るとシフトレバーが遠すぎることがあるが、このベレットGTは逆で、私にはレバーが少々手もとに近すぎる。その背後にあるハンドブレーキは更にこの感じが強く、手首を不自然に曲げないと操作できない。シフトレバーもブレーキも50mmほど前方にあった方が具合がいい。

　テスト車のスロットルペダルはサルーンと同じ小さい矩型であったが、ヒール・アンド・トウのダウンシフトは不可能ではないまでもやりにくかった。後

でカタログを見るとオルガン式の細長いタイプになっていたから生産型ではこの点改善されたと思われる。

　計器類は非常によく完備している。ダッシュパネル自体はサルーンと同じで、ただ下縁がクラッシュパッドで覆われている。正面の2個の大きな計器は左が8000までのタコメーター、右が200km/hまでの速度計でトリップレコーダーを内蔵している。他の計器類及びスイッチはダッシュとフロアを連結するコンソールに配置されている。高速走行中にもっとも大切な油圧と水温がいちばんドライバーに近い位置にあるのはよい。しかし実際に使ってみるとコンソール上の計器というのは前方から完全に眼を離さなければ読めない。コンソールは最近の流行だし見た目には豪華だが、機能の点ではやはりダッシュ上の計器が優れている。

　ベレット1600GTは掛け値なしに高性能の、居住性の高い2＋2クーペである。しかし高度にチューンされたエンジンだけにその真価は高速にならなければ十分に発揮されない。習慣的に高速長距離旅行をするモータリストや車をスポーツの目的だけに使う人々には1600GTはまさに最適だが、主として日常の用に使うのならむしろよりおとなしい1500GTの方が使いやすいと思われた。

（1964年12月号）

ロードインプレッション

スバル1000スポーツ

　静かな高性能FWD車として熱烈な愛好者を持つスバル1000を，さらに高性能化したスポーツセダンが，昨年のモーターショーを機会に発売された．ボディは2ドア型のみで，価格は東京渡し62万円（2ドア・スーパーデラックスより7.5万円高）である．

　まず両者の相違点を簡単に述べる．水冷水平対向4気筒OHV977ccエンジンは，55HP／6000rpm, 7.8mkg／3200rpmから，67HP／6600rpm, 8.2mkg／4600rpmにチューンされている．これは圧縮比を高め（9.0から10.0へ），カムシャフトを変え，キャブレターを2個のセミ・ダウンドラフトCV型三国ソレックスにし，デュアルエグゾーストに変えたことによって得られたもので，純ファミリーセダンとしては例外的に高いリッター当たり出力を持つ．ギアボックス，ファイナルのギア比はすべて同一だが，シフトレバーはフロアのリモートコントロールに変更されている．

　シャシー関係ではサスペンションとブレーキ，タイアが高速仕様に改められている．前後トーションバー（後ろはスバル360以来のセンター・コイルスプリング併用）は線径を太くして（前0.5mm，後ろ1.3mm）バネ常数を上げるとともに，全体として車高を標準車より15mm低くセットしてある．ダンパーも標準型よりかためである．

　ブレーキは，フロントがディスクに変えてある．ベンディックス・アケボノ製9″径SC型（シングル・ピストン式）である．リアは従来と変わらず，180mm径リーディング・トレーリングシュー式ドラム．タイアは高速性と操縦性を重視して，国産車として初めてラジアル・プライ型（BS製スーパースピードラジアル10) 145-SR13を標準装備したことが注目される．

　ボディ外装では，ラジエターグリルが黒塗りに一本横バーの通った斬新な意匠になったほか，ホイールキャップも異なる．内装では，セパレート・シートの張材がすべて発泡性PVCとなり，調節可能なヘッドレストがついた．計器類はレヴ・カウンターを含む三個の円形メーターに改められ，センターコンソー

ルがついて，ギアレバーもそこから出ている．ステアリング・ホイールは3本のステンレススポークを持ち，直径も従来よりごくわずかだが小さい．

　今回のテストは，一日しか車を借用することができなかったうえに（富士重工広報課によると，テスト用車はたった1台しかなく，いまだに方々からひっぱりだこな由），調子も完全ではなかったので，正式の計測は行なわず，簡単な印象記にとどめておく．また，標準のスバル1000については，66年8月号にもロードインプレッションが載ったので，なるべく重複を避け，スポーツセダンに独自の挙動を中心に述べる．

　運転姿勢は概してよい．ステアリング・ホイールは比較的水平に近いので，BMC1100系ほどではないにせよ，多少接近してすわることになる．シートは一番後方へ下げ，バックレスト（リクラインするほか，別のハンドルで微調整が効く）を適当に傾ければ，180cm近い長身者でも自然な姿勢がとれる．しかしシートは一般的に寸法が小さめで，特にクッションの長さが長身者には不足し，ももの裏側をサポートしない．また，テスト車（5500km走行）ではすでにクッションにへたりが見られ，少々腰がない感じであった．もう少しクッションに張りを持たせてほしいし，寸法的に大きくすることが無理なら，クッション前縁に盛り上がり（標準型スバル1000のセパレート・シートにはこれがある）をつければかなり改善されるだろう．ペダルは室内に張り出したホイールアーチのため，若干センター寄りにオフセットしているが，特に気になるほどではない．
　センターコンソールから出たシフトレバーはステアリングから左手をちょうど落とした理想的な位置にある．ハンドブレーキ（前輪ディスクに効く）レバーも，シフトレバー直後のフロア上に移され，シートベルトを着用しても使えるようになった．

　約1000rpmのアイドリングは，標準の55HP型に比べればごくわずかだが振動が多い．しかしリッター当たり67HPという高出力ユニットとしては，信じられぬほど低回転でもスムーズで，しかもきわめて静かである．テスト車では，アイドリング時に軽いコトコトいう音が聞こえたが，クラッチを踏むと止まると

ころから見て，ギアボックスから出るものらしい．

　スバル1000は，エンジンのバランシングのよさと，回転の上がりの速いことでは定評があるが，この67HP型スポーツでは一層この感が深い．1速，2速では，レヴ・カウンターに注意しないと，全く容易に7000以上にオーバーレヴさせてしまうほど，回転はスロットルに即答して小気味よく上がる．6500〜7000がイエロー，7000以上がレッドゾーンだが，バルブ・クラッシュは7500以上まで起こらない．7000rpmでの速度は，1速45km/h，2速73km/h，3速105km/hくらいである．感じでは1000ccとしては異例にhigh-gearedに思えたが，実際のギア比は普通であり，高速度はもっぱらエンジンの回転数にたよっていることがわかる．ギアボックス，ファイナルのレシオは全く標準型と変わらず，145-13ラジアルタイアの有効径も，標準型1000の6.15-13と比べ，事実上等しいと考えてよい．トップギア1000rpm当たり速度は，計算上22.5km/hだから，1000cc級としては別にhigh-gearedではないが，前記のようにバランシングのよい水平対向の強みで，たとえ7000rpmでもまるで電気モーターのようにスムーズである．

　クラッチは全くたよりないほど踏力が軽いかわりに，ストロークはやや大きい．つながりはスポーツとしてはスムーズすぎるほどだが，急発進をくり返しても別にフェードや過度のスリップは起こさなかった．シフトレバーは非常に軽いのはいいが，ギアがセレクトされた状態でも，横方向に100mmほどアソビがある．リンクの途中にはいっているラバーの弾性によるらしく，そのかわりアイドリング中にもエンジンの振動は全くレバーに伝えられない．シンクロは特に強力とはいえず，容易に負かすことができる．

　スバル1000は本来高速型エンジンで，ひんぱんなギアシフトを好むが，このスポーツは当然ながら一層然りである．ハンドブックも3500〜6000rpmを常用回転数とし，トップでは2000rpm（45km/h）をミニマムに指示している．実際に走ってみても，2000以下ではいうべきトルクを持たず，3000を越えると急にパワーの出る，かなりpeakyな特性を持つ．だから活気ある走り方をしょうとすれば，40〜60km/hがせいぜいの町なかでは，2速と3速が大部分で，トップギアはたまにしか使わない．一般の1000cc級乗用車にくらべて，常にギアが一段ずつ違う感じである．けれどもシフトは軽く確実で，クラッチも軽いので，ひんぱんなギアチェンジもいっこうに苦にならない．ギア音は一般にきわめて低く，特に3速はトップ（1.038のインディレクト）と異ならぬほど静かなので，

この面でも2，3速を連続使用することは，なんら心理的な負担とはならぬ．
　加速性能は1000cc級としては抜群で，メーカーのカタログは2人乗車17.7秒，5人乗車でも18.4秒という，ちょっと信じられぬ好タイムをうたっている．われわれのテスト車は前記のように若干調子が落ちており，2人と燃料満載で19.0秒がベストタイムであった．後に述べるように，スポーツに標準装備されたBSスーパースピード・ラジアルタイアはほとんどすべての点で従来の6.15-13クロスプライにまさるが，そのひとつは急発進時のホイールスピンが少ないことである．従来の55HP型は，サスペンションがソフトで荷重移動が大であることも手伝って，急発進時に乾いた路面でも黒いタイア・マークを残しがちであったが，67HPのスポーツは，接地面が広く，アドヒージョンのよいラジアルタイアのために，かえってホイールスピンが少ない．
　カタログによる最高速は150km/hで（イエローゾーンの上限に近い約6700rpmだが，メーカーでは自信たっぷりに実用最高速度といっている）短い村山テストコースの走路ではとうてい出すことはできなかったが，それでも135km/h（6500rpm）には達した．ちなみに，ここで135km/hを出せた1000cc級は（スポーツカーを含め），われわれの経験ではこのスバル1000スポーツが初めてである．
　最近各地に高速道路が建設されて，連続100km/hで走行することが合法的に可能になったが，1000cc程度の国産車で現実にそれができる車はごく少ない．エンジンが連続高回転に耐えないか，またはたとえ物理的に可能でも，ノイズのために心理的に不可能な場合が多い．動力系はよいとしても，サスペンションがそれに伴わず，横風などの影響を受けやすくては，やはり連続100km/hは非現実的である．ところが，スバル1000スポーツは，100km/hはおろか120km/h（5500rpm）でも長時間クルージングが全く容易である．エンジンは全くじゅうぶんな余裕を残し，機械的なノイズと振動はほとんど気にならず，ノーズヘビィのFWD車だけに，まるで矢のように方向安定がすぐれている．120km/hでも全体にノイズレベルが低いのは，タイアがラジアルなためでもある．高速走行後もタイア温度がほとんど変わらないことも特徴的である．また，エンジン音の静かなのは，冷却ファンがサーモスタットで作動する電動式であり，高速時には夏季でも空転して作動しないことにもよろう．いまごろの低い外気温では，混んだ町なかで一寸きざみをしばらく続けた場合にのみ，冷却ファンが自

動的に作動する．その音も，普通のヒーターブロワーよりずっと静か（ラジエターの横という遠くに位置する）である．

　話がファンに及んだついでに，ヒーターについて触れておこう．スバル1000の冷却システムは独特で，メインとサブのふたつのラジエターを持つ．それらは独立した冷却水路を持ち，サーモスタットで開閉する弁によって連絡されている．朝の始動時などエンジンが冷えている時には，小型のサブ・ラジエターの方だけが作動し，急速にウォームアップが行なわれる．現在の気温でも適温（82℃）に達するのにスタート後5分とはかからない．82℃に水温が上昇するとサーモスタットによって弁が開き，メイン，サブ・ラジエターが流通し，普通の状態になる．不凍液を含んだクーラントは完全密閉式で，2年間は交換の要がない．エンジン駆動のファンはなく，サーモスタットで継続するダクトつき電動ファンが，サブラジエターの側面についている．この電動ファンの機能はふたつある．ひとつは，前記のように何らかの理由で水温が92℃以上に上昇したとき，自動的に作動を始めて水温を下げることであり，もうひとつはヒーターのブロワーとしての役割である．ヒーターのオン・オフスイッチはダッシュ右下にあり，手前に引くとヒーターダクトが開き，サブ・ラジエターを通過した温風が足下の出口（前席の右と左，および後席の三方向に切り換え可能）から室内に導入される．温風は，40km/h程度で連続して走れば流速だけでどんどんはいってくるし，それで不足する場合は，サーモスタットと関係なく，2スピードブロワーを回して強力に取り入れることができる．このようなデュアル・ラジエター式の冷却・ヒーター・システムは外国でもタウヌス12Mくらいしか例がないだろう．スバル1000のはたいへん効率が高く，また作動が静粛だが，欠点もないわけではない．ひとつは，強力なために，車速によって車内の温度が大幅に変わりやすく，適温に保つには終始スイッチやシャッター開度を調節せねばならないこと．次に，冷却ファンはヒーターブロワーを兼ねているため，なんらかの理由で水温が上昇し，自動的にファンが回り出すと，たまたまヒーターダクトを"開"にして，流速だけで適当な温風を取り入れていた場合，だいたいにおいていつもこの状態なのだが，意志とは無関係にブロワーが作動することによって強い温風が吹き出すことである．いちいちそのたびに手を延ばしてヒーターダクトを閉じねばならぬ．もうひとつは，頭寒足熱がうまく効かないこと．フレッシュ・エアを取り入れるベンチレイターはあるが，ヒーター

を効かせていると冷風ははいらない．だから足を暖め，顔を冷やすという合理的な状態は，ドア窓を開けねば実現できない．どうもこのヒーターはよほどの寒がり屋さんが設計したもののようである．

操縦性には普通の使い方をする限りFWDらしいくせはなく，ごく扱いやすい．機械に弱いドライバーだったら，最後まで前輪駆動ということに気づかないかもしれぬ．かたく低くしたサスペンションと，接地面の広いラジアルタイアのついたこのスポーツモデルは，標準型にくらべはるかに足腰がしっかりしている．まず気づくのは，軌道などを斜めに乗り切っても全くハンドルをとられないことだ（標準型は特にこういう縦方向のうねに弱い）．もうひとつは，低速で後車軸が横方向に揺動する現象が消えたことである．これはBMC1100でも経験することで，原因はおそらくリア・サスペンションの横剛性が低いためだろう．

ドライブ・シャフトの内・外に等速ジョイントを使ったぜいたくな設計（BMCの前輪駆動車は外側だけ）だけに，フルロックで加速しても手にガクガクこたえることのないのはもちろん，パーキングなどの微速で操向するとき以外は，舵の重さは感じられない．微速でのステアリングの重さは，ひとつにはギア比を高め，3.6回転から2.9回転にしたためであり，またひとつには接地面の広いラジアルタイアに起因するのだろう．

よくいわれる，パワー・オンとパワー・オフの，コーナリング中における姿勢の変化は，奇妙なことにこのパワフルなスポーツの方がかえって軽度である．空車時に65/35程度にノーズヘビイであるから，操向性は当然強いアンダーをずっと持続するが，アンダーステアの度合も，標準型スバル1000にくらべて軽い．ラジアルタイアによる操向感覚は，クロスプライ・タイアとソフトなサスペンションの標準型スバル1000に比べれば格段に応答性がいいが，BMCミニや1100系ほどには鋭敏ではない．それゆえに，路面からのキックバックもスバルの方がはるかに弱い．

サスペンションは標準型よりはかたいが，全体としてはまだソフトで，ロールも普通である（スタビライザーはない）．だから激しいコーナリングをすると，外側前輪にはおそらく500kg以上の荷重がかかるはずで，横剛性の弱いラジアルタイアは，よほど空気圧を高めておかないと，腰くだけのような状態になって車全体の姿勢が乱れる．われわれは高速仕様の1.7/1.5kgで走ったが，

0.6g近い横向き加速度ではこの現象が起こった．もっと空気圧を高めれば問題はないと思われるが今度は乗りごこちがわるくなる．ボディと干渉しなければ，タイアをもうひとまわり太い，155-13にすれば解決されるだろう．

　スバル1000スポーツは実用上遭遇するほとんどあらゆる情況の下で安全な操縦性を持つといえよう．ただひとつ，この車でコントロールがむずかしくなるのは，滑りやすい砂利道などのコーナーへ高速で進入し途中でスロットルを放した場合である．するとテールは急にふり出され，ステアリングで修正しても，後輪駆動車のようには直ちに反応を示さない．どんな車でもコーナー途中で急に駆動力を変えるべきではないが，特に前輪駆動車では然りである．

　ブレーキは，標準型スバル1000に比べて大幅な進歩である．卒直にいって，標準型のドラム・ブレーキは車の性能に対して不足ぎみで，特に踏みはじめの段階においてストロークと制動力の関係があまりにも非線形的な傾向があった．このスバル1000のエンジンはまるで2ストロークのように，トップはもちろん，3速でもエンジン・ブレーキが非常に弱いので，特にブレーキの甘さが気になっていたのである．スポーツモデルのディスク／ドラムは，これとは対照的に踏力に応じてよく効く．サーボがないので特に軽い方ではなく，50km/hから0.95gのフルストップを得るのに40kgの踏力を要した．テスト車は軽くブレーキをかけたときにディスクからきしみ音がはなはだしく，いささか耳ざわりであった．

　ラジアルタイアは接地性がよいために，操縦性，制動力の面でクロスプライよりすぐれている反面，欠点もないではない．そのひとつはトレッド面がかたいために，特に低速で不整な路面を通過する際，細かい振動とロードノイズを伝えることだ．スバルの場合も例外ではなく，軌道敷などは敬遠したくなる．だが，ボディは約700kgという軽量車にしては異例に剛であり，悪路でも特にきしみやねじれは起こらない．

　燃費は正確に計測するチャンスがなかったが，約8km/ℓ程度と判断された．すべて都内と村山テストコースでの走行約150kmの平均である．標準型スバル1000は都内だけ走った場合が11km/ℓ程度というから，それより30％多いの

は，性能の向上に対して正当な対価というべきだろう．

　スバル1000スポーツがおそらく最も強味を発揮するであろう雪道の高速走行を行なうチャンスがなかったのはまことに残念で，いつか機会があれば再びテストしたいと思う．

（1968年3月号）

ロードテスト

ロータス・ヨーロッパ

　CARグラフィック編集部で試験用に購入したロータス・ヨーロッパで，われわれはすでに2000kmにわたる各種のテストを行なった．この間，C/Gテスト・グループの一員が毎日の通勤に使用するいっぽう，富士スピードウェイではレーシングスピードにおける挙動を体験し，また村山テストコースでは通例の定地試験を実施した．

　その結果を要約するなら，最高速度はカタログ値の185km/hを大幅にこえ，(富士スピードウェイで速度計は200km/h以上をさした)，0-400mは2人乗車して16.6秒を記録し，しかも計測し得た998km区間（この中には富士スピードウェイと村山でのテストを含む）の燃費は平均8.88km/ℓという経済性を示した．1.5リッターの，しかもルノー16という純粋のファミリーカー用エンジン・トランスミッションを利用した実用スポーツカーとしては，まさに驚くべき高性能というほかない．

　だがロータス・ヨーロッパの実力は，これらの単純な数値を超越したところにある．何にもまして特筆すべきは，その卓越した操縦性である．絶対的なコーナリング・パワーにおいて，ヨーロッパはむしろエランにまさり，それとフォーミュラ3との中間に位するといえよう．

　週末にサーキットまで自走して行き，単にタイア空気圧を高めるだけでクラブレースに勝ち，そのまま帰って翌日からはまた混んだ町なかの実用に使う，ロータス・ヨーロッパにとってこれは現実に可能なのである．

極度に低い着座姿勢

　全高わずか1079mm（例外的に低いとされるトヨタ2000GTより約80mmも低い）のクーペへはいりこむには，いくら慣れてもアクロバット的な動作を要求される．だがはいってしまえば，この強く後傾した純バケットシートの運転姿勢は実にいい．先月号に記したとおり，ヨーロッパのシートパンはFRPボディ

と一体に成形され，その上に薄いフォームラバーをPVCでカバーしたクッションを置いただけのものだ．にもかかわらず，形状が適切なために長時間乗り続けても疲労を覚えず，これはロータスに乗っているという喜びと緊張のせいもあろう．備えつけの3点シートベルトの助けを借りなくても，激しいコーナリング時にしっかりと横方向にからだをささえてくれる．ボディ幅員は1638mmもあるのに，中央のバックボーン・フレームと分厚いFRP製ドアのため，室内有効幅は意外に狭い．太ったドライバーには中央のトンネルがギアシフトする右ひじ（ヨーロッパは現在のところはみな左ハンドル）のじゃまになるかもしれない．

　シートは前記のように固定で，逆にペダルとステアリングのリーチを調整できるようになっている．C/Gヨーロッパも，この両方を30mmほど工場で手前に移してもらったので，ようやく170cm前後の長身ドライバーが楽にペダルを踏めるようになった．ブレーキとスロットルペダルは非常に接近しているので，特に細身の靴をはくことが，ヒール・アンド・トウのために不可欠である．

　着座位置は極度に低いが，スカットルもそれ相応に低いので，前方視界はすこぶるいい．スクリーンは深く，ひどく傾斜しており，冬の低い太陽に向かって走るときはサンバイザー（ドライバー側に備わる）かサングラスが必需品である．また，スクリーンにはステアリングのアルミスポーク，つや消しアルミのダッシュパネル，黒いPVCのスカットル上縁など，あらゆるものが昼間でも反射する．

　問題の後側方視界は，フェンダーミラーをつけたことによって大いに改善された．それでも時たまめくらのリアクォーターあたりに，いつの間にか車がはいり込んでいて，突如としてダンプカーのキャブ——実はスバル・サンバーか何かなのだが——が頭上高く出現して驚くことがある（読者におねがい．町でC/Gヨーロッパに追いついても，後側方の死角にあまり接近しないでほしい）．

　毎日乗っているうちに，車高の低いこと自体はこの混んだ市内での実用上も，全く支障のないことがわかった．要するに慣れの問題であって，かえって他の車に乗りかえると，何に乗ってもトラックのように高く，妙な気がしたほどである．ただひとつ困るのは夜，特に雨夜の運転で，後ろについた車のヘッドライトがバックミラーの上にまともに当たることだ．それを避ける方法はふたつある．快速を利して後車を引き離すか，バックミラーをねじ曲げて，後ろを見

えなくするかである．

　350mm径の適度に小さいステアリング・ホイール（Springall社製，皮巻きといいたいが実はPVC）は若干中央へオフセットしている．角度は，後傾した姿勢からストレートアームで握るためには，もう少し垂直面に近い方が望ましい．シフトレバーの位置は自然で，コンソール上のライト，ワイパー，ファンスイッチ（冷却用およびヒーター兼用の）はシフトレバーを握ったまま，指先で操作できる．計器類は昼夜を通じて，高速時にも見やすい．中央のコンソール上に並んだ四つの計器——左から電流，水温，油圧，燃料計——は，いずれも指針が中央を指していればノーマルなので，一瞬チラっと見れば状態を確認できていい．

純然たるロードカー

　ロータス・ヨーロッパのエンジンは，すでにたびたび記したように，非凡なるファミリーカー，ルノー16の1470ccOHVを軽度にチューンしたものにすぎない．圧縮比を8.5から10.25に上げ，カムシャフトを変え，キャブレターを2ステージ・ソレックス35DIDSAに変えるなどして，出力を63HP（SAE）/5000rpmから82HP（SAE）/6000rpmに高めている．最大トルクはほとんど不変だが，その回転数は当然2800rpmから4000rpmに上がっている．最初，ロータスに対してこのルノーのプッシュロッド・エンジンでは力不足ではないかと予想したのだが，テストの結果それは認識不足であることがわかった．パワーは，サーキットをレーシングスピードで走るのでなければ（ロータスではこのヨーロッパは純粋のロードカーであって，レース用には別にDOHCフォード・エンジンのGT47があることを強調している），軽い車重に対してじゅうぶんである．ルノー16エンジンで何よりもいいことは高い信頼性で，C/Gヨーロッパの場合もエンジンの調子は500km時に一度調整して以来，ずっと同じ快調を保っている．
　寒い早朝のスタートは，ギアレバー後方のトンネル上にある"Starter"（チョーク）を引き，スロットルを踏まずに（これがソレックス・キャブレターのコツ）スイッチをひねると，文字どおり常に一発でかかる．直ちにチョークを半分もどすと，約2000rpmでスムーズにファスト・アイドルする．ウォーミングアップはきわめて早く，約5分で80℃の適温に達する．ラジエターは右前輪

の前方にあって，バックボーンを通る長いラバーホースで後部エンジンと結ばれている．したがってエンジン駆動ファンはなく，ラジエター前部にこれもルノー16用をそのまま利用したりっぱな電動ファンがついている．この冷却系はたいへんうまく設計されており，どんな運転をしても水温は常に85℃近辺に保たれる．冬の気候ではこの電動ファンはほとんど休止している．一寸きざみが長く続いた時などに，水温が90℃をこえると，正確にこのファンが回り出して，水温をたちまち適温に下げる．

約1000rpmのアイドリングは，いかにもスポーティーな4気筒らしくかなり振動するが，少なくとも安定しており，ストールすることは皆無である．エンジン自体のノイズは，ファンがないことも大いにあずかって比較的低い．しかしボディパネルの一部や金網（ボンネットの熱気抜き）が特に低回転時に共鳴するので，室内のノイズレベルはむしろ低速時に高く，スピードが上がるにつれて逆に静かになる．

ワイア作動のダイアフラム・スプリング・クラッチはルノー16そのままだが，ひどく重い．踏力は20kgもある．ルノー16は特に重くはないので，これはワイアのフリクションが大きいためか，またはペダルのレバー比の問題だろう．しかし作動はきわめてスムーズで，しかもレーシング・スタートを連続30回以上反復しても，全然フェイドやスリップのけはいさえ見せなかったのは特記に価する．

車重620kgに対して82Hpだから特にパワフルという感じはないが，それでも動作はなかなか活気がある．ギアボックスもルノー16そのままが使われている．レバーは長いロータス製のリンケージ（これが問題でたびたびこわれた）を操作するため，作動に確実さを欠き，かつ非常にかたい．走りこむにつれて若干軽くはなったが，やはり感触は快適とはいいがたい．だがシンクロはすこぶる強力であり，負かすことはほとんど不可能だ．

エンジンは1000kmをこえるころから急速になじみ，回転もスムーズに上がるようになった．レヴ・カウンターは6000-6300がイエロー，6300以上がレッドであるが，これはかなりひかえ目に設定されているらしい．比較的低い1速，2速では，軽い車重も手伝って，6500以上にオーバーレヴさせることはままあり得るし，またエンジンの方もそれを嫌う風を見せない．解説によればバルブクラッシュは6800にセットされているというが，われわれの車では短時間なが

ら7000まで回転を上げても，まだバルブギアの作動はじゅうぶんな余裕を示した．（むろん習慣的に行なうべきことではないが，ルノー・エンジンの堅牢さの証拠だろう）レッドゾーンの始まる6300まで踏めば，1速53，2速85，3速130に達し，まだまだ楽に加速するけはいを見せる．

　最大トルク点は4000rpmだが，このエンジンは意外によくねばる．ハンドブックには，トップのミニマムを2000rpm（57km/h）と記してあるが，約1500rpm（40km/h）でもその気になれば走れる．むろんこの車に乗ったら誰もそんな走り方はしまいが．それでも外観から想像されるのとは対照的に，ロータス・ヨーロッパは純然たるロードカーであり，混んだ町なかで長時間低速走行しても，プラグ（マルシャル34HS，大体8番に相当する）がくすぶったり，キャブレターが不調になったり，ラジエターが沸いたりするトラブルは皆無である．50km/h制限のきびしい都内でも，ギアは3速と4速を半々に使えるほどである．この意味でも，ロータス・ヨーロッパは，ただ無類に低いということを除けば，99％完全な2座実用車なのである．

巡航速度150km/h

　空いた高速道路に出ると，ヨーロッパはやっと本来の姿にかえる．極度に低い姿勢と，空力的なボディ形状（空気抵抗係数0.29．最近の角ばったサルーンは0.45くらい．空力的といわれるジャガーMk2でも0.38程度）による風切り音の低いことのために，速度計が信じられないほどだ．空気抵抗が例外的に低いことは，風切り音が皆無に近いことのほか，100km/hをこえる高速での3，4速の加速性能が，他車にくらべて著しくよいことで如実に示される．特に3速は然りで，40km/hから130km/hにいたる20km/h毎の加速タイムは，すべて3.0〜3.5秒の間にある．4速についても，20−40km/hと120−140km/hの加速タイムは，それぞれ5.2秒と5.6秒で，わずか0.4秒しか違わない．エンジンの驚くべきフレキシビリティと，高速での空気抵抗の低さをはっきりと示している．

　後置エンジンの機械的騒音と排気音は，ともに本来低いだけでなく，高速では後ろへ残してくる感じで，180km/h以上でも車内では普通の声で話が通じる．クランクシャフトの振動も，駆動系（長いプロペラシャフトのないことは実にいいことだ）のそれも，富士スピードウェイにおける200km/h時（7000rpm）

にさえ，ほとんど気にならない程度であった．カタログによる最高速は185km/h（6500rpm）であるが，富士スピードウェイのストレート終わりでは，2人乗って優に200km/h（7000rpm）に達した．速度計のエラーが多少あるにしても，カタログ値を大幅に上回るスピードの出ることだけは確かである．150km/hは，全く無理のないクルージング・スピードである．

　発進加速も予想以上にいい．村山テストコースでの試験では，2人乗車，燃料32リッター満載の状態で，0－400m加速は平均16.6秒，ベストは16.5秒を記録した．6000でクラッチを放すと一瞬回転は4000まで落ち，ごくわずかのホイールスピンとともにすばやい加速に移る．

　ブレーキは9.75″ディスク／8″ドラムでサーボはない．車に対して踏力は不相応に重く（ペダル間隔が極端に狭いので，踏力計を取りつけられず，計測不可能），制動力は性能に比較してやや不満である．しかしこれは小型のバキューム・サーボをつけることによって容易に解決がつくだろう．ハンドブレーキはダッシュ下のアンブレラ形で，誤まって引いたまま発進しようとしても必ずエンストさせるほど強力だが，後傾した運転姿勢からはひどく遠い．なお，ハンドブレーキが引いてあると，出入りの際によく靴を引っかけた．

操縦性の尺度

　操縦性は端的にいって抜群であり，低価格車（日本では195万円もするが，英本国で発売されれば約100万円といわれる）ではちょっと比較の対象がない．ひと口にいえば，操縦性は全く素直で，あまりにも容易に高速ベンドを回れるので物足りないと思うほどである．レーシングスピードで高速ベンドを抜けるときでも，保舵力はごく軽く，およそステアリングの操作には腕力というものは不要である．だが，非常なコーナリング・フォースを発生していることは，腰のあたりがバケットシートへ横方向に猛烈に押しつけられることと，首から下げていたストップウォッチが，まるで無重力状態のように一瞬軽くなったことによって証明される．

　ステアリングはロックからロックまで2.2回転である．きわめて正確で鋭敏ではあるが，たとえばR7をはいたミニ・クーパーSのように，直進が困難（高速以外で）なほど過敏ではない．ファイアストーンF100ラジアルであるが，町な

かの通勤から，富士スピードウェイの高速走行まで，空気圧を変えるだけであらゆる状況に対応できる万能ぶりを発揮した（ふだんは1.3kg-cm^2/2.0kg-cm^2,富士では2.5kg-cm^2/2.5kg-cm^2）．高速走行してもタイア温度はほとんど上がらない．

操向性は全くニュートラルというほかない．あたかもレールの上を通るように，ステアリングを切ればそのとおりに，正確に応答してくる．ロールは少なくとも乗員にはほとんど感じられず，タイアは全然鳴かない．しかもタイアは前記のように非常に大きなコーナリング・フォースを発生しているのである．

操向性が完全にニュートラルなのは，ひとつにはエンジン出力が相対的に低く，パワースライドを起こさせようにも起きないからでもある．だから，大馬力車に慣れたドライバーから物足りないとの声も聞かれるゆえんだが，初心者にはかえってアンダーパワーのこの車は安全だといえよう．それはともかくとして，自動車とはかくも素直に速くコーナーを回れるものかということを，国産車の設計技術者は少なくとも一年に一度，ロータスのステアリングを握って体験してほしいものだ．それは操縦性を語る場合の尺度となるからだ．

ヨーロッパでひとつ意外だったのは，高速で横風の影響を受けることであった．これは，おそらく車重が絶対的に軽いためと，エンジン／トランスミッション，乗員など大きい質量が重心付近に集中し，したがってZ軸まわりの慣性モーメントが小さいからではないかと思われる．

ステアリングに関して，日常使用してただひとつ不便なのは，回転半径が実に6.7mとフォーミュラなみに大きいことだ．よほどの道幅がないと一度でUターンできないし，せまいスペースでの前進・後退は，極限された後方視界のために慣れても得意な種目ではないので，これはなおさら不便である．

ヨーロッパは，ドライバー一人乗ってもぐっと沈むほど，スプリング自体は柔らかい．だが乗りごこちはそれから想像されるのとは大違いで，特に低速では路面の不整，たとえばキャッツ・アイなどをゴツゴツと感じるし，これは主としてラジアル・タイアのせいであろう．ロール剛性が高いから片方のタイアがこぶに乗り上げただけでも，左右が一緒にバンとはね上がる．空車時の地上高は165mm（ボディ下面）と書いてあるが，2人乗ればおそらく100mm程度であろうから，マンホールの盛り上がりにさえ神経を使う．けれどもスプリング

のストロークが小さいので実際には一度も腹をこすったことはなかった．MG・TCが低い地上高にもかかわらず，意外に悪路に強いのと同じである．

　低速ではひどくかたく感じる乗りごこちは高速になるにつれてスムーズになる．悪名高い富士スピードウェイ・バンクの凹凸もほとんど気にならずに乗り切ってしまう．路面の不整によって方向安定が乱されることもほとんどない．

有効な通風

　ふたたび室内にもどって．ヨーロッパのドア窓は全くはめごろしで（今後輸入されるモデルは小さなスライド窓がつくというが）外気はもっぱらダッシュ上のベンチレイターからはいり，後窓上のすき間から排出される．ダッシュ両端にある冷風取り入れ口はルノー8か何かのもので，走っている限り，少し開けておけば大量の冷気がはいってくる．問題は夏で，ファンを回せば停止中もここから冷風がはいることになっているが，この狭いコクピットでは蒸しブロのようになることだけはたしかだ．その反面ヒーターは非常によく効く．ダッシュ下にヒーターユニットがあり，左右の足元に温風出口がある．寒い日でも走り出せばどんどん温風がはいってきて，ブロワーを回す必要はほとんどない．デフロスターも強力で，雨の日に使用したら一瞬で曇りがとれた．ワイパーは長いブレード一本だが，2スピード・モーターはきわめて高速かつ強力で，広くガラスを拭い，雨中の前方視界は問題ない．手動式のスクリーンジェットも備わっている．

　ライトはルーカス・ユーロピアンという，黄色い光線の45Wセミシールドで，夜の高速走行にはやや光量不足である．ウィンカー・レバーを手前に引くと，昼間でもヘッドライトの下向き光線が点滅し，警告信号を送れるのは，場合によってはホーンより有効で便利だ（日本の法規では違反の由だが，これは改正して使えるようにすべきである．燃費は意外によく，計測した998km区間の総平均が8.88km/ℓであった．もっともよかったのが，ランニングイン中の9.75km/ℓ，悪かったのが都内ばかり走った時の7.9km/ℓであった．計測した998km区間には，富士スピードウェイでの約100km，村山テストコースでの約90kmに及ぶ高速あるいは急加速の連続も含まれている．オイル消費は極微量で計測できる範囲外であった．

ロータス・ヨーロッパは，現代のあまりにもソフィスティケイトされたGTカーの標準から見るなら，いくつかの不満足な点をたやすく指摘できる．そのうえ，ロータスはロータスだから，寒い夜，路傍ではずれたギアレバーのリンケージのナットを探しまわったり，溶接のとれたサスペンション・アームをガムテープと針金でしばったり（これがロータスの伝統なのだ）するくらいのことは，最初から覚悟せねばならぬ．だがこれくらいの不便は，ロータスの類ない操縦性を満喫するためなら，愛好者にとって実は何でもないことなのだ．

（1968年3月号）

ロードテスト

モーリス・ミニ・クーパー

　ミニが初めて登場してからもう8年にもなる．このめまぐるしく変転する自動車の社会では，ミニと同時期に出現した車はすべて，とうの昔に現役を退き，中古車置場の片隅に忘れられようとしている．その中にあって，ひとりミニのみは今なお清新な魅力を失わず，世界中の路上で人びとにモータリングの深い楽しみを与えているだけでなく，国際ラリーやサーキット・レースでも，はるかに大きく強力な相手を打倒しつづけている．これは実に驚異でなくて何であろうか．ミニ以降，その横置エンジンによる前輪駆動のアイディアは，世界中のメーカーによって一斉にコピイされた（プジョー204，シムカ1100，アウトビアンキ・プリムラ，ホンダN360等）．しかしそれらはいずれも，オリジナルほどの魅力も評判も，なぜか持つことができない．誕生後8年経ったミニを1968年の目で見るならば，それは多くの欠点を持っている．
　採用当時決して新しくはなかったエンジンは（オースティンA35用としてすでに5年以上生産されていた），今日では古典的と呼びたいくらい古くさく，バックミラーが役立たぬほど振動する．ギアボックスはいまだにフルシンクロではない．ドア窓は昔のスバルのようにスライド式で，広くは開かない，等々．にもかかわらず，世界中のあらゆる階層の人びとが，今なおミニを争って買い，愛してやまないのだ．
　エヴァーグリーンのミニの魅力が，いったいどこに由来するのかを探るために，今回モーリス・ミニ・クーパーをテストすることにした．昨年のロンドン・ショーを機に，モーリス／オースティン・ミニはMkⅡとなった．ボディ内外装にはかなり実質的な変更が加えられたが（これについては後に述べる），機構的にはむろん変わっていない．ミニには大きく分けて4つの種類がある．スタンダード（848cc　34HP），スーパーデラックス（998cc　38HP），クーパー（998cc　55HP），それにクーパーS（1275cc　76HP）である．
　われわれの希望は，むろんミニの中で最もパワフルな，1275ccクーパーSにあったが，適当な車がなく，998ccクーパーで我慢せざるを得なかった．これは

BMCの日本総代理店，ドッドウェルの社用車で，すでに約3500km走行した車であった．

大きなドアから低いミニ（フロアは歩道の高さといくらも違わぬように見える）に乗りこむと，誰でも異口同音に驚くのは，ちっぽけな外寸（全長3050mmだから，軽自動車並である）からは想像もできぬほど，前席がゆったりしていることだ．ミニのドライビング・ポジションは全く特異である．リアエンジン・バスのドライバーのように，傾斜の浅いステアリングをひざの間に抱き，センター寄りにオフセットした小さなペダルを上から踏みつける．固定のシートバックの角度が垂直に近いことも，バス・ドライバー的姿勢を余儀なくさせる．一見奇妙だが，走り出せばじきに慣れて気にならなくなる．特に，モーリス・マイナーや古いオックスフォード（ファリナ以前の）など，ナッフィールド系の車に親しんできた一般の英国人なら，それらに似たこの運転姿勢はごく自然に思えるのだろう．シート自体はMkⅡでやや改良され，横方向のサポートを増した．さすがに英国の車だけあって十分に後ろに下がり，180cmの長身でも楽である．小型車の割に運転位置からスクリーンまではひどく離れており，それが前席をゆったり感じさせる秘密らしい．視界はすばらしくいい．特にボンネットが短いので，鼻先から1mくらいの路面が見える．ミニがジムカーナに強いゆえんである．室内幅も驚くほど広い（車幅は1410mmだが）．それはドア窓がいまだに初期のスバルのごとくスライド式で，したがってドア内側がくぼんでおり，ほとんど車幅いっぱいまで室内として利用されているからだ．しかし窓が全面にわたって開かないというのは，やはりいろいろ不便ではある．

小型の2ドア車の常で，後席へエレガントに出入りするのはむずかしい（前席が前縁をヒンジとして立ち上がり，手を放してもそのままの位置でバランスしているので幾分救われるとしても）．だが一旦はいってしまうと，後席の居住性は予想以上にいい．バックレストはかなり立っているが，横方向に2人を別々にサポートするような形状をなしている．ルーフラインが後席まで高いボディ形状の利点で，ヘッドルームは十分にあり，レッグルームも，前席をいっぱいに下げた場合でさえ，必要最低量が確保されている．

クーパーのエンジンは，ミニ・スーパーデラックスと同じ988cc（64.58×76.20mm）だが，圧縮比9.6，ツインSUで，出力を38HP／5250rpmから55HP／

5800rpmに，トルクを7.17mkg／2800rpmから7.87mkg／3000rpmにそれぞれ高めてある．3ベアリングの旧式なロングストロークOHVだから，決してスムーズでも静粛でもないけれど，パワーは軽い車重には十分で，1リッター・サルーンとしては平均点以上の性能を可能にする．たとえば0－400mを19.7秒で走破し，100km/hまで16.5秒で達することができる．だがこの数値は，ミニの魅力のごく限られた一部を語るにすぎない．ミニのハンドルを握ると，すべての年令は若者になる．加速がよく，ステアリングはすばらしく鋭敏なのでだれでもそのすぐれた機動性を100％発揮したい欲望に駆られるからだ．

だがミニでスムーズにスタートするのは少々の慣れを必要とする．スロットル・ワイアのフリクションが多く，踏みはじめがかたいのと，クラッチ・ペダルの角度が理想的でないためだ．スロットルの重いのは，最初のミニ以来の欠点で，8年たっても改良されないとは全く怠慢である（方々のスピードショップから改良型が発売されてはいるが，いずれも決定的ではない）．テストの日は終始雨であったから，急発進は特に微妙なクラッチとスロットル・ワークを要した．フロントドライブでは，発進時の重心移動が不利に働く．さらにミニはホイールベースが短いのでこれがはなはだしく，急発進時にノーズが上がり，10インチ・タイア（ダンロップSP41ラジアル）は容易にスピンし，最初の数メートルのあいだジグザグしがちであった．スピードメーターには各ギアの許容速度が記されてあり，1速　46，2速　76，3速　104である．これは約6200rpmに相当する．たいてい，こうした数値はかなりひかえめに記してあるものだが，ミニ・クーパーの場合，これは事実上のマキシマムである．BMCのエンジンに対する自信のほどを示すといえよう．この速度でも異常な振動は起きないが，ノイズのために普通のオーナーは少々へきえきするだろう．なお，大きな騒音源であったファンは，MkⅡでナイロン製になり，多少騒音が低下したという．それでもノイズ・レベルは一般的に高い．エンジンはアイドリング時やエンジン・ブレーキのかかった状態では，ボディと共鳴して耳ざわりであった．テスト車はファイナル・ドライブのギアノイズがミニの標準をもってしてもうるさかった．

ミニ・クーパーのギアボックスは，標準型ミニよりクロス・レシオだが，その代わりファイナルが低く（ミニ・スーパー3.44に対してクーパーは3.765），エンジンのパワーをフルに使えるように設定されている．シフトレバーはかなり

堅いが動きは小さく確実で，つながりの鋭いクラッチとともにすばやいシフトが可能である．2速以上のシンクロは強力である．ローは依然としてノン・シンクロだが，ダブルクラッチを使って容易にシフトダウンできる．ミニが実力をフルに発揮するのは，混んだ交通の中や郊外のワインディング　ロードを高い平均速度を持して走る場合である．75km/hまで延びる2速は，のろい車の列を一気に数台抜く際など，特に重宝する．この，今どき珍しいロングストローク・エンジンは，一方において無類にフレキシブルである．トップギアのまま，30km/hを楽に維持できるし，20km/hから100km/hにいたる，20km/hごとの加速タイムは，3速についてすべて4〜5秒台である．ミニに乗ると，あまりにも痛快なのでだれもゆったりとは走らないけれども，本来はのんびりした走り方もできるのである（ただしスロットル・ワイアがもっとスムーズになることが条件だが）．高速道路の高速巡航は，方向安定のいいミニにとって決して不得手ではないが，大いに退屈である．インディレクトのトップギアは100km/hでも相当にやかましく，長時間続けると心理的に疲れる．油圧は，フルスロットル走行を長く続けても50p.s.i.以下には下らなかった．

　ステアリング・レスポンスの鋭さでは，ちょっとミニの右に出る車はない．ダンロップSP41ラジアル（日英自動車で輸入されるクーパーには標準装備）はこの"即答性"をさらに高め，文字どおりステアリングを数センチ動かしても鋭敏に追従してくる．コーナリング・パワーは実用車としては例外的に高く，公道上（特に乾いた路面の）ではその極限をためすことは不可能に近い．ステアリング特性は典型的な前輪駆動車である．すなわち，加速しつつコーナリングすれば，強度のアンダーステアを示し，強いキャスターアクションのため，ステアリングはまっすぐになろうとする．コーナーの途中で急にスロットルを放すと，フロントタイアは突然コーナリング・パワーを回復するため，鼻は急に内側へ回りこむ（ステアリングはすでに大きく切り込んであるから）．乾いた路面ではこれは単にアンダーステアの度合が減少するにすぎないが，ぬれた路面や滑りやすい砂利道では，テールが外側へスライドしやすい．きついコーナーを低いギアでフルパワーをかけて回る場合（ヘアピンの連続する峠を登るときなど），ホイールスピンが激しく，コーナリングスピードはもっぱらステアリング・ロックとタイアのグリップによって限定される．限界的なスピードでのコーナリングは——公道上ではとうてい実験できないほど高速である——普通の

後輪駆動車よりもむしろミニの方がむずかしい．しかし公道上を高速走行する上では，ミニ・クーパーの操縦性は非常に安全だといえる．
　MkⅡの改良点のひとつは，ステアリングの切れ角が増し，回転半径が4.7mから4.3mに縮少し，さらにせまいスペースにもぐりこめるようになったことだ．それに従ってロックからロックまでは2.4回転から2.75回転に増した．

　ディスク／ドラムのブレーキは，この車の性能に対して適当である．現代の標準では，踏力はやや重すぎ（ペダルが小さいことも一因），町なかのひんぱんな使用には，サーボがあればと思わぬでもない．しかし高速からの反復使用では実に信頼でき，特にSP41タイアとの組み合わせは大雨の中を飛ばした時にその実力を発揮した．フロア上のハンドブレーキ（後輪に効く）は，誤ってかけたままスタートしようとしても，エンジンがストールするほど強力である．

　ミニの歴史の上で，最大の設計変更は64年10月に行なわれた，ラバー・スプリングからハイドロラスティックへの改変であろう．これは明らかに大きな改善である．ハイドロラスティック・サスペンションを備えたミニの乗りごこちは，このような超小型車としては例外的にすぐれている．ラバー・スプリングの旧型にくらべると全般的にソフトになり，特徴的なピッチングが消えた．けれどもなお一般的な標準からは硬い方で，短いホイールベースと小径ホイールに伴う限界は常に感じられる．細かい不整はよく吸収し，たとえば軌道敷などを高速で走破することはたやすい．だがひどい突起に遭遇するとかなり急激に上下動し，また大きい波状の凹凸では多少浮きぎみになる．SP41タイアは，ラジアルとしてはむしろ静かな方で，キャッツアイなどを踏んだ場合，ステアリングに伝わる反動も意外に少ない．
　通風装置は，少なくともむし暑い日本で使う限りでは大いに不便である．前記のように，ドア窓は上下せず，前後にスライドするだけで，後席横の窓は，前後をヒンジとして外側へ開くタイプである．エンジンという大きな熱源がすぐ近くに位置する上に，フレッシュ・エアを積極的に取り入れるには，外気導入のヒーターダクト以外にないのだから，ミニは夏には暑い車である．ヒーターの調節はコックを室内から開閉するだけで，夏の閉止位置にすると開閉レバーがスイッチパネルから7〜8cmも突き出すのは見るからにじゃまである．

室内に十分な風を入れるには，スライド窓の後半を開けるか，後窓を開くかしなければならないが，風音ははなはだしく，雨の時は容赦なく水がはいる．たとえ窓が開けてあっても低速ではすぐ窓が曇り，ブロワー（シングル・スピード）を回してもすぐには曇りはとれないから，雨の日にはセーム皮が手放せない．テスト車にはドア窓の前縁に英国製のレフレクターがついていた．たしかに有効だが，高速での風切り音はすさまじい．ワイパーは依然としてシングルスピードだが，MkⅡにいたってやっとセルフパーキングになり，ころあいを見はからってスイッチオフし，うまくパークさせる楽しみ？はなくなった．雨の中をしばらく走ると，ちょうどエステートカーのように，はね上げた泥水でリアウィンドーがよごれ，次第に視界が悪くなる．

　ミニの室内で最初から苦情の種だったのは，スイッチ類が遠くて身をかがめなければ手が届かないことだった．それが今度のMkⅡではおくればせながら改良され，旧型より7～8cmは近くなった．もうひとつの福音は，ライトの切り換えがウィンカー・レバーによって手元でできるようになったことだ．同時にホーンもこのレバーの先端を押せば鳴るように改造された．ヒーターブロワーだけは，まだシートベルトをはずして身をこごめないと手が届かない．

　ドア窓が上下式でない不便についてはすでに述べたが，その反面，ドア内側にはおそろしくたっぷりした物入れ（たとえばアタッシュ・ケースやマホービンなどがはいる）があり，後席両側にもポケットがある．ダッシュにも全幅にわたって浅い棚があり，物の置き場には困らない．ただしこれらに細かい物をうっかり置くと，どこかへ消えてしまうのが困りもので，われわれもボールペンを3本のみこまれた．

　メインテナンスに関しても，ミニは昔気質（かたぎ）である．サスペンション・アームやステアリング・ジョイントは無給油のラバーブッシュではなく，5000km毎に8ヵ所，グリースアップせねばならない（以前は1500km毎に16ヵ所だった．ただし，前輪駆動車にとって最も重要なドライブシャフト・ジョイントはシールされている）．ミニは，その設計思想においてきわめて天才的であり斬新奇抜だが，製作態度は意外に保守的なのである．

燃費は，246km走ったら燃料ゲージがEを指したので給油したところ，23.8ℓはいり，平均10.3km/ℓであった．この区間には，村山テストコースでの加速試験が約70km含まれ，あとは郊外の道をトップよりサードを多く使って走ったから，これは最も不利な条件といえる．燃料タンクは25ℓしかはいらない．ガソリンは96オクタン以上が指定である．この246kmで，オイルを約¼ℓ消費した．クーパーは比較的オイル消費量が多いというのが定説になっており，燃料補給の際にはオイル点検が不可欠である．いうまでもなく，ミニはエンジンとトランスミッションを共通のオイルで潤滑するようになっている．

998ccクーパーは，1275ccクーパーSほどの高性能車ではないけれども，よくバランスのとれた小ファミリー・サルーンである．若者には万能車であり，他に中型車を持つ人には，絶好のシティ・ラナバウトとなろう．

(1968年8月号)

ロードテスト

マツダ・ファミリア・ロータリークーペ

　CARグラフィックではマツダ・ファミリア・ロータリークーペを発売と同時に購入，ただちに恒例の長期実用テストに入った．本誌ではすでにトヨタ・カローラ，ブルーバード1300，ロータス・ヨーロッパ，ニッサン・ローレルを次々に購入し，厳正中立の立場から定地テストを実施すると同時に，日常の使用に供して，長期にわたる実用テストを行なってきた．このロータリークーペはその5回めの試みである．

新しい性能テストの方法

　今月のロードテストから，C/Gテスト・グループは全く新しい性能テストの方法を採用した．われわれはかねてからより完全なテスト方法について検討を続けてきたが，画期的なロータリークーペの出現を機に，C/Gロードテストも新方式の実行に踏み切った．まず，場所を従来の村山機械試験場（1周2km）から，茨城県谷田部の自動車高速試験場に切り換えた．谷田部は1周5.5kmのバンクつきテストトラックで，ニッサンR380，トヨタ2000GTなどの世界速度記録樹立の舞台となったところであり，現在の日本（世界でも）でこれ以上理想的なテストコースはない．

　それと同時に，テスト用の測定器材を新たにいくつか購入し，正確な科学的データを収集できるようにした．定地試験の方法は国により，またメーカーや研究機関によりそれぞれ異なる．C/Gテスト・グループでは長年の研究の結果，英国のオートカー誌のシステムがわれわれの目的に最も適しているという結論に達したので，それをバックボーンとし，さらにわれわれの創意を盛りこんだ方法を採用することにした．そこで同誌のアドバイスに基いて，必要な器材を大部分英国から輸入，国産で間に合うものは特に注文して製作した．以下，新しいテスト方法について簡単に説明する．

　動力性能：発進加速は，いうまでもなく静止状態からレーシング・スタート

して，所定の時速または距離に到達したタイムを秒数で表わす．これには新たにいわゆる第5輪（the fifth wheel）と呼ぶ正確な電気式速度計と，試験場に備えつけられた光電管による測定装置を併用することにした．第5輪というのは，文字どおりバンパーに取りつけて牽引する第5番めのホイールで，われわれの方法はハブから回転をパルスで取り出し，正確な電磁式速度計で読むのである．車についている速度計は，それ自体のエラーが大きいし，タイアが遠心力によって半径を増し，メーターの示度を狂わせる．第5輪は大径の細い二輪車用の車輪を用いており，サイドウォールが堅いのではほとんど半径が変わらないことが，光電管との併用で立証されている．最高速度は，（ベスト）と書いてあるのが第5輪による目視の最高値であり，（平均）の方は，400m区間で光電管が測定したその区間平均値を示す．谷田部では現在北向き走路にしか光電管測定区間がないので，（テスト・コンディション）の項にその日の風向きを記した．ちなみに，ロータリークーペ試験の日は2〜5mの逆風（SSW）が吹いていた．

燃費：これには定速燃費と実用燃費がある．定速燃費は，一定速度を保って走行し，燃費計（英国製の電磁式）で1kmの測定区間において計測する．実用燃費は，現在のところ，満タンから満タンまでの消費量を走行距離で割るという方法をとっており，市街地とハイウェイ走行の標準をそれぞれ記すことにした．

制動力：英国製の正確な踏力計と加速度計を使って試験する．ひとつは踏力を次第に増していって，最大の制動力（重力の加速度に対する比率で表わされる）を発揮するまで測定する．制動時初速は50km/hで，ギアはニュートラルとする．もうひとつはフェード・テストである．ブレーキは，連続して激しく使うとブレーキ・ディスク（またはドラム）とライニング材質間の摩擦係数が熱によって変化し，一時的に効力が低下する現象が起こる．これがブレーキ・フェードである．国産のドラム・ブレーキでは特にこの傾向が強い．そこでこれをテストすることにした．方法は，まず100km/hまで加速し，加速度計で0.5g相当の減速度が得られるよう急制動し，このときの踏力を記録する．100km/hから0.5gというのはかなりの急ブレーキで，車によってはタイアが黒いマークを路面に残すほどである．次いでただちにまた100km/hまで加速し，1km走った地点で0.5g相当の制動をかける．これを10回くり返して踏力の増加とブレーキの効きぐあいを観察するのである．フェードすると，踏力が異状に増加するのですぐにわかる．ブレーキ地点は1kmおきで同じだが，車によって

加速力が違うから，ブレーキの頻度は時間的に異なるではないか，という反論が出るかもしれない．しかしわれわれの考え方では，加速力のよい高性能車は，速く次のブレーキ地点へ到達するので，ブレーキをおそい車よりも時間的に頻繁に使うチャンスが本来多いはずであり，より高い耐フェード性を持たねばならないのである．おそい車は，次のブレーキ地点までにより長い，ブレーキの冷却期間を持つので，動力性能にマッチしたブレーキ性能のテスト法として，これは合理的だと考えるわけである．以上が新しいC/G定地テストの定量的なテスト項目であるが，われわれはこれで十分だとはもちろん思っていない．今後，さらに研究と経験を重ねて改善していきたい．操縦性，乗り心地はわれわれの考えでは正確に数値的には表現できない．また，デジタル計で測定できるノイズ・レベルも，それ自体としては数値的に比較できるけれども，車の音はきわめて複雑であり，不快音ばかりとはいえず，エグゾースト・ノートを音楽と聞く人もいるというわけで，単純に優劣をつけたくないし，またつけるべきではないのである．

　約2000kmにわたってロータリークーペをテストした結輪をまず述べるなら，動力性能に関する限り，すばらしいの一語に尽きる．谷田部の5.5kmテストコースで，われわれのテスト車は最高184.0km/h（第5輪速度計による），400m区間平均で179.7km/h（光電管測定）を記録し，0〜400mを17.23秒で走り，160km/hまで33.4秒で達した．これはほとんど標準型ロータス・エランに近い高性能である．しかも，ロータスは純粋の2座スポーツだが，ロータリークーペは完全に実用的な5座（少なくとも法規上）クーペであり，なによりも70万円という低価格車なのだ．

　この驚くべき高性能の鍵は，むろんNSU・ヴァンケル特許のツイン・ロータ―　ロータリー・エンジンにある．それは昨年6月以来340台を販売したコスモの491cc×2　エンジン（L10B型）と基本的に同じだが，多少デチューンすると同時に，量産に適するよう設計変更されている．出力はコスモの128HP／7000rpmに対して100HP／7000rpm，トルクは14.2mkg／5000rpmに対して13.5mkg／3500rpmである．しかし車重はコスモより150kg軽い805kgにすぎないので，馬力荷重ではほとんどそん色ない．

　コスモのエンジンがスムーズで柔軟性に富むことは，すで定評のあるところ

だが，新しいロータリークーペの100HPエンジンはいっそうその感が深い．朝のコールド・スタートは文字どおりスターター一発，まさに即発で，直ちにスロットルから足を放しても，600〜700rpm（これは出力軸の回転数であり，クランクシャフトはその1/3で回っている）でトロトロとスムーズに回転を続ける．そして，ウォーミングアップも早々に路上へ出ても，即座に強力にスロットルに即応して加速する．レヴ・カウンターは6500〜7000がイエロー，7000〜8000がレッドゾーンである．クラッシュすべきバルブギアを持たず，吸排気系の効率も高いロータリー・エンジンのオーバーレヴをチェックするものは，ただドライバーの自制心だけである．（テスト後に説明書をよく読んだら 7100rpm±200の過回転になるとブザーが鳴り，自動的に2次側の燃料を切る安全装置がついていると書いてあったが，われわれの車ではそれは〈幸いにも？〉作動しなかった）．回転の上がりの軽いこととバランシングのよいことは，よくチューンされた2ストローク・エンジンにもたとえられよう．2ストロークは低回転でラフになるし，有効なパワーバンドがせまいが，マツダのロータリーは驚異的に低速までねばり，きわめて広範囲にわたって一様に強いトルクを発揮する．最初この車に乗ると，ひとつには好奇心から，またひとつには軽く吹くエンジンの性格から，低いギアで高回転ばかり使って走りたがる．だが最初め興奮が一応おさまって冷静さをとりもどすと，意外に低回転で走れることに気づく．実際，パワーに余裕があるために，なれれば1000rpmから静かにスタートできる．最初の1000kmまでのランニングインは，ハンドブックによると3000rpm以下に回転を押えて走るのだが，心理的にはともかく，実用上は一向に不便ではなかった．加速はきわめてよく，3000をシフトアップ・ポイントにしても，3速にシフトするころにはすべてを後にすることができる．C/Gロータリークーペは，購入のその日，ランニングインを兼ねてFISCOへレース取材に往復したが，東名高速でも3000rpmで約90km/h出せるため，不自由は感じなかった．

ロータリークーペは町なかでも実に乗りやすい車である．余裕馬力が大きいため，初心者にも運転は非常にやさしいと感じられるだろう．ロータリー・エンジンだからといって，なにも特殊なテクニックは要さない．前記のように低速の柔軟性は例外的にすぐれ，トップギアで30km/h（約1100rpm）さえ維持するのは無理ではない．だから50km/h制限を守って，3速と4速を半々に使い静かな走行ができる．排気音はあらゆる車の中で最も静かな部類だろう．車内

では80km/hを超えるまでほとんど聞こえず，加速時に多少高まるにすぎぬ．

だが，ロータリー・エンジン車の本領は，やはり高回転をフルに使った高速走行にある．最大出力時に相当する7000まで踏めば，2速で90，3速で135は容易で，なお回転は上がりそうな気構えを見せる．3速での2500～5000あたりにおける，スロットルに即答する加速の滑らかさは，いかなるレシプロ・エンジンも遠く及ばないほどだ．エンジンのノイズレベルは4000rpmあたりから多少高まるが，それ以上は最高速度まであまり変わらない．音が静かなのと，バランシング（エンジンだけでなく，駆動系全体の）が最高速においても例外的によいので，180km/hで走行中にも緊迫感は一向にない．

高性能車によく見られる荒々しさはみじんもなく，電算機で冷やかに計算された数値のみが，回転計と速度計に計算どおり現われるといった感じである．

最高速度はカタログ値どおり掛け値なしに出る．谷田部の5.5kmトラックを，乗員2名に約50kgのテスト計器（第5輪を含む）を積んだ1030kgの状態で，170～180km/hを保って連続4周した．第5輪速度計に表われた瞬間最高速は184.0km/h，（エンジンは6500rpm，車の速度計は200km/hを指した）400m区間で光電管が計測した平均速度は179.7km/hであった．

エンジンは，われわれのテストした約2000kmを通じて常に快調を保った．水温は，混んだ町なかの渋滞でも80℃を常に指しているが，谷田部で連続最高速を行なったときのみ，初めて適正範囲（80℃～105℃）の上限に近づいた．そしてアイドリングがラフになり，ブレーキテストで急制動する度にストールするようになった．また，この高速テストの際は冷え型のB-9EPDプラグを使ったが，エンジン・ブレーキを掛けた際に，時々アフターファイアを起こした．またしばらく止めておいて再スタートするときにかなり長くスターターを回す必要があった．後者は，プラグのせいではなく，熱による燃料のパーコレーションであったかもしれない．通常の走行はB-8EEプラグを用いたが，約800km走行後アイドリングが少々ラフで失火するようになったので点検してみると（備え付け工具のプラグレンチは安手で，すぐこわれた），4本のうちリード側が特に白く焼け，またそのすべてに燃焼に伴うたい積物がひどく付着していた．これ以外では，目下のところエンジンは全くノートラブルである．

ギアボックスはエンジンの出力特性によくマッチし，ギアシフトの感触はよく，新車のときから軽く入る．シンクロもすこぶる強力である．クラッチも操作力は軽く（その代わりストロークがやや大きい），つながりがすばらしくスムーズなので，どんな初心者にもへたなスタートをする口実を与えないだろう．
　最終減速比は，ロータリークーペと同時に発売されたレシプロ1200cc68HPのファミリアクーペ（ちなみに価格は55万円）より当然ながら速い3.7で，トップギア1000rpm当たり速度は27.6km/hになる．高速道路の100km/h巡航は約3600rpmで，これは13.5mkgの最大トルク点にほぼ一致する．それゆえトップの加速力はまだまだ強力で，踏めば明確なレスポンスを示す．動力性能の点から見るなら，このロータリークーペは，モーターウェーの高速旅行には最適といえる．
　高速性は確実な制動力なしには安全に発揮されないが，この点でロータリークーペは問題ない．フロントはガーリング・タイプのSCディスク，リアはリーディング・トレーリング・シュー式ドラムで，油圧系統は前後独立式である．サーボはないが踏力は一般に軽く，ディスクにありがちなきしみ音は皆無であり，高速から踏んでも安定した効きを示した．データのページに掲げたように，今回からフェード・テストを導入した．これは1kmおきに10回，100km/hから0.5gの制動を反復し，踏力の変化とブレーキの効きを観察するものである．その結果，2回めまでは20kgだったが，3回めに28kg，あとは30kgに落ち着いて，それ以上は増加しなかった．この程度の踏力増加は普通と認められる．

　サスペンションは従来のファミリア セダンを基礎に，全般的に硬めにしたものである．ファミリアは横風によって方向安定が微妙に影響されることは前にも指摘したが，このロータリークーペも，100km/hを超える高速では，やはりかなり振られる．谷田部のテストは，さいわいほとんど横風がなかったので，最高速を安心して出すことができたが，全体が長い橋のように高所を通る高速道路では，風のある日には絶えず修正舵を与えねばならない．
　テスト車のタイヤはトーヨーのロープロファイル型6.15-13であったが，この車の高速性にはとうていついていけない．谷田部では前後$2kg/cm^2$で走行を開始したが，最高速で4,5ラップしたら，手でさわれぬほど熱を持ち，空気圧は$2.5kg/cm^2$に上昇した．習慣的に高速を出すドライバーは，オプションの

155SR13（ラジアル）をぜひ装着されたい．

　乗り心地はかなり硬めである．路面の細かい不整はよく吸収する反面，大きい凹凸には意外にひどく上下に反応する．タイトコーナーを低いギアでパワーをかけて回ると，後輪は容易にグリップを失ってスピンする．これはサスペンションの性能とともに，タイアのアドヒージョンの限界の低いことを示すものだろう．

　操縦性は，適当のアンダーステアを持続し，基本的に安全である．タイアをもっとコーナリング・パワーの高いラジアルに換えれば，それだけでもかなり改善されるだろう．ステアリングはパークする際にもおそろしく軽く，その割りには高速でも確実である．路面からのキックバックはほとんど手に伝わらない．

　次にインテリアについて．室内はとうてい70万円の車とは思えぬほど豪華な雰囲気に包まれている．リクライニング・シートはコスモと同様な白／黒チェックの織布で張られ，国産車の中では最良の部類に属する．高さの調節できるヘッドレスト付きで，3点式シートベルトも標準装備されている．シート寸法は十分で，180cmのドライバーにも適当な運転姿勢がとれる．コントロール類の配置はみな適切である．唯一の例外はクラッチとブレーキペダルである．ともにフロアから離れすぎ（その上ストロークが大きく）楽に伸ばした足からは踏みづらい．計器類のデザインは非常に簡潔でよいが，速度計とレヴ・カウンターはあと50mm高くした方が，運転中の視線に近くて見やすいし，前方視野の妨げにもならない．細かいコントロールでよいのは，コスモと同じデザインの，ステアリング右に出た多用途レバーである．ワイパー，スクリーンジェット，ライト切換え，ウィンカーの操作が，すべてステアリングから手を放さずにできる．

　定員は5名だが，ロータリークーペは事実上2＋2である．リアシートのバックレストはほとんど直立しており，並サイズのおとなではヘッドルームもすれすれである．レッグルームも，前席をよほど前に出さぬかぎり（そうすると前席パセンジャーのひざがダッシュ下縁に当たる），不十分といわざるを得ない．

　ファミリアは低価格車には異例によいベンチレーターを備えているが，このクーペにも同じシステムがついている．三角窓はなく，代わりにダッシュ両端

と足元にジェットがある．これはすこぶる有効で，高速ではこの暑い気候でも窓を閉めたまま，適当な通風が得られる．ところが，高速道路をしばらく走行すると，フロアが次第に熱くなってくるのは困る．排気管がフロアに近いためらしい．せっかく通風のよい車なのにこれは惜しいことだ．

　最後に燃費について記す．ロータリー・エンジンは燃費がわるいというのが弱点といわれるが，このテストでもある程度まではそれが事実であることが証明された．定速燃費は表の示すように40km/h時の13.5km/ℓが，100km/hになると8.9km/ℓに低下する．満タンから満タンまで，路上の実用で計測した結果では，近距離ばかり走った場合が最悪で5.6km/ℓ，谷田部までの往復を含むハイウェー走行が最良で9.9km/ℓであり，いままでの総平均は6.18km/ℓにとどまった．ただし，このロータリー・エンジンは，9.4の高圧縮比にもかかわらずレギュラー・ガソリンで間に合うので，燃費の多いことはある程度相殺されるだろう．オイル消費は，谷田部のテストを含む約300kmで¼リッターであった．

　2リッター級スポーツにも劣らぬ加速，4.1mという例外的に小さい回転半径，平均的レシプロ以上に低速でも使いやすいロータリー・エンジンを備えたこのクーペは，現代の大都市交通事情にはまさに最適のシティ・ラナバウトである．この車のもうひとつの特技である高速道路のグランド・ツーリングのためには，このすばらしいロータリー・エンジンに価するシャシーを必要とするというのが，われわれの結論である．たとえそのために価格が高くなったとしても．

　C/Gロータリークーペの実用長期テストは今後も続けられるので，折りにふれてリポートするつもりである．

（1968年9月号）

ロードテスト

ダットサン・フェアレディ 2000

　男性の女性化が進み，"スポーツカー"がスポーツカーでなくなりつつあるこの70年代の社会で，ダットサンフェアレディはまことに稀な存在となりつつある．技術的に見れば，あらゆる面でそれは"旧式"であり"古典的"である．フェアレディの出現は61年だが，はしご形の分離式フレーム，固定後車軸で端的に代表されるそのデザインは，50年代のTR2／3，MGAなどと同世代に属する．むろん，フェアレディは絶えざる開発過程のうちに，今日では2リッター　スポーツとして抜群の動力性能と，それにふさわしい繰縦性を持つに至った．けれども，そのためには快適な乗り心地や居住性といった"ぜいたく"は全く拒否されている．それは，妥協を許さないスポーツのためのスポーツカーなのだ．

　今回約800kmにわたってテストしたフェアレディは，ハードトップつき2000である．(OHV90HPの1600は事実上もう生産されていない)大多数のフェアレディ・オーナーはハードトップを別に買ってつけることから，今では最初からハードトップだけついたモデル－91万円－が市販されている(これに後からソフトトップだけを追加注文すると4.2万円)．テスト車はこれである．約3000km走った実質的な新車で，全くストックのままだが，タイアだけはダンロップSP3ラジアル165SR14が装着されていた．

　フェアレディの第1印象は，飛行機にたとえれば，第2次大戦中のレシプロ単発機だ．(テスト中のある日，マツダ・コスモにも乗ったが，これはまさにジェット機である)ところが，この全く両極端な性格を持つ2車は，性能的にほとんど優劣がない．カタログによる最高速は，フェアレディ205km/h，コスモ200km/h，0－400m加速は15.4秒と15.8秒である．ただ，コスモが電気モーターのようなスムーズさと軽いハミングでスマートに出すパフォーマンスを，この男よりもっと男性的なフェアレディは，"単発プロペラ機"的な振動と騒音をもって豪快に発揮するという差があるにすぎぬ．全くチューンされていない，生産ラインから出たままの2リッター145HPエンジンは，大きな(1筒当たり)4

気筒スポーツ・ユニットらしく，アイドリングはかなりラフだ．現代の水準から見るとエンジン・マウントはよほどリジッドとみえ，ヴィンテージ・カーのように，エンジン振動はじかに分離式シャシーへ，そしてボディに伝わってくる．2個のツインチョーク・ソレックス44PHHのミクスチャーは，テスト車ではかなり濃く（一般的にわるい燃費もこれを裏書きしている），寒い早朝のスタートも，2, 3回スロットルをあおってからスターターを回せば，常に一発でかかった．このソレックスはバタフライ式チョークではなく，簡単にいえば生ガスを直接吹きこむタイプである．だからスタート時に多用するとプラグをかぶらせるおそれがあるので（われわれも朝のコールドスタートで一度かぶらせたことがある．プラグは普通のNGK B6E. 一旦かぶるとしばらく3000rpmくらいで低速走行しない限り直らない），ファストアイドルのためには，別にハンドスロットルがダッシュボード上にある．これはウォーミングアップのためにたいへん便利だ．テスト車は水温の上がりがおそく，充分に暖めずに走り出すと，水温はノーマルレンジの下限より上がらず，交通渋滞に遭遇して初めて80℃に達するほどだったからである．

　このエンジンは相当な高速トルク型で（18.0mkg／4800rpm），4000rpm近くから急にパワーが出る．レヴ・カウンターは6500〜7000rpmがイエロー，7000〜8000がレッドゾーンとなっている．けれども，絶対的にトルクが大きいので，街なかでは低いギアでもせいぜい1500〜4000程度が常用範囲である．いい忘れたが，フェアレディ2000は5段ギアボックスを標準装備しており，5速はギア比0.852のオーバードライブである．クラッチは，静かに放せば全く乗用車的におっとりとつながる．ファイナルは3.889, タイアは14"の大径のフェアレディは2リッターとしてかなりハイ・ギアードである．ローでさえ，総ギア比は11.49なので，信号から普通にスタートした場合には，意外に活気がない．乗り心地はマンホールを踏んでも飛び上がるほど硬いから，街なかでフルに踏みこむ蛮勇を敢えておかさない，まともな神経の持ち主が，その辺をさらりとひとまわりした程度では，ゴツく，とっつきのわるい印象を，この車は与えるに相違ない．けれども，約1週間毎日の用に供しただけでなく，谷田部で最高速を試し，週日のすいた箱根でそのコーナリング能力をフルに味わったわれわれの結論は，これと大いに異なる．

動力性能は，低価格の2リッター・スポーツとしては国際的にもトップクラスにある．テスト車は前記のように走行距離約3000の新車で，エンジンは充分パワーを出し切っていない感じであったが，最高速は4速でも5速でも190km/hに到達し，0-400mは2人乗って15.8秒を記録した．低速でラフなエンジンだが，強力な回転領域の下限である3500を超えると比較的スムーズになり，低いギアなら7500までは容易に回る．一般的な振動とノイズは，いかなる標準をもっても常に過大である．主な騒音源はエンジン，トランスミッションのほか，高速では風切り音がこれに加わる．エンジン・ノイズは2800あたりにひとつのピークがあり，せまい室内にひどくこもって，声を大にしないと話が通じない．路上での合法的な最高速度100km/hは，5速で約3000rpmに相当し，こもり音の，ピークに近いのは不幸なことだ．だから，100km/h時のノイズレベルでは，せっかくのオーバードライブ5速でも，4速（約3400rpm）と大差ない．

　フルシンクロの5段ギアボックスはフェアレディの美点のひとつである．ポルシェ・タイプのサーボシンクロはきわめて有効であり，シフトは軽く確実で，動きも小さい．2.957（オーバーオール11.49），1.858（7.23），1.311（5.098），1.000（3.889），0.852（3.31）というかなり接近したギア比配分で，比較的パワーバンドの狭いエンジン特性によくマッチしている．イエローゾーンの始まる6500まで引っ張ると，2速でも約105，3速では約147に達する．最高速は4速で6500rpm＝190km/h（速度計は200km/hを指す）．5速でも同じく190km/hにとどまり，カタログの205km/hには到達し得なかった．これでもわかるように，5速は絶対的なスピードよりも，高速巡航時のエンジンスピードを下げてエンジンの負担を軽減し燃費の節約をはかることを主目的としており，その設計意図は果たしているといってよい．（1000rpm当たりの速度は，4速29.0km/h，5速34.5km/h）テスト車は180km/hになると4速でも5速でも駆動系からかなりの振動が出て，ボディ全体がハタハタと振れた．ニュートラルにしても止まないところから，これはエンジンではなく，ステアリングも振れないから前輪ではない．それゆえ，プロペラシャフトか後輪のアンバランスであることはほぼ確実である．また，4速で6500rpmに近づくと，ギアレバーが激しく微振動し，何度きつく締め直してもノブがゆるんで困った．外国のスポーツカーは，たいていノブのネジにラバーのゆるみ止めが入っている．

　比較的ピーキー（カーブの山がとがっている）なトルク特性とハイ・ギアリ

ングは，追い越し加速のタイムにも表われている．今回のテストから，追い越し加速の測定法を変えて，20-60，40-80というふうに各40km/hを加速するのに要するタイムで表わすことにした．たとえば3速についてみるなら，40-80のタイムが7.6秒なのに対して，80-120は6.8で0.8秒速い．普通はかなりスポーティーな車でもこの逆になる．たとえばスカイライン2000GTの3速は40-80が7.6秒，80-120は8.5秒，コロナ・マークⅡ1900SLはそれぞれ7.5秒と 9.1秒，マツダ・ロータリークーペ（コスモのデータがあればよいが，C/Gではまだ定地試験を行なっていない）は9.4秒と14.2秒といったぐあいである．さらに，直結の4速についてみても，フェアレディは高速で速く，40-80が11.2秒，80-120が10.1秒を記録した．

一方，絶対的に大きいエンジンのトルクのために，高いギアも意外に低速まで使用に耐える．5速の実用速度の下限は50km/h（約1500rpm）である．平均的2リッター実用車の4速（直結の）にほぼひとしいパワーを持っているから，街なかでさえ5速に入る．クラッチは，前にも述べたように静かに放せば乗用車的につながるが，加速テストの際，5000くらいに回転を上げて放すと，レーシングカー的にすばやくつながり，2条のタイアの痕を黒々と5mくらい後に残して，きれいなスタートが容易にできる．また後車軸は，トルクロッドによってよく押えられ，こうした急発進時にも有効にパワーを路面に伝える．

燃費ほど運転の仕方で大きく変動するもりはないが，この車をそれらしく操縦すれば相応にガソリンを食う．われわれの経験では，市街地ばかりを走った場合が最悪で5km/ℓをわずかに下回り，高速道路を100km/hコンスタントで巡航した時がベストで10.5km/ℓを記録した．実用燃費としては，市街地と国道半々の場合，6.5〜7km/ℓといったところで，旧スカイライン2000GTB程度であろう．43ℓ入り燃料タンクはこの燃費に対してはやや少なすぎる．

ブレーキは非常によい．フロントはダンロップ・住友MkⅡディスク，リアはアルフィン・ドラムである．サーボがついていない（というよりおそらくスペースの点でつかない）ので，踏力は一般的に大きい．信号で停止する程度の減速度（0.4Gくらい）でも30kg近い踏力を要し，1G近い最大の制動力を得るには50kgの重い足を必要とした．けれども制動力は踏力に比例し，前後輪の配分も理想的であり，なによりも背後から見えざる巨大な手で掴まれたような，スムーズな効き味がよい．ペダルストロークも深すぎず，"鳴き"もない．今回から，

フェードテストの方法を若干変更した．従来は100km/hからの0.5G制動を，1km間隔で10回連続して踏力の変化を観察していた．これを，1km間隔でなしに，"0－100－0"の名の示すように，急発進して100km/hに達したら0.5G制動し，停止した後直ちに発進して，また100km/hに到達したら制動する．これを10回くり返す．この方法によれば，加速性のよい車ほど，おそい車よりも制動間の時間が短くなり，ブレーキに対してより苛酷なテストとなる．速い車はブレーキを酷使するチャンスが多いから，この方法は合理的だと考える．ところで，フェアレディは最初30kgだったのが，4回めに40kgになり，10回めでも48kgにとどまり，機能上フェードらしい徴候は全くみられなかったから，その耐フェード性は満足すべきものと判断される．

ステアリングはロックからロックまで$2\frac{1}{4}$回転，4.9mの小さい回転半径を考慮に入れるなら，かなりよく切れるというべきだ．街かどを曲がる際にも，1回転もさせる必要はない．操舵力はパーキング・スピードではやや重いが，走り出せば意外に軽くなる．（テスト車のタイアはSP3．空気圧は2.0／2.0）タウン・スピードで，舵は案外鈍く感じられるが，スピードとともに応答性はよくなり，かなり正確になる．ノーズヘビー（2人乗っても55.3／44.7）だから当然ながら相当強いアンダーステアで，それを限界まで維持する．箱根の路面のよいワィンディング・ロードでは，フェアレディはその最良の面を発揮した．たとえば乙女峠の上りは2速と3速で5000～6000を保って豪快なヒルクライムを楽しんだ．ロールはきわめて少なく，ダンロップSP3のグリップはよく，常に安定したフォームでコーナリングする．操向性は基本的に強いアンダーで保舵力も重い方である．しかしタイトコーナーでは，2速でスロットルを踏み込めばパワースライドできれいに小さく回り込むテクニックを，本能的にとれるほどパワーは充分にあり，ステアリングも適度に速いので，コントロールは容易である．スライドは徐々に起こり，突発的でないから，初心者にも十分予知できる．要するに，フェアレディの操縦性は基本的に安全である．ダンロップSP3はこの車のサスペンションによくマッチしている．$2kg／cm^2$以上の空気圧にしても，ステアリングへのキックバックはほとんど感じないし，分離式シャシー・フレームの強みで，タイアのノイズも大きくない．（いずれにせよ，あらゆるノイズが常に大きいフェアレディでは，タイアのノイズくらいは大した問題ではない

が）150〜190km/hの高速を30分以上連続した後も，タイア温度はほとんど変わらず，空気圧の増加も0.2kg/cm^{2}にとどまった．

　乗り心地は，再々述べたようにおそろしく硬い．サスペンション・ストロークはきわめて短く，わずかな段つきを通過してもガンと下から突き上げられる．だから舗装のよくない都内などで数時間乗ると疲れる．シートはごく薄いが，日産製品の中では最も居心地のよい方だろう．ドライビング・ポジションは，一口に言って"古典的"である．ステアリングは胸に近く，位置は高いので，腕を曲げて送りハンドルを使うのがなかば不可避となる．コクピットの幅はせまく，大男が2人乗ればいっぱいである．レッグルームは，シートを一番後ろまで下げれば長身ドライバーでも不足はない．各コントロールはおおむね適切な位置にある．特によいのがペダル配置で，ヒール・アンド・トゥがごく自然にできる．左足のためにはしっかりしたフートレストがあり，コーナーでのふんばりに効く．パセンジャー側にはハンドグリップがぜひほしいところである．

　この車は前記のようにFRP製ハードトップを最初から備えている．耐候性は幌型にくらべて格段によく，ヘッドルームも必要以上にとられている．しかしリアクォーターには広いブラインドスポットがあり（幌型はこの部分に大きい三角形の窓がある），また固定式のヘッドレストのため，ルームミラーによる後方視野も狭い．テスト車では，ハードトップとボディ間のたてつけがわるく，路面の凹凸でひどい音をたてた．フェアレディは一昨年11月のモデルチェンジでアメリカの安全規準をすべて満たす（国内用はエミッション・コントロールを除く）ようになった．大きな改善のひとつはワイパーで，従来の交差式から平行式に改められ，ブレードの長さも80mmほど伸びて，雨天の際の前方視野が格段に広がった．同時にヒーターの能力も強化され，新たに外気と室内循環の切り換えができるようになった．

　フェアレディは完全な2シーターで，それ以上でも以下でもないが，座席背後には，かなり広い荷物置場があり．大型のトランクが2個くらい置ける．ごく簡素なものながら，荷物を固定する布製のバンドも備わっている．物入れとしては，ダッシュのグラブボックスのほか，座席間にカメラくらい入るロッカーがあり，両ドアにはマップポケットがついている．ギアレバーの後方には灰皿がある．スライド式のふたつきなので，タバコをのまない人は小銭入れとして

重宝するだろう．ダッシュボードは全面的に黒いつや消しのクラッシュパッドで覆われ，スイッチ類もすべて偏平で安全な形状をしている．国産車に珍しいものとして，ブレーキのオイル洩れを知らせる警告灯がコンソール上についている．さらに，この警告灯のバルブが切れていないかどうかを確かめるスイッチも備わるという念の入れようである．計器類はすべて正面の高位置にあって，昼夜を通じて見やすい．

　フェアレディは再々述べたように現代的なグランド・ツーリングカーではない．それは伝統的な（おそらく最後の）2シーター・スポーツである．多用途的なトランスポートとしてみれば不便な点も多いが，スポーツカーをスポーツカーらしく乗れるドライバーには，価格以上の深い喜こびを与えてくれるだろう．

（1969年4月号）

第2章
1970-1979

1970年代のCAR GRAPHIC

　CARグラフィックは他誌と異なる独自の企画と中立で辛口の自動車の評価が新鮮だったものの営業的にはなかなか思うように運ばず、最初の2年間ほどは返本の山状態。小林によれば「米も買えない」ありさまだったという。それでも1964年、日本から持ち込んだホンダS600でヨーロッパを周りホンダF1参戦リポート等を掲載したあたりを境に徐々に売り上げは上向いていく。雑誌のサイズもB5判からA4判へ、67年1月号からは菊倍判へと大型化し、誌名がすべて英文字のCAR GRAPHICへ変更されたのは71年1月号のことである。ちなみに現在と同じロゴになるのは76年1月号からだ。

　1960年代終わりから編集スタッフの数は増え、70年代に入ると充分な数のメンバーが揃う。すでにC/Gテストグループという名の下にテストリポートが掲載されるようになっていたが、"主筆"はあくまで小林編集長であり、小林お墨付きの原稿を執筆した編集部員の名が文末に表記されるのは70年代の半ば以降のことである。

　1960年代半ばのマイカーブームを経て、日本の自動車メーカーがぐんぐん成長していった時代が70年代である。スポーツカー、スポーティモデルもバラエティに富み、団塊の世代にとっては青春の1ページを飾ったクルマも少なくないだろう。クルマの未来はまさにバラ色の道といった感じでもあったが、しかし、70年代中盤は第一次オイルショックに見舞われ、さらには排出ガス規制の大きな流れが押し寄せてきたことでも記憶される。

　振り返ってみると、1970年代の自動車メーカーの排出ガス規制対策は技術的に充分うまくいっていたわけではなく、エンジンのパンチが感じられないクルマに嘆いたりもしたものだ。日本車や正式に輸入されたクルマはそれでもまだマシだったかもしれない。並行輸入された一部のコンパクトカーなどは、対策によって牙を抜かれたものもあり、これからのクルマはどうなっていくのだろうかと不安に感じたほどである。

　CG（もちろんCAR GRAPHICの略で、1980年代半ばまではC/Gと表記）にとってロードテストとロードインプレッションは大きな核であり、70年代は

スタッフの何人かで箱根に出かけたことも多く、また宿泊することも珍しくはなかった。1ヵ月のあいだに何台ものクルマを試乗しなければならない今とは違って、時間的に余裕があった。小林と他のスタッフ数名で代わる代わるテスト車を試乗した。東京・千代田区の編集部から東名高速で御殿場まで行き、箱根や伊豆のワインディングロードを巡り、撮影も行なうというのが定番コースだ。東名で距離計をチェックし100km/h燃費を採り、同一条件でハンドリングを評価するために芦ノ湖スカイラインの"例のコーナー"に行く。そんなメニューの繰り返しである。

　谷田部での計測にしても、それまでと同じように、この1970年代も小林自ら赴くことがほとんどだった。が、谷田部での仕事は肉体的には楽ではない。そもそも自動車メーカーとその関連企業のためにつくられた日本自動車研究所（JARI）のテストコースである。そのため、雑誌が使える時間帯は昼ではなく深夜か早朝に限られていたので、JARIの施設に宿泊しなければならないこともあった。常磐自動車道がなかった頃だから国道6号線をひたすら走り茨城県の谷田部に着いたあとは、テスト車に計測機械を取り付け風呂に入り、買い込んだ食料を口にしつつ、テスト車の第一印象を語り合い、はたまたクルマ談義に花を咲かせたこともある。2〜3時間寝ただけでテストコースに臨むことは常で、眠い目をこすりながら寒いコースに出て行ったこともある。時間的にはかなり辛かったものの、新型車の性能がすぐに分かるとあって、CGスタッフ全員が心躍らせたものだ。

　動力性能チェックのための計測器の装着は、そう簡単にはいかないこともあった。リアバンパーを外して行なう第5輪やブレーキの踏力計の装着（これはペダルに付けるだけ）はそれほどでもなかったが、燃費を計測する流量計の設置はけっこう苦労させられたものだ。キャブレター時代は問題なかったとはいえ、燃料噴射仕様のエンジンが増えてからは、うまく作動しないこともあった。テストコースでの計測ばかりでなく、こうした裏方的な準備作業にも小林が率先して関わったことは言うまでもない。　　　　　　　　　　（文中敬称略）

ロードテスト

ニッサン・スカイライン・ハードトップ2000GT-R

　先月号に記したとおり，新しい2000GT-Rと2000GTハードトップ2台を連ねて，約900kmにわたり山野を駆けめぐったわれわれは，特にGT-Rの豪快な動力性能と実用車としては卓越したハンドリングに深い感銘を受けた．そこで今月は，再びGT-Rハードトップを引き出して，谷田部では最高速を含む正確なデータを収録し，またFISCOでは操縦性の限界をフルにテストするプランをたて，実行した．

　顧みると，GT-Rに関する限りわれわれはどうもついていなかったということができる．1969年春GT-Rセダンがデビューした直後，直ちに谷田部に持ち込んだが（リポートはC/G90号），エンジンが不調で5速より4速の方がスピードの出る始末だったし，クラッチ・スリップのため加速テストを中止せざるを得なかった．数日後に修理成ったGT-Rを再び借りたところ，何たることか東京は3月としては気象台始まって以来という大雪に見舞われ，あたらGT-Rは2日間，30cmの積雪に埋もれてしまったのである．先月テストしたGT-Rハードトップは非常に好調だったが，今回のテストまでの1カ月間この好調を保つかどうかは甚だ心配だった．何しろ日産広報課でただ1台のテスト用GT-Rは，連日どこかの雑誌社の猛者連によって酷使されるので，整備する暇さえないことを知っているからである．せっかく谷田部まで行って，車の調子が悪いために完全な試験ができないくらい，残念なことはない．そこでGT-Rの生みの親である，日産第4車両設計の桜井真一郎氏に事情を説明したところ，村山の第9車両実験でラインからの抜取り検査に使っている車を提供しましょうと言って下さった．東京モーターショー臨時増刊の原稿を書き上げたその足で村山へ飛ばし，実験課の殿井宣行氏（GTB時代にレースで鳴らしたテスト・ドライバー）から真紅のGT-Rを受領する．この車は先月テストしたオレンジ色の車（シャシーナンバー000021）より更に初期の量産車（000012）で，エンジンは155HPのレギュラー仕様であった．走行距離は約5100km，入念にランニングインこそされてはいるが，100%ストックのままで，所期の設計出力は出ているはずだという．実

験課ではレギュラー・ガソリンを使っているとのことで，われわれのテストでも低鉛ガソリン（92オクタン程度）を使用した．

信じ難いことだが，このセミ・レーシングエンジンは，レギュラーガソリンで全く問題なく走れるし，動力性能への影響も谷田部での計測の結果，ごく軽微であることがわかった．レギュラー仕様車のエンジンは，ピストン・クラウンの周囲を切削加工して燃焼室容積を増し，圧縮比を9.5から9.0に落とすと同時に，点火時期をBTDC15°/1000rpmから同10°に遅らせ，ディストリビューターの進角特性も変えてある．出力とトルクは，ハイオクタン仕様の160HP／7000rpmと18.0mkg／5600rpmから，それぞれ155HP／7000rpmと17.6mkg／5600rpmに下がっている．

先月号でも，このエンジンが以前テストした160HP型GT-Rセダンにくらべ，かなりフレキシブルであることを述べたが，今回の赤いハードトップはさらに低速域でよく粘る．村山工場を出ると忽ち，ラッシュ時の渋滞に巻き込まれ，わずか16kmの道のりを延々1時間半もかかって目的地にたどりつく始末だったが，スロットルから全く足を放し，1000rpmのアイドリングのまま，1速で微速走行が効くので大いに助かった．エンジンの調子も，あらゆる条件でテストした約1200kmを通じて常に不変で，きわめて安定していた．たとえば，こうした長時間の渋滞を続けても，水温（この車はやや冷え症で，ふだんは50℃と80℃の中間）はようやく80℃に上がるだけで，ごくまれに車の列のギャップを見つけて急加速する際も，踏めばワッと"爆発的"に吹くのは常と変わりなかった．

前記のように，以前GT-Rセダンを谷田部へ持ち込んだ際は，エンジンの整備不充分のため高速域でパワーが出ず，最高速は179.55km/hにとどまった．以来，GT-Rの実力を確認することが，C/G読者に対するわれわれの公約であったし，筆者自身にとってもひとつの執念のようなものとなったのである．

今回の谷田部テストは，理想に近い条件の下で行なうことができた．車の整備状態は完全であり，気象も快晴，ほとんど無風，低温高湿度で申し分ない．充分にウォームアップして6ℓのエンジンオイルを温め，第5輪を装着してコースへ出る．数周してトランスミッションを温めた後，本格的な高速走行に入る．C/Gのテスト法は非常に厳格なもので，正確に測られた1km直線区間と，5.5km周回コースのタイムをとり，それぞれの平均時速を出す．最高速の場合，第5輪

式電気速度計はあくまで参考である（実際には驚くほど正確で，その指示速度と，計算された平均速度は，無風の場合，完全に一致する）．

結局，フライング1kmの平均は185.56km/h，5.5kmのラップ平均は風の影響が多少出て184.01km/hであった．これは上に説明した理由で，レギュラー仕様GT-Rの実力と考えられるが，率直に言ってわれわれの期待を若干下回るものであった．けれども，オプションのテールウィングをつけて空気抵抗を減らせば（120km/h以上でかなり効くという），190程度はいける（カタログ値の195は無理としても）だろうというのがわれわれの見解である．ギア比の設定は，車重と出力に対してやや高すぎのように思われる．最高速は5速でも4速でも同じで，その時の回転数はそれぞれ約6000と7000rpm（7000～7500がイエロー・ゾーン）にすぎないからである．エンジンは粘ると言っても，やはり4000～7000あたりが本当に速く走る場合の常用レインジである．標準のファイナルは4.444だが，もし筆者がGT-Rを実用に使うとすれば，オプションの4.875をためらわずに組み込むだろう．最高速はむろん向上するがこれは実用上関係ないとして，問題は加速性能と低・中速域でのフレキシビリテイをもっとよくしたいからである．今回のテスト車で判断する限り，エンジンは楽に8000まで回るから，一段ファイナルを落とせば3, 4, 5速で高速域をもっと有効に使えるはずで，より使いやすくなると思う．

むろん現状でも，GT-Rの加速性能は2リッターの重量級として立派なものである．0-400mは16.6秒，0-1kmは31.1秒で，この時の速度はちょうど160km/hに達する．しかし以前テストしたGT-Rセダン（160HP）と比較すると，0-400mで0.2秒，0-100km/hでも0.2秒おそい．

やはり低鉛ガソリン使用による出力低下の方が，ハードトップのセダンに対して持つ空気抵抗と重量軽減によるプラス要因を若干上回っていると思われる．

加速タイムをとる際に感じたことだが，GT-Rできれいなレーシングスタートを切るにはかなりデリケートな判断とフットワークを要求される．まず絶対的に車重が重く（2人＋テスト機材で1277.5kg），低速トルクが弱く，ギア比が比較的高いうえにノン・スリップ・デフを備えているので，6000まで回転を上げて徐々にクラッチをつないでも，回転は4000以下に落ちて一瞬加速が鈍る．16.6秒は，ごく僅かのホイールスピンを伴って理想的なスタートが切れた場合のタイムで，ホイールスピンしなかった時は0.2秒ほどタイムが悪い．

5段ギアボックスのギア比設定は，実用上全く的確である．特に3，4，5速は接近しており，ひんぱんにシフトしながら高いアベレージで飛ばすのに最適である．たとえば，高速道路などでしばしば使う60－100km/hの追い越し加速タイムを上位3段について比較すると，5速12.6秒，4速9.5秒に対し，3速ではわずかに6.6秒である．同じく80－120km/hはそれぞれ13.3秒，10.0秒，8.5秒となる．3速は街なかの40km/h（約2000rpm）から加速してもノッキングさえせず，上限は150km+まで伸びるので，最も使用範囲が広い．オーバードライブの5速も意外に低速（60km/h）から使用可能で，東名高速で遭遇する程度の上り勾配は100km/hを保って上れるだけのパワーがある．

　低圧縮比（9.5→9.0）と低鉛ガソリンの使用は，上記のようにパフォーマンスにはごく軽微な影響しか及ぼさず，改善された低速域のフレキシビリティのため，実用性はかえって増したとさえ言い得る．だが実用上のデメリットがもしあるとすれば，それは燃費の増加だろう．定速走行（C/Gでは1km区間を走って電磁式燃費計で計測する）時の燃費をさきにテストした160HPのGT-Rセダン（テスト時重量も1320kgで今回のハードトップより44.5kg重い）と比較すると次のようになる．（　）内はセダン，いずれも4速についての数値．60km/h時11.4km/ℓ（11.9km/ℓ），100km/h時8.6km/ℓ（9.4km/ℓ），140km/h時5.9km/ℓ（6.4km/ℓ）．これはガスが濃いためではないかと疑ってCOテスターにかけてみたが，意外にも4.0％で見事に合格であった（生産時に3基のソレックスにアイドル・リミッターが取りつけられている）．テスト距離約1200kmの総平均は5.58km/ℓ（距離計補正済み，0.3％過大）にとどまったが，これは例によって常に状況の許す限りの高速で走ったためである．最もよかったのは，ギャランGTO MⅡのテストに随行して，東名―表富士―河口湖―中央道を経て帰京した399kmの高速ツーリングで，6.65km/ℓというデータを得た．東名を利用してひんぱんに鈴鹿へ往復するGT-R（160HP型セダン）オーナーに尋ねても，高速道路での平均は7.5～8km/ℓ程度だという．なお，タンクは100リッター入る．GT-Rは強力な電磁ポンプをトランク内に持ち，常にカチカチという音が絶えない．交通渋滞などに巻き込まれると，止まっていても燃料を送り込む大きな作動音が間断なく聞え，生来ケチな（昭和1ケタ生れなので）C/Gエディターなどは身の縮む？思いであった．

GT-Rの操縦性は，国産量産車の中ではフェアレディZに次いですぐれている．路上に出てまず気づくのは，ステアリングのレスポンスが，この重量とサイズから想像もつかぬほど鋭いことだ．公道上で試すことのできる程度のコーナリング・スピードでは，アンダーステアはごく軽度で，ロールも少なく，操舵力はパーキングの際を除き適当な範囲内にある．BS Super Speed-2クロスプライ・タイアは，乗り心地の犠牲において操縦性に大いに貢献している．2.0/2.0の空気圧でも踏面はきわめて硬く，路面からのキックバックはすこぶる強い．路面キャンバーや縦方向の段差に弱く，直進性を損われる点ではレーシング・タイアに似ている．東名クラスのよい路面以外では，しっかりとステアリングを握り，神経を集中する必要がある（その代わりよい路面ではたとえ最高速でも手を放せるほど直進性はよく，横風の影響も全然といえるほど受けない）．従来ウッドリムだったステアリングは，ハードトップ化を機に革巻きとなったが，依然として手にはグラブが必需品である．

　少なくともドライな路面で，このタイアのグリップは高水準にあり，容易なことでは鳴かない．GT-Rのコーナリングをリミットまで試すには，サーキットへ持ち込むのが唯一の安全な（そして合法的な）方法である．われわれはFISCOで充分に高速コーナリングを満喫した．4.3kmコースの第1コーナーとそれに続く一連の高速レフトハンダー，およびヘアピン後の100Rではっきりわかったのだが，標準タイアのままでも，スロットルとステアリングで前後輪のコーナリング・パワーをバランスさせながら，ドリフトに近い姿勢できれいに回ることができる．しかし普通の公道走行ではほとんどロールしないと思っていたサスペンションも，サーキット上で可能な大きい横Gではかなりロールし，パワーが充分にあるだけに，ロール・オーバーステアに転ずる可能性は常に存在する．しかしその推移は徐々に起こるので，鋭いステアリングとスロットルで態勢を立て直すことは比較的容易である．これに対して，ヘアピンのようなスローコーナー（しかも路面はひどく滑りやすい）では，GT-Rの"ツーリングカー"的要素が大きなマイナスになる．まずアンダーが強く，大きくロールし，2速でフルパワーをかけると容易に後輪がブレークしやすい．ふだんは結構クイックに思えるステアリングも，こうした場合の修正にはもっとギア比が高い方が好ましい．タイア空気庄は2.3/2.3に高めて走ったが，1時間近く走った直後

も，ほんのりと温かい程度で，エッジの磨耗もごくわずかであった．しかし4½Jリムはこの車重に対して少々貧弱である．フェアレディZ432の5½Jリムと6.95H-14タイヤはそのままつくはずで，これを装着すればいっそう操縦性は向上すると思われる．

GT-Rはサーボなしのディスク／ドラム・ブレーキを備える．レーシング・ドライバーは，サーボのわずかなタイムラグを嫌うからである．したがって踏力は一般的に大であり，信号で止まる際のゆるい停止（0.3G程度）にも20kgの重い足を必要とする．効きは踏力に応じて漸進的であり，特に高速から思い切って踏んでも安定した姿勢で強力に減速するのはよい．FISCOはブレーキに対しては負担が軽いので，全く問題なかったが，以前2000GTと2台で志賀高原のワインディング・ロードを，約1時間駆けめぐったら，次第に踏力を増してペダルに微振動が伝わったようになった．谷田部ではいわゆるC/G流の0-100-0テストと称するフェード・テストを行なった．すなわち，100km/hまで加速して，0.5G相当の減速度で停止，直ちに加速して同様なストップを連続10回くり返す．このテストでは速い車ほどブレーキの頻度が高いわけだが，高速ではそれだけブレーキの高い信頼性が要求されるべきなので，この方式は合理的だと思うのである．その結果によると，やはりGT-Rはフェード・フリーではない．最初22kgだった踏力は，7回めから急激に増加して36kgになり，最終的には42kgと倍近く増大した．公道を走る実用車としては，もっとμの低い，耐フェード性の高いパッドとサーボを組み合わせた方が好ましいと思う．現状でも，フルロードの場合など特に，街なかで前車に急制動されるとひやりとすることがある．

操縦性と動力性能に多くを費やして，居住性について書くスペースがなくなった．気づいたことを簡単に述べると，バケットシートの形状は概ねよく（もう少し後傾している方が筆者は好きだが），長時間乗っても不当に疲れない．後席の居住性はほぼセダンに匹敵する．ハードトップで改善されたのはライトスイッチで，昔のプリンスに戻って，ステアリングコラム右のレバーで点滅・切換すべてが可能になったことだ．ヒーター・デフロスターとラジオは標準ではつかないが，GT-Rの設計者はヘビー・スモーカーでもあるのか，ライターだけはついている．なお，クラッチ，ブレーキペダルともに，ストロークが大きす

ぎる．

　さて，もし筆者が実用にGT-Rを買ったら，次のようなスペックにする．ファイナルは4.875，ホイールとタイアはZ432用5½JとBS Super Speed-26.95H-14．ブレーキパッドをレース用にしてサーボをつけ，ステアリングをクイックな15.2：1に．ライトはイオディンに改造．排気音を，早朝の住宅街でウォームアップする際，ひんしゅくを買わぬ程度まで下げる．これで，操縦性を楽しむ硬派のグランド・ツアラーが仕上がるわけだ．

（1971年1月号）

ロードインプレッション

アルピーヌ・ベルリネット1300S

　ルノーをベースとした少量生産スポーツカー，アルピーヌに，日本の路上で遭遇することは極めて稀である．ましてやそのステアリングを握る機会は，数人の幸福なオーナーを除けば皆無にひとしい．これはフランス以外の国ではどこでも同様らしく，例えば英国のオートカーやモーター誌にも，ついぞアルピーヌのテスト・リポートの載った記憶がないことでも知れる．それが，今月は全くひょんなことから，日本に唯一台というアルピーヌ・ベルリネット1300Sのテストが実現した．裏話になるが，今月はルノーの新しい前輪駆動大衆車"12"をテストする予定で，テストコースの予約もとってあった．ところが例によってスローなお役所仕事のならいで，運輸省の形式認定がいっこうに下りず，2月号の締切りまでに間に合わぬことが明らかになった．それを知ったのは，テストの僅か5日前，東洋工業を取材すべく広島へ発つ直前，羽田から慌だしくディーラー日英自動車へ電話を入れたときだった．さあ弱った．グラビア5ページ空白の悪夢が一瞬頭をよぎる．と，数日前，同じ日英のショールームに中古車として飾ってあった，鮮やかなイエローのアルピーヌの姿がパッと頭に浮んだ．よし，これでいこう．藁をも掴む気持で日英の西端部長にこの旨を伝えると，なんとかしましょうと快諾してくれた．持つべきものは友達で，彼とはむかしMG-TCを共有した仲である．3日後，広島から帰って取るものもとりあえず西端氏に電話すると，OKとのことで，まずは安堵の胸をなでおろす．

　アルピーヌとルノーは，ちょうどアバルトとフィアットの関係に似ている．アバルトがフィアット600ベースの軽スポーツで名を成したように，アルピーヌは1950年代以来，一貫してリア・エンジン・ルノーのコンポーネンツ（初期には4CV，5CVドーフィヌ，現在はR8）を用いて，空力的なFRP軽量ボディの2座ベルリネットを作り続けている．現在のアルピーヌには大別して1300系（R8/10エンジン）と1600系（R16エンジン）がある．それぞれにエンジン・チューニングによるいくつかのバリエーションがあるが，いずれもゴルディーニの手によって，信じ難いほどの高性能車に仕立てられている．今度テストし

た1300Sは，1300系の中では最もホットなモデルである．1296cc（75.7×72mm）エンジンはプッシュロッドOHVのままながら，クロスフローの軽合金ヘッド（圧縮比12：1）と2基のウェバー40DCOEによって，実に120HP／7200rpm（132HP SAE）にチューンされている．ギアボックスは5段，ブレーキは全輪ディスク，車重は完全な実用装備をつけて625kgにすぎない．いうまでもなく，エンジンが後車軸より後方にブラ下った完全なリア・エンジン車で，しかもリア・サスペンションも基本的にはルノーと同じスウィング・アクスルのままだから，スペックだけを見るとどうしようもない悍馬を想像しても不思議はない．

　全高わずか1130mmの低いボディにもぐり込み，小さいがよい形状のシートに身を沈める．プンとFRP独特の匂いがして，3年ほど前，C/Gテスト車として毎日通勤に使ったロータス・ヨーロッパをゆくりなくも思い出した．いつものように手早くコクピット・ドリルを済ませる．
　アルピーヌの設計者は，脚が短く，その割に腕の馬鹿に長いドライバーをモデルにして，室内をレイアウトしたかのようだ．身長178cmのC/Gエディターでは，シートをいっぱいに下げても脚はきゅうくつなのに，ステアリングは遠くなりすぎる．さらに，Cibie製の，戦闘機に似合いそうなフル・ハーネスを着けた日には，ダッシュのスイッチにも手が届かない．足元もせまい．中央のバックボーンとホイールアーチにはさまれたせまい空間に3つのペダルが並ぶので，細身のシューズが"must"であり，それでも左足を休ませるスペースはない．少量生産車でおもしろいことのひとつは，室内のあちこちにどこかで見た量産車のパーツがくっついていることだ．正面に配された三つの小さな計器，油圧，水温，ボルトメーターは，小型ルノー・セダン用の，例の絵によって機能を表示した奴だし，ウィンドーレギュレーターのハンドルは，どうも見覚えがあると思ったら，以前C/Gでも使っていたR8から失敬してきたものらしい．ダッシュ下の，ひどく使いにくい場所にかくされたハンドブレーキは，明らかにR16用，といった具合である．
　相当な覚悟をして乗り出したアルピーヌだったが，嬉しい驚きは，意外にも街なかで苦労せずに走れることであった．クラッチはかなり重いけれども，テイクアップは乗用車的にスムーズで，きわめて容易に滑らかなスタートができる．ただ，約15000km走っているこの車は，クラッチ調整を要する状態にあり，

完全には切れないので，時どきローに入りにくく，また抜けないことがあった．エンジンはただすばらしいの一語に尽きる．1800のスムーズなアイドリングから，踏めば文字どおり間髪を入れずにワッと吹き上がり，巨大なレヴ・カウンターの針が一気に1ラップしそうになる．6250〜6800のイエローゾーンを超え，7000以上に入ってもスムーズさは変わらず，バランシングは無類によい．だから，街なかではいかにスピードを出さずに走るかだけが関心事で，まことにつまらない．常時1，2速で，ごくたまに3速が使える程度である．圧縮比12:1，バルブオーバーラップ57°というセミ・レーシング・エンジンとしてはけっこう低速域でもトルクがあり，3速で60km/h（約3200rpm）を辛うじて保てる．だが，街なかで走りやすいと言えばウソになろう．相対的にあり余るパワーと，長いプロップ・シャフト（トルク・リアクションの吸収材となる）のないリア・エンジン車の組合せでは当然ながら，スロットルのわずかな加減でもトランスミッション系にスナッチが起こる．この日，東名入口にたどり着くまでの都内はひどく混んでおり，しばしば一寸刻みに巻きこまれたが，トルク変動の大きいローの微速走行は，随時クラッチを切ってスナッチを防ぐとともに，スピードを殺す必要があった（前記のようにアイドルが1800rpmと高いので，右足を放しても20km/hくらいでどんどん走ってしまうのだ）．交通渋滞に遭うと，水温計（少々あやしいが）はどんどん上がり，100℃に達するが，ノーズに置かれたラジエターの電動ファンが自動的に作動し，それ以上に上昇するのを効果的に食い止める．街なかの低速では，エンジンよりも1，2速のギア・ノイズ（特にオーバーラン時の）の方が耳ざわりである．

　東名へ出ると俄かに水を得た魚の如く，アルピーヌは本来の姿をとりもどした．加速はいかなる水準をもってしても抜群である．試みに100km/hまで（スピードメーターで，かなり甘い）のタイムを測ったら，約7秒であった．メーカーのデータによるスタンディング1kmは28秒だが，これは恐らく事実だろう．5段ギアボックスのギア比はパワーと車重に対して的確である．7000まで踏むと，計算上63，96，135，175km/hまで伸びる．最高速は215km/hと言われ，これは計算上，5速の7000rpmで出るはずである．この日は公道上のテストであるし，出発前に180出すとプラグが融けますよとおどかされていた（ノーズのトランクにはクール・タイプのスペア・プラグも収まっていたが）こともあって，それほどの高速はむろん試さなかったけれど，法さえ許すなら160（5速で約

5100)は全く容易なクルージング・スピードに思われた．エンジンは4500以上になって初めて"カムに乗り"，音も一段と冴える．5000〜7000というところが一番使えるレインジなのだ．エンジンのノイズ・レベルは，不思議なことに3000から上はいくら回転を上げても比例的には高まらない．むしろ気になるのは，低速ではギア音，100以上ではたてつけのあまりよくないウィンドーの風を吸い出す音の方である．合法的な100km/hは，3速の約5300，4速の4200，5速の3400rpmにそれぞれ相当する．5速は案に相違してもっと低いスピードでも使えるが，東名で遭遇する程度の上り勾配は120以上でないと定速を保てない．

　高速での直進性はすばらしく，ただ軽くステアリングを保持するだけで文字どおり矢のように走る．ひどいテールヘビー（空車時の重量配分30／70）にもかかわらず，横風の影響はごく少ない．

　ギアシフトは，アルピーヌの欠点のひとつである．一般的に固く，かなりの力を要し，特に4速←→5速は動きが大きいのでスローであり，少なからず操縦の愉しみを減殺する．もうひとつ，このアルピーヌで困るのは，ヒール・アンド・トウが事実上不可能なペダル配置を持つことだ．サーボのない全輪ディスク・ブレーキは確実ながら，高速ではかなりの踏力を要し，特に下り坂のコーナー手前などではヒール・アンド・トウの使えないのは大いに不安であった．また，前記のようにハンドブレーキは手が届かぬほど遠いため，上り坂の発進時にも右足でブレーキとスロットルを同時に踏む必要があり，それができないのでかなり不便を感じた．

　アルピーヌの操縦性を納得するまで試すには，閉鎖されたサーキットへ持ち込むほかはない．アルピーヌのコーナリング・スピードの限界はそれほど高いのである．言い忘れたが，テスト車はミシュランXASの165×15という大径タイアをはいている．タウン・スピードでも，ステアリングのレスポンスはきわめて鋭く，腕で回すというより手首だけの動きで，敏しょうに車線を変える．ロックからロックまでは3.2回転もする割に，スピードを問わず軽くない（特にフロント・エンドの軽いリア・エンジン車ということを考慮に入れると一層）．コーナリングは，意外なことに予想したより強い（絶対的には軽いが）アンダーステアで始まる．ロールはほとんどゼロに等しく，ねらったとおりの正確な軌跡を描いて，安定した姿勢でコーナリングする．コーナーの途中でパワーを

オン・オフしても，姿勢にはほとんど影響ない．コーナリング・スピードの限界は，ドライバーの胆っ玉のサイズによってきまるかのごとく，適当なギアに入れてあれば際限なくスピードが上がる．そして先ず鳴き出すのはフロントの方が先で，強い逆キャンバーのついたリアは，フルパワーをかけても容易なことでは滑りそうにない．正直言って，公道上でそれ以上のコーナリング・スピードを出す勇気は筆者にないので，限界的な挙動は推測するほかない．おそらく，XASの特性から言って，フロントがブレークした直後にはリアもほとんど同時に滑り出し，コントロールをきわめてむずかしいものにするだろう．しかしこのアルピーヌは純レーシングカーではなく，クープ・ド・ザルプやツール・ド・フランスのようなラリーを主にねらったGTだということを考えれば，この操縦性は充分以上と思われる．

乗り心地はきわめて固いが，よいバケットシートに助けられて，長時間乗っても不当に疲れない．もっとも，これはよい路面ならの話で，不整な路面ではホイールストロークの極度に短かいサスペンションは追随できず，跳びはねて安定性を失なうと同時に，乗り心地を耐え難いものにする．日本でラリーといえば酷悪非道の荒乗りを思い浮かべるが，クープ・ド・ザルプあたりのルートは無舗装とはいえ決して悪路ではないのである．なお，不整な路面ではステアリングへのキックバックも相当なものだ．

夜の高速走行で判明したのは強力なライトである．70年型からパワフルな1対のイオディン補助灯がボディに埋めこまれ，ヘッドライト（テスト車はオリジナルのマルシャルが明るすぎて車検を通らないため，残念ながら東芝か何かに変えてあった）と併用すると昼間と同じスピードを保てる．なお，アクリル樹脂のリア・ウィンドーはゆがみがひどく，後車の映像がぼやける．

例によって飛ばした約300kmの平均燃費は8.16km/ℓ（距離計補正済み．4％過大）であり，79ℓ入りタンクの35ℓしか使わなかった．485万円という価格はポルシェ914/6より高価だが，性能はそれに勝るとも劣らず，ノイズ・レベルはたしかに低く，スタイルははるかにエレガントである．

わずか1日のはかない邂逅であったが，五体満足？でディーラーに返すときには，動物的愛情さえ，この小さな悪魔に感じ始めていた．

(1971年2月号)

トラックインプレッション

ニッサン・フェアレディ 240Z レーシング

　特にレースファンでなくても，速く走ることに関心の深いドライバーなら，高橋や北野らの豪快に操るワークス・フェアレディZに，ちょっとでいいから乗ってみたいと思うだろう．そこで，エディターはC/G読者を代表して，大森チューンのレーシング・フェアレディ240Zで富士スピードウェイを走ってみた．結論を先に述べるなら，レーシング・ドライバーはまず，人並み外れて頸が太くなければならぬということだ．その理由は後で説明する．

　いうまでもなく240Z（HS30）はフェアレディZ（S30S）にひとまわり大きいSOHC6気筒2393cc（L24型）を載せた輸出専用車である．目下のところ国内では買えないが，GTレースでは日産ワークス（追浜チューン）およびSCCN（大森チューン）の主戦力として，DOHC2ℓのZ432を凌ぐ活躍を見せていることは，先刻御承知のとおりである．このほど，432-R（ラジオ，ヒーターなどを外し，ガラスをアクリルに代えて軽量化したレース用車の素材）をチューンしてレースに出るドライバーに限り，2.4ℓのレーシング・エンジンが販売され，純粋のプライベートにもワークスカーと実質的に同じ車が入手できることになった（価格は未定）．

　240Zレース仕様と周辺車種のスペックを比較すると次のようになる．

　2.4ℓ L24型エンジンは，標準で151HP（NewSAE）／5600rpm，20.1mkg／4400rpmだが，レース用は220＋HP／6800rpm，24＋mkg／6000rpmにスープアップされている．チューンの方法はごく一般的なもので，ヘッド，ブロック両方の面研，ブルーバード1600SSS（L16型）のレース用ピストンを使用することによって，圧縮比を9.0から10.5〜11程度に上げる．L24とL16型のピストン，バルブ関係は共通なのだ．カムシャフトを40°−76°−78°−38°（オーバーラップ78°）に換え，気化器をSU×2から三国ソレックス44PHH×3に交換．クランクのダイナミック・バランスをとり（フライホイールで±3gr以内），ピン，ジャーナルを酸化クロームで鏡面仕上げする．コンロッドを全面研磨し，ピストンともで重量差を±1gr以内に調節する．以上がエンジン関係の主な作業であ

る．これによって出力は220＋HP／6800rpmに上がり，最大常用回転数は7000になる（レッドゾーンは7000～7500）．5段ギアボックスは3種のギア比があるが，テスト車にはopt.Ⅱという，高速サーキットの長距離レース向きの，全体にハイギアードでかつ接近したレシオがついていた（1.858, 1.382, 1.217, 1.000, 0.852）．ファイナルは3.7から5.125まで7種類あるが，240Zの場合，富士では3.9，鈴鹿では4.111を用いる．テスト車は3.9であった．ホイールは前8J－14，後ろ10J－14マグで，タイアはダンロップMkⅢCR92（350コンパウンド）またはBS RA200をドライバーの好みで用いる．テスト車には，RA200の最新のコンパウンド（727）のものが装着されていた（空気圧はきわめて微妙で，テスト車は2.1／2.3）．ブレーキは，標準より大型の住友・ダンロップMk63キャリパーで，パッドは短距離用がM59，中距離用がM2800，長距離用にはフェロードDS11を用いる．富士ではブレーキの使用頻度が低いので，短距離用M59が普通使われる．テスト車もこれであった．

　この日はストックカー・レースを数日後に控えていたので，1日中4.3km左回りで練習が行なわれていた．筆者はレーシング仕様で富士を走った経験がないので，まずSCCNの鈴木誠一氏の横に乗って数ラップしてもらう．最初の下り左150Rコーナーへ突込んだ途端，これはたいへんな車に乗り込んだという気がした．スピードには驚かないが，現代のレーシングカーのコーナリング・フォースというものは，市販型の高性能GT（筆者が富士で走った経験で言えば914／6，ロータス・ヨーロッパ，2000GT-R，標準のZ432など）からは想像も及ばないほど高いのだ．例えば，ヘアピン手前の左300Rやその後の左100Rでは，猛烈な横Gに対抗して，ヘルメットをかぶった重い頭を支えるのが精いっぱいであるし，深いバケットシートと4点ベルトを締めていても，なお手でシートを掴んでいないと身体が横へ吹っとんでしまいそうだ．ロールはほとんどしないのに，猛烈に横向きのGだけを全身に感じるのは，実にユニークな体験だった．鈴木氏は高速コーナーではステアリングを細かく振って，前後輪のコーナリング・フォースをバランスさせる．深いナセルの奥のタコメーターは助手席からは見えないが，常時6000～7500あたりに保たれているらしく，すばらしい速さと正確さでシフトを反復する．数ラップの後ピットインし，今度は"単独飛行"する．

ドライビング・ポジションは完璧である．後傾した姿勢から手が届くように，ギアレバーは10cmほど手前へクランクしている．その直後のトンネル上にあるキーを回すとエンジンは轟然と掛かり，約1000で安定してアイドルする．深いクラッチ（思ったよりずっと軽い）をいっぱいに踏み，1速をセレクトし，深呼吸してスタートする．1速は1.858と異例に高いので，背中を蹴飛ばされるような加速感はないが，さすがにパワフルで，1, 2, 3速では瞬時に7000まで達してしまう．ギアシフトはすばらしい．軽く，確実で，動きも適当に小さい．左300Rを回るとかなたにヘアピンが見えた，と思う間もなく見る見る近づく（ふだん慣れているスピードの倍くらいの速さで）．理想的な配置のペダルでヒール・アンド・トウを踏んで制動し，2速まで落として慎重に回る（ピット裏からは大森の連中が高見の見物をしているのだから）．ブレーキは全く文句なくすばらしい．さっき鈴木誠一氏の隣に乗って走ったとき，ヘアピン直前（に思えた）まで5速のフルパワーで突込んで行くので，どうなることかと観念の眼を閉じたほどだったが，信じられぬくらい短い距離／時間で5速から1速まで落とし，コースいっぱいを使ってヘアピンを抜けた．初めて自分でヘアピンを回るときはとても1速まで落とす暇がなく，2速で回った．このときわかったのは，レーシング・エンジンとしては異例によくねばることだった．2速でヘアピンを回ると3500くらいに落ちるが，踏めば一瞬ためらうだけで（急にガスが濃くなり過ぎるためらしい）すぐスムーズに吹き上がる．通常の使用範囲は4500〜7500と広いが，強いて言えば約5000から俄然パンチが効く．あらゆる回転数できわめてスムーズであり，一，二度ミス・シフトして8000まで回したときも異常な振動はなかった（レッドゾーンは7000〜7500．スパイ針がついていなかったことを感謝する）．
　メインストレートに出る．直進性は抜群によい．コントロール・タワーの前あたりで4速から5速にシフトし，ストレート終わりの制動地点では6300に達した．あとでSCCNの星野一義氏に聞いたら，この地点で彼は6800になるという．最終コーナーのスピードが速いし，制動をぎりぎりまで遅らせるからだろう．この500rpmの差は大きい．速度計はないので後に走行線図から逆算すると，6800は240km/h弱，6300は約225km/hに相当する．筆者は練習不足でできなかったが，第1，第2の複合カーブを理想的なラインで回れば，最終部分では優に5速の7000に達するはずである．したがってギア比の設定は4.3km左回りに対

してドンピシャリなのだ．ステアリングは過敏でなく正確で，小径でも操舵力は大きくない．しかし操向性は意外にもかなりのアンダーで，高速ベンドでは舵角を保持するのに相当な力がいる．BS RA200のアドヒージョンは信じ難いほど高く，その限界を試すのはかなり勇気のいる仕事である．レーシングドライバーには叱られるかも知れないが，ストックのツーリングカーやGTでサーキットを走るより，フル・チューンのレーシングカーではるかに速いスピードで回る方がずっとやさしい．ストックのZ432とこのレーシング240Zのハンドリングでは，程度ではなく次元が異なるほどの格差があるのだ．なるほど彼らは速いはずだと初めて納得がいった．

　この日はレースを数日後にひかえてストックカーから小さいサルーンまでたくさんの車がコース上におり，しばしばストップした車を撤収するためにレッカーが出動したりして，思い切って走れなかった（ということにしておく）．おもしろいことに，こちらはよそ目には大森のチームカーなので，プライベートの車に追いつくとすぐに道を譲ってくれる（むろん操縦しているのが誰だか知らないから）．ところが，プライベートとは言っても結構速く，抜いてくれと言われても，そう簡単に抜けないのには弱った．ヘアピンあとの100Rを抜け，ゆるいライトハンダーでコロナ・マークⅡに追いついた．彼はすぐにウィンカーを点滅させて道を譲る意志表示をしてくれたが，かなり速いペースなのでおいそれとは抜けないのだ．モタモタしていると突如として，全く突如として赤いフェアレディZが弾丸のように左をかすめて抜いて行った．北野だっ！と気がついたときにはもう最終コーナーを脱兎のごとく駆け上っていた．前車に気をとられて一瞬後方を注意していなかったので，降ってわいたような赤い車の出現に全く肝を冷やした．5周ほどしたらやたらに暑くなってきたのでいったんピットインする．ピットでは大森のメカニックが律義にもラップタイムをとってあった．1分50秒から始まって49, 48と1周ごとに上がりはしているが，なんとも我ながら遅い．しばらく休んでから再びコースに出る．今度は白旗も出ておらず，多少は慣れたのでヘアピンと最終コーナーではローを使って走る．しかし第1コーナーからNo.14ポストまでの高速ベンドの連続は，どうも思いっきり踏めないのでだいぶ損する．数周してからピットインし，こわごわラップタイムを見る．47, 46, 45秒とやはり1秒ずつ縮まってはいるが，依然として情ないほど遅いのだ．だが，この日40秒台を出した編集部の若いY（サニー・ク

ーペでレースに出たことがある）に先輩？らしい応揚な顔つきで，"北野でも240Zで初めてレースに出たときは1分39秒台だったのですよ"と慰さめられたのは効いた（あと10年若くさえあればなあ）．しかしまじめな話，筆者でも30分も練習すれば40秒は軽く切れそうに思えた．それほど，フェアレディ240Zの操縦性はすぐれ，速い車に慣れたドライバーなら乗りやすいのである．

(1971年6月号)

ロードインプレッション

メルセデス・ベンツ600サルーン

　3月号でロールス・ロイス・シルヴァーシャドーに乗って大阪まで古いロールスを探訪に行き，華麗な高速旅行の味をたんのうしたわれわれは，次はメルセデス600だと，ことある毎に話し合っていた．機会は意外に早くやってきた．今月，V.I.P. CAR特集をやることになったとき，岐阜の高山にある元英国大使，いまは滝花喜代司氏が所有しているロールス・ロイス・シルヴァーレイスを取材に行くのに，ぜひメルセデス600リムジーンで行こうではないかと衆議一決した．さっそくウエスタン自動車の山岸秀行氏にことの次第を電話で話すと，なんとかしましょうという．600にはホイールベース3200mmの5/6座サルーンと，ホイールベース3900mm，全長6250mmという，バスのように長い7/8座プルマン・リムジーンがある．価格はそれぞれ1218万円と1364.2万円という，ロールスに次ぐ高価格車だが，驚いたことにGNP第2位の日本国には，すでに50台以上が輸入されたそうだ．われわれはどうせ乗るなら長大なプルマンを希望したのだが適当な車がなく（さすがにプルマンは5台しかない．そのうちの1台は熊本のネズミ講所長が乗っている），結局ヤナセ社長梁瀬次郎氏のサルーンを借用することになった．それは70年型の5/6座サルーンで色は淡紫がかったシルヴァーグレー，ナンバーも品川3そ6000という凝りようである．日本にある600は例外なく純粋の社用車だから，前後席間にガラスのパーティションのあるリムジーンだが，この梁瀬社長の車は本当のサルーンで，休日にはオーナーも運転できるよう，前席は豪華なセパレートであり，パーティションもない．

　走り出す前に，まず600の概要をおさらいしておこう．最古の自動車メーカーであるダイムラー・ベンツ社は，その威信にかけて常に超弩級の高性能車をカタログに載せてきた．Dr. ポルシェが技師長だったころはmit Kompressor（スーパーチャージャー付）の6ℓ24/100/140PSがそれであり，1930年代のハンス・ニーベル時代には，さらに大きい7.7ℓのやはりmit Kompressorの770Kが，折から抬頭したナチの巨頭らに愛用された．当時親独的であった日本も，

天皇の御料車をロールス・ロイス・シルヴァーゴーストから770グローサー・メルセデス（さすがにスーパーチャージャー付ではなかった）に乗りかえたのは1932年以降のことである。戦後は社会情勢も変わり技術的にも進歩したから、昔ほどの大型エンジン車はつくられず、1951年〜63年の300（6気筒3ℓ，ホイールベース3150mm）どまりであった。だが、リムジーンにさえスーパーチャージャーを標準装備するダイムラー・ベンツ社の伝統的思想からすれば、自重2トン余に3ℓ180HPの300Dはなんといってもアンダーパワーであり、沽券にかかわるというところだろう。63年のフランクフルト・ショーでデビューした600は、ダイムラー・ベンツ社の持てる技術のすべてを結集した、途方もなく大きく、パワフルで速い、V.I.P.用リムジーンである。すでに記したように、一体構造シャシー・ボディには2種のホイールベース（3200mmと3900mm）があり、ボディにも4ドア・サルーン（パーティションもつけられる）、4ドア・リムジーンのほか、左右に3枚ずつドアを持つ、6ドア・リムジーン！さえカタログにある。さらに、リムジーンのルーフを切り取ったような、ランドーないしランドーレットまで、特注すれば作ってくれるのは、今日ではメルセデス600以外にはない。エンジンは90°V8チェン駆動ＳＯＨＣ6329ccで、ボッシュの純メカニカル・プランジャー型燃料噴射を備える。メルセデスのエンジンは一般に高速トルク型だが、この600に限っては低・中速トルクを重視して、最高出力が250HP（DIN）／4000rpm、最大トルクは51mkg／2800rpmである。トランスミッションはむろんダイムラー・ベンツ自社製のフルイド・カップリングと4段遊星ギアボックスを結びつけた、優秀な自動変速機を持つ。サスペンションは最も進歩的な設計である。これは600より1年前に現れた300SEに初めて用いられたエア・サスペンション・システムで、エンジン駆動のエア・コンプレッサーと各車軸についたエア・ベローからなっており、前後車軸についたセンサー・バルブの作用で、セルフ・レベリングを行なう。したがって荷重のいかんを問わず、車高とバネのかたさは一定に保たれる。さらに、不整地を強行突破したりする際に備えて、ダッシュ上のレバーを引くことによりエア・ベローの圧を高め、車高を50mmほど持ち上げることもできる。ド・カルボン型ダンパーの強さも、ステアリングについたレバーにより走行中も調節可能だといえば、ダイムラー・ベンツ技術者の、フォーマル・リムジーンに対する考え方をうかがい知ることができるだろう。彼らのリムジーンのイメージは、ロ

ンドン・シティあたりを葬列のように静々と走る豪華な居間ではなく，坦々たるアウトバーンを，並いる車を蹴散らして途方もないスピードで疾駆する，行動的なビジネスマンの超特急なのである．

　東京から飛騨の高山までは約500km，日帰りにはちょっときつい距離だが，雑誌のタイト・スケジュールに合わせるために強行することにして，前日に車をヤナセで受け取る．運転席につき分厚いドアを締めると，急に耳が遠くなったかと思うほど，周囲の音が聞こえなくなった．それほどに遮音がよいのである．普通のメルセデスと異なり，シートはソフトな感触のモケットである．シートの位置と高さ，バックレストの傾きはすべて1個の油圧ボタンで変えられる．さらにステアリングのリーチを，中央のパッドをゆるめてから調節すると，実に理想的な，スポーツカーにも劣らぬ運転姿勢が得られる．車幅はさすがに1950mmと広いけれども，運転席についた印象はリムジーンという感じはさらになく，低い現代のスポーツサルーンと全く変わらない．だが後ろを振り向くと，空っぽの後席がやけに広く，テールははるかかなたにかすんでいる．あたかも大きなカッターにただ1人乗って，大海へ漕ぎ出したような気分を味わいながら，夕暮れのラッシュの街に恐る恐る迷い出る．だがこれは全く杞憂であった．混んだ街なかでも運転が驚くほど容易なのは，絶好の視界と，フールプルーフなコントロールのためだけではない．並みの車の1倍半はある巨大なメルセデスの貫禄に呑まれて，さしもに狂暴そうなタクシーも，さっと道を空けてそばへも寄りつかぬからなのだ．

　普通，ハイギアードなメルセデスを街なかで使う場合，セレクターはほとんど常に3（1-2-3速までの自動変速）にして走る．それで，この600でもはじめは3で走ってみた．ところがV8エンジンは予想以上に強力かつ柔軟性に富み，しかも3速のギア比は案外低い（1.57:1）ことがわかってからは，常に4で走ることにした．車重はこの5/6座サルーンでも優に2.4トンを超えるのだが，軽くスロットルを踏んで発進しても（2速からスタートする），信号灯GPでは見る見る後車はバックミラーの中に消えてゆく．しかもタコメーターの針はせいぜい1500〜2500あたりを低迷し，室内はウソのように静かなのだ．

　よる，自宅へ乗って帰り，パークする段になってそのサイズを再認識した．以前ロールス・ロイス・シルヴァーシャドーを駐めたところに入れたら，それ

よりさらに40mmほど長いのだ．トランクをあけたらネルの内張りをしたりっぱなボディカバー（10人くらい楽に寝られるシュラーフに最適）が入っていたので，すっぽりとかぶせる．スリーポインテッド・スターの大きなマークがついており，いささか晴れがましいが仕方ない．

　早朝5時半，同行のC/Gカペラとともに一行7人で一路東名を下だる．この日はウエスタン自動車の山岸秀行氏とヤナセ広報の有山勝利氏も一緒である．お目付け役が一緒なのは普通ならしんどいが，山岸氏も有山氏も旧知の仲だし，山岸氏が猛烈な飛ばし屋なことは先刻知っているので，帰ってから梁瀬社長に告げ口される気遣いもない．早朝のこととて道はウソのように空いているし，車はいい．昼までに高山へ着いてシルヴァーレイスをじっくりと取材して夜半までには帰京せねばならぬという大義名分もある．というわけで，このドライブは最初から相当な超特急になることが予想された．だが，600のスピードとスタミナはわれわれの想像をはるかに超えたすさまじさであった．東名を小牧インターで下り，木曽川沿いの曲りくねった2車線の国道41号線を143kmほど入った高山まで，東京から503kmの総行程を，途中約50分の休憩を入れて，われわれの600は5時間50分，平均86.33km/hで走ったのである．あまり大きな声では言えないが，東名の最も速い区間は燃料補給に立寄った浜名湖までの259kmで，所要時間は僅か1時間45分だった．こう書けばいかにも無暴運転をしたかのように響くかもしれないがそうではないのである（速度に関してだけは法を破ったことを率直に認めるにしても）．まず，道路が不思議なほど空いており，谷田部を専有使用するときのように，誰にも迷惑をかけず高速を安全に保てる情況にあったことを記しておかねばならぬ（それに"法の象徴"にも幸いなことに一度も遭遇しなかった）．ポール・フレールが，300SEL／6.3のテスト・リポートで，"210km/hというスピードが恐怖を伴ったり，安全でないと考えるものは，近代高速道路上で6.3に乗ってみるべきだ"と述べているが，これは全く掛け値のない真実であることを，われわれは確言できる．最高速と加速に関しては，同じ6.3ℓを730kgも軽くよりコンパクトなボディに積む300SEL／6.3の方が600よりはるかに有利なのは自明である．カタログ上の，ということはメルセデスの場合正真正銘の最高速は，300SEL／6.3が220km/h，600が205km/hとなっているが，高速道路上のクルージング・スピードに関する限り，

現実には大差なく，ともに200をやすやすと維持できる．トップギア1000rpm当たり速度は41.5km/hというハイギアリングなので，200km/hは約4800rpmにすぎない．タコメーターは4800－5200がレッドゾーンだが，これは楽に6500以上回る一般のメルセデス・ツーリングカーの常識から言ってもごくひかえめな値である．われわれはレッドゾーンを厳守して，4500rpm，185km/hを巡航速度に定めて走った．車外ではすばらしいＶ８の排気音を轟ろかせているに違いないが，エアコンディショナーと完全な換気装置のおかげで，ぴったり窓を閉め切った室内は，信じられぬほど静かである．4500で回っているV8はボンネットの下で低く，押さえられたうなりを発しているにすぎず，9.00－15のコンチネンタル・タイアからのロードノイズも全く静かで，前後席のあいだでは普通の声で会話ができる．ノイズ・レベルの点では，後席よりも前席の方がはるかに低い．後席では，やはり排気音が若干聞こえるからだ．3200mmの長大なホイールベース，2.4トンの車重，低い重心，ソフトでダンピングのよく効いたサスペンションのため，途方もない速度で疾走している実感はない．ただ，前車との距離が信じられぬほどのペースでつまってくることによって，いかに600が高速を出しているかを知るにすぎない．実際，今日はどうしてエンコしている定期便が多いのだろうと何度もいぶかったほどだ．実は，彼らも全力を振りしぼって80km/hで力走してはいるのだが．600で高速道路を飛ばす際の唯一の危険性は，前車が後方から追ってくるメルセデスの途方もないペースを認識できないことにある．例えば，数台かたまって走っている車の群れに，500mくらい手前からライトを点滅して警告する．しかし彼らは安心しきって前車を抜くべく追い越し車線にフラフラ出てくる．その途端，彼のバックミラーは，タイアを軋しませて急制動し，ライトを激しく点滅する巨大なメルセデスのラジエターでいっぱいになる．まさに青天の霹靂とはこのことで，ひっくり返らんばかりにロールしながら，元の車線に逃げ込む定期便が何台もあった．600の制動力は卓越としかいいようがない．ベンチレーテッド・ディスクは前が291mm径，後ろが294.5mm径で，前は２個のキャリパーを持つ．サーボは通常の吸気管負圧によらず，エンジン駆動のコンプレッサーで加圧されたタンクから増力される．踏力はいかなる速度でも軽く，スムーズで，ソフト（他のメルセデスより格段に）なサスペンションにもかかわらず，急制動時の姿勢変化は驚くほど少ない．それは，リア・ブレーキのトルク反力を巧みに利用した，アンチ・ダイ

ブ（というよりテールのアンチ・ジャッキングアップ）装置の効果である．すなわち，メルセデス600のキャリパーは，普通のようにアクスル・チューブにボルト締めされておらず，非作動時には周方向にフリーである．ブレーキがかかると，そのトルク反力は短いトルクロッドによってボディを下へ押し下げようとする力を発生させるので，したがってテールは持ち上がらない．これは，単に安定した制動力を確保するだけでなく，スウィング・リアアクスルのメルセデスでは，コーナリングにも非常に好ましい影響を与えるのだが，これについては後に述べる．

東京から浜名湖まで259kmを1時間45分で走り小休止する．燃料計が半分以下になったので給油すると67.3ℓ入り，平均はなんと3.84km／ℓであった．まさに時は金なりである．前夜，うっかりしてタイヤ空気圧を高めるのを忘れ，2.0／2.0のままで走ってしまったのだが，チェックするとかなり熱く，2.2／2.5に高まっていた．ここで高速指定の2.5／3.0（ホット）に圧を上げたが，乗り心地の差は感知できなかった．

東名を小牧インターで下り，国道21／41号を北にとる．美濃加茂をすぎると交通は少なくなり，川沿いの適度にくねったすばらしい道になる．この2.4トン，全長5.54mの巨大なメルセデスが，軽いスポーツカーのように自由自在に振り回せることを十二分に体験したのはこのコースであった．メルセデスのパワーステアリングは，軽くクイックで，しかも完全に路面感覚をドライバーに伝える点で他車の模範とすべきものだが，それはこの巨大な600においても全くその通りである．ロックからロックまでは3回転にすぎず，文字どおり正確無比である．例えば，数ヵ月前に大阪まで高速で往復したロールス・ロイス・シルヴァーシャドーのステアリングはひどく甘く，160で前車を抜く際には左右に1m以上の余裕があっても一瞬緊張したが，メルセデスではすれすれに横をかすめて，最高速で追い抜いても別にどうということはない（抜かれた方は災難で，軽い車などは一瞬風圧で横に飛ばされる）．このワインディング・ロードに至るまでも，東名の例えば山北あたりに連続する高速ベンドで，メルセデス600の卓越したロードホールディングの一端をかい間見ることができた．2車線を幅いっぱいに使えば，185km/hの巡航速度を20%しか落とさずに，全く安全にベンドを抜けられる．街なかなどの低速コーナーでは普通並みのアンダーステアだが，高速コーナーでは予想に反してアンダーは強まらない．これは，

ボディがロールすると，外側後輪のトーインが増して，前後のコーナリング・パワーがうまくバランスするためだと考えられ，あたかもレールに沿って走るように，ステアリングの舵角どおり素直に回る．

　だが，600がすさまじいコーナリング能力でわれわれを本当に驚ろかせたのは，犬山から高山に至る中速コーナーの連続であった．このようなスポーツカー的な走行状態でも，メルセデスの自動変速機はハンディどころかむしろ有利でさえある．コーナー手前でセレクターを操作して適当なギアにシフトダウンし，コーナーに接近する．アペックス手前で一瞬右足を上げると，スウィング・アクスルのメルセデスは後輪キャンバーが変わり（ネガティヴから僅かなポジティヴに），軽いアンダーから軽いオーバーステアへ絶妙に姿勢を変える．間髪を入れずスロットルを踏み込むと，巨大なメルセデスは軽快なスポーツカーのように猛然と加速しながら次のコーナーへ突進する．このコーナリング特性は現代のメルセデスに共通するが，パワフルな6.3ℓの600は，スロットル・レスポンスが比較にならぬほどよく，はるかにおもしろい．テスト車のタイアはコンチネンタル9.00-15スーパーレコード ナイロンだが，こうしたコーナリングにも充分に耐え，いかなる状況でもステアリングは完全にコントロールが効くのはさすがである．最近編集部に着いた英国のスポーツ誌を見たら，グループ１・ツーリングカー・レースに600で出場した猛者がいたそうだが，なるほどこれならばと思ったほど，ハンドリングは容易なのである．小牧から高山まで143kmの平均は59.5km/h，東京からの全平均は86.3km/hであった．

　このドライブのひとつの目的は高山の滝花喜代司氏が所有している52年のロールス・ロイス・シルヴァーレイスを取材することにあった．滝花氏は高山市街を一望できる岡の上にドライブインを経営しており，そこには同氏の所有する古い車十数台を集めた「日本自動車館」という小さなミュージアムもある．（これについてはOLD CARのページ参照）合掌づくりの民家を移築したというレストランで食べた山菜や川魚の郷土料理は，あたりの清らかな空気とともにすこぶる美味であった．

　ロールス・ロイスの取材を終えてから，この車に乗って高山の古い町並みを探訪したり，滝花氏の工場でレストア中の1931年と覚しきオースティン・セヴンツアラーとジャガーXK120MCクーペを見たり，愉しいひとときを過してか

ら，再びメルセデス600とC/Gカペラに分乗したわれわれは，夕やみ迫る高山を後にした．帰路は山岸氏が600のハンドルを握る．レーシング・ドライバー流にストレート・アームで操縦する山岸氏の腕前は確かで，タイアを軋らせ，パワーに物を言わせた強引なコーナリングの連続で川沿いの雨にぬれた国道を飛ばすが，いっこうに不安はない．

　東名の途中までは後席にすわってみる．この600は前記のように5／6座サルーンで，後席は思ったほど広大ではなく，長距離乗って本当に楽なのはやはり5人である．後席ベンチも左右アームレストに仕込まれた油圧ボタンで，前後，上下，バックレストの傾きを容易に変えられる．率直に言って，後席のすわり心地はフロントのセパレート・シートにはくらべるべくもなく，きちんと正座する以外には快適な姿勢を見出し得なかった．体が自然に前へずり落ちそうになるほか，曲りくねった道では左右のサポートがわるく，不安定なのである．もっとも，600の後席に収まるのは，ビール腹のつき出たヘビーウェイトだろうし，ショファーは決してわれわれのように飛ばしはしないから，これはさほど問題ではないのだろう．この車の室内装備は，600としては最も基本的な，いわばスタンダードに相当するのだが，さすがに長距離・高速旅行を快適かつ安全にすごすための配慮は万全である．エアコンディショナーはアメリカ車の最高級車に匹敵し，むろん後席にも専用のアウトレットがあり，風向も自由に調節できる．リア・クォーターおよび後窓についたカーテンをひきめぐらし，読書灯を点けると，自動車というよりヨーロッパ特急のプルマン・コンパートメントである．140km/hで滑るように走る600の後席で，筆者は不覚にも深い眠りに落ちた．

　ふと目覚めると，雨が激しく車窓をたたき，広いフロントガラスを長いワイパーが有効に拭っていた．この高速でもワイパーは浮揚しない．この車のライトはヨーロッパ仕様なのでシールドビームではなく，暗い日本の高速道路ではやや頼りないが，左右についたボッシュのハロゲン補助灯を点ければ全く不安はない．足柄で給油のためにストップし，最後のストレッチを再びハンドルを握る．雨は幸い上がって星さえ見えてきたが，所どころ濃い霧の塊が舞い，スローダウンを余儀なくされる．深夜の東京に帰りついたのは，高山を出てから6時間50分の後であった．燃費の総平均は4.09km/ℓ，オイルは約500km/ℓを消費した．ふだんはおそらく街なかばかり走っているに違いないこの600は，

この日生れて初めて持てる力をいっぱいに発揮したのだろうに，有料ゲートに止まっても，エンジンは今朝と同じく，600rpmで粛々と回り続けていた．1日1000km以上，超高速で走ったにもかかわらず，翌朝目覚めても体のどこも痛くなかったことは，メルセデス600のすみずみまで，惜しみなく投ぜられた細心な設計の，なによりの確証であろう．この世でなにを最も欲するかと問われて，ロールス・ロイス・シルヴァーゴーストと答えた晩年のアラビアのローレンスのひそみにならえば，メルセデス・ベンツ600，それに一生乗れるだけのタイアをそえてと，いまの私なら答えるだろう．

(1971年8月号)

ロードインプレッション

プジョー 504 ベルリーヌ

　C/G読者はロナルド・バーカーの名前を御存知だろう．C/Gの古くからの英国通信員で，ヴィンティッジ・カーについての機智に富んだ彼の文章を一度や二度は読まれたことがあるに違いないし，最近はSonographic Series on the Roadの共編者として，彼の正統的でウィッティなクイーンズ・イングリッシュを，ステレオレコードで聞かれた方もあるかもしれない．なぜバーカーのことをプジョー504のテストリポートの冒頭なんぞに引っ張り出したかというと，彼はこの十数年来ずっと，自分のあしにプジョーのあれこれを乗り継いでいるからなのだ．彼は現在フリーランスのジャーナリストだが，54年から65年までオートカーに勤め，主としてロードテストをやっていた．昨年夏1ヵ月ほど，英国で彼と一緒にSonographic Seriesの取材をしたときも，£150で買ったという，もう20万kmは走ったに違いない63年型の古びたプジョー404で，われわれは3000km以上も文字どおり東奔西走した．この車の前は203（それも中古の）を長年使い，いまの404がだめになったら，もっと新しい404を探してまた乗るのだと彼は言う．昨年7月，ロンドン空港へ迎えに来てくれたバーカーが，一見くたびれ果てたプジョーに乗ってきたのを見て，なんでこんな車に乗っているのだろうと（しかも左ハンドル．後で聞くと左ハンドルは英国で人気がなく，ひどく安いのだ）不思議に思った．でもバーカーのように車に関して酸いも甘いもかみ分けた（車だけでなく酒も食物も女も，つまり人生そのものを）ような男が，これほどひとつの車に執着するのだから，それなりに理由があるのだろうとは思っていた．そのわけは，彼と交互にハンドルを握りながら，常に3人と大量の荷物を，いわば水が船縁すれすれにくるほど積み，しかもいつも遅れがちなわれわれのスケジュールに追いかけられて（というのも彼がたいへんな食通，酒通で，どんなに忙しいときでもたっぷり食事に時間をかけるからでもある），情況の許す限りの高速を保ち，3000km以上走っているうちにわかってきた．そして，このオールド・プジョーに対して最初抱いた偏見は，次第に愛情と尊敬の念に変わっていったのである．

ではプジョーのどこに，それほどの魅力があるのかと問われると，簡単に返答しようがないので窮してしまう．今度ディーラーの新東洋企業から504を借りて一日フルにテストしたときは，それなりに楽しんだけれども，あとでリポートに書く段に至ると，実にさわやかな印象だけが残って，それを紙面に書き表わすことがむずかしく，天を仰いで三嘆しばしというのが本音なのである．性能的には特にとりたてていうべきものはないし，ひどく変わった車でもない．では没個性的で無味無臭かといえば決してそうではないのだ．プジョーは，女性に例えれば遊び友達として愉しい種類（アルファのように）ではない．ひかえめでよく気がつき，しかも洗練されたセンスを持ち，美人ではないが中年らしい魅力をたたえたコンパニオンといったところだろうか．これがまた，フランスの知識階級にとっての理想像なのであろう（女性ではなく，車の話である）．

　メーカーとしてのプジョーについては，この号のどこかに詳しく書かれるはずなので，ここで深くは触れないが，ルノー，パナールと並ぶ老舗であることはよく知られている．非常に手がたい経営方針の会社で，いまなおプジョー一族が資本の過半を握る．乗用車の年産は50万台程度の中規模だが，同一資本に鉄鋼メーカーを持ち，ほとんどの部品（タイア，電装品など，当然の部品は別として）を自給自足する，きわめて高い内製度を持つことが，際立った特徴である．エンジン，トランスミッションはいうに及ばず，ボディプレスも，サスペンション・ダンパーさえも自給自足しているのは，今日では（昔でも）プジョーくらいなものではあるまいか．

　話をはじめのバーカーとプジョーにもどそう．一緒に彼のプジョーで1ヵ月も旅行しているうちに，なぜ彼がこれほどプジョーに執着するかが次第に理解されてきた．要するに彼の日常のあしの要求にぴったりなのだ．彼は仕事の性質上，一日に600kmも800kmもノンストップで飛ばすことが多い．こうした長距離ドライブで必要なのは，最高速やめざましい加速ではなく，高い巡航速度と経済的な燃費である．プジョー404は最高速こそ140くらい（彼の車は63年の3ベアリング72HP）だが，1日中でも130で走れる．燃費はよく，こうした走り方でも常に10〜11km/ℓ以上であった．長時間，連続して飛ばすとき，やかましい車と静かな車では疲労がまるで違う．プジョーは実に静かな車なのだ．これについては後で述べるつもりだが，特にロードノイズの少ないことでは傑

出している．404はこの点に関する限り新しい504よりすぐれ，絶対的にもR-Rシルヴァーシャドーやジャガー XJ6に匹敵する．次はすばらしい乗心地である．1日中乗りづめに乗って翌朝めざめたとき，体のどこも特に疲労感が残らず，また次の日も同じように長時間走れるという車はそうザラにあるものではない．その稀な車がプジョーなのだ．サスペンションはストロークがたっぷりとってあり，しかもプジョーのホームメイドのダンパーは絶妙な乗心地を，あらゆる路面で与えてくれる．布張りの柔らかいシートもこれに大きく貢献する．ソフトな乗心地とよい操縦性は両立しがたいものだが，プジョーのハンドリングはファミリー・サルーンの水準を抜いている．404のリアは固定軸だけれども，曲りくねった道を飛ばして決して不安ではない．しかも信頼性は極度に高い．かつてのVWと同じく，プジョーは車種を少数に絞り，長い年月をかけて量産する方針をとる．だから製品は安定しており，部品の供給も全く不安がない．われわれの404は1ヵ月3000km以上，ただガソリンと若干のオイルを注ぎ足すだけで，完全にノートラブルで健気に働いてくれた．車齢8年，すでに20万km近くを走った今にしてこれなのだから，若き日にはさぞかし，と思わせた．バーカーは御存知のように1908年ネイピアーをはじめ，お金のかかる古い車をいくつもかかえて多忙なので，日常のあしにはなによりも手のかからぬ，金のかからぬ，しかもかなり速く快適にAからB（遠く隔った）へ行きつける車でなければならないのであり，それには今のところオールド・プジョーに勝るものはない，のだそうである．

さて例によって脱線したが本題の504に乗るとしよう．71年から，504のエンジンは1971cc（キャブレター型87HP，燃料噴射型97HP，いずれもDIN）になったが，今回乗ったのはそれ以前の1796ccである．これにもキャブレターと燃料噴射があるが，テスト車は対米輸出仕様で，小さなソレックス気化器が2個付いている．このモデルの出力は不明だが，シングル・ソレックスのヨーロッパ仕様が82HP／5500rpmだから，似たりよったりのものだろう．エンジンが基本的に404と同じプッシュロッドOHVである点を除けば，504は404と全く異なるスペックを持つ．全く性格は違うけれども，スペック上ではBMW1800／2000に似ており，前輪マクファーソン，後輪セミ・トレーリング・アームによる全輪独立懸架，全輪ディスクブレーキを備える．ピニンファリーナ・デザインの

ボディはほぼ国産2リッター並みのサイズで，5人がほんとうに楽に長時間乗れる．テスト車のシートは残念なことにアメリカ向けのPVCだった．ヨーロッパ向けはとても良質のベルベットで，これだけでもアメリカ人の車に対するセンスを疑わせるに充分というべきだ．けれども運転姿勢はすばらしくよい．ステアリングは比較的大きく高いが，着座位置も高く，広いウィンドスクリーンを通じる視界は満点だ．前席はかたく，後席はソフトで，どこへ坐っても非常に楽である．プジョーはコラムシフトに伝統的に固執している．シフトパターンも404までは独特だったが，この504からは普通のH形になった．従来は3速までがアメリカ車の標準的な3段コラムのパターンで，トップが前方へ押して上へ上げる位置だった．プジョーのトップはフランス車の常でオーバードライブ的に高く，事実203ではO.D.だったので，この独特のシフトパターンが合理的なのである．それはともかく，504のコラムシフトは確実で，全く文句のつけようもない．ところが英国人はこれに抵抗を感ずるらしく，英国向けの右ハンドル車だけは特にフロアシフトになっている．

　クラッチは軽く実にスムーズである．4段のギア比は割合に開いており，車重は約1200kgと決して軽くはないので，速く走るには各ギアでかなり引っ張ることを要する．走り出してすぐに気づくのは，インディレクト・ギアの軽いうなりである．決してやかましいわけではなく，プジョー独特の，いわば家族に共通の声のようなものだ．それに対してエンジンは高回転まで実にスムーズであり，かつ静かである．スピードを上げるにつけて聞こえるのは，エンジン音を別とすれば，ミシュランXASの軽いハミングである．高速道路に乗る．ここで504は文字どおりグランド・ツアラーの本領を発揮する．法さえ許せば，150は1日中でも持続できる自然なクルージング・スピードである．メカニカル・ノイズは低く，パワートレーンからの振動は皆無に近く，ただステアリングを軽く保持しているだけで矢のように直進する．やや意外だったのはフロントピラーまわりの風切り音と，閉めてあるサンルーフのあたりからも，やはり風切り音がかなり出ることだった．サンルーフもプジョーの魅力ある伝統のひとつだ．しかしこれを開けて走れるのは60–70km/hどまりで，それ以上では室内の空気がドラミングして気になる．しかし風は巻きこまない（このドラミングを防ぐために，プラスチックのスポイラーがアクセサリーとしてヨーロッパでは売られているが）．

動力性能はおよそ2リッターの同クラス車，たとえばBMW2000，ローヴァー2000などと同等である．つまり最高速165km/h，0－400mは18秒よりは19秒に近いあたりというところだろう．サードは軽く130＋まで伸びる．プジョーの真価は単なるスピードやスタミナではなく，この性能をスムーズかつ静かに，しかも長時間，長年月にわたって維持できる実力にあるのだ．路面のよくない，曲りくねった2級道でもプジョーは高い平均速度を安全に維持できる．175HR14ミシュランXASのアドヒージョンはすばらしく，コーナーでもめったに悲鳴をあげない．ロックからロックまで4½回転のステアリングはワインディング・ロードでは少々忙しいけれども，正確に追従し，ロールも過度ではない．筆者はふだん同じサイズの，ほぼ同じ重さのローヴァーに乗っているので直接比較できるのだが，コーナリング・スピードは同じくらいだとしても，ローヴァーの半分もロールせず，アンダーはずっと少なく，安定感がある．XASのグリップのよいことは，いつもヒルクライムのテストに使うきついヘアピンで，2速のフルパワーをかけてもしっかり踏んばり，態勢が乱されないことで立証できた．たいていのサルーンは，ここではホイールスピンするか，フルロックのまま前輪がブレークするのだが，504は全くコースを乱されなかった．しかし1200kgに対して82HPはやはり多少アンダーパワーで，デビュー後間もなく2リッターにパワーアップした理由もうなづける気がした．4輪ディスク・ブレーキは強力なサーボを備え，踏力が軽いだけでなく，じわりと実によい効き味である．ただ，フランスの車の例にもれず，ペダル配置がヒール・アンド・トウに全く適さないので，筆者にはどうも不安でならなかった．

絶妙な乗心地とすぐれた路面ノイズの遮断は，404以後のプジョー各車の最もすぐれた特徴である．充分なストロークを持った全輪独立懸架は，プジョー自家製のダンパーで巧みにコントロールされ，細かい路面の不整も，突然遭遇した大きいこぶも，全くウソのようにサスペンションに吸収されてしまう．路面のキャンバーも直進性になんら影響を与えない．プジョーがサスペンションに前後方向のコンプライアンス（逃げ）を意識的にビルトインしたのは，世の大勢より少なくとも5年は早く，60年の404からである．粗いパターンのXASが，ほとんどあらゆる路面で音をボディに伝えないのは，いかにプジョーがこの点に苦心を払っているかを示している．過度のコンプライアンスは当然ハンドリングに悪影響を及ぼすが，504のそれは，前後輪のコンプライアンスによる

ステアリング効果を，相互に打ち消すように設計されており，操向性は事実上ニュートラルに近く，しかも正確なのである．

インテリアはたとえば英国の同クラス車のように，凝った豪華さはみじんもないから，車に趣味性を求める向には魅力的ではない．しかし各コントロールはよく考えられ，工作と仕上げは非常によい．特によいのがヒーター／ベンチレーターである．スクリーン直前から取入れられた空気は二手に分れ，一方はヒーターを通り，他方は直接ダッシュ上面から室内へ入る．これは相互に連関しており，冷風と温風の比率は微妙に調節できる．ヒーター回路にはサーモスタット・バルブがあり，車速に関係なく室内温度をほぼ一定に保てるのはよい．またブースターはレオスタットで無段階にスピードを変えられる．このほかダッシュ両端下からは独立した冷風が入るし，サンルーフはあるので，どんな暑い気候でも通風には困らない．プジョーが伝統的にアフリカで根強い人気を持つのは，単にサファリの成果だけではないのである．

プジョーは明らかに，長年月にわたって1台の車に乗る保守的なオーナーのために車をつくっている．各部の工作が入念で，特に防錆に心をくだいているのはそのひとつの表われだ．ごく少ない装飾モールディングやハブキャップ（相変らず中心でネジ止めする），バンパーはすべてステンレスである．エンジン・オイルは5000km毎に交換を指定し，また5000km毎にステアリング・ジョイント，プロップシャフト・ベアリングなど6ヵ所に，グリースアップの要がある．こうして使えばプジョーは5年も10万kmも，トラブル・フリーで働き続けるだろうし，遂にだめになればまた次ぎのプジョーに乗り換えることはたしかである．プジョーというのは，そういうふうにして乗る車——残念ながら現代ではきわめて稀になった——なのである．

(1972年3月号)

ロードインプレッション

ポルシェ 911T 2.4

　ポルシェのニューモデルに乗るといつも，もうこれ以上のポルシェはあり得ない，という印象を受ける．ところが，数年後に現れた新型に乗ってみると，ほとんどあらゆる点で旧型に勝っていることを発見して強く感動する．むろん，本来高い水準にあるのだから，新旧の差は門外漢にはちょっとわからぬほど小さいマージンなのだが，確かに新しい方が速く，しかも御し易くなっているのだ．もっとも，世の中にはつむじ曲りはいて，911はもはやポルシェではなく，もっと乗りにくい356SCか356B S90こそ本当のポルシェだと言い切る人びとも少なくない．ポルシェのようによくできた車は，単なる動力性能やアドヒージョンの限界付近での挙動だけがすべてではなく，スタイリングやボディ各部のフィニッシュなども，ポルシェ・オーナーにとってポルシェの価値を決定するメルクマールであろう．だから，911よりも古い356シリーズをよしとする人びとの心情はよく理解できるけれども，ドイツ流に，物事をザハリッヒに割り切って考えれば，やはりポルシェは年々着実に改良されており，新しければ新しいほど総合的にすぐれていると思う．

　72年型からすべての911は排気量を2195ccから2341ccに拡大した．これは主として例のアメリカ連邦規準による排気ガス対策である．ポルシェのような車まで，外国の政治問題（エミッション・コントロールはなによりもニクソンの内政的動機に端を発している）に影響されるとは，実に腹立たしき限りだが，それは別問題として，純技術的に見るなら，これは設計者の名に価する設計者にとって，絶好の挑戦であろう．ポルシェの設計者はこの難問をごくわずかの妥協だけで，みごとに解決した．すなわち，ストロークを4.4mm延ばして（84×70.4mm）2341ccに拡大するとともに，大胆にも圧縮比を各モデルとも大幅に下げ，対米型はすべて電子制御ボッシュ燃料噴射が付いた．圧縮比は911T 7.5，911E 8.0，911S 8.5で，いずれも91オクタン無鉛化ガソリンを使用できる．従来の2.2リッター型は，Tがトリプル・チョーク気化器2基，EとSとは6プランジャー式のボッシュ・メカニカル噴射ポンプであった（なお，本国およびヨー

ロッパ輸出型のキャビュレーションは従来どおりである）．これらの改装は，主として出力よりも低，中速トルクの増大をもたらすと予想されるし，事実そのとおりなのだが，驚いたことに，最大トルク発生回転数も全く変らず，最高出力の方もかなりアップされている．これは，低，中速域だけでなく，トップエンドのパフォーマンス改善にも，非常な苦心が払われていることを示している．

　今回ディーラー三和自動車からテストに提供されたのは，3種の911の中で最もチューンの低い911Tである．日本へ輸入される911のエンジンは，すべて対米輸出仕様で，したがって911Tもボッシュ製電子制御燃料噴射を備える．話をこの911Tに限れば，出力とトルクはそれぞれ140HP（DIN）／5600rpm，20mkg／4000rpmに向上している．2.2リッター型は125HP／5800rpm，18mkg／4200rpmであった．日本へ輸入される911Tは各種のオプショナル・アクセサリーをほとんどすべて最初から備えており，ディーラーは911Tデラックスと呼んでいる．テストした車もこれで，6J軽合金ホイールと185/70VR15タイア，パワーウィンドー，5段ギアボックスが付いており，価格は485万円．熱線リア・ウィンドーはむろん最初から標準装備で，これ以上なにかを付け加えるとすれば，リア・ウィンドー・ワイパーと，フロント・バンパー下に付ける，高速リフト防止のエア・スポイラーくらいなものだろう．

　冷えていても暖まってからも，エンジンはいつも瞬間的に掛かる．フューエル・インジェクション・エンジンでは，長い吸気ポートにエアを吸い込ませるために，かなり長くスターター・モーターを回さねばならぬ例が多いが，この911Tでは一触即発である．ハンドブレーキ根元の便利な位置にあるスロットル・レバーを引き，2000rpm程度に回転を上げてウォームアップする．テスト車のアイドリングは少々高く，ハンドスロットルを倒しても，1000rpmよりは下がらなかったし，アクセレレーターをオフにしても，回転が瞬時に下がらず，まるで重いフライホイールを持つかのように徐々に下がる癖があった．ポルシェを何台も乗り継いだドライバー（ほとんど例外なくそうらしいが）なら，5段ギアボックスのパターンが，この72年型から変わったことにちょっと戸惑うだろう．従来はローがHパターンよりさらに左側手前にあるレーシングカー・タイプだったが，今年からより標準的な，1-4速が普通のHで，5速はレバーをスプリングに抗してさらに右へ押し，前方へ倒すと入る．リヴァースはそのまま手前へ引く．この新しいパターンは特に市街地の運転をはるかに容易にした．

ポルシェは，街なかの低速走行でローを多用せざるを得ないので，従来のパターンは大いに不便を感じたからである．ところが皮肉なことに，2.4リッター911Tは今までのポルシェ各モデルにくらべ，驚くほど柔軟性を増し，低速でもさほどローを多用しなくても済むようになった．極端に言えば，ローは発進専用で，せいぜい60km/hまでの市内でも，3速どころか4速さえ稀に使うほど，低速域のトルクが強化されたのである．ギアボックスのレシオは2.4リッターから若干変更になり，ロー，セカンドは多少低く，上位3段は接近し，4速もいまやオーバードライブ・レシオである．すなわち，3.18，1.83，1.26，0.96，0.76（旧2.2ℓは3.09，1.63，1.32，1.05，0.79）．因みに4速で60km/hは2000rpm+にすぎないが，踏み込めばスムーズに，力強く加速する．だから，街なかでも911Tはほとんどファミリー・サルーン並みに気易く乗れる．最近，911を市内で多く見かけるのは，単に絶対数が増したからだけではなく，低速走行が苦痛（心理的に）でないほど，使いやすくなったのも一因なのだ．しかし，骨の髄からのポルシェ党の一部を，最新の911から離反させるのも，他ならぬこのフレキシビリティによる"使い易さ"なのだろう．

　ポルシェを操縦するには全く肉体的労力を要さず，必要なのは鋭い反射神経と高いメンタリティーだとはよく言われるけれども，これは最新の911にもそのまま当てはまる．クラッチは軽くスムーズで，5段ギアボックスの作動も軽く確実で，シフトは喜びそのものだ．911のドライビング・ポジションはGTカーの標準ではスカットルに対して相対的に高く，ガラス面積は広いので，四方の視界は非常によい．356時代のように，コクピットに低くもぐり込んだ感じは一向になく，この点でも市内での実用になんら支障ない．高速道路へ出てからダッシュ左端の油量計をチラッと見てぎょっとした．5ℓ－8ℓの目盛りの下限レッドゾーンを指していたからだ．直ちに路傍に車を止め，右ドア後ろのリアフェンダー上に新設されたオイル・フィラーキャップを外し，中に組み込まれたディップ・スティックを読むとやはり不足している．ハンドブックを後でよく読んでわかったのだが，この油量計はうっかりするとだまされる．911各モデルはドライサンプなので，高回転時にはオイルが大量に循環し，オイルタンク内のレベルが下がる．したがって高速走行中は油量計の読みが下がるのだ．テスト車は確かに油量が不足していたのだが，正確にオイルレベルを読むには，油温を少なくとも60℃に上げてから約1分半アイドリングし，ディップ・スティッ

クで測らねばならない．この状態でオイルレベルは最高7ℓ，ミニマム5ℓの線にあることが必要で，8ℓ以上もあると吸気にオイルが吸い込まれる恐れがある．ポルシェ・エンジンのような精密機械では，オイルの質と量は特に重要だから，ダッシュには油温，油圧，油量の三つの計器により，オイルについての情報が正確に伝えられる．さらに5ℓ以下になると大きな赤ランプが点くという念の入りようだ．テスト車の油温は，街なかでも高速巡航でも，常に80℃に保たれた．オイルはプレミアムHD20または30で，10000km毎にフィルターともども交換する．トランスミッション・オイル（SAE90）の交換も同じく10000km毎である．

ポルシェの真価は，1日500km以上を，ちょっと大きな声では言えないくらいの高い平均速度で旅行してみなければ，本当のところわからない．習慣的に東京－大阪くらいの距離をノン・ストップで走るドライバーでなければ，このすこぶる高価なポルシェを持つ意味はあまりないと言える．それほど911の高速性能はすぐれ，しかも安全なのだ．ただし，ひとつの条件がある．ポルシェをこの高速で安全にコントロールするには，やはり普通以上に鋭い反射神経とメンタリティーが要求されるから，不幸にしてこの素質に恵まれないドライバーは，決してポルシェに近づくべきではない．かつての356よりも操縦性ははるかにすぐれ，乗り易くなったとは言え，同時にスピードもずっと上っているので，限界付近の高速では，依然としてドライバーのミスを許さない，厳しい車なのである．実際，911はあまりにスムーズで安定しているので，スピードにだまされやすいのだ．普通のドライバーでも，コンスタント160km/h〈5速で約4550rpm〉は小型ファミリーカーの100km/h程度の感覚で容易に維持できるし，高速に慣れたドライバーなら180で長時間飛ばすことはなんら無理ではない．空力的なボディのフィニッシュは依然として例外的によく，ウィンドーまわりの風切り音はごく低いので，150までならパセンジャーと普通の声で会話ができる．背後でうなっているフラット6のノイズも，すぐれた防音材にさえぎられて，コンスタント・スピードでは決して気に障るほどには高まらぬ．まして，合法的な100km/hは，4速で3750rrm，5速で2900rpmにすぎず，全く退屈なほど遅く感じられる．911Tのレヴ・カウンターは6300～6600がレッドゾーンだが，もし6800ではたらくイグニッション・カットオフがなければ，シフトダウンして追い越しをするときなど特に，簡単にオーバーレヴさせ得るほど，

全域にわたってスムーズの一語に盡きる．ポルシェで本当に速く走るには，この最もチューンの低い911Tでさえ，各ギアでレヴ・リミット近くまで引っ張らねばならぬ．5段のギア比は，前記のように1，2速が若干低くなり，一方上位3段は接近した．したがって，1-2速，2-3速の間のギャップはかなり大きく開く．例えば，1速でレヴ・リミットまで踏んで（約55km/h）2速にシフトアップすると，レヴ・カウンターは3000rpmもドロップするし，2速→3速のシフトアップでは約2100rpm落ちる．しかしたびたび記したように，低，中速域のトルクは大幅に向上したので，このレシオのギャップは加速性能には影響しないと思われるし，実用上重要な上位3段はいっそうクロース・レシオとなったので，総合的には新しいギアボックスの方が好ましく思われる．実際，3速では145，4速では190が可能で，メーカーの，例によってひかえめなトップスピードは205km/hである（これは2.2リッター型と変わっていない）．この日は公道上のロード・インプレッションなので計測は行なえなかったが，AUTOCARが911E（ヨーロッパ仕様なので，ボッシュ・メカニカル燃料噴射で165HP／6200rpm）をテストした結果を参考までに記すと，最高速は226km/h，SS¼マイル14.4秒，SS1km26.9秒という，信じがたいほどの好タイムを記録している．これは従来の2.2リッターにくらべて，特に加速性能の向上がめざましい．同誌のデータを見て驚くのは，3速は10mph（16km/h），4，5速は20mph（32km/h）という低速から追い越し加速を計測していることで，これがまた速いのだ．しかも3速は30mph（48km/h）-80mph（128km/h），4速は40mph（64km/h）-90mph（144km/h）という広範囲にわたり，各20mphを加速するのに要するタイムがそれぞれ4.2-4.3秒と6.3-6.5秒の間に揃っていることだ．3速についていえば，これは1500-6000rpmという広域にわたって，エンジンがほぼ均一なトルクを発揮することを示している．911Tの性能については推測のほかないが，911Eよりいっそうフラット・トルク（絶対値は多少低いにしても）だから，従来の2.2リッター型に対して相当に向上していることは想像にかたくない．しかし，タイムはどうであれ，実際に乗ってみた"加速感"は，どうもそれほどではない印象を受けた．ひとつには，トルクカーブがあまりになだらかなせいだし，さらにもうひとつの理由は，エミッション対策を施された電子制御フューエル・インジェクションのためである．これは，メカニカル・インジェクションや，トリプル・ウェバーのように，急にスロットルを開けてもガ

バッと生ガスが出ない（したがって排気も濃くならない）ので，感覚的にはどうもパンチが効かないのだ．同様に，特にハーフ・スロットルから急にスロットルをオフにしてオーバーランの状態になったとき（普通は最もHCが排出される状態），燃料がシャット・オフされるので，1発だけパンとマフラーの中でアフター・ファイアする．ついでに付言すると，ポルシェ独特の，ほとんど反社会的とさえ言える鋭い排気音は，この2.4 911Tでははるかにおとなしくなったように感じられた．

　ポルシェのような車では，燃費は二次的な問題だが，どんな走り方をしても決して経済的とは言えない．この日はほとんど雨だったし，比較的"低速"で走ったので，東名と箱根一周278.8kmで43.4ℓのレギュラー・ガソリンを消費し，平均6.42km/ℓというデータを得た．一般的に言って，増加した排気量と大幅に下げられた圧縮比から，燃費は旧2.2リッター型より低下するのが当然と思われる．習慣的に長距離のノン・ストップ・ランを行なうドライバーにとっては，62ℓ（予備6ℓを含む）タンクは小さすぎる．実際，調子よく高速クルージングを続けているときに燃料計がゼロに近づき，ピットインを余儀なくされるほど残念なことはない．オプションの大容量タンクは，こうしたドライバーには必須であろう（たとえトランクスペースを狭めても）．

　高速での直進安定は，重心の比較的後方にあるリア・エンジン車とは思えぬほどすぐれ，150以上でも軽くステアリングを保持するだけで矢のように直進する．横風の影響も軽微である．しかし路面に池ができるほどの豪雨中の高速走行は，特に注意を要する．軽い前輪がアクアプレーニングを起すことを，常に念頭に置かねばならないからだ．これは，ポルシェの基本設計に起因する潜在的な弱点なのである．テスト車には付いていなかったが，今年からフロント・バンパー下に，レーシングカーのようなエア・スポイラーがオプションで付くのは，高速でのノーズリフトを押え，前輪のアドヒージョンを増して，アクアプレーニング発生を防ごうというのが主な意図である．むろん，ドライでも高速安定性は空力的に向上するはずである．

　次にハンドリングについて．さきにポルシェは年々御し易くなったことを述べたが，それは平均的なドライバーが普通の路上で経験する程度のスピード領域においてである．限界点付近の高速における挙動となるとまた別問題であり，ポルシェは依然としてドライバーのミスを許さない，こわい車である．大多数

のドライバーが日常体験するノーマルなコーナリングにおいて，ポルシェはほとんどニュートラルと言いたい，弱いアンダーステアを維持する．ワイドリム(6J) に履いた185/70VR15はほとんど鳴かず，また少なくともドライバーにはロールもほとんどしないように感じられる．コーナリングがあまりにも安定しているので，ポルシェに慣れないドライバーは予想外に高いスピードでコーナーに進入したことにともすれば気がつかない．最大の危険性はここにある．進入スピードが速すぎたことに気づき，スロットルを急に閉じるか，さらに悪い場合はブレーキを踏んだりする．と，急に荷重の減少した後輪は突如としてアドヒージョンを失う．とっさにカウンターステアを切り，同時に適度にスロットルを踏んでテールを安定させるのが，スピンを防ぐ唯一の方法だが，それにはきわめて鋭い反射神経と的確な判断を要する．特にウェットな路面では，いっそうの注意が必要なことは言うまでもない．したがって，ポルシェほど，古典的な"スロー・イン，ファスト・アウト"の原則が必要な車はない．コーナリング・スピードの絶対値が並みのGTカーより格段に高く，ともすればオーバースピードでコーナーへ入りすぎるからだ．コーナー手前で制動してスピードを押え，適度なスロットル開度を保って回り，コーナー半ばでフルパワーを掛けるのが，最も安全確実なコーナリングのコツである．もちろん，慣れれば途中でスロットルを一瞬閉じてノーズをタックインさせ，ラインを修正することはやすいだろう．

クイックで（約3回転）しかも常に軽く，きわめて正確なステアリングはポルシェの伝統にそむかない．回転半径も5.35mと小さい．特徴的な軽いキックバックも従来どおりで，路面の不整や継ぎ目を通過すると軽いショックが手に感じられる．これを嫌う人もあろうが，ポルシェ党にとっては路面感覚を正確に伝えるとして，かえって好ましいと考えられる．4輪ディスク（2.4ではさらにディスク径を増した）となったいまも，ポルシェはサーボを備えていない．したがって踏力は決して軽すぎず，また重すぎもせず，適当である．効果は踏力に応じて漸進的で，実によい効き味なのだ．リア・エンジンの常で，パニック・ストップをかけるとロックするのは前輪の方が先である．これは特にウェットな路面では然りだから，雨天の場合は留意の必要がある．

2.2リッター911のフロントに付いていた（911Eには標準，他はオプション）自動車高調整ハイドロ・ニューマティック・ストラットは，2.4では廃止され，

すべてトーションバーとなった．ハイドロ・ニューマティックは，ピッチングを誘発するとして不評だったのである．タウンスピードでも，911Tの乗り心地はきわめてよい（ほとんどソフトと言う形容詞を与えたいほどだ）．しかも地上高は150mm（積載時）もあり，15"の大径ホイールと相まって，あらゆる路面を気にせずに踏破できる点で，やはりポルシェはユニークである．

室内について多くを語るスペースがなくなったが，911のように本来高水準にある室内設計では，ほとんど発表当初のとおりである．日常頻繁に使うライト・ディマー／ウィンカーとワイパー／ウォッシャーは，ステアリング左右に出たレバーで行なえるのは，特によい設計で，他車の範とするに足る．ワイパーは3スピードである．雨中を走ってすぐ気づくのは，リア・ウィンドー・ワイパーの必要で，911Tのオーナーはぜひオプション・リストからこれを選ぶべきだ．逆に改良を要するのはヒーター／ベンチレーターで，これのみは現代の水準に達していない．ヒーター・コントロールは込み入っており，しかも空冷の宿命でヒーターの熱量はエンジン温度とスピードに依存しているから，頻繁にレバーを調節する必要がある（燃焼式ヒーターはオプション）．コールド・エアは別のブロワーにより取り入れられるが，顔のレベルに充分に届かない．

さて，この911T（485万円）を，さらに上級の911E（565万円）と911S（655万円）に対してどう評価すべきだろうか．マキシマム・スピードはそれぞれ205km/h，220km/h，230km/hだが，これは論外として，実用上問題になるのは加速性能の差くらいだろう．その代償として，速いモデルはそれ相応に高価な燃費を覚悟せねばならぬ．それにしても3種の間の価格差（日本における）は大きい．もし，初めて911を買うなら，911Tから始めることをぜひ奨めたい．実用上はこれで充分すぎるくらいだし，それにもっと速い911Eや911Sを買うという楽しみがまだ残されているのだから．

(1972年4月号)

ロードインプレッション

ジャガー XJ6 4.2

　XJ6が華々しくデビューしてからもう3年半になるが，いろいろな理由で筆者はまだハンドルを握る機会に恵まれなかった．昨年夏，英国へSonographic Seriesの取材に行ったとき，コヴェントリー，ブラウンズ・レインのジャガー工場も訪れたが，限られた時間では発表されたばかりのV12 Eタイプに2時間ほど乗るのが精いっぱいで，XJ6には横に乗せてもらって近くのレストランまで走っただけであった．折からジャガーは夏休みだったのだが，広報担当のアンドリュー・ホワイト君だけは勤務しており，V12エンジン開発の映画を見せてくれたばかりでなく，XKエンジンおよびV12の設計者であるウォリー・ハッサン（ヴィンティッジ・ベントレーの時代に，ベントレー・モータース社長で，自身3度もルマンに優勝したウルフ・バーナートの下でメカニックを務め，後にERA，コヴェントリー・クライマックスを経て，いまはジャガーのパワーユニット担当重役）やハリー・マンディ氏（元ERA，一時Autocarのテクニカル・エディター，次いでコヴェントリー・クライマックスでレーシング・エンジンを手がけ，現在はやはりジャガーのエンジン設計者）らと一緒に昼食する機会をもうけてくれた．実に興味深く，またインフォーマルで楽しい歓談であったが，これについては以前に記したので深くは触れない．XJ6の卓抜な乗り心地と静粛さ，スポーツカー以上に思われるハンドリングは，アンドリュー・ホワイト君の横に乗って曲がりくねった典型的な英国のカントリー・レインをごく短時間走っただけでも充分に推察できた．まだチャンスがなくて運転したことがないのだと言うと，それは実に残念だ，ぜひできるだけ早い機会に乗ってみてくれ，日本のジャガー・ディーラーにも連絡して便宜を取りはからってあげようと言う．XJ6はいまでも英国では注文をさばき切れず，デリバリーに最低6ヵ月は待たされるそうだ．会食のあと，アンドリュー君が古びたヴォルヴォ122Sに乗り込むので尋ねると，広報担当のぼくにさえ，XJ6をあてがう余裕がないのだよと苦笑していた．衰退を続ける英国の自動車業界にあって，ジャガーは最も恵まれた境遇にあると言うべきだろう．相次ぐ労働者の値上げ攻勢や

（それだけが理由ではないだろうが，68年に£2475で売り出されたXJ6は，いまでは£2848に値上げされた．いずれも税金を含む4.2マニュアル・モデルの価格），関連産業のストライキなど，外部のわれわれにはうかがい知れぬ様々なマイナス要因があるに違いないが，このすぐれた車をこの価格で売れるとは，実に驚異である．ジャガー工場は，日産やトヨタなどを見なれた眼には本当に小じんまりとしており，年産はスポーツカー，サルーンをひっくるめても10万台には足りないのである．けれどもこの日に会った設計者たちも広報担当のアンドリュー君も，XJ6とV12 Eタイプについて語るとき，ほとんど少年的と言いたいほど天真爛漫な，自信と誇りを抱いていることがありありとうかがわれた．彼らはしん底からのエンジュージアストなのであり，純粋の愛車精神（日本的な愛社精神とは全く違う）の持主なのであった．

さて，話を日本に戻そう．今度ジャガー・サルーンの系譜をたどる特集を組むに当たり，ディーラーの新東洋モータースに電話したところ，ふたつ返事で快諾され，ふだん社長が使っている淡いブルーの4.2マニュアル・ギアボックス付を借用することになった．すでに200台以上のXJ6が輸入されている由で，4.2と2.8の比率は7:3くらい，大多数はBW8型自動変速機付であり，マニュアルはむしろ稀である．日本におけるジャガー・サルーンの使われ方（ほとんどはショファー・ドリブンだが，週末にはオーナー自身もハンドルを握るケースが多い）からすれば妥当なところだが，われわれはむろんマニュアル・ギアボックス大歓迎である．

XJ6に初めて乗ったスタッフ全員が，まず異口同音に口にしたのは，想像を絶した絶妙な乗り心地と室内の静粛さであった．XJ6は，われわれがテストした車（その中には3倍ほども高価なR-Rシルヴァー・シャドウやメルセデス・ベンツ600も含まれる）の中で，最も乗り心地がスムーズでリファインされた車だと断言できる．しかも後に述べるように，操縦性の点ではサルーンカーの水準をはるかに抜き，むしろEタイプ・ジャガーさえ凌ぐのである．

車を静的にではなく，常に動的に見る人なら，外からXJ6を見て直ちに気づくのはそのファットなタイアである．XJ6の設計者は，ダンロップに対し，乗り心地やノイズをほとんど無視して，ダイナミックな性能だけをねらったタイアの開発を依頼したという．この要請に応えてダンロップがXJ6専用に開発し，結局すべてのXJ6に標準装備されたのが，同社のSPスポーツの一種である，ウ

ルトラ・ロープロファイル・ラジアル，ER70VR-15である．ジャガーはこの与えられたタイヤに対抗してサスペンションを設計し，あらゆる路面での絶妙な乗り心地と，タイヤ・ノイズを遮断することに成功したのである．言うまでもなく，XJ6はサブフレームに乗ったダブル・ウィッシュボーン／コイルによるフロント・サスペンションと，ロワー・トランスバース・リンクおよび固定長ドライブ・シャフトを横方向のメンバーに，トレーリング・アームを縦方向のメンバーとし，左右2個ずつのコイル／ダンパーで担ったリア・サスペンションを備える．よい路面では文字どおり静かな水面を滑るヨットのようにスムーズかつ静かであり，とうてい金属スプリングに担われているとは信じられない．悪路の乗り心地はさらに印象的である．大きい凹凸，たとえば舗装路から砂利道への段落などへ恐ろしい高速で接近する．一向にスローダウンしないので，パセンジャーはひどいショックを予想して身を固くするが，XJ6はほとんど姿勢さえ変えずに乗り切ってしまう．路面からのノイズ遮断は驚異的にすぐれている．悪路を踏破しても，激しく上下して懸命に路面の衝撃を受け止めている大径タイヤとサスペンションの動きは，車内からは全く想像できぬほど，振動はなく，静かなのだ．一面にひび割れた舗装路面などで窓を開けると，ダンロップが当然の音を立てていることが初めてわかるが，窓を閉めた室内では，そのノイズははるかかなたに遠のき，かすかに聞こえるだけで，やはり振動は伝えられない．路面からのノイズに関しては，さすがのR-Rシルヴァー・シャドウよりも静かに思える．R-Rはハイドロ・ニューマティック・サスペンションとクロスプライ・タイヤであり，XJ6は金属バネとラジアルの組み合わせなのだから，本来なら勝負にならないはずなのだ．

　XJ6を操縦して最も印象的だったのは，一流のスポーツカー（Eタイプを含む）さえ凌ぐハンドリングであった．むしろ，XJ6への最高の賛辞は，絶妙な乗り心地を同じ高レベルの操縦性に結びつけた点に関してであろう．街なかやハイウェイではR-Rに匹敵するスムーズで静かなV.I.P.カー的な乗り心地を提供するが，挑戦されればツーリングカーの仮面を投げ棄て，忽ちジャガー本来のスタミナと応答性をもったスポーツカーに変身する．そして，コースがトウィスティであればあるほど，XJ6は本領を発揮するのだ．空車時で51／49の理想的な重量配分を持ち，1473／1481mmという異例に広いトレッドと，6JリムにダンロップER70VR15ラジアルを履いたXJ6のコーナリング能力は，とうて

い公道上では（テストコースでも）その限界を試せないほど高い．われわれが公道上で精いっぱいに頑張った程度のコーナリング・スピードでは，全くと言ってよいほどニュートラル・ステアを示す．それは並みの高性能スポーツカーではとうてい考えられぬほどの高速なのだが，あたかもレールの上をたどるようにという，言い古された表現がぴったりなほど，なんの努力もなしに思い通りのコースを画いて回れる．ステアリングを切れば切っただけ，アンダーステアの傾向なしに，小さいRの軌跡をたどるにすぎぬ．進入速度が高すぎて，コーナー途中でスロットルをオフにしても態勢に影響はないし，それどころかコーナリング中にブレーキを踏んでも姿勢は決して乱れない．だから，これほど高速コーナリングが容易でしかも安全な車を私は知らない．ロールは適度に押えられ，少なくともよい形状のシートに抱かれたドライバーと前席パセンジャーは，いかなるコーナリング・スピードでも普通の姿勢を保てる．むしろハイ・スピードでコーナリングするXJ6は，外から見ている方が恐ろしいほどだ．ダンロップは鋭い悲鳴を上げるが，執拗に路面を捉えて放さず，めったなことではブレークしない．われわれが体験した限りでは，いつもテストに使うヒルクライム・コースのきついベンドで，セカンドのフルパワーを掛けたときのみ，テールが振り出された．ここは路面も荒れており，ほとんどの車はたとえパワーがあっても内側後輪がスピンするか，大きく切った前輪のスクラブ抵抗か，またはその両者のためにガックリとスピードが落ちる．XJ6はひとつにはリミテッド・スリップ・デフの効果で，全くホイールスピンせず，スローダウンもせずに，テールのみが一瞬振り出された．しかしクイックなステアリングで瞬間的に修正が効く．

　ラック・アンド・ピニオン・ステアリングにはAdwest製のパワーアシストが標準で付いている．きわめて軽く（C/Gテスターの間では軽すぎるという声が高かった），応答性はすこぶる鋭い．ロックからロックまで$3\frac{1}{3}$回転だが，5.5mという異例に小さい回転半径を持つので，実際にはごく僅かの動きで車は敏感に反応する．低速で回る街角も，高速ヒルクライムのタイト・ベンドも，全然手を持ちかえることなく，半回転で用が足りる．実際，あまりに軽いのと，操向性がニュートラルなので，つい切りすぎて戻すこともしばしばであった．しかしすぐに慣れて気にならなくなる．これにくらべると，Eタイプのサギノー製パワーステアリングはいっそう軽く，慣れるのに時間を要する．

直進性は，スピードと路面のいかんを問わず抜群によい．ジャガーのよい伝統で，比較的高い着座姿勢からの視界は絶好なので，XJ6は実際よりも操縦するとはるかに小さく感じられる．それ故卓越した操縦性を持つXJ6は，車幅すれすれの狭いワインディング・ロードでも，小型軽量のスポーツカーに劣らず，むしろそれ以上の機動性を発揮する．パワーはあり余るほどにあり，それがフルに路面に伝えられるほど，タイアとサスペンションがすぐれているので，曲がりくねった峠でも驚くべく高い平均速度を維持できる．制動力に関しては，全く文句のつけようがない．ジャガーは全輪ディスクの採用では最も早く，生産車では60年のMkⅡ2.4／3.4ℓが最初だが，XJ6では2系統式で，フロントは3個のピストンを備える．踏力は常に適度で，漸進的に効き，ノーズダイブはごく軽微である．箱根から伊豆にかけてのワインディング・ロードを，ブレーキを酷使しながら駆けめぐっても，フェードの徴候はおろか，適当に温まったときにベスト・パフォーマンスを示すことがわかった．ダッシュ下にあるハンドブレーキは強力無比だが，運転姿勢からは遠く，パーキング時以外は使えない．
　この日は公道上のテストなので全く計測を行なわなかったが，XJ6の動力性能は当然ながらトップクラスにある．われわれが乗ったのと同じ4.2 O.D.付4段マニュアル・ギアボックスをテストしたオートカー誌のデータによれば，トップスピードは198km/h, SS ¼マイルは16.5秒, SS1kmは30.4秒である．XK120以来の6気筒DOHCエンジンはXJ6 4.2では4235cc（92.07×106mm）に拡大されており，圧縮比9, 2基のHD8型SU気化器により245HP／5500rpmと39.1mkg／3750rpmを発揮する．4段ギアボックスにはオプションの，トップギアにのみ効くレイコック・ド・ノーマンヴィル・オーバードライブが付いている．オーバードライブ付のファイナルはノーマルの4段型（3.31）より低い3.54である．デビュー以来20年以上になるこのDOHCシックスは，今日の標準ではもはや少々古典的である．5000-5500のレッドゾーンが端的に示すように，決して高回転型ではない．4000まではすばらしくスムーズで，比較的静かであるが，4500以上ではファンノイズが急に高まる（流体クラッチ付にもかかわらず）だけでなく，やや苦しそうになる．けれども幸いなことに，低，中速域ではすばらしく強力なトルクを持つため，低いギアでは4000以上引っ張る必要がないので，これは実用上なんら不便ではない．テスト車は，ふだん街なかばかり走っていると見え，エンジンのチューニングが完全でなく，3速では4500あたりで息切れ

し（SUの調整不良と思われる）これ以上吹けなかった．O.D.付4段ギアボックスはよいギア比配分を持つ（2.93，1.905，1.389，1.00，0.779）．O.D.はギアレバー・ノブに仕込まれたスライド・スイッチで，高速道路上の追い越しに多用するO.D.←→トップの変速にたいへん重宝した．かなりハイ・ギアードで，合法的な100km/hはトップの2800rpm，O.D.では2200rpmにすぎない．トルクの強大なことは驚くべきで，O.D.で100km/hからの加速はスポーティーな2リッター車のトップギア加速にほぼ匹敵する．ヒルクライムではいっそう印象的で，同クラスの車より常に1段高いギアで登坂できるほどだ．タイト・コーナーでスローダウンし，回転が1500くらいに落ちても，3速のままスムーズかつ強力に加速が効く．この日はむろん試みるチャンスはなかったが100マイル（O.D.で3600＋）はXJ6にとって全くノーマルな巡航速度であろう．140くらいでもエンジン，ギア，タイアのノイズは室内にはほとんど届かず，風切り音（テスト車では右の三角窓が笛を吹いたが）も異例に少ないから，XJ6は理想的なロング・ディスタンス・トゥアラーである．

　この車の唯一の欠点は，クラッチが不当に重いことだ．踏力は20kg以上もあり，しかもトラベルも深いので，街なかでは少々しんどい．テスト車は左ハンドルだが，やけに幅広いセンターコンソールのため，フットルームはひどく狭い．大型のクラッチとブレーキ・ペダルは接近しており，幅広い靴ではクラッチを踏むときブレーキ・ペダルの角を一緒に踏む恐れがある．ギアボックスは長いことジャガーのアキレス腱であった．新車のときからシンクロが弱く，シフトの縦方向ストロークが特に大きいのである．これが改善されたのはEタイプが出て4,5年経ってからである．それでもなお，ギアシフトするのが喜びと言うには遠い．シンクロは比較的強くなったが，操作はやや重く，ストロークは依然として過大である．前記のようにO.D.スイッチはギアレバー・ノブにある．作動はインスタントだが，パッセンジャーに気付かれぬほどスムーズな変速を行なうには，微妙なスロットルの操作を要する．O.D.へのシフトアップの際はスイッチ操作と同時に僅かスロットルをゆるめ，逆にダイレクト・トップへ戻すときはスロットルを若干踏み込むのである．さきにクラッチの重さを指摘したが，外国のパワフルな車は一般的にクラッチのプレッシャー・プレート・スプリングが強い．その代わり酷使してもフェードしてスリップすることが少ない．国産車はやけに軽いが，スポーツカー的に使うと滑りやすい．問題は技

術ではなく，むしろ車に対する基本的な考え方の相違による．またひとつには日本人と外人の体力的な差にもよるだろう．とにかく彼らは（彼女らも含めて）力が強い．

　XJ6のインテリアは伝統的な高級英国車のそれである．つまり，本革とウォールナットと厚いカーペットを用いて，落ちついた，豪華な，気持のよい雰囲気をかもし出している．前席は幅広いコンソールによって隔てられたアームチェアで，後席ベンチのバックレストは2人を快適にサポートするような形状なので，実質的にはぜいたくな4シーターである．ステアリングにテレスコピック式調節があるのは昔からのジャガーの特徴だ．ウォールナットのダッシュボードには，古典的な美しい計器が7個配列されている．ずらりと並んだスイッチは，アメリカ連邦規準に合致したタンブラー式である．多用する2個のライトスイッチのみは周囲に枠を設けて他と識別を容易にしているが，使い勝手はMk10までのスナップスイッチの方がよい．スイッチと言えば，イグニッションとは分離したスターターのプッシュボタンは長くジャガーの特徴であったが，XJ6ではキーで操作される．燃料タンクはこのXJ6でも左右リアフェンダー内に2個あり（各57ℓ入り），ダッシュ上のスイッチで切り換えられる．燃料計も同時に切り換わる．この日のテストでは，246km走ったときにEマークに近づいたので反対側に切り換えた．東京から箱根，伊豆を一周した349.9kmで61ℓのハイオクタン燃料を消費し，燃費は5.73km/ℓであった．行程の半分は峠で，3速をフルに使ったから，4.2リッター，重量1575kg（空車時）の高性能車としては妥当なところだろう．4.2マニュアルの基本価格は540万円だが，テスト車には次のオプション部品が組み込まれ，総計では617万円となる．すなわち，オーバードライブ（10万円），クーラー（35万円），パワーウィンドー（15万円），後窓デミスター（7万円），色ガラス（10万円）．このほか，BW8型3段自動変速機が20万円で注文できる．これの付いたモデルは経験ないが，Mk10までのBW35型にくらべるとはるかに作動がスムーズで，信頼性も高まったという．性能的にもマニュアルと大差なく，オートカーによれば最高速が193km/h，SS 1/4 マイル17.5秒，SS1km31.9秒である．140まで伸びるインターミディエートの加速はマニュアルの3速より速く，トップもマニュアルのトップとO.D.の中間くらいだから，実際上のデメリットはないと言えそうである．前述のようにXJ6のクラッチは法外に重いから，XJ6はむしろオートマチックの方が，現状

ではベターかもしれない．ともかく，XJ6は乗り心地，静粛さ，スタミナ，そして何にも増してスポーツカー以上のハンドリングを，それに結び付けた点で，ラクシュリー・サルーンの水準を一挙に高めた傑作車と言える．この車の唯一の時代おくれな部分である6気筒エンジンが，今秋に発表が予想される5.4ℓ V12（Eタイプ・シリーズ3と共通の）に換装されたなら，まさに言うことなしというところだろう．

(1972年5月号)

ロードインプレッション

シトローエンGS

　2台のシトローエンGS——標準の4段ギアボックス付とオプションの3段ギア＋自動クラッチ——を1日450kmほど、ほとんどあらゆる条件の下でテストしたわれわれは、いまから十数年前、DS19に初めて乗ったとき以来のフレッシュな驚きと、シトローエンの高遠な設計思想（テクノロジーだけでなく、その奥にある人生に対する深い洞察）への畏敬の念に改めて強く打たれたことを、まず告白せねばならない。これこそ、70-80年代の小型ファミリーカーの理想を具現した傑作である。将来、都市内の交通条件はますます悪化するだろう。しかし一方、週5日制の普及とともに、週末は家族全員と荷物を積み、ハイウェイを高速旅行する機会が多くなるだろう。スピードのポテンシャルが高まれば、操縦性と制動力がそれに伴わねばならないし、1次、2次安全性は、ラルフ・ネイダーをまつまでもなく、今日の自動車設計には当然のこととしてビルトインされねばならない。しかも価格は、標準的勤労者が買える程度に押えられる。こうした互いに大きく矛盾するファクターを満足させねばならぬ乗用車、特にこのシトローエンGSが属する小型ファミリーカーは、多くの妥協の産物である。GSも、むろん相反するファクターの妥協であるが、全体のレベルは、同クラス他車とは次元が異なるほど、高いところにある。有名な"トラクシオン・アヴァン"以来、シトローエンの伝統的ポリシーは、他より少なくとも10年は進んだ車を設計し、それを20年以上にわたり、長期量産するところに特異な点がある（55年にデビューしたDSは、今日でも多くの点で時流に先んじており、48年に発表された2CVが今なお生産されていることを想起してほしい）。GSもまた、エンジニアのドリームカーのような、独創的かつ進歩的な技術の集約であるが、それが決して技術者の独善ではなく、温かいヒューマン・エンジニアリングと、冷徹なコスト・アナリシスに裏打ちされた必然であるところに、シトローエンの真面目があるのだ。後に述べるように、エンジン容積はフランスの税制（およびフランス人独特のケチ、というより無用な無駄をしない堅実な精神）に影響され、わずか1015ccにすぎないが、ボディは本当の意味での5シ

ーターである．GSは従来の空冷2気筒エコノミー（425cc2CVから602ccAMI8にいたる）と，大きく比較的高価なDS系（1985ccD Specialから2175ccDS21フューエル・インジェクションまで）の間に存在した広いギャップを埋める，"インターミディエート"を志向しているが，すべての点でそれはスケールダウンし，モダナイズしたDSと言ってよい．GSは荷重のいかんによらず常に一定の車高を保つセルフ・レベリング機構（今日この高度の装置を備えるのは，シトローエン以外にメルセデスの300，600，R－Rシルヴァー・シャドウなどの高級車しかない）を備えた"水とオイル"のハイドロ・ニューマティック・サスペンションと，制動時の荷重変動を感知して理想的な前後制動力配分を可能にする，パワー4輪ディスク・ブレーキを，DS系と共用している．この進んだ機構を，将来多年にわたってフレッシュな美しさを失わないだろうと思われるデザインの，ルーミーなカプセルに包み込んだGSが，フランスで13000N.F.（約78万円）で買える大衆車だということに，日本のユーザーも設計者も，なかんずくメーカーのトップ・マネージメントは，深く思いをめぐらしてほしい．日本では（日本に限らないが特に日本では），車がいつの間にか耐久消費財から，年々無意味なモデルチェンジをくり返す，"計画された陳腐化"の対象になってしまった．一見最新流行の衣をまとったかに見える国産ファミリーカーの基本設計は，一皮むけば独創のかけらもない，時代遅れな，それこそ陳腐なものだ．ボディの内外を飾りたて，あらずもがなのガラクタを盛りだくさんにくっつけたからと言って，それでその車の実用的な効用が上がると本気で考えているとすればよほど頭がオカしいし，それと知ってやっているのだったら，ユーザーをあざむく欺瞞行為以外なにものでもない．ところがシトローエンは違う．まず計画と開発に非常に長期間をかけて，10年は他車より進んだ車を作り，これを20年以上の長期間にわたって生産し続ける．高度な機構は当然高価であり，開発費もかさむから，シトローエン程度の量産規模（GSは日産750）では長年生産を継続しなければ，コスト的に引き合わないのも事実だが，ここで問題にしたいのは，このせち辛い現代で，敢えてこのポリシーを採る，シトローエンの技術者とマネージメントの勇気と識見である．GSの魅力はまず，他車では決して得られない進んだ技術的特徴を一身に集めていることであり，次は長年モデルチェンジしないから，品質は安定し，スペアは豊富にあり"陳腐化"せず，ユーザーは安心して使えることだ．その点では時代こそ違えVWビートルも同

じだが，シトローエンには形容しがたいプラス・アルファがある．それは，即物的なVWには求めても得られない，温かいユマニテなのである．

　GSのトランスミッションは，当初普通の4段ギアボックスのみだったが，昨年春に3段ギアボックス＋サクソマート自動クラッチ付も加わった．われわれは幸い，この両者を同時に乗りくらべることができた．テスト・コースは東京から東名－箱根－伊豆スカイラインを経て下田まで下り，再び北上して箱根から小田原－厚木経由で帰京する約450kmであった．歴代のシトローエンは，反骨的な機構のために，運転にかなりの慣れを要した．慣熟すれば実に合理的だが，2CVのギアシフトやDSのシフトとブレーキ，それにまだ実際に経験しないがSMのステアリングなどは，初めてのドライバーを戸惑わせる．ところが，このGSはいきなり取りついても実に運転が容易である．GSのエンジンは空冷フラット4，ベルト駆動SOHC 1015cc（74×59mm），圧縮比9とツインチョーク・ソレックス1基により，55.5HP／6500rpmと7.2mkg／3500rpm（いずれもDIN）を発揮し，2CVと同じく前方にオーバーハングされるギアレバーはフロアから出ている．GSはフランスのファミリーカーの常で，1リッター級としては異例に大きい（4120×1608×1349mm）が，室内に乗り込むとさらにルーミーなことに驚く．柔かい感触のベロアで覆われたシートはソフトで，（DSほどではない．この方がベターだと思う）よい形状のため，1日15時間乗り続けても疲れなかった．後席は3人が座れ，前席をいっぱいに下げても，まだレッグルームには充分ゆとりがある．ダッシュボードや計器はまさに前衛的でシトローエンの面目躍如だが，使ってみると非常に合理的なことがわかる．これについては後述するとして，とにかく走り出そう．チョークをいっぱいに引くと一発で掛かり，すぐ戻してもスムーズにアイドルする．ウォームアップは非常に早い（吸気管のホットスポットはエンジン・オイルで温められる）．GSのエンジンは空冷としては例外的に静かである．フラット4独特のビートはスバルによく似ており，少なくとも室内で聞く限りのエンジンノイズは，水冷のスバルより多い程度に過ぎぬ．アイドリングからのスロットル・レスポンスは，フライホイールが重いかのようにスローで，3000以下でのトルクは弱い．しかし3000から上の反応はよく，6500のレッドラインを超えるまで，デッド・スムーズに吹き上がる．言い忘れたが，計器盤の右端には奇妙な形のタコ・メーターがある．GSのようなファミリーカー（しかもフランスの）にタコメーターが標準装備とは最初不思

議に思ったが，これは全く必要なのであった．GSに乗ったら，フランス人が習慣的にやるように，情け容赦なく各ギアでいっぱいまで踏みつけるのが普通の乗り方なのであり，エンジンは充分それに耐えるのだ．車重880kgに対して55.5HPは決して多い方ではないし，サスペンションとパワーブレーキ用の油圧ポンプの駆動馬力がそれから差し引かれる．すでに述べたように，3000以下では言うべきトルクを持たない．実際，走行中もっとも頻繁に見る計器はタコメーターであり，スピードメーターは"法の象徴"が背後に忍び寄ったときしか見る必要がないとさえ言える．動力性能は4段型と3段＋自動クラッチ型とでは当然異なるので，別々に述べる．まず標準の4段ギアボックス型から．クラッチはきわめて軽く，作動はスムーズであり，やはり軽く確実なフロアシフトとともに，混んだ市中の頻繁な操作にも全く不便は感じない．3人乗っていたせいもあるが，発進はたとえ深く踏み込んでも優雅なものだ．テスト車はすでに2400kmほど走っていたが，多忙を極める試乗スケジュールのため，整備の暇さえない由で，そのせいかソレックス気化器の調整不良で明らかなフラット・スポットが感じられた．4段ギアはすべてインディレクトで，全体にローギアードである．これは145-15という大径タイアによって若干キャンセルされるが，トップギア1000rpm時速度は理論上22.89km/hに過ぎない．ギア比はかなり分散しており，前記のように3000以下ではパワーがないことも相まって，ハイウェイではもちろん，街なかでも各ギアで6000近くまで引っ張ることを要する．特に2速と3速間のギャップは広く，2速でレッドゾーンの6500まで加速して3速にシフトアップすると，タコメーターの針は一挙に4500までドロップするからだ．3速とトップの間隔は適当で，約120まで軽く3速で引っ張ってトップに入れると，5000＋になる．外誌による最高速度は145km/hで，これは55.5HPと880kgの大柄なボディを考えると，明らかにボディのすぐれた空力特性の効果であろう．われわれの車も，軽い下りで一瞬ながら145km/h（1.4％甘いメーターで）に達した．これは同クラスとくらべても速い．オートカーのデータによれば，ルノー12 142.4km/h，シムカ1100GLS 136.0km/h，フィアット128 134.4km/h，ADO16（1100）126.4km/hで，C/Gがテストしたチェリー1000GLは140.7km/hである．フランス車の例にもれず，GSも1日中フラットアウトで飛ばすことができるし，またそれを予想して作られている．トップスピードの145km/hはレッドゾーン（同時にパワーピーク）の6500より約300rpm下の安全圏にあり，こ

れは理想的な平坦路でなければ出ない．このスピードでの直進安定は無類にすぐれ，ノイズ・レベルは普通の声で隣りと話が通じるほど低い．特に，風切り音は120でも皆無であり，閉めた窓越しに隣りを走る車の風切り音が聞こえると言えば想像がつくだろう．GSはやはりフランスの車らしく，快適なロング・ディスタンス・トゥアラーなのだ．GSがアンダーパワーだとは，外誌のテスト・リポートでしばしば指摘されるところだが，これはたしかである．たとえば，東名のゆるい上りではフラットアウトでも125km/h止まりだし，山北付近のような登坂車線のある区間では，110までスピードは落ちてしまう．これは3人乗車の場合であって，ドライバー1人ではかなり違うことは想像される．加速は，前記のオートカー・テストにあげた5車の中では，ADO16に次いで遅い．例えばSS ¼ マイルはフィアット128の19.7秒に対し，GSは21.5秒を要している．なおチェリー1000GLは19.7秒であった．パワーの絶対的不足は，箱根のような登坂時に痛感された．特に2速と3速のギャップが大きいので，ちょうどこの中間のギアが追い越しの際に欲しいところなのである．しかしこれは純然たるファミリーカーなのであり，パワーは決して充分ではないまでも，ほとんどの用途には適当である．

　ここでGSの特異なスピードメーターについて触れよう．それはドライバー正面の，例の½本スポーク・ステアリングに全く邪魔されぬ位置にあるディジタル回転ボビン式で，凸面レンズによって数字は拡大され，イグニッションをオンにすると常に照明される（照度はレオスタットで大幅に変えられる）．色はスピードによって黄から緑，オレンジへと変化し，その右にあるタコメーターとともに非常に見やすい．時速の大きな数字の上には，その速度に対応する制動距離が，小さい数字で表示されるのは，さすがシトローエンである．

　次に自動クラッチ付について．これは主としてタウン・ユースをねらった，3段ギアボックスにサクソマート電磁式自動クラッチを組み合わせたものである．ギアレバーは4段型と同位置にあり，ただクラッチペダルがないだけが違う．テスト車のアイドリングはやや高く，1400だったが，ローギアをセレクトすると（オートマチックと同様，このときブレーキを掛けておくことが必要），軽いショックとともにタコメーターは800に落ち，若干ボディが揺れる．この自動クラッチ付は，走行前に充分にウォーミング・アップする必要がある．この点もトルコン車に似ているのだが，ギアを入れた途端に，自動クラッチがつなが

り始め，その抵抗に負けて冷えているエンジンはストールしやすいからなのだ．ストールしたエンジンを掛けるには，ギアレバーをニュートラルにし，キー（必ずしも便利な位置ではない）を一旦オフにしてからでないと，スターターは働かないので，手間を食う．これは，しばらくパークしておいた後も同じであった．空冷はウォームアップも早い代わり，冷えるのも早いのだ（音がそれらしくないので，つい空冷だということを忘れてしまう）．自動クラッチのDSをスムーズに運転するにはかなり習熟を要するが，このGSは全くフールプルーフである．一旦エンジンが温まれば，ローに入れてただスロットルを踏むだけで，スムーズかつ緩慢に滑り出す．3段のギア比は2.781，1.704，1.120で，ローが4段型にくらべて小さいので，発進は特にスローだ．クラッチのつながり方はノーマルのクラッチと全く同じである．シフトアップも通常のクラッチの要領と同様で，スロットルを放すと同時にレバーを操作し，ギアを入れると同時に加速すればよい．ダウンシフトも，望めばダブルクラッチの要領で，一旦ニュートラルでブリッピングし，ギアの同調を助けてやることもできる．要するにクラッチ・ペダルがないだけで，シフトは依然としてしなければならないから，それほど普通のクラッチ付にくらべて運転が容易だとは思えない．例えば，VWやポルシェのスポートマチックのように，トルクコンバータが介在していないので，誤ってトップに入れたまま発進しようとすると，ストールしてしまう．当然ながら3段ギアのギャップは大きく，6500まで踏んだ場合，ローは60，セカンドは90に過ぎない．3段のハンディは街なかではほとんど感じられないが，一旦ハイウェイに出ると痛感される．追い越しに多用する80−120の加速は，事実上トップの緩慢な加速に頼るしかないからである．この自動クラッチ付は，走行距離620kmであったが，4段型ではかなり聞こえたギア・ノイズ（決して不快なものではなく，ハイ・ピッチのハミングである）がはるかに低く，またオーバーラン時のトランスミッション・スナッチも経験されなかった．自動クラッチ付のファイナルも4段型と同じであり，100km/hからの加速はまことに鈍い（やはり3人乗車）．山北あたりの登坂では110km/hがマキシムで，一旦遅い車にブロックされて80くらいに落ちると，再び上りで100まで回復するのは大へんである．箱根の乙女峠の上りでは，よほど道が空いていない限り，セカンドではトラックなどを抜くのが困難であった．だから，左足を使えない人でない限り，自動クラッチ付のGSはどうも推奨しかねる．率直に言って，もう少

しパワーが欲しいのである．

　こう書いてくると，GSがいかにも遅い車のようだが，実はそうではないのだ．特にワインディング・ロードや路面の荒れたハイウェイでは，意外に高い平均速度で走れることがわかった．その前にもうひとつ，GSの驚くべき特徴について触れておきたい．それは巨大なトランクについてである．このテストにはC/G長期テスト車のサバンナ・ワゴンがカメラ機材をどっさり積んで同行したのだが，不幸にして箱根の上りで中央線を越えてスリップしてきたコンパーノ・ピックアップ（前日の雪が路面にあった）にぶつけられ，走行不能になった．GSの1台の方は先行していたので，サバンナの乗員2名と多量のカメラ機材を，すでに3人とその荷物を積んでいる自動クラッチ付GSに載せる羽目になった．ところが驚いたことに，ほとんどサバンナの荷物室を埋めていた3個の四角いカメラ・キャリアー，三脚，それにいくつかのバッグを，GSの垂直に切り落としたようなテールの，バンパーもろとも開くトランクリッドを開けると，何物にも邪魔されぬ，奥行80×幅108×高さ50cmの，スクェアで床面の低い荷物室が現われる．スペアやジャッキはエンジン・ルームに収納される．室内には5人が楽に坐れたことは言うまでもない．この超フル・ロードにもかかわらず，セルフ・レベリングのサスペンションのために，車の姿勢は全く変化ないし，ハンドリングにもほとんど影響はなかった．

　シトローエンは伝統的にブレーキ性能を重視する方針であるが，このGSは実に傑出している．4輪ディスク（フロントはインボード）で，DSと同じく，エンジン駆動ポンプによってプレッシャを得る，特殊なパワーブレーキである（R-Rシルヴァー・シャドウはこのパテントを用いている）．ペダルは，前後の制動力配分（サスペンション荷重により，常に理想的に保たれる）をきめるディストリビューターのバルブを開くだけの役目を果すので，作動はごく軽い．DSのブレーキ・ペダルは，フロア上のラバー・ボタンで，なんとも過敏すぎて使いにくいが，幸いDSよりずっと多く，ほとんど普通のブレーキの感覚で踏め，微妙なコントロールがやりやすい．強力なことはもちろんだが，驚くべきは後輪がロックするほどの急制動を掛けても，ノーズダイブがほとんど起こらないことである．フロント・サスペンションは，DSのリーディング・アームに対し，このGSはダブル・ウイッシュボーンで，有効なアンチ・ダイブ・ジオメトリーを設定できたからである．制動力は，さきに述べた，5人とトランク満載

の超フル・ロードでも，全くなんら不安なく，当然ながら踏力の変化も皆無であった．ハンドブレーキは，フロントの足ブレーキとは別個のキャリパーに掛かるが，そのレバーのデザインが人を食ったものだ．ダッシュ中央から引き出す大きな四角い環？で，使いやすく（すこぶる強力），しかも視覚的にいかにもブレーキらしい．

乗心地はGSの最も傑出した特徴である．エンジンを掛けると，砂漠のラクダのごとく，かすかな音とともに車高をノーマルな位置まで持ち上げる．パセンジャーが乗り込むと，一瞬沈むが直ちにその側のシリンダーの油圧が高まり，正常な姿勢に復する．GSのような軽量小型車であらゆる路面の不整をこれほどスムーズに乗り切れる車は他に例がない．サスペンションは絶えず上下に躍っているが，その動きはゆるく，よくダンピングが効いており，鋭い急激な上下動というものは一切起こらない．筆者は日常ADO16を使っているので直接くらべられるのだが，そのハイドロラスティックは比較にならぬほど，細かい急激な上下動を伝える．ゆるい波状の連続では，さしものGSも多少揺すられるけれども，その程度はむしろDSより少ない．DSと同じく，スタティックな車高を，ギアレバー後方のレバーにより3段階に切り換えられるのも，シトローエンのハイドロニューマティックだけに見られるすぐれた特徴である．ふだんの走行は最も低い姿勢で行なうが，きつい傾斜のランプウェイを渡るときや，ジープしか通れない悪路などを突破する際には，154mmの地上高をさらに100mm以上高めることができる．タイア交換などで車の片側をジャッキアップするには，まずエンジンを掛けて最高までサスペンションを持ち上げ，片側に支柱を立ててから車高を下げるだけでよい．ただし，車高を最高にした場合は，当然ながら乗心地が無荷重のトラック並みに硬くなり，20km/h未満の低速でないと弾んで耐えがたい．

タイアはもちろんミシュランで，4½JリムにZX145SR15を覆いていた（オプションで同サイズのXHやXASも付く）．粗い路面では当然ラジアル独特のノイズを立てるが，よく押えられており，ボディ床面は決してビビらない．エンジン，風切り音，路面騒音を含めて，GSはむしろ静かな車である．

ステアリングはロックからロックまで3¾回転するのだが，実際にはこの数字から想像されるよりはるかにクイックで反応は鋭い．回転半径は4.7m（オーバーハングが短いので，バンパーでも5.1m）とロング・ホイールベースのFWD

としては小さく，視界は抜群によい（特にボディ後端はリア・ウィンドー下端とほぼ等しい）ので，狭いスペースにも，楽に滑り込める．しかもパーキング・スピードでさえ，同クラスのFWDよりむしろ軽い．GSの操縦性はFWD，リア・ドライブの別なく，小型ファミリーカーの水準をはるかに抜いている．しかもそれが絶妙な乗心地と両立しているところが，GSの何よりの魅力なのである．操向性は軽度の安定したアンダーステアだが，ほとんどニュートラルだと思わせるのは，軽く確実なステアリングの反応のためである．ミシュランZXの接地性は，ドライでもウェットでも大差なく，そのコーナリング・パワーは非常に高い．普通のファミリー・ドライバーが日常体験する程度のコーナリング・スピードでは，舵を切れば切っただけ，正確にどこまでも追従してくるように思えるだろう．コーナリング中にスロットルをオン／オフしても，軌跡の変化はほとんど起こらない．外から見ていると，コーナーではかなりロールするが，少なくとも乗員にはそれほど多いとは思えない．

　GSがハンドリングの真価を発揮したのは，伊豆の下田から箱根までの無限に続く山間のワインディング・ロード約80kmを，夜になってから飛ばして帰ってきたときだった．山に入ると交通は全く途絶え，狭いがよく舗装されたスラロム・コースのような道を，2台のGSはミシュランを軋らせ，空冷フラット4を5000－6500に保ち続けて，スポーツカーにも劣らぬ平均速度で走り続けた．ここで判明したのは標準のS.E.V.マルシャル・ヨーソランプと，国産のタングステン球に改造された一方との大差であった．ヨーソの付いたのは3段＋自動クラッチ付の方だったが，コーナーを回りながら次のコーナーが見えるほど強力なのに，国産の方は手さぐりも同然であり，これのみで夜間の安全なスピードは10km/h以上も差がつくと思われた．アップ，ダウンの激しいこのコースで，3段＋自動クラッチが4段ギアボックスにほとんど遅れなかったのは，ひとつにはこのランプの威力の差である．日本の不合理な法規では，マルシャルはただ照度が高すぎるという理由で不許可になるという．問題は単なる照度ではなく，対向車を眩惑させるかどうかと，自他の安全性なのであり，その点では国産の焦点の定まらぬ安物の方が，どれほど危険であるかわからないのだ．このとき筆者は4段型に乗っていたが，暗いライトのために先が読めず（あたりは真の闇），予期したよりはるかにきついコーナーに高速で飛び込む羽目になったことが何度かあった．GSは，こんなときもさらに舵を切り込むだけで即答し，難

なく危機を切り抜けてくれた．エンジンもブレーキも，1時間以上にわたってフルに酷使したが，全く最初と同じで疲労の色さえ見せなかった．

　燃費は1リッター車としては決してよいとは言えないが，常にフルロードで，可能な限りの高速走行の結果としては，むしろ普通だと言える．満タンから満タンまで2回計測したが，同じ距離を同じ平均速度を保って，ほぼ等しい荷重で走った2台は，ギアボックスによる差がほとんど表われなかった．往路の東京－下田は4段型9.72km/ℓ，3段型9.66km/ℓ，帰路の下田－東京はそれぞれ9.25km/ℓと9.35km/ℓである．燃料はハイオクタン，タンクは43ℓ入る．

　空冷エンジンのヒーターは泣き所だが，それはGSでも例外ではなかった．この日は3月としては例外的に暖かかったにもかかわらず，遂に水冷並みの熱風は得られなかった．オプションの，フロントグリルに張るカバーを装着しなかったのも一因だが，基本的には熱の蓄積の少ない空冷の宿命であろう．その代わり，ベンチレーターはすぐれ，熱風とは独立した，冷風専用のファンとダッシュ・ベンチレーターを持ち，頭寒足熱も理論上は可能である．日本へ輸入されるGSは本国ではクラブと呼ばれるデラックスで，このクラスのヨーロッパ車としては異例に，アクセサリーの点でも完備している．ダッシュには時計が備わるのは珍しいことだし，実質的なことではリアウィンドーの熱線デミスター，後ドアのチャイルド・プルーフ，前席左右のポケットなどは便利だ．なお，日本での価格は138.5万円（自動クラッチは＋9万円）で，実質的な内容からすれば決して高いとは思われない．ディーラーの西武自動車販売によれば，すでに70台のオーダーをかかえている由で，GSに対するシトローエン党の期待のほどがうかがわれる．このGSのように本当の意味ですぐれたファミリーカーこそ，大量に輸入され，できるだけ多くの人びとに体験してほしい種類の車である．また，ディーラーに特に要望したいのは，スペアパーツの豊富なストックと，充分なサービス体制である．われわれはいままで，あたら優秀なヨーロッパ車が，無責任なディーラーと，不完全なメインテナンスのために，不当な悪評を受け，不運に泣いた例をたくさん見てきている．そして，さらに希うことは，GSに触発されて，今日の国産ファミリーカーの誤った方向が，多少なりとも正しい方向へ引き戻されることなのである．

（1972年5月号）

ロードテスト
BMW2002tii

　軽くコンパクトなサルーンボディに，はるかにパワフルな上級車種のエンジンを搭載してスーパーカーを作る手法は，大はメルセデス300SEL6.3から，小はエスコートRS1600やパブリカSRまで，その流行は国際的にエスカレートの一途をたどっている．しかしレース用はともかく，路上の実用車という見地から見ると，"fun car"としては無類におもしろいけれども，日々の実用には様ざまな理由（ノイズ，高価な燃費はその最たるものだろう）から適さぬ車が多い．BMWもこの誘惑に駆られたメーカーのひとつだが，その結果生れた2002ti,およびここにテストしたtiiは，この種のスーパーカーにありがちな欠点を全く持ち合わせない．2002tiiは，1573cc85HP用に設計された1600/2系ボディシェルにそれより50％以上パワフルな1990ccフューエル・インジェクション・エンジンを搭載したものだが，シャシー関係の僅かな改造だけで，全体にすばらしくバランスのとれた高性能車に変容しているのは，なによりもシャシー・ボディの高度な基本設計を立証するものだろう．2002ti/tiiには，グループ5・ツーリングカー・レース用に開発されたワークス・カーで学ばれたレッスンが直接生かされている．これは，68年にアルファGTA，ポルシェ911Sがツーリングカー・レースに出場してくるに及び，それに対抗すべくディヴェロプされたもので，最終的にクーゲルフィッシャー燃料噴射とターボチャージングを備えた2002TIKでは，実に280HPを発揮して，ヨーロッパ・ツーリングカー・チャンピオンシップをBMWにもたらしたのである．話を元に戻して，エンジンを別とすれば，1602（従来1600/2と呼ばれていた）と2002tiiの差は，フロントの4ピストン型ディスク・ブレーキ径を240mmから256mmへ，リア・ドラム径を200mmから230mmに増し，4½Jリムを5Jリムに（タイア・サイズは依然として165-13，ただし仕様はSRからHRへ）変えたこと，リアのトレーリング・アームを閉断面型に強化したこと，および最終減速比を3.45に上げたことくらいしかない．ギアボックスさえ，ベイシックな1602と共用しているし，トレッドも全く同じである．2002tii（tourisme international injection）は昨年までの

2002tiに代わるモデルで，独特の"トリプル・ヘミスフェア"と称する多球形燃焼室を持ったSOHCスラント4 1990ccエンジンは，圧縮比をtiの9.3から10.0に高め，ソレックス40PHH2基の代りにクーゲルフィッシャー・メカニカル・インジェクションを付けて，出力を120HP/5500rpmから130HP/5800rpmに高めている．トルクの増加はいっそう著しく，17mkgから18.1mkgに増しているが，トルクピーク回転数は3600から4500に上がっている．

2002tiiのような車ではパフォーマンスが最大の興味に違いないのでまずこの点から述べよう．テスト車は既走行距離約3500kmにすぎず，ディーラーの話では理想的には1万km近く乗り込まないとフルに性能を発揮しないと聞いたので，この状態で谷田部へ持ち込むことに一抹の不安があった．しかしこれは全く杞憂にすぎなかったことがテストの結果判明した．谷田部における1km直線の平均は184.42km/h，5.5kmのラップ平均は181.36km/hであったが，これには注釈がいる．この日は常に11～14m/secの強風が吹き荒れており，東西2本のストレートでは横風に，バンクでは順，逆風に強く影響されたからである．したがって，順風を受ける一方のバンクでは最高190＋（約6000rpm）に達した反面，逆側のバンクでは回転が400rpmも落ちた．それにこのボディはフロントスクリーンが高く，しかも比較的立っており，決して空力的とは言えないのである．同じ理由で，横風による直進安定性への影響も，130km/h以上ではかなり受けた．それ故，風さえなければ，メーカーの公称トップスピード190km/hは確実に出るとみて差し支えない．加速性能は2リッター級のサルーンとしてはいかなる標準を以てしても速い．0-400mは6400rpmのレヴ・リミットを厳守して16.5秒で走破したし，100km/hまではわずか8.8秒，160km/hまで25.3秒は驚いたことに昨年テストしたBMW2800サルーンより若干速いほどであった．恐らく，2002tiiのパフォーマンスに最も関心を持つのは71年までの2002ti（ソレックス40PHH×2 120HP）のオーナーだと思うので，この点について述べる．C/Gでは2002tiをテストしたことがないので，メーカーの数値を参考にすると，0-80km/hはtii6.7秒，tiは6.3秒で，むしろ後者の方が速い．tiは出力が10HP低い代りに，最終減速比がtiiの3.45より大きい3.64なので，発進して2速の上限あたりまではtiに多少の分がある．しかし0-100km/hは8.8秒と9.4秒でtiiはたちまち追いつき追い越し，以後その差は徐々に広がる．例えば0-140km/hは17.9秒と18.2秒である．しかし0-160km/hは25.3秒と25.4秒で，ほとんど差が見られな

かった．だが，前記のようにこの日は強風に災いされたし，テストしたtiiがまだ充分に走り込んでいなかった点を考慮すれば，これはむしろ当然というべきだろう．

　このような高性能は，えてしてすさまじいノイズ，振動，気まぐれなエンジンの挙動のいずれか，あるいは最悪の場合にはそれらすべてを伴ない勝ちなものだ．ところが2002tiiはそのどれも全く無縁なのである．朝のコールドスタートは，スロットルを踏まずにスターターを数秒回すだけで常に一度で掛かる．ウォームアップはすこぶる早く，1200rpmのファスト・アイドルはものの3，4分で自動的に700rpmの全く安定したアイドリングに落ち着く．そしてこれは谷田部の最高速テストの直後や，1時間以上にわたって一寸刻みを余儀なくされた交通渋滞の中でも全く不変で，踏めば常に変らぬすばらしいレスポンスが得られた．われわれは国産車の経験から，スパークプラグのスペアを携行して行ったが，混んだ国道を切り抜けて谷田部へ着いた後，プラグを外して見たところ，Beru200/14/3Aは理想的に焼けていたので，そのまますべてのテストを行なったほどである．エンジンのスムーズなことは驚くべきで，排気音も非常に低い．140-150の高速クルージングで最も大きいノイズは窓まわりの風切り音だと言えば，いかにエンジンが静粛であるか想像されるだろう．本当にパワーが出るのは3500以上で，レヴ・リミットの6400までフルに使っても，なんらストレスを感じない（物理的にも心理的にも）．いっそう驚くべきは低速域での柔軟性である．せいぜい60km/hどまりの市内では，3000以上に回転を上げることなく4速までを楽に使って，しかも交通の流れを断然リードできる．クラッチは軽くないけれどもつながりはごくスムーズで，軽い，動きの少ないギアレバーとともに，街なかでの頻繁な操作はいっこうに苦にならない．サードは1500以上，トップでも2000からならフル・スロットル加速を無理なく受けて立ち，10:1の高圧縮比にもかかわらず，こうした場合にもピンキングは皆無である．2002tiiほど，街なかで使いやすい高性能車はないと言っても過言ではなかろう．4段ギアボックスのギア比配分は，このすぐれたエンジン特性によくマッチしている．ローは比較的低く，54km/hが限界だが，2，3速は高く，6400rpmでそれぞれ103と155km/hに達する．オプションで5段ギアボックスを装着できるが，これはツーリングカーやレースを目的としてホモロゲートされたものと見るべきだろう．4段型は3.76，2.02，1.32，1.00に対し，5段型は3.37，2.16，1.58，

1.24, 1.00で, 4段型より高いローと, ダイレクト5速を持った極度のクロース・レシオである. したがって高度にチューンしたレーシング・エンジンでなければむしろ無用の長物であろう. ソレックス40PHH×2 120HPのtiの加速性能を, 4段ギアと5段ギアで比較したメーカーの数値で見ると, 0－100km/hが9.4秒 (9.1秒), 0－160km/hが25.4秒 (25.0秒), 0－1000mが30.8秒 (30.6秒) という程度の差にすぎない. しかもシフトパターンは71年までのポルシェと同じく, ローがHよりさらに左手前に来るレース用なので, 実用上も不便に違いない. 要するに4段で必要かつ充分なのである.

このフューエル・インジェクション・エンジンの高効率は, 予想外によい燃費によっても立証された. テスト距離約700kmの総平均は9.02km/ℓであったが, 伊豆から箱根を2, 3速をフルに使って抜け, 東名経由で東京へ帰った高速ツーリングでも9.40km/ℓを示した. 燃料タンクは46ℓ入りで, 残量が6ℓになると警告灯が点く. オイルは500kmほど走ったときに1/2ℓを補充したらフルマークより若干上まで来た. なお, これほどの高速車でありながら, 油圧を警告灯だけに頼っているのはいささか心もとない.

空車時にほとんど55/45のノーズヘヴィな重量配分を持つ車とはとうてい思えないほど, 2002tiiのハンドリングはすぐれている. ロックからロックまで3.7回転のウォーム・ローラー・ステアリングは, 低速では比較的スローで, 90°の街角を曲がるにも手を持ちかえることを要するが, いったんスピードに乗るとこの感覚は消え, すこぶる確実になる. テスト車はオーナーの好みでMomo製Prototipo小径革巻きホイールが付いていたが, これは標準の無用に径の大きいものよりはるかに好ましい. アンダーステアはごく軽微で, このパワフルな車にしてはパワーのオン, オフによる影響も比較的少ない. コーナー途中でフルパワーを掛けるとぐっとテールが沈み込んで安定を増すし, 逆にスロットルを放すとテールが浮き気味になるが, いずれにしてもラインの変化はほとんど感じるほどではない. コーナリングの限界は, 少なくとも公道上ではとうてい試せないほど高い. われわれが経験した範囲では, 上りのファスト・ベンドで2速のフルパワーを掛けたとき, 一瞬内側後輪がホイールスピンしたこと (リミテッド・スリップは6気筒BMWのように標準装備ではない), および降坂のコーナーでテールがジャッキアップ現象を起こし, 特に路面が不整な場合には横方向に流されたことを指摘できるにすぎない. テスト車のタイアはコンチネ

ンタル165HR13で，常に空気圧を多少高めの2.2/2.2で走ったためか，ステアリングへのキックバックはラック・アンド・ピニオン的に強く感じられた．少なくともドライな路面でのグリップは，国産ラジアルとは雲泥の差があるが，ディーラーによればユニロイヤルの方がいっそうすぐれているという．

　サスペンションは，操縦性と乗心地をともに高水準で両立させた巧みな妥協である．サスペンション・ストロークは異例にたっぷりとられており（前輪180mm，後輪190mm），荒れた路面のコーナーへ高速で飛び込んでも決してボトミングすることがない．ゆるい波状の路面を高速走行しても，浮き上がることがないのは，ダンピングのよく効いている証拠である．また，街なかの低速では全く普通のファミリー・サルーン並みで，例えばアルファのように細かい不整を低速で拾うことは皆無である．シートはメルセデスなどと同じく，われわれの体重ではほとんど沈まぬほど硬いのだが，形状が適切なのと，サスペンションとのマッチングがよいために，1日中乗り続けても不当に疲れない．

　サーボ付ディスク／ドラム・ブレーキは適度の踏力を要し，冷えているときは多少軋音を伴なうが，いったん温まれば静かになり，きわめて強力に効く．普通のオーナーが高速からブレーキを多用して峠を上り下りする程度の使い方では全く問題なしと言える．しかし谷田部でわれわれが行なう0－100－0のフェード・テストでは，6回めから踏力が50％増し，ほぼこの踏力を10回まで保った．けれども効き方は依然としてスムーズであったから，特にフェードを問題にするほどではない．なお，急制動時のノーズ・ダイブは平均的であり（BMW6気筒モデルはフロントのジオメトリーにアンチ・ダイブ効果を効かせているが，4気筒型にはない），急加速時のスクォットも多い．ラジアル・タイアのロードノイズは粗い路面でもよく押さえられている．

　インテリアは簡素ながらよい趣味で統一され，つくりもこのクラスとしては優秀である．シート，内張りはダークブルー，計器盤はオールブラックだが，白い天井と異例に大きいガラス面積のため，室内はとても明るい．比較的高く坐するドライバーの視界は全く申し分ない．硬いシートは，われわれ程度の体重では沈まぬ位で，明らかにヘヴィウェイトの巨漢向きだが，左右サポートもよく，長時間の運転に適する．今日では珍しい下ヒンジのペダルは角度が少々立ちすぎており，ペダルに合わせてシートを下げるとダッシュ上のスイッチへ手が遠くなる．このあたりはやはり国産車には見られないレイアウトだ．ドライ

バー正面に並ぶ3個の同寸の計器は右から回転計（6400-8000がレッド），速度計，それに集合メーターで，ステアリングに邪魔されることなく，昼夜を通じて見やすい．その右方にあるキンツレ製時計は非常に正確であったことを付記しよう．前席3点シートベルトは，ボディ側面のアンカー位置が低い（低いウェイスト・ラインのため）ので，ともすれば肩からすべり落ちやすかった．後席の位置も高く，ヘッドルームは最小限だが，レッグルームは充分にある．ほとんどすべての点で高水準にあるこのBMWで，ただひとつ現代的水準に達していないのはベンチレーションである．フェイス・レベルのベンチレーションはなく，もっぱら時代遅れな三角窓に頼らざるを得ない．2ドアのリア・ウィンドーは前縁をヒンジとしてわずかに外へ開くだけだし，窓面積は異例に広いから，特に後席パセンジャーは夏には辛いに違いない．深い窓のため，常にどの席かは直射日光にさらされるからだ．日光を大切にする北欧では理想的だが，むし暑い日本の夏には適さない．通風の点さえ改良されるなら，2002tiiの実用的な価値はさらに高まるだろう．なお，価格は242万円で，オプションとしては熱線リア・ウィンドー（2万円．テスト車には付いていた．きわめて有効），メタリック塗装（6万円）が日本のディーラーで注文できる．本国ではこのほか5段ギアボックス（前記のように実用上はほとんどメリットがない），リミテッド・スリップデフ，12：1減速比のステアリングも注文装備できる．なお，2002tiにはなかった右ハンドル型が，2002tiiから生産されるようになったので，ぜひこれを輸入することをディーラーに要望しておきたい．

（1972年6月号）

ロードインプレッション

TVRヴィクセン1600 S3

　英国の自動車界で特異な現象のひとつは，今日でもごく少量生産の，スポーツカー専門メーカーがいくつも生存していることだろう．たいていはクラブ・レースを背景にして生れたバックヤード・スペシャルが基礎となって企業化されたもので，ロータスがその最も成功した例であるのは言うまでもない．それらは例外なく，大メーカーの量産スケールではまねのできない，ハンドワークによる独自の鋼管スペース型または鋼板溶接シャシーと凝ったサスペンションを持ち，量産車のエンジン，パワートレーンを組み合わせ，それにFRP製ボディをかぶせたものである．思いつくままにあげても，マーコス，フェアソープ，ギルバーン，ジネッタ，ボンド，それに今度初めて輸入されたTVRなどがある．TVRの背景については別稿に譲るとして，72年型TVRには，共通のシャシー，ボディに3種の既成エンジンを積んだモデルがある．"1300"はトライアンフ・スピットファイア，ヴィクセン1600S3はフォード・カプリ1600GT，"2500"はトライアンフ2.5PIユニットを用いている．今回テストしたのはヴィクセン1600S3であった．これは62年に現れたジョン・ターナー（それまで自身の名を冠した軽スポーツのメーカーであった）設計のMkⅢから発展したもので，鋼管で組んだバックボーンを主構造とするシャシー，前後ともダブル・ウィッシュボーン／コイルによるサスペンション，ラック・アンド・ピニオン・ステアリング，シャシーにボルト・オンされた野性的なデザインのFRP製2座GTクーペボディという基本設計は，この10年ほどのあいだほとんど変っていない．

　約束の時間にディーラーのサービス工場へ着くと，モスグリーンに塗られたTVRが低くうずくまってわれわれを待ち構えていた．予想したよりはるかにコンパクトで，車幅が異例に広いため，いっそう低く見える．ジャガー・Eタイプのそれのように，フェンダーもろとも大きく前方へ開くFRPボンネットを開けると，英国のジャンク屋の片隅にころがっているような（失礼），なんの変

哲もないちっぽけなフォード・エンジンが，いささか頼りなげに現れた．もちろんエンジンは新品に間違いないが，元来カプリのエンジンはヘッドも鋳鉄ならロッカーカバーも安っぽい黒一色のプレス製で，見栄えのしないことおびただしいのだ．前記のようにこれはカプリ1600GT用で，OHV1599cc（80.97×77.6mm）圧縮比9.0, ウェバー26／27 2バレル気化器を備えた2255E型である．出力は93HP／5500rpm，トルクは14.2mkg／3600rpm（いずれもSAE）．特筆すべきはエンジンの搭載位置で，前車軸よりはるか後方に置かれ，ラジエターとの間には50cm以上もギャップがあることだ．シート位置もスポーツカーらしくずっと後方にあるので，重量配分は空車時に48／52くらいの，理想的な価となる．車重は762kgとすこぶる軽い．ギアボックスもストックのフォード・カプリ用，また鋼管バックボーン・シャシー後端にボルト締めされたファイナル・ドライブは，減速比3.89のトライアンフ・ヴィテス2ℓ用を用いている．このように，パワーユニットやドライブ・トレーンの供給を，大メーカーに依存できるところに，こうしたスペシャリスト・メーカーの生存できる余地があるわけで，わが国の実情と考え合わせて，実に羨ましい限りである．ホイールはタービン翼車のようなパターンの軽合金5½Jで，タイアは英国製ピレッリ・チンチュラート165SR15を履いている．

　低いコクピットにもぐり込む．シートの幅ほどもあるバックボーンとドアシルにはさまれたコクピットは外から想像されるよりは広い．感触のよいファブリック張りの本格的なバケットシートの形状，寸法は適切で，小径，革巻きのステアリングをストレート・アームで握ると，いかにも本当のスポーツカーに乗り込み，これから飛ばしに行くのだという実感が沸いてくる．ドライビング・ポジションはまずまずというところだ．ステアリングは左へ，ごく接近したペダルは逆に右方へオフセットしているので，最初は奇異な感じだが，走り出せば直ぐに忘れてしまう．主要なコントロールの配置は，身長180cmくらいの長身ドライバーを規準にして設計されたかのようだ．日本人の平均的身長にシートをセットすると，ギアレバーがひどく後方に来すぎる．マーコスのように，ペダルの位置が調節できると便利だろう．FRPボディ，およびインテリアのつくりは，この種の少量生産スポーツとしてはとてもよい．計器盤も中央のトンネルも厚くソフトなクラッシュパッドで覆われているし，広いドアのたてつけもよい（以前，C/Gで長期テストしたごく初期のロータス・ヨーロッパの

ドアは，ヒンジが始終ゆるみ，遂にはヒンジを固定する部分のパネルが割れてしまったことを思い出す）．

　計器は完備している．スミス製レヴ・カウンター（6000−7000がレッド）と速度計（テスト車はマイル表示）はむろんドライバーの正面にあり，電流計，水温計，油圧計，燃料計（いずれもAC製）はダッシュ中央に配置される．スイッチ類はわりあい無神経にダッシュボードの各所に散在している．ライトのメイン・スイッチはダッシュ中央よりさらに左の遠いところにあるが，スモール／メイン／ディップの切り換えは，幸いなことにステアリング・コラム左のレバーで行なえる．ワイパーとウォッシャーはパネル右端に並んでいる．スイッチはすべて安全なロッカー・タイプだが，使い勝手はあまりよくない．ヒーター・コントロールは明らかにMGBあたりから失敬したと思われるロータリー式で，ブロワー・スイッチは別にダッシュボード上にある．

　チョークを引いてキーを回すと，エンジンは一発で轟然とかかった．すぐにチョークを戻しても600−700で少々不安定ながらアイドルし，数分後には700に落ち着いた．法外に重いクラッチ（25kgはあるだろう）を別にすれば，混んだ街なかでの使い易さは，実際以上に大きく感じられるフェアレディZなどにまさると言えそうだ．まず車体がはるかにコンパクトであり，視界もこの種の車としてはよい方なので，機動性はすこぶる高い．フォード・エンジンはプッシュロッドOHVとは思えないほどよく回ることでは定評があり，この93HPのカプリGT版も例外ではない．しかし4000程度にしか回転を上げない街なかでも，ノイズはコクピットにこもる．軽い車重に対して93HPは充分で，またこのエンジンは強い中速トルクを持つから，せいぜい60km/hの市内でも高いギアを無理なく使える．しばらく雨中を走るうちに広いリアウィンドーが曇り始め，やがて後方視界はほとんどゼロになってしまった．サイド・ウィンドーを多少開け，ヒーター・ブロワーを最強にして走っても，もうこうなるとお手上げである．助手席のパセンジャーが拭こうとしても，リア・ウィンドーには手が届かないのだ．ただ内側が曇るだけでなく，雨滴が傾斜のゆるいガラスに玉になって流れ落ちないのも一因である．熱線リアウィンドーがぜひ欲しいところだ．

　一旦，C/Gオフィスへ帰り，駐車場へのランプウェーを上がろうとしたとき，地上高が無類に低いことに気付いた．エグゾースト・パイプの中程にあるジョ

イントのクランプが，ランプウェイに当たって上れないのだ（2人乗車，燃料68ℓ満載）．それにエンジンのオイル・サンプも荷重時には路面まで10cmあるやなしというところだから注意を要する．TVRは，やはり路面のよい英国の生まれなのだ．

　天候の回復した翌日，東名から箱根を一周したとき，TVRは初めて本領を充分に発揮して，われわれを大いに楽しませてくれた．フォード製ギアボックスのレシオは，パワーとトルク特性にぴったり合っている．比較的高いローギアと，グリップのよいチンチュラート165SR15のために，ドライな路面ではホイールをスピンさせてスタートするのはほとんど不可能だが，一旦動き出せば加速はすこぶる速い．SS¼マイルはメーカーのデータによれば17.0秒，0-50mph（80km）7.1秒，0-0mph（112km/h）12.8秒，トップスピードは181.4km/hであり，これは同じエンジンを使ったマーコス1600GTより若干速い好性能である．レッドゾーンの始まる6000まで踏めば，各ギアで30mph，57mph，80mph（48km/h，91km/h，128km/h）に達する．2速でも3速でも，6000まで踏んでシフトアップすると約4250rpmに落ちるが，これはトルクピーク（3600rpm）に近い回転数に当たり，直ちに力強い加速に移れる．90mphは全く容易なクルージング・スピードで，これは5250rpmに相当する．この速度でも安定性はすばらしく，ステアリングから手を放しても矢のように直進する．エンジン・ノイズは3000くらいまではコンスタント・スピードで走る限り，普通の声で会話が可能な程度に保たれるが，急加速時にはいわゆるpower roarが高まるほか，4000からは全体にやかましくなり，隣とは声を大にしないと話が通じない．しかしそれ以上にスピードを上げても，ノイズ・レベルはほとんど変化ない．

　ステアリングには常に微振動が伝えられ，60mphあたりでピークに達する．最初タイアのアンバランスかと思ったが，実際にはエンジン自体の振動が，鋼管フレームからステアリングに伝えられるらしい．それに，ステアリングへの路面からのキックバックは，スポーツカーの水準をもってしても過大だから，リムをゆるく握っていないと指が痛くなる．ふだん全くフラットだと思っていた東名には，TVRで走ると数ヵ所に鋭い段があることに気付いた．ここを80mphくらいで通過すると，少々オーバーに言えばステアリングをもぎとられるようなキックバックを感じたほどだ．こう書くとTVRの乗心地はいかにも硬すぎるようだが，決してそうではない．サスペンション・ストロークは短か

く，ダンパーは強力なので，街なかの低速では鋭い上下動が絶えないが，スピードが高まるにつれてスムーズになり，高速道路上では全くフラットになる．これには，ラバーネットで担われた，よい形状のバケットシートが大いに効いているのも確かである．少なくともスポーツカーの標準では，TVRの乗心地はむしろよい方に属する．チンチュラートのトレッドはラジアルの中でも硬い方だが，ロード・ノイズは平均的である．

例によって常に可能な限りの高速を持続したにもかかわらず，意外によい燃費を示し，東名から箱根一周およびかなりの市街地走行を含む390kmで39.1ℓのハイオクタンを消費して平均9.99km/ℓというデータを得た．2バレルのダウンドラフト・ウェバー1基なので，定速走行時は燃費がよいこと，絶対的に軽く，空力特性もよいボディ形状，それにトップギア1000rpm当たり30.3km/hというハイ・ギアリングの相乗効果であろう．

この日は前日とは打って変わって暖かかったので，ベンチレーションのわるさが気になった．フェイス・レベルの通風は皆無で，ヒーター・コントロールを"Cold"にしてもなお若干の熱風が入り，しばらく高速走行を続けると熱がコクピットにこもり勝ちであった．

TVRを操縦して最も楽しいのは，箱根のような起伏の激しいワインディング・ロードである．ステアリング自体はすこぶるクイックだし，前記のようにエンジン，乗員など大きなマスが重心近くに集中しているので，舵の応答性はすばらしい．チンチュラートのコーナリング・パワーは高く，ハード・コーナリングでもほとんど鳴かない．操向性はごく軽いアンダーステアを高速まで維持し，パワーのオン，オフによる操縦性への影響はほとんど見られない．フルパワーをかけると僅かにテールが沈んで安定し，右足を上げるとノーズがかすかに内側へ引き戻されるにすぎぬ．しかしストロークの短い，硬いサスペンションのため，路面の不整なコーナーでは後輪が断続的にグリップを失なってホップし勝ちであり，また外側後ろのスプリングがボトミングすることがある．ロールは，少なくともドライバーには全く感知できぬほど軽微である．ウェットな路面では注意を要する．軽いボディに93HPは充分以上であり，この日も路面のしめったタイトベンドで2速のフルパワーをかけたらズルッとテールが滑った．クイックなステアリングはこのような場合に瞬間的な修正が効く．

サーボ付ディスク／ドラム・ブレーキは絶品である．高速から急制動をかけ

たときも，ごく軽い踏力で，しかもスムーズにじわりと効き，姿勢の変化もほとんどない．だから，コーナー手前ぎりぎりまで，自信を以てブレーキング・ポイントを遅らせることができるし，それどころかブレーキを踏んだままコーナーへ飛び込むことさえ可能である．だから，連続するSベンドやヘアピンを，急加速，急制動をくり返して飛ばすのはTVRの最も得意とするところだし，操縦して実に楽しく，これぞスポーツカーという気分を満喫できる．

再びインテリアに戻って，コクピットの背後はかなり広い，フラットな棚になっているが，その大半は15インチ径の大きなスペアタイアによって占領されている．テールは一見開きそうで開かないから，重いタイアはシートを越えて，ドアから出し入れしなければならない．旅行カバンなどもここよりほかに置き場所はなく，他に物入れといってはダッシュ左の小さなロッカーだけなので，長距離旅行用としてはいささか不便であろう．TVRはよくもわるくも操縦自身を楽しむための，本当のスポーツカーなのである．TVRのようなスペシャリスト・カーのよいことは，基本的なコンポーネンツがフォードやトライアンフであるために，スペア・パーツの供給に不安がないことだ．295万円という価格は，例えばMG Bやトライアンフ TR6などよりかなり高価なのは，少量生産車の宿命であろう．しかしそれとひきかえに得られる楽しみもまた大きいのである．

（1972年6月号）

ロードインプレッション

アルファ・ロメオ2000GTV

　車好きが集まれば，話題は必ず欲しい車の話になる．そんなときにきっと最後まで残るのは，GTVアルファとBMW2002tiiの2台で，その優劣論は夜を徹して論じても決着がつかないに違いない．68年以来の1750GTVと並行して，71年6月からエンジンを拡大した2000GTV（およびベルリーナ，スパイダー）が出現するに及び，アルファ対BMWは排気量の点でも互角となったから，このライバルをめぐる論争はいっそうおもしろくなってきた．

　2000のエンジンは1750のボアを拡大し，1779cc（80×88.5mm）から1962cc（84×88.5mm）にしたものである．この排気量拡大はかなり大々的な設計変更を必要とした．1779ccのユニット自体，それまでの1570cc（78×82mm）から発展したもので，通常のボア拡大はすでにこのサイズが限界だったからだ．そこで，1750では4筒が別個のシリンダー・ライナーであったのを，2000では4筒で1体になった（サイアミーズの）ライナーにして，軽合金シリンダーブロックに挿入する方法が採られた．したがって隣合うシリンダー間は薄いライナー1本分の厚みしかない．同時に，クランクの5ベアリングも幅を増して強化されバルブ径も拡大された．排気弁ステムには冷却のためにソジュームが封入されているのはアルファの伝統的設計のひとつである．性能曲線図の示すように，出力は132HP／5500rpmから150HP／5500rpmへ，トルクは19.1mkg／3000rpmから21.1mkg／3500rpmへと，増加した排気量から予想される以上に強化されている．因みに，2000ccに拡大されたエンジンはすでに70年シーズンのアウトデルタ・チームカー，1750GT/Amに積まれており，トイネ・ヘゼマンスの操縦で70年度のユーロピアン・ツーリングカー・チャンピオンシップ（2000以下）をアルファにもたらす原動力となった．

　エンジンを別とすれば，2000GTVは1750GTVと大差なく，変更はごく細部に限られる．外観は写真でわかるようにグリルに水平のクロームが多くなり，ハロゲン・ランプが標準になった（日本へ輸入されるモデルは，外側のみカレロ，内側がGEのシールドビーム）．タイアは165-14のままだが，SRから1クラ

ス上がってHRが標準となり，ハブキャップの意匠が変わって，クリップナットがキャップの外に露出するタイプになった．このほか，室内では計器盤の配列や細かいコントロールが変わり，ヘッドレスト，熱線入りリア・ウィンドー，エア・コンディショナー，ノンスリップ・デフ，軽合金ホイールなどがオプションに加えられたことが新しい．さらに2000ベルリーナに限っての話だが，ZF製自動変速機（トルクコンバーター＋3段遊星ギア）が初めてオプションで付くようになったのは，やはり時代の趨勢であろう（伝統的なアルファ党から猛反撃を食ったらしいが）．5速が0.79の5段ギアボックス，4.1のファイナルは1750と変わらないので，ギアリングは全く同じである．

ディーラーの伊藤忠で受け取ったテスト車はベージュの右ハンドル車で，タイアは3種の指定銘柄のうち，クレベル・コロンブV10GTを履いていた（他の2種はミシュランXASとピレッリ・チンチュラート）．

操縦席につく．アルファGTVは高性能GTとしてまさに理想的なサイズだ．たとえドライバーだけでも，サルーンに1人で乗ったときのような孤独感はないし，高速で飛ばして不安なほど小さくもない．もはやクラシカルの名に価するベルトーネ・デザインのボディは，今様の角ばったボックスとは対称的に，前後へ向ってすぼまり（プロファイルでも平面図でも），古典的な自動車らしさを感じさせる．比較的高く坐るドライバーからは，車の四隅がはっきりと感じとれる（フロントの左隅は見えないが見当をつけやすい）．GTVの車幅は1580mmにすぎず（スパイダーは1630mm），しかも最も幅広いのはドライバーが坐るあたりだから，走り出した途端から，車が自身の一部のように感じられるのだ．シートは通気性のない，黒一色のPCV（ベルリーナのファブリックの方が好ましい）だが，形状は理想的でよく体のツボを支える．テスト車には2000からオプションになったアジャスタブルのヘッドレストが付いていたが，最低の位置に沈めておけば邪魔にならない（助手側は別として，ドライバー側のヘッドレストは無用と思う．個人的見解だが）．主要なコントロール，すなわちステアリングとペダルのレイアウトは，典型的なイタリア車のそれで，脚が短く腕の長いドライバーを標準にしているかのようだ．つまり，ステアリングとシートを合わせるとペダルが近くなりすぎるのだ．しかもクラッチとブレーキは依然と

して下ヒンジで角度が立っているので，長時間運転すると足首が疲れやすい（ベルリーナ2000では吊下げ式ペダルになったので，この点が改善されたと思われる）．

1750と同じく，2000のキャブレターにも3種（ウェバー40DCOE，デロルトDHLA40，ソレックスC40DDH5）あり，いずれもダブルチョーク・ホリゾンタルだが，テスト車はデロルトであった．キャブレターによる性能の差は事実上ないようで，これは気化器メーカーの生産能力に限界があるため，3種類になったのだろう（なお，対米輸出車はSPICA電子式燃料噴射である）．ついでながら，アルファの各モデルのステアリングにも2種の仕様があるのはおもしろい．旧式なバーマン式カム・アンド・ペッグまたはリサーキュレーティング・ボール・ナットでこれもまた部品メーカーの受注能力が小さいことを示して興味深い．

コールド・スタートは，チョークを使うまでもなく，スロットルを2,3度あおってやれば一発で始動する．ダッシュ右端のハンドスロットルで回転を1500程度に上げて数分間ウォームアップすれば，直ちに路上に出ても強力に引っ張れる．スロットル・レスポンスはまことにめざましく，踏み込めば即座に，低いインテークのうなりとともに力強く飛び出す．約1000の比較的スムーズなアイドリングから，5700のレッドゾーンまで，ときにはそれを飛び越えるまで，全く軽く滑らかに回るので，ともすれば全くの新車だという事実を忘れ勝ちであった．しかも予想に反してこのエンジンは異例に静かなのであった．5000rpm以上ではさすがにカム，チェン，吸気のうなり，排気音がひとつに融け合ってメロディアスな音楽を奏でるが，それとても驚くほど低く押さえられている．アルファがラフでやかましかったのは過去の話で，1750以後のアルファはきわめて静かになったのである．高速道路を120で走行中，最も大きく聞こえるのは三角窓周辺の風切り音であった．

2000GTVは混んだ街路でも，空いたハイウェイと同様にすこぶる乗りやすい．エンジンは無類にパワフルなだけでなく，有効なパワーバンドが実に広いからだ．実際，このエンジンのパワーとトルク特性がよすぎるので，5スピード・ギアボックスを必要としないほどである．3速はほとんどアイドリング・スピードからフル・スロットル加速を受けつけるし，5速でさえも僅々50km/hか

らスムーズに加速が効く．それゆえ一旦スタートすれば，上位3段のギアだけでほとんどあらゆるスピード・レインジをカバーできるほどだ．しかしアルファに乗れば誰もこんな運転はしない．軽く，確実な5段ギアボックスは，シフトすること自体が喜びであり，実際にはその必要がないにも拘らず，アップ，ダウンを繰り返したくなる．下の4段は普通のHで，その右に5速とリバースがある．レバーは強いスプリングで3-4速側に押されているので，常にすばやい正確なシフトが可能である．シンクロは強力無比．テスト車は全くの新車のためか，5→4速へのシフトダウンの際，ちょっと引っ掛かる感じであった．ギアノイズは皆無に近い．以前テストした1750ベルリーナはひどくクラッチが重く（しかもペダル角度がわるい），それだけで実用性が半減する感じだったが，現在のモデルはこの点大幅に改善されている．決して軽い方ではないが，街なかで多用してもなんら不便は感じられない．

空いた道で思い切り踏んでみる．5700rpmのひかえめなレッドゾーンを守っても，下の4段で50, 82, 116, 158km/hまで一気に伸びる．メーカーによる公称トップスピードは195km/hで，1750GTVより5km/hしか速くないが，直観的に200近くは出そうに思われた．1750にくらべてめざましく向上したのは加速性能である．メーカーのデータによれば（これは日本のメーカーと違って信用するに足る），SS1kmは1750の32秒から30.6秒に縮まっている．先月C/Gでテストした BMW2002tii は30.9秒（強風下というハンディを考慮せねばならぬが）を記録したから，動力性能は，ほぼ互角か，若干アルファの方に分があると見てよいだろう．特に日常多用する60-120km/hあたりの追い越し加速では，5段ギアボックスのアルファは有利に違いない．実際，このアルファほど高速クルージングの容易な2リッター車は少ない．ギアリングは高く（5速は1000rpm当たり35.4km/h），ノイズ・レベルは低く，直進安定性は抜群だからである．2000から6000近くまで，強大なトルクを発揮するエンジンのために，5速は広範なスピード・レインジにわたって並みの2リッター車の4速以上の駆動力を示す．したがって東名などではほとんど常時5速に入れっぱなしで走れる．4速は追い越しなどで急加速を要する場合のみで，3速まで落とす必要は，高速巡航中には皆無である．合法的な100km/hは，5速で約2850rpm，4速で約3600rpmに過ぎない．法さえ許すならば，160は全く自然な巡航速度である．こんな場合に備えて，深く冷却フィンの切られた軽合金サンプには7.4ℓもの20W/40オイルが入

っており，テスト車の場合，高速走行を長時間続けても油圧は常に健康的な4.5kg/cm²に保たれた．

　容易な高速巡航性はひとつには改善されたベンチレーションの賜物である．1750以前のGTアルファの大きな欠点は通風がひどくわるいことで，雨の街なかなど，ドア窓やリア・クォーターを開け，それでも後窓を真白に曇らせたスプリントGTをよく見かける．1750からようやくスルー・フロー式になったが，新しい2000ではダッシュ両端にフレッシュ・エアの吹出し口が新設され，ようやく暑い日にも窓を閉め切ったまま，高速走行が可能になったのである．テスト車の場合，助手側の吹出し口は強力だったが，なぜかドライバー側のそれは弱かった．

　パワーの余裕は，箱根の登坂でいっそう顕著に示された．例えば乙女峠の上りはいくつかのヘアピンを含めてすべて3速で易々と上れる．たとえ前車にブロックされて50以下にスローダウンを余儀なくされても，3速のまま2000rpmくらいから踏めば力強く加速して安全確実に追い越すことができる．同じワインディング・ロードを同じスピードでジュニアZと共に走ると，2000GTVはギアシフトの回数が半分以下で済む．たしかに操縦は楽だが，頻繁にギアシフトを繰り返すジュニアZの方がいかにもアルファらしくておもしろい，という憎くまれ口もききたくなる．

　2000GTVの操縦性は文句のつけようがない．コーナリングの姿勢はすばらしくバランスのとれたもので，軽度のアンダーステアを高いコーナリング・スピードまで維持する．なおも加速すれば内側後輪はホイールスピンし，テールは素直に，スムーズにスライドをはじめるので，少しステアリングを戻せば，きわめて安定した姿勢で，ほとんどスローダウンすることなしにコーナーを脱出する．5½Jリムに履いたクレベル・コロンブ165HR14のグリップは，XASにくらべると若干落ちるようで容易に鳴くが，限界的な状況での過渡特性はすぐれ，非常にコントロールしやすい．低速での操舵力は重い方だが，走り出せばこの感じは消える．リサーキュレーティング・ボール・ステアリングの例にもれず，直進からの切り始めには，カム・アンド・ペッグにはない，多少のスポンジーな感じがあるけれども，それを過ぎればアルファらしい鋭いレスポンスが得られる．回転半径は5.8m（バンパーで）と大きい．

　ノイズ・レベルが一般に低いことは再々述べた通りだが，これには路面から

のノイズ遮断が異例によいことが効いている．粗い路面でも，ラジアル・タイアの騒音は非常によく押さえられ，少なくとも室内では気になるほどではない．これはテスト車のクレベル・コロンブの特性にもよると思われ，踏面のもっと硬いピレッリの場合は事情が異なるだろう．

乗り心地については，以前テストした1750ベルリーナ（ピレッリ・チンチュラート）に比較するとこの2000GTVの方が低速時でもゴツゴツせず快適で，高速では同等な印象を受けた．サスペンション・ストロークは従来の1750よりたっぷりしている感じで，急加速時にテールが強く沈み込むことでもこれは裏書きされた．その反面，急制動時のノーズダイブは軽度である．これはアルファの場合重要なことだ．車の下をのぞいて見ればわかるように，軽合金サンプはフロント・クロスメンバーより前（前輪より前方）に低く位置している．高速走行中，思わぬ路面の突起を発見して，直前で急制動をかけたりすることは最も危険である．テストした2000GTVが低速でも乗り心地がきわめてよかったのは，ひとつにはクレベル・コロンブの特性であろう．3種の指定タイアに順位をつけるなら（操縦性，乗り心地，騒音などから総合的に），ミシュラン，クレベル・コロンブ，ピレッリの順であろう．

制動力は，この車の高い動力性能と操縦性に対して全く充分である．前後ともATEディスク，対向ピストン型だが，右ハンドル車と左ハンドルではスペックが異なる．左ハンドル車はバキューム・サーボと直結したタンデム・マスターシリンダー型なのに対し，右ハンドル車はタンデム・マスターシリンダーとは別個の，しかも前後輪サーキットにそれぞれ1個ずつのバキューム・サーボを備える．当然ながら踏力はスピードを問わず軽く，じわりと強力に効く．後輪の早期ロックを防ぐ圧力制御弁があるので，とっさの場合力いっぱい踏んでも安定性は乱されない．なお，ブレーキ・オイルが規定レベルより下がるとダッシュに警告灯が点く．ハンドブレーキは後輪ディスクと一体に鋳造された小径ドラムにワイアで作動するが，テスト車は調整不良のためか，いっぱいにレバーを引き上げても弱かった．

燃費ほど運転のパターンによって大幅に変わり得るものはないが，東名から箱根を駆けめぐって帰京した1日284.9km（1.5%過大の距離計補正済み）で36.4ℓを消費し，平均7.83kn/ℓのデータを得た．ほぼ同じ条件でテストしたジュニアZは10.65km/ℓを示したから，やはり高性能はロハでは手に入らないことが

確認された．なお，2000GTVで燃料タンクは2ℓ増量され，53ℓ入りとなった．

　インテリアについてはGTVはコンパクトな車であり，実質的には2+1である．リア・シートは低くフロアに落としこまれているので，ヘッドルームは充分にあるが，運転席を自然なストレート・アームの位置まで下げると，その後ろの席はレッグルームがほとんどなくなる．したがって長時間乗れるのは3人が限度であろう．計器盤は大幅に変更された．8000rpmまでのレヴ・カウンター（油圧計組込み）と240km/hまでの速度計は正面に比較的高く位置し，黒地に明瞭な白文字で昼夜を通じて見やすい．1750ではセンターコンソールにあって見にくかった燃料計と水温計が，レヴ・カウンターと速度計の間に移されたのは大きな改善である．従来，ダッシュ端にあった各種の警告灯は，正面の補助計器の下に移された．ライト，ウィンカー・レバー，ホーンはすべてステアリングから手を放さずに作動できるほか，ワイパーと連動式のウォッシャーは，従来どおり左足で操作する．スロットル・ペダルは細長い吊下げ式で，ヒール・アンド・トウのブレーキ／シフト・ダウンに最適である．しかしパート・スロットルでは足首が無理な角度を強いられ，長時間操縦すると疲れやすい．物入れは各所にあるがいずれも小さい．ダッシュにはロッカーが，センターコンソールには深い物入れ，また助手側の足元にはマップなどの入るポケットがある．コンソールの灰皿は，クロームのふたが直射日光で反射してまぶしいことがあった．通風が大いに改善されたことはすでに述べた．ダッシュの上縁には，フィアットやルノーなどと同じ，回転させて吹出し方向を変えられるコールド／ホット・エアの出口がある．ブロワーは2スピードである．2000GTVではプリント熱線リア・ウィンドーが標準でつく．ボディ内外のフィニッシュは，率直に言って国産の低価格車並みである．これはアルファに限らないが，最近のヨーロッパ車はこの点で年々質的に低下してゆくのはまことに残念のきわみである．

　価格は280万円で，1750GTVより25万円，GT1300ジュニアより89万円高い．また好敵手のBMW2002tii（242万円）よりかなり高価だが，性能的には僅かに勝り，操縦してはアルファの方がはるかにおもしろいと言えるだろう．

（1972年7月号）

ロードインプレッション

アルファ・ロメオ・ジュニアZ

　69年トリノ・ショーにデビューするやたちまち愛好家の魂を奪ったジュニアZは，その後日本の週刊誌などにも載った．アリタリア航空のパブリシティ・フォトによって，いっそうアルファ党の夢をかき立てた．定評あるGT1300ジュニア・スパイダーと共通のフロア・ユニットに，ザガートのデザイン／製作になる，あたかも鋭利な刃物でぜい肉をそぎ落したようにシャープな，2座クーペ・ボディをかぶせたのがジュニアZなのである．東京在住のN氏（すでに5台のアルファを乗り継いだ）もジュニアZのとりこになった1人で，ディーラーの伊藤忠を口説き落とし，新車では日数がかかるので中古車をイタリアで見付けてもらい，遂に最近入手されたのだという．AR1800005というシャシー・ナンバーと，19000kmという既走行距離から察するにごく初期の生産車で，あるいは5台めのジュニアZなのかもしれぬ．色はシルバーメタリックで，精悍なスタイリングによく似合う．今月，アルファ・ロメオの特集を組むに当たって，このN氏のジュニアZに声をかけたところ快諾され，2000GTVのテストに同行していただき，かわるがわるステアリングを握ることができた．それは愉しい2台のアルファとの1日であった．

　ロード・インプレッションに入る前に例によってスペックをおさらいしておこう．機械部分は前記のようにGT1300ジュニアと全く同一である．アルファの伝統的なDOHCエンジンは1290cc，圧縮比9，ツインチョーク・ウェバー40DCOE28 2基で103HP／6000rpmと14mkg／3200rpm（いずれもSAE）を発揮する．これもアルファの伝統である，トップがオーバードライブ・レシオの5段ギアボックスは，他の1300，1750，2000などとギア比までほとんど等しいが，ファイナルは当然よりパワフルなモデルより低い4.55で，1000rpm当たりスピードは直結4速が25.2km/h，オーバードライブ5速が29.3km/hとなる．タイアは5Jリムに165SR14ピレッリが標準だが，N氏の車には特注のコンパニオーロ製6J軽合金ホイールと165HR14 XASが付いていた．

ザガート製クーペ・ボディは純粋に2シーターである．そのプロフィルは理想的なウェッジ形と実用性との巧みな融合というべきだ．鋭く前下がりになった低いノーズから，スパッと切られた極端に短いテールまで，そのデザインは簡潔で無駄がなく，しかも無類に美しい．ホイールベースはGT1300より100mm短い（スパイダー1300と同一）2350mmに対し，全長は3900mmに過ぎないといえば，いかにオーバーハング（特にリア）が短いかがわかるだろう．ボンネットとドアはアルミパネルが用いられているが，反面ガラス面積は標準のGT1300より広いし，燃料タンクも大容量（60ℓ，普通は46ℓ）なので，車重は970kgと20kgしか軽くない．パワーは前記のように同じだから，もしGT1300にくらべて性能的に向上があるとすれば（メーカーの公称トップ・スピードは5km/h速い175km/h），それは空力特性において勝るボディ形状のためだろう．

　箱根で初めてジュニアZのステアリングを握る．それまで乗っていた2000GTV（ボディは1300GTジュニアと同じ）にくらべるとひとまわり以上小さく，特に着座位置が低い．運転姿勢からは急角度に傾斜したボンネットは全く見えず，スクリーンの向うは数メートル前方の路面なのはちょっと奇異な印象を与える．後方視角は，水平面に近いリア・ウィンドーのためにかなり限られる．シートはソフトな手触りのモケット張りで，アジャスタブルなバックレストの上縁中央を反転するとヘッドレストになる．車高は1280mmに過ぎないが，着座位置も低いのでヘッドルームも適当にとられている．むしろ実際以上に室内を狭く見せるのは，強くわん曲したドア窓と，強く傾斜したフロント・スクリーンが乗員の頭に迫っているからだろう．シートの背後は小型スーツケースくらい置けるスペースがあり，また最後尾は仕切られた小さな"トランク"になっている．スペアタイアはこの下にある．荷物の積み下ろしはテールゲートからなされる．計器盤のデザインも普通のGT1300ジュニアとは異なる．黒一色のパネルには，ドライバー正面の見やすい位置にレヴ・カウンター（8000rpmまで．5700以上レッド）と速度計が並び，パネル中央に水温，油圧，燃料計が配される．計器自体は旧型のGT1300のものらしい（現在のGT1300では油圧計がレヴ・カウンターに内蔵されている）．また，GT1300には省略されているセンターコンソールがこのジュニアZにはあり，ワイパー，パネルライト，2速ブロワーの各スイッチ，ヒーター・コントロール，シガレット・ライタ

一，灰皿などが組み込まれている．チョークと並んで，依然としてハンドスロットル・レバーがダッシュ左端に残っているのはやはりアルファである．アルファの美しく冷却フィンの切られたエンジン・サンプには6.6ℓもの20W／40オイルが入っており，またギアボックスも冷えているときはシフトが固いので，コールド・スタート後は1500rpmで数分間ウォームアップすることがぜひ必要で，こんなときハンドスロットルがきわめて便利なのだ．

　無類にパワフルな2000GTVに乗った直後だけに，走り出した第一印象は両車の歴然たるパワーの差であった．たしかにDOHCエンジンはアルファらしく6000以上までスムーズに軽く吹くけれども，トルクは当然ながら2000GTVにくらべて格段に低い．特に痛感されるのがワインディング・ロードで多用するサードのトルクの差であった．2000GTVはたとえ上りのヘアピン手前で2000以下に回転が落ちても，サードのまま踏めば強力に加速するのに対して，ジュニアZは3000以下ではパワーがなく，セカンドにシフトダウンせねばならない．2000GTVに従ってワインディング・ロードを飛ばすと，こちらは常に1段低いギアを使う感じで，それでもなお低，中速からの加速は2000GTVにとうてい敵わない．しかし，気持のよい5段ギアボックスを頻繁にシフトして4000-6000を保ちながら，山間の空いた道を飛ばすとき，アルファは最もアルファらしくなる．と言うといかにもピーキーなエンジンのように聞こえるが決してそうではない．DOHCの，リッター当たり約80HPという高性能ユニットとしてはむしろフレキシブルなのだが，トルクの絶対値が低いので，ギア比でカバーしてやらねばならないのだ．強いて言えば3000あたりからパワーが出て，4500辺で音が急に澄み，俄然カムの山に乗ったという感じがする．すでに19000kmを高速で後にしてきたに違いないジュニアZのエンジンは，多少メカニカル・ノイズが高く，標準以下と思われたが，排気音は，4000付近で（特にオーバーラン時）若干室内にこもる点を除けば低く押さえられ，耳に快い．レヴ・カウンターは5700以上がレッドゾーンだが，これはかなりひかえめで，実際には6000＋まで無理なく回る．テスト車のレヴ・カウンターはかなり甘く，また速度計は逆にしぶい（100km/h時に実速約104km/h）ので正確なところは不明だったが，メーカーの数値によれば，各ギアで5700rpmまで引っ張ると44，74，108，146km/hに達する．公称トップスピードはGT1300ジュニアより5km/h速い175km/hで，これは理論上約5940rpmに相当する．もちろん，この高速ではタ

イア有効径が遠心力によりかなり増加するので，実際には5800rpm程度で最高速が出るだろう．因みにGT1300ジュニアをテストしたオートカーのデータによれば168km/hを5700rpmで出している．これでわかるようにギアリングはパワーと車重に対してまさに的確である．同テストによればSS¼マイルは19.1秒で，これはほぼ車重において等しいジュニアZでも同様だろうと思われる．

　高速巡航は5速のおかげで実に容易である．法が許すなら150は全く無理のないところで，直進安定はステアリングから手を放せるほどすぐれているし，風切り音は例外的に少ない．高速の追い越しはやはり5速ではまだるっこく，最近のように混んでいる東名などでは4速と5速を50／50くらいに使うチャンスがある．

　従来のアルファはいずれも室内の通風に難があったが，このジュニアZは特殊な方法を用いてかなり成功している．冷風は足元とダッシュ上縁に出るが，窓を閉め切った状態では出口がなく，室内気圧が高まると流入もわるくなる．こんなとき，センターコンソール上のスイッチを押すと，テールゲートがモーターによって数センチ持ち上げられ，室内気は適当に吸い出される．意外なことに，テールゲートを持ち上げても風切り音はほとんど変化せず，依然として低い．この方法はザガートがすでにランチア・フラヴィア・スポルトで試みて成功したものである．

　動力性能では2000GTVに一歩も二歩も譲るジュニアZだが，一般的なハンドリングに関しては立場が逆転し，はるかに好ましい印象を受けた．ステアリングは常に軽く，はるかにダイレクトで応答性の鋭いことはアルファの伝統に恥じない．操向性はほとんどニュートラルと言ってもよいほどで，ロールも2000GTVより格段に少なく，文字どおりコーナーの縁をなめるようにして思い通りのラインを選べる．前輪の挙動は直接ステアリングを通して正確に手で感じとれるが，キックバックは決して強すぎず，素手で長時間操縦しても指が痛くならない．6Jリムに履いたミシュランXASのグリップはエンジンのパワーに勝り，タイトコーナーで2速のフルパワーを掛けても，2000GTVのように内側後輪がリフト気味になってホイールスピンが誘発されず，安定した姿勢できれいに抜けられる．われわれがいつもテストに使うこの上りのきついベンドでは，サスペンションの優劣がはっきり表われるのだが，しっかりと位置決めされた固定後車軸のジュニアZは，すぐれた全輪独立懸架にも匹敵する挙動を示

した．XASの空気圧は指定の1.4／1.7で，これは他の指定銘柄（CEAT Drive D2とピレッリはともに1.7／1.8）より低いのだが，コーナーでもめったに鳴かない．

全輪ディスク（前後ともATE10.5"径，対向ピストン型）はサーボ付きでも適度の踏力を要し，実に信頼感のある効き味だ．後輪サーキットには圧力制御弁があり，たとえ下りのコーナー手前で急制動をかけても安定した姿勢で急減速が効く．要するに他の部分と同様，アルプスの峻嶮をフルスロットル，フルストップの連続で駆けめぐることを予想した設計なのである．ハンドブレーキは後輪ディスク中心に付いた小径ドラムに掛かり，効力は適当であった．

意外だったのは乗り心地が低速でも決してわるくなかったことで，これにはミシュランXASが効いていると思われる．普通，ピレッリを履いたアルファは低速で路面の荒れた道を走ると特に乗り心地の荒さが気になるのだが，このジュニアZは全く異なり，スピードを問わず常にフラットな，快適な乗り心地を提供した．路面からのノイズ，特にラジアルの粗さは，おそらく標準のGT1300ジュニアより多少聞こえるけれども，それもよく押さえられている方である．明らかに，これも踏面の柔らかいミシュランXASに負うところが大きいのだろう．GT1300ジュニアと共通のフロアパンは強固な構造で，一見きゃしゃに見えるザガート製ボディの剛性も高い印象を受けた．ボディに関してただひとつ気になったのは，ドア窓が高速で微振動したことだけである．室内のつくりは，率直に言って最近の国産低価格車の方がむしろすぐれているくらいである（むろんデザインは別として）．標準のGT1300ジュニアはイタリアで約100万円だが，この少量生産のジュニアZを136万円で売るためには，内装をある程度犠牲にすることも止むを得まい．とにかくこれは走るに徹したアルファなのだから．

燃費は予想外によかった．東名から箱根を2速と3速をフルに使って抜け，再び東名で帰京した269.5km（3.14％過大の補正済み）で25.3ℓしか消費せず，平均10.65km／ℓという好データを得た．

ディーラーでは，将来ジュニアZを新車で輸入するかどうかは未定の由で，目下のところはよい中古車を見付けて少数輸入する方針だという．

（1972年7月号）

ロードテスト

ホンダ・シビック Hi-Deluxe

　テストしたのは7月12日に発売された3種のホンダ・シビックのうち最も高級仕様のハイデラックス2ドア（東京価格49.5万円）である．箱根，東名高速を中心とする最初の試乗で，操縦性，乗心地，動力性能，居住性のすべての面のよくバランスしたシビックに，われわれはまず深い感銘を受けたが，数日後谷田部へ持ち込んで各種の定地テストを行なった結果，それが単なる印象ではなく，数値によって裏付けられた事実であることを確認した．

　あえて流行を追わず，しかも機能的かつ魅力的な2ドア・ボディの外寸は，車幅を除けばホンダ・ライフといくらも違わぬほどコンパクトだ．例えばチェリーと比較しても，全長で205mmも短かく，全高で50mm低い．広いドアは2段階にドア・チェックが作用し，1段め（32°30の開度，右側に60cmの余地があればクリアできる）まで開ければ出入りは容易だ．運転席につく．嬉しい驚きは，まず外からは想像できぬほどルーミーなことと，インテリアのデザイン，フィニッシュが簡素ながらよい趣味で統一されていることであった．ハイデラックスのシートはソフトな手ざわりの，グレー系ファブリックで，ルーフライニングは白，ダッシュは黒のPVCと木目である．ドライビング・ポジションは車のサイズや価格を問わず，国産車中のベストと言いたい．前後に140mm移動できるシートを一番後ろに下げると，身長178cmのドライバーにも理想的な，きわめて自然なスタンスがとれる．ステアリングの位置，角度，ギアレバーの位置も申し分ない．室内が数値的に広いことも事実だが，よいのはダッシュボードや計器がドライバーの視点から遠く，眼前が広びろしているために，感覚的にも豊かな気分のすることだ．ダッシュボードまわりのデザインは，ローヴァー2000やBMW1600を参考にしたことは明らかで（よいものはどんどんまねるべきである），ゆるやかにカーブしたよい色調の木目パネルをバックに，その手前は小物を置ける便利な棚になっている．簡潔な計器ナセルは，ドライバー正面の比較的高い位置に独立してあり，運転中の視線をほとんど変えずに一瞥できる．同寸の2個の計器は右が速度計，左が水温／燃料計で，ブルーの盤面は眼を

刺戟せず，昼夜を通じて読みやすい．計器の間には各種の警告灯が縦に並んでいるが，黒いガラスでカバーされ，実際に点灯しない限り見えないよう配慮されている（他車では透明ガラスなので，直射日光などを受けると点灯したと誤認することがある）．ふだん多用するスイッチは，ライトを除いてステアリングコラム左右のレバーに集められている．ライト・スイッチはダッシュ右端にあるが，シートベルトを着用した姿勢からも楽に操作できる．横置エンジン前輪駆動の強みで，フロアは広びろとし，ペダルの配置もオフセットが少なく，自然であるし，左足を休めるスペースにもこと欠かない．これは高速道路を長距離連続走行する場合など，大きな助けとなろう．後席の広さも驚異に値する．運転席をいっぱいに下げた状態でさえ，後席パセンジャーには長時間楽に乗っていられるだけのレッグルームとヘッドルームが与えられている．バックレストは高く，ゆったりと坐ったパセンジャーの肩近くまでサポートする．前席にはヘッドレストがあるが，後席に坐った人の前方視野を妨げることはない．後席ベンチの幅は，必要なら無理なく3人並んで掛けられるほど広く，坐り心地もすこぶるよい．要するにシビックではどこに掛けても快適なのである．

　朝のコールド・スタートも，この気候ではチョークなしに，2，3度スロットルをあおれば一発で始動し，1分ほどで低い安定したアイドリングに落着き，直ちに走り出してもなんのためらいもなく引っ張れる．クラッチ・ペダルの高さ，ストロークは理想的で，かかとをフロアにつけたまま操作できるのはよい．作動は軽くスムーズで，低速トルクの強いエンジンと相まって，ほとんどエンジンの回転を上げずに滑らかな発進さえできる．全くの初心者が初めて乗っても，発進時にストールさせる口実は見つからないほど，運転は容易である．コッグドベルトSOHC1169cc　60HP/5500rpmエンジンは特に次の2点で特筆に値する．ひとつは6500以上まで実にスムーズで静粛なことであり，次は驚異的にフレキシブルなパワー特性を持つことだ．各ギアで加速すると，ハイ・ピッチの，快いトランスミッションのギア・ノイズの方が，むしろエンジンの押さえられた排気音を越えて聞こえる．それも前輪駆動車としては異例に静かな方だ．100km/hはトップギア（0.846のインディレクト）の4000rpmに相当するが，依然としてエンジン・ノイズは気にならぬほど低く，むしろベンチレーターのブースターファン（2段の低速の方）・ノイズの方が気ぜわしいと言えば，いかに全体のノイズ・レベルが低いか，想像されるだろう．なお，スピードメーター

は一般に甘く，100km/hは実速94km/hであり，110km/h近くを指すと軽いオーバースピード警報が鳴り出す．

　谷田部のテストは折から台風6号が日本列島を吹き荒れた日にぶつかったが，幸いにも実際に計測を行なった間だけは豪雨が止み，風も平均7〜8m／secにとどまった．計測に使用したシビックは既走行距離138kmの新車で，しかもこの気象条件下では，動力性能は標準を大幅に下回るものと予想されたし，実際にもっと乗り慣らした車ならいっそうよいデータが得られたと思われる．にもかかわらず，シビックの動力性能は，ヨーロッパの1200cc級ファミリーカー（ルノー5，フィアット127，128など）の水準をはるかに越えたものであることが確認された．まず最高速は，1km直線平均が144.52km/h，5.5km周回平均（途中約1kmにわたってまともに逆風を，またストレートでは横風を受ける）では141.53km/hを記録した．カタログは145km/hで，これは充分にランニング・インの済んだ車なら，容易に出ると思われる．第5輪速度計によれば，追い風を受ける区間では実速146km/hを示し，このとき車のスピードメーターは159km/hあたりを指した．実用的な巡航速度は130-135km/hで，これはちょうどパワーピークの5500rpmに相当する．実際に3人乗って東名を試走した限りでも，沼津あたりの登坂で実速120を維持できたから，パワーは必要にしてかつ充分と言えよう．加速性能もこのクラスのトップにある．加速テストでは各ギアでバルブ・クラッシュ寸前の7000まで引っ張ったが，これは1速49km/h，2速83km/h，3速124km/hに相当する．4段ギアの設定はパワーと車重によくマッチし，少なくとも日本の使用条件には理想的である．ヨーロッパやアメリカ市場向けには，ファイナルを若干高め，エンジン回転数をもう少し下げた方が，燃費とエンジン寿命のために望ましいかもしれぬ．0-400m加速は18.63秒，0-100km/hは14.18秒であった．エンジンは異例に広い範囲にわたって，ほぼ一定の強い牽引力を発揮することは，次のトップギアによる加速データが如実に示している．すなわち，20-60km/h　12.44秒，40-80km/h　11.42秒，60-100km/h　13.18秒，80-120km/h　16.38秒という風に，20km/hから120km/hの高速まで，エンジン回転数で言えば僅々900rpmから5000rpm以上まで，スロットルに力強く反応する．トップの900rpmという超低速からの急加速に際しても，エンジンはピンキングの徴候さえ見せず（燃料はレギュラー），トランスミッションがスナッチを起こさないのは，実際気味がわるいほどであった．

クラッチの作動は確実で，高回転からの発進にも過度にスリップせず，僅かのホイールスピンを伴なった理想的なスタートが反復可能であった．ギアシフトは，HONDA1300時代から非常によかったが，このシビックでも同様である．作動は軽く確実で，レバーの動きも小さく，シンクロも強力である．リバースも入れやすいが，これのみはギアが大きくなる．パワー・トレーン自体もスムーズだが，ボディへのマウントが巧妙なので，急加速，急減速によるトルク・リバーサルに際しても，エンジン全体が揺動することがない．これはギアレバーの挙動を注視していればよくわかることで，例えばADO15／16などを比較すれば明らかだ．

　燃費について．定速燃費は，おそらく新車で各部のフリクションが大きいためか，それほどよくなかったが，2回計測するチャンスのあった実用燃費は，定速燃費のデータから予想されるよりはるかによかった．谷田部から比較の空いた国道を，豪雨と強風を衝いて東京まで帰ってきた際が平均9.5km／ℓ，休日の郊外と都内を，一部高速道路の100km/h巡航を含めて楽に走った110kmの平均が12.3km／ℓであった．前記のようにシビックのエンジンは異例によい低・中速トルクを持つので，いったん走り出せばほとんど3，4速で用が足りるから，混んだ都市内でも上手に走ると意外によい燃費を期待できる．この点でもシビックはヨーロッパの小型車に似ている．燃料はレギュラーで全く問題ないし，将来完全に無鉛化されても，バルブ・シートのリセッションを防ぐ特殊な焼結合金（ガラス繊維が配合され，その一部が潤滑作用をする）をシートを用いているため，不安はない．燃料タンクはこのクラスの標準サイズで，38ℓ入る．

　シビック各モデルのうち，フロントにディスク・ブレーキを備えるのは9月発売のハイ・パフォーマンス型GLのみで，他はすべてドラムである．箱根で試乗した日は雨と霧のため，ブレーキを高速から使用するチャンスはなく，この日の印象ではドラムでも充分という感じであった．しかし，後日谷田部で本格的なテストを行なった結果，ドラムの弱点がたちまち露呈された．0-100-0のフェード・テストをまつまでもなく，100km/h以上からの急制動では，ただ1回でも中途から急速にフェードして踏力が増し，制動距離を延ばすことが発覚したのである．フロントは2リーディング，リアはリーディング・トレーリングだが，強く踏んだ瞬間はまるでデュオ・サーボのようにガクッと効くのに，後半にいたって急速にフェードし，効かなくなる．0-100-0フェード・テスト

では，最初30kgでスタートした踏力が，7回めには39kg，10回めには54kgと著増した．効き方も同時に不安定となり，時には右前輪が，また時には左前輪が先にロックし，2m以上コースを外れた．制動性能のデータで，40kg踏力のときの制動距離が，30kg踏力のときよりも長いのは，後半で前輪がロックし，滑走したことを示している．なお，強く制動した際，金属的な摺動音が著しい．前記のように，現在発売中のシビックはオプションでもディスクが付かないが，オプションとは言わず全車種にディスクを標準装備すべしと主張したい．たとえそのために価格が若干（1万円ほどであろうか）高くなってもである．ハンドブレーキは後輪に作用する．フロアのブレーキレバーは，ライフなどと同様，ほとんど直立するほど引き上げることを要する．

　われわれはテスト期間を通じてシビックを心からエンジョイし，いったんハンドルを握るとなかなか放すのが惜しいほどだったのだが，その魅力のひとつはファミリーカーとして抜群の操縦性にある．シビックの操縦性は，それを単独にとり出しても傑出しているが，さらにそれがあらゆる路面とスピードで快適な乗心地と両立している点を高く評価したい．最初，箱根で試乗した2台は，ステアリングが小型軽量車の割に重く，フリクションが過大に思われたが，谷田部でテストした別の車はそうでなかった．おそらくラックにピニオンを組み付ける際のプレ・ロードにバラツキがあるためであろう．仮に谷田部での車をシビックの標準とすれば，操舵力はスピードのいかんを問わず適度である．テスト車は4JリムにBS Skyway−H6.00−124PRチューブレスを履いていた．このタイアは特にすぐれた性能ではなく，まず国産クロスプライの平均値なのだが，標準空気圧のままでもシビックのロードホールディングは前輪駆動セダンの水準をはるかに抜いている．ロックからロックまで3.1回転のステアリングは，レスポンスがすこぶる鋭敏で，非常に高いコーナリング・フォースまで，ごくわずかの舵角で正確に追従してくる．アンダーステアは過度ではなく，むしろ前輪駆動としては異例に軽い方である．コーナーでのロールが，少なくともドライバー自身にほとんど感じられないのは，シートのホールドがすぐれているためだ．たとえコーナーへオーバースピードで飛び込んで，スロットルを急に放す羽目になっても，姿勢は急変せず，ただノーズが内側へ引き戻されるだけなので，きわめて安全である．それどころか，緊急の場合にはコーナー中途で制動さえかけられるほど，安定性はすぐれている．谷田部ではパイロンを並

べて高速スラローム・テストを行ない，同クラスのライバル，チェリー1200と比較したのであるが，4人のドライバーすべて，シビックのタイムの方が速かった．チェリーにくらべてロール・アンダーステアが格段に弱く，より直線に近いコースでパイロンを縫って走れるのだ．チェリーはアペックス付近でスロットルをゆるめ，故意にテールを滑らせて回らないとふくらんで回り切れないのに対し，シビックはほとんどコンスタント・スロットルのまま入り，アペックス手前でもう加速の態勢に入れる．たとえスロットルをゆるめてもテールはしっかりとグリップし，ノーズだけがタックインする．BS Skyway－Hという平凡なタイアに対し，シビックのサスペンションは巧みにチューンされているという印象を強く受けた．もっと良質のラジアル・タイア（オプションで装着できる）による操縦性は大いに期待される．将来発売されるハイ・パフォーマンス型のGLは，バネ・レート，ダンパー特性も同時に固められるというし，前後ともストラット，トランスバース・リンク，トルクロッドによるサスペンションは，キャンバー，トーインの調節が容易だから，たとえばタイアの特性によってもアライメントを変えることが可能で，大きい可能性を秘めている．現状では，キャスター・アクションが少々強すぎる感じだが，その反面当然ながら直進安定はすこぶるよい．この日は平均7～8m/secの風が常時吹いていたが，最高速でまともに横風を食らっても，直進性にはいささかの影響もなかった．タイアは路面による外乱も受けにくいし，これほどレスポンスがよいにもかかわらず，ステアリングへのキックバックがほとんどないことも特記に値する．ついでに付け加えれば，最高速で10分ほど連続走行したら，当初1.6／1.6だったタイア空気圧は，左側前後輪（周回コースの内側）が1.8／1.8に，右側が2.0／1.9に上がり，かなり熱を持った．

　乗心地はちょうどヨーロッパのよい小型車並みで，一般的に"firm"ではあるが，あらゆる路面において快適である．どちらかと言えば高速向きで，都内のように荒れた舗装路を低速走行すると，短かい上下動が若干気になるが，スピードを増すにつれてスムーズになる．小型軽量車にもかかわらず，直接的なショックはなく，ロード・ノイズもよく遮断されており，もっと大きく重い車に匹敵する乗心地である．サスペンション・ストロークはたっぷりとってあり，フル・ロードに近い状態で荒れた路面のコーナーへ飛び込んでもサスペンションは一度もボトミングしなかった．地上高は175mmで，ボディ下面はフラット

なので，悪路の踏破性も高そうである．コンパクトで軽く，相対的にパワフルなシビックは，チューンすれば絶好のラリー・カーとなり得よう．鋼板自体の張りをフルに利用した軽量モノコック・ボディの剛性は高く感じられ，悪路でもスカットルまわりの振動はほとんど皆無である．

　再びインテリアについて．テスト期間中は典型的な高温多湿の梅雨空で，ベンチレーションの効率をテストするには絶好であった．スルーフロー・ベンチレーションで，ダッシュ中央下とデフロスターがヒーター兼用（2スピード・ブースター付），ほかにダッシュ両端には流速を利用したフェイス・レベルのベンチレーターがある．室内気は一旦トランクへ抜いてからボディ・パネル内を通り，ドア・フレームに設けられたワンウェイ・フラップを経て排出される．われわれの体験ではこの室内気の排出が不充分で，しばらく窓を閉めて走ると内圧が高まり，たとえ100km/hで走ってもラム効果が弱くなって，ほとんど風が入らなくなる．したがって，暑い日にはリア・クォーター窓を開けて，室内気を逃してやることが必要である．幸い，後窓を開けてもウィンド・ノイズはさほど高まらないが，やはり雨の日は困る．雨の日に窓を閉めて走るとリア・ウィンドーは次第に曇ってくる．それに，テールが短かいバン型ボディのリア・ウィンドーは外面が汚れやすく，雨の日は次第に後方視界がわるくなる．GLには標準装備の熱線リア・ウィンドーと，ウォッシャー付リア・ウィンドー・ワイパーはぜひとも欲しいところで，全車種にオプションであることが望ましい．室内には各所に物の置き場があって便利だ．助手席前には実質的なロッカーがあり，ダッシュ中央下には小物入れが，またダッシュ上は全幅にわたって棚がある．後席背後とリア・ウィンドーの間は凹んでいるので，ここにも薄い物なら置ける．その代り本来のトランクは奥行きが浅く，大きいスーツケースは水平にしないと入らない．しかし小家族の旅行に必要なほどの荷物は楽に収納できるだろう．

　コンパクトな外寸，4人のために充分な居住性，1200cc級随一の動力性能と操縦性に加えて，国産車にはごく稀れな，オーナーに"pride and joy"を感じさせるようななにかを，このシビックは持っている．若者だけでなく，1.5ℓ級などに乗っているファミリー・マンは，それよりもはるかにセンシブルで経済的な，このシビックを一度試みてほしい．さらに，2-car familyにとって，シビックは絶好のセカンド・カーであろう．シビックのような車が街を埋めれば，こ

の国の道路はよりビューティフルに，よりセイフになるだろう．

(1972年9月号)

ロードインプレッション

シトローエンSM

　シトローエンのプレスティッジ・カー，SMを駆って，東名，名神を神戸まで飛ばし，冬の六甲を縦横に走り廻った．DS以来のハイドロニューマチック・サスペンションに，画期的なパワー・センタリング・ステアリングを結びつけ，マセラーティ製V6 2.7ℓの強力な心臓を搭載したSMは，陸の巡洋艦の威力をいかんなく発揮した．ただし，極度にクイックで，スピードにより極端に操舵力の変わるパワーステアリングは，初めて乗るドライバーを脅かした．

　シトローエンのデザインは，一見パリのオート・クチュールのそれに似ている．あまりにも斬新で独創的だから，誰も敢えて真似しないし，真似したくともできない．しかしファッション界と違うところは，シトローエンのデザインは一見奇異に見えながら，きわめて合理的かつ実際的なことだ．さらに，移り気な衣裳の世界とは違い，シトローエンはめったに新作を発表せず，多年にわたって同一モデルを量産する．48年発表の2CV，55年デビューのDSが，ともに73年の今日なお，基本的に変わらず生産され，しかも強い支持層を世界的に持っているのは，シトローエンの独自な設計理念が決して技術者の独善でないことを如実に示している．

　だが，こうした理想主義的な技術優先の企業体質は，1968年シトローエンに何度めかの財政的危機をもたらした．最大の弱点は，生産系列がベイシックな空冷2気筒2CV系と比較的大型のDS系のみで，ヨーロッパで最も豊かな市場を持つこの中間車種の持駒がないことであった．生産，販売の伸び悩みに加えて，68年5月，フランス全産業を襲ったゼネストで，シトローエンは自動車業界最大の被害をこうむった．さらに悪いことには，この時期にヨーロッパのメーカーを混乱に陥れた国際的な企業合同の嵐に，シトローエンも捲き込まれたのである．すでにパナールを支配下に置いていたシトローエンは，高性能エンジンの必要（70年にSMとしてデビューした高性能車の計画はそれより5年前に遡る）から，68年にマセラーティと技術提携を結んだ．ところが同じころフィア

ットはひそかにシトローエン株の買占めに乗り出した．そしてシトローエンの予想に反して，その筆頭株主であるミシュランがこれに応じたため，フィアットはシトローエン株の1/3近くを保有することになった．幸いにも現在までのところ，フィアットのシトローエンへの経営介入は，車の設計方針，車種計画の上にまでは及んでいない．逆に言えば，フィアットのジョヴァンニ・アニエッリの目論みが筋書きどおりに行かなかったことの表われなのかも知れず，伝えられるシトローエン・フィアット連合の空中分解説も，あながちジャーナリストの憶測ではないのかも知れない．

さて，70年に入ると，シトローエンは2種の全く新しいモデルを久々にデビューさせ，一挙に挽回を図った．すなわち，3月のジュネーヴ・ショーの話題をさらった，V6マセラーティ・エンジン付豪華車SMと，待望のミディアム・クラス量産車，GSの発売（同年秋）である．日本への輸入はGSが先で，C/Gではさっそく長期テスト車に1台を購入し，すでに1万km以上走って，われわれに限りないモータリングの喜びと効用を与えていることは，毎月のリポートに見られるとおりである．わずか1015cc 55.5HPの空冷フラット4ながら，5人と大量の荷物を積んで130で巡航でき，なによりも特筆すべきは，これまでDS, SMのような高価格車でのみ可能だった，自動車高調整ハイドロ・ニューマチック・サスペンションを，この低価格車にまで敷衍したことである．

話を本来のSMに戻そう．68年にシトローエンがマセラーティと技術提携して以来，パリはアンドレ・シトローエン河岸の工場を訪れたジャーナリストは，4気筒とは思えない奇妙なエグゾースト・ビートを残して足早に走り去るDSの姿をしばしば見かけたはずである．シトローエンがSMで目指したのは，ドライエ，ドゥラージュ，ブガッティ，ファセル・ヴェガなきいま，フランスの豪華車の伝統を継ぐに足る，華やかで高性能な200km/hクラスのグラン・トゥーリスムであった．それは当然高価たらざるを得ず，量産も望めないが，フランス第2のメーカーとしては，その威信にかけても，200km/h級前輪駆動実用車という前人未踏の領域に，シトローエンの名を冠した車で踏み込みたかったのだろう．問題はパワーユニットである．DSのOHV4気筒は源を戦前のトラクシオン・アヴァンに発し，もはやこれ以上の発展は望めないし，SM程度の量産規模で（当初は日産25〜30台）全く新たなエンジンを白紙から開発するのは，

とうていコスト的に引き合わない．しかもフランスの税制は15CV（2.8ℓ）以上に禁止税的な高額を課する仕組みなので，それ以下でなければならぬ．当然前輪駆動を採るからエンジン全長は極力短いことが好ましく，所期の高性能を2.8ℓ以内で発揮する（しかもハイドロ・ニューマチック・サスペンション，パワーブレーキのオイルポンプ駆動にかなりの馬力を失う）ためには，従来のシトローエン製エンジンよりはるかに高効率のユニットでなければならない．SM用エンジンの開発発注先に，モデナのマセラーティが選ばれたのは，こうした設計要求からして当を得たものであった．果たして，マセラーティは既存の90°V8 4.5ℓ DOHCをベースとして，2670cc 90°V6 170HP（DIN）／5500rpmエンジンを，驚異的な短期間に開発し，シトローエンの期待に応えた．

　エンジンを別とすれば，SMの最も画期的な技術的革新はステアリングである．従来のDS/IDも，きわめてクイックで応答性の鋭いパワーステアリング（減速比14.7：1）で知られたが，SMではこれをさらに数歩進め，9.4：1という異常にクイックなレシオと，車速および舵角によって操舵力の大幅に変化するパワーステアリングが新たに開発された．しかも，それはキャスター・アクション（自己復元性）までパワー化されており，たとえ停車中でもステアリングから手を放せば直進に戻るというひどく特殊な設計である．この構造については別稿にくわしく述べてあり，路上の挙動については後に説明したい．
　SMは大きく重い車である．シトローエン自身はSMをクーペ・グラン・トゥーリスムと呼んでいるが，GTクーペという語感からは遠く，むしろはるかに豪華な2ドア・クロースカプルド4座サルーンに近い．サイズ（4893×1836×1324mm）はDSより全長で若干長いが，ホイールベース（2950mm）は逆に175mm短く，したがって日本では税金が年間5万4000円のクラスに入る．車重は1450kgで，90ℓタンクを満たし，4人と荷物を満載すれば総重量は1800kgにも達する．重量配分は62／38程度だから，左右前輪はそれぞれ500kgもの荷重を支えねばならぬ．したがって，SMはミシュランXWX195/70VR15という特殊な高性能タイアを履いている．トランスミッションはマセラーティではなく，シトローエン自製の5段マニュアル・ギアボックスである．これほどの高価格車になんらかのオートマチック（DSは長いこと自動クラッチだったが，最上級のDS21には72年からBW3段自動変速機がオプションになった）のオプションが

ないのは，特に日本人の眼には奇異に映る．しかし，SMは第一義的には，イージードライブよりも高性能をねらったグラン・トゥーリスムであり，わずか2.7ℓのエンジンで200以上の最高速とそれにふさわしい加速を得るには，マニュアル5段ギアボックスを必要とするのである．それにヨーロッパの道は，大都市内を除けばまだまだ空いており，自動変速機は不可欠ではないし，5段マニュアルと自動変速機の2本建てにするには，SMの生産台数は少なすぎるというのが本音であろう．

日本でSMは590万である．価格の点ではジャガーXJ6 4.2ℓ（540-627万），メルセデス280S（535万），BMW3.0CSi（554万），ポルシェ911E（580万）などに匹敵するラクシュリー・クラスに入る．性能は，メーカー値によれば最高速220km/h，0-160km/hを26秒で加速するから，およそBMW3.0S並みの高性能車である．

シトローエンのように型破りな車を正当に評価するには，かなり長期間親しむことを要するだろう．しかしわれわれの多忙なスケジュールではそれは望めないので，リザーヴした2日間を最も有効に使うべく，東名，名神で神戸まで飛ばし，六甲を駆けめぐってから再び同じルートで帰る計画を樹て，実行した．

日本へ輸入されるSMは対米輸出仕様（速度計のみはkm表示に換えてある）で，トリプル・ウェバー気化器のセッティングや点火進角特性は当然排気規制に準拠して，本国仕様とは若干異なると思われる．外観上の著しい相異はランプだ．例の，車の姿勢に関係なく光軸が一定で，内側の2個は前輪とともに操向する3対の強力なヨーソ・ランプが，不粋な固定された2対のシールドビームに換えられている．これは実に残念なことだ．

テスト車はシックなメタリック・ブラウン塗装であった．分厚いドアから低いボディ（エンジンを止めておくとハイドロニューマチックの油圧が抜けて，低いボディはさらに低くうずくまるのだ）に乗り込む．シトローエンのようにまことに気ままなデザインの車では，走り出す前に各コントロールをよく確かめておかねばならないから，手早くコクピット・ドリルを済ませよう．日本へ入るSMの内装はすべて豪奢な本革装である（本国ではオプション）．シートはバックレストの傾斜だけでなくクッションの前部と後部をそれぞれ3段階に上下できるので，シートの高さとともに傾斜も変えられる．ステアリングも傾斜

とリーチを調整できるから，いかなる体格の，どんなに気むずかしいドライバーにもフィットした運転姿勢が得られるだろう．ステアリングはシトローエンらしくシングルスポークで，太いリムはやや楕円形をしている．この楕円形のテーマは，ダッシュ上に並んだ260km/h（または170mph）の速度計，8000rpmのレヴ・カウンター，実に14個の警告灯群を組み込んだ集合計器，時計，それに左右のベンチレーターのデザインにまで反復使用されている．DSのブレーキはペダルというより半球形のラバーボタンで，しかも位置はトーボードよりずっと手前にある．SMでもやはり"テニス・ボール"だが，幸いにも位置は普通のブレーキペダルがあるべきところにある．5段ギアレバーは，左右前席を隔てる幅広いセンターコンソールから生えており，がっしりしたハンドブレーキはその背後にある．

エンジンを掛ける．コールド・スタートは一触即発というわけにはいかず，チョークをいっぱいに引いても何度かスターターを長く回す必要があった．温まっているときは瞬間的に掛かる．マセラーティ製DOHC V6のエグゾースト・ビートは特殊で，いったい何気筒なのか見当がつかないだろう．強いて言えばポルシェのフラット6的だが，排気音はむろんはるかに低く，耳に快い．90°V6のレイアウトでは爆発間隔は90°－150°－90°のイレギュラーになる．しかし1000rpmのアイドリングでも振動は少なくともボディへは伝えられず，実用上は全く問題ない．DOHCのメカニカル・ノイズは，エンジン自体がダッシュ直前に位置するためもあって，吹かしたときは予想したよりも高まるが，これまたサラブレッドらしいよい音である．エンジンが掛かると直ちに，あたかも砂漠のラクダが腰を上げるごとく，SMはまずノーズを，次いでテールをゆるやかに持ち上げ，正常な車高に戻る．試みに停まったままステアリングを回すと，ちょうどアメリカ車のパワーステアリングのように，それこそ指1本で軽く動き，手を放すとスルスルと直進の位置に戻る．SMの特異なステアリングについては外誌のテスト・リポートで散々読まされていたので，およその見当はついたが，実際に操縦してみるとやはり相当な代物であった．全く予備知識なしにSMに乗ったとしたら，最初の町角でハンドルを切り過ぎて，内側後輪が歩道の角に飛び上がることは必定である．とにかくロックからロックまではわずか2回転しかないので，90°の町角を曲がるにも楕円形のステアリングを半分も回

せば済むし，低速では無類に軽いからつい切り過ぎるのだ．しかも後輪は3m近くも後ろを従いてくるのだから，歩道の隅をショートカットすることにもなる（リアのトレッドがフロントより200mmも狭いのが唯一の救いである）．そのうえパワー・センタリングときているから始末がわるい．切り過ぎたと知って思わずステアリングの手をゆるめると，低速でも予想以上にすばやく，スルリと自分で直進位置に戻ってしまう．したがって車は唐突に向きを変え，蛇行しがちになる．2, 3度これを繰り返すとようやくどう扱えばよいかがわかってくる．SMに限っては，ステアリングは回すのではなく，ごくわずか傾ける感じで微妙に扱わねばならない．一方，低速で無類に軽い操舵力は，車速を増すにつれて急速に重くなり，モーターウェイのクルージング・スピードではほとんどパワーアシストなしのように手応えが出てくる．この舵の重さの変化は，単に車速だけでなく，舵角によっても変化する．その構造については別稿に譲るが，ステアリング・シャフトに油圧で押しつけられたハート形カムの形状によって，直進からの切り始めが多少重くなるように設計されている．

　以上述べたことで想像されるように，SMのステアリングはかなりの慣熟を要する．またたとえ慣れても，これほどダイレクトでクイックな必要があろうかという疑問が残った．モーターウェイの高速巡航時には，SMほどの重量車でも多少は横風に振られるが，絶えず微妙な修正舵を与えるには，相当な集中力を要求されるからだ．たしかにSMほどの重い前輪荷重と太いタイアで，パリの雑踏をかきわけ，しかも坦々たるルート・ナシォナルをフラットアウトで地平の果てまで飛ばすのだから，低速時の軽い操舵と高速時の正確で確実な舵，抜群の直進性という二律背反的な要求を両立させる必要は理解できる．けれどもSMのパワーステアリングが最良の解決かと言えば，筆者は疑問を禁じ得ない．理論的にはよいが，現実の車は少々やり過ぎの観があり，何よりも構造が複雑すぎる．一般にシトローエンの製品は生産技術に対する設計理論の勝利という感を抱かせるが，このSMのステアリングはこの傾向の極端な例ではないだろうか．実際問題として，日本の平均的ドライバーにSMをテストさせたら，100人中99人まではこの極度に鋭敏なステアリングに恐れをなして，これだけで買い気を殺がれてしまうだろう．こう書くとまるでステアリングを酷評したように思われるかもしれないが，そうではない．SMは一般大衆を対象とした

車ではなく，限られたモータリストを相手とした少量生産車なのであり，設計者としては安易な妥協をする必要がないのである．筆者個人としては，SMのステアリングは非常におもしろいと思うし，同時に自己の信念をこれほど正直に貫いたシトローエンの設計者に対し，深い敬意と賛嘆を惜しまない．

　慣れというものは恐ろしい．2日間で約1300kmほどSMに乗った後，もう5年も乗り慣れた自分の車に乗ったら，角を曲がっても舵が自分で素直に戻ってくれないので，却って奇妙に思ったほどだった．因みに筆者の車は2台とも（ローヴァー2000TCとモーリス1100），キャスター・アクションが弱いのである．

　SMのハイドロニューマチック・サスペンションは，DSのそれより一般的にかなり硬めであり，街なかの低速では特にその差が明らかに看取される．その代わりDSのように大きいピッチの波状を高速で乗り越えても浮くことがないし，コーナーでのロールもDSより少ない．総合的に見て，SMの乗り心地はやはり世界のベストに数えられる．恐らくSMと同日に論ぜられるのはXJ6/12だけだろう（街なかの低速ではXJの方が若干ベターだし，より静かなことは確かだが）．快適なシートにも助けられて，SMほど長距離を飛ばして疲労の少ない車もないだろう．2日間に1300kmほど走破して帰京したわれわれは，直ちにもう一度神戸までとって返せと言われれば喜んで応じたほど，心身ともにフレッシュであった．

　操縦性のテストには，六甲の山道は残念ながら狭すぎ，カーブがきつすぎたようである．しかし僅かな経験でも，ミシュラン195/70VR15のグリップが抜群で，蛮勇を奮っても滑り出さないことだけはわかった．DSと異なり，フロントのダブル・ウィッシュボーンは不等長なので，前輪はボディとともにロールせず，路面に対してよりフラットに吸い着く．異常にクイックで軽いパワーステアリングのため，アンダーステアの実感は伴わないが，コーナー中途で右足を上げると内側へ巻き込まれることによって，初めてアンダーステアの強さを知ることができる．SMが本当に好むのは，80–100で回れる高速コーナーの連続だろう．このスピードではステアリングはパワーアシストなしのように手応えがあり，無類に鋭敏かつ正確なので，一流のスポーツカー並みの高速コーナリングを敢行できるはずである．独特の"テニス・ボール"を踏むパワーブレーキは，DSほど過敏でなく，よりスムーズな制動が自然に行なえる．パワフルな

ことは言うまでもなく，山道で反復使用してもフェードの徴候は皆無であった．

5段ギアボックスは2.7ℓ DOHC V6マセラーティ・エンジンのパワー特性と車重によくマッチしている．最初，このエンジンはなんとなくパンチが効かず，低，中速トルクが弱いような印象を与え，低いギアを多用しがちであった．特にこれは街なかで然りで，せいぜい3速までしか使わなかった．けれども間もなく気付いたのは，これはフランス車の常でギアリングが相対的に高く，かつ車重が重いためなのであった．むしろ，このエンジンは異例にフラット・トルク型なのである．各ギアはよく伸びる．レヴ・カウンターでレッド・ゾーンの始まる6500rpmまで踏めば，約60，90，135，185まで，1－4速で達する．今回は公道上のテストなので計測は行なわなかったが，外誌のテストによれば，最高速は218km/h（6000rpm），0－400m 17.4秒，0－160km/h 26.1秒を記録している．驚くべきは，加速性能が非常に広い範囲にわたって均一なことで，5速（1000rpm当たり36.3km/hというハイギア）の20－40mph（32－64km/h）加速は11.8秒，同じギアの70－90mph（112－144km/h）は13秒である．高速域でもそれほど加速が衰えないのは，ボディの空力特性のすぐれていることを裏書きしている．絶対的に車重が重いから，高いギアでの加速は緩慢なのは当然だが，5速でも僅か1500rpmから全くスムーズに加速できる．だが，SMの本領は，なによりも容易な高速巡航性にある．100mph（160km/h）巡航は法さえ許せば全く容易で，これは5速の4400rpmに相当する．室内のノイズ・レベルは110km/hくらいまでは全く静かだが，3000rpmを過ぎるとサラブレッドらしい，押えられた排気音が聞こえ始める．クラッチは比較的重く，ストロークも深いのだが，ペダルとシートの相関関係がよいので少しも気にならない．長いギアレバーによるシフトは確実で，操作は容易である．

燃費は予想したよりはるかによく，東名・名神で西宮まで行き，六甲を走り回って帰京した全行程1274kmの平均は7.40km/ℓであった．ベストは帰路の大津－東京491kmを80mphくらいで流してきたときの8.47km/ℓである．SMに限らないが，重い車をうまく転がすコツは，その重い車重を盾にとって惰力を利用し，できるだけ速度を落とさぬように気を配りながらトップギアをキープして走ることだ．往路はまだ車に慣れなかったから，ほぼ同じ平均速度で走ったにも拘らず，東京－上郷350kmの平均は7.39km/ℓにとどまった．なお，テ

スト車はスロットルを踏んだまま，キーをオフにすると，一瞬たってからバーンとすさまじいアフターファイアを起こして周囲を驚かす癖があった．燃料タンクは90ℓ入り，120＋で巡航しても確実に東京から西宮まで無給油で行き着ける．

日本（およびアメリカ）の馬鹿気た法規のために，このSMもライトの改造を余儀なくされ，オリジナルの6灯ヨーソは4灯シールドビームに換えられている．われわれの経験ではこのシールドビームは全く光量不足で，夜の安全な限界速度は100km/h以下に下がってしまう．SMを買うほどのマニアならば，少なからぬ費用をかけても，本来の6灯（内側2灯はステアリングより多少早めに操向し，コーナーを事前に照射する）に戻すべきだ．その際，フランス式のイエロー・バルブよりも白色の方がはるかに明るいことを付記しよう．帰りの名神はみぞれであったからワイパーの効果を試すには絶好であった．高低2スピードのほか，断続させることも可能で，払拭面積は非常に広く，むろん高速まで浮き上がらない．シトローエンの常で，ライト，ワイパー/ウォッシャー，ウィンカー，ホーンは，すべてステアリングから手を放すことなく，その下の3本のレバーで行なえる．しかしこれにもシトローエン独自の癖があり，例えばライト・フラッシャー（アメリカ仕様のテスト車にはその備えがない．非常に不安）は普通とは逆にレバーを前方に押す（手前に引くとホーンが鳴ってしまう）．ウィンカーはなぜかセルフ・キャンセル式ではないといった具合である．だがこれも結局慣れの問題で，ふだんGSに乗り慣れているわれわれには全く問題なかった．雨の日も前記の有効なワイパーのために前方視界は完全に保たれるが，水平に近く寝たリアウィンドーは外側に水滴が付き，次第に後方視野が悪くなる．内側の曇りはデミスターで急速に晴れるが，下$\frac{1}{3}$くらいは残り，せまい場所へバックで入る際には気を使う．後席はフル4シーターと言うにはやや狭い．シート自体はよい形状で寸法的にも適当だが，ヘッド，ニー・ルームが，フルサイズの大人には少々窮屈だ．ドア・ウィンドーは電動式，リア・クォーター窓は前縁をヒンジとして外へ開く．冷・暖房は標準装備で，センターコンソール，ダッシュ両端，足元，スクリーン基部にアウトレットがあり，それぞれ冷・暖風を選べる．これらはいずれも有効で，使い勝手もよい．

SMのように複雑怪奇なメカニズムの集積された車では，万一どこかが故障

しても素人には皆目見当がつかないだろう。そのためにダッシュ中央には大型の集合警告灯があり、実に14個のウォーニング・ランプや指示灯が納められている。その中央にはSTOPと記した大きな赤ランプがあり、ドライバーとしてはこの巨大な警告灯が点かない限り、安心して飛ばしてよいことになっている。これは、水温、ブレーキ油圧、エンジン油温のいずれかの警告灯が点いたときのみ、同時に点灯して直ちにストップすべきことを促す。さらに、これらの警告灯が万一の場合働くかどうかをチェックするスイッチも備わるという、徹底したフェイルセイフな設計が採られている。

　DS, GSと同じく、ハイドロニューマチック・サスペンションの油圧を変えて、車高を任意に変えられるのが、SMの大きなメリットであるのは言うまでもない。そのレバーは運転席左側にあり、5つのノッチがある。最低と最高はタイア交換用で、中間の3ポジションが走行用である。通常の走行はこの3つのうち最低の姿勢を使う。不整地では他の2つを選べるが当然サスペンションは硬くなる。タイアを交換するには、まず車高を最高まで上げ、換えたいタイア側のボディ下に備え付けの支柱を立て、車高を最低まで下げるとタイアが自然に浮き上がる。一旦車高を最低まで下げると、ノーマルに復するにはエンジンを3000くらいに保っても20秒くらいかかる。

　ボンネットの下を一瞥しただけでも、SMのオーナーはプラグ交換さえ自分でやる気をなくすだろう。V6エンジンは複雑怪奇な油圧系やダクトの奥深く埋もれているのだ。メーカーもそれを期待しているかのようで、ツールキットといってはジャッキとホイール・ブレースしか付いてこない。なお、ボディ内外の仕上げと趣味は、シトローエンのプレスティッジ・カーと呼ぶにふさわしく、非常に程度が高い。

　結論として、SMを総合的にどう評価すべきだろうか。一般的に言ってシトローエンの評価は大きく割れるのが通例だが、SMの場合は特にそうなるだろう。SMは不特定多数のマーケットをねらった量産車ではなく、エリート・モータリストのための特殊な車であり、設計者は安易な妥協を排して、いわばやりたい放題のことをやったような車だからである。最も論議を呼ぶのはステアリングであろう。しかも、操向感覚というのは、最も数値的に捉え難く、なにをもって判断の規準にするかという、物差し自体があいまいなのだから始末が

わるい．結局，帰するところはドライバー個人の好みの問題で，端的に言えばSMのステアリングが好きか嫌いか，ということになってしまう．筆者はこれを好む．ただし，これほど過敏である必要があるかどうかは疑問を感じる，という但し書きを付けることは，さきに記したとおりである．とにかく，SMとの束の間の邂逅は，全く新しいモータリングの境地に眼を開かせてくれたとさえ言いたい．SMは，いうなればNASAを解職された創造力ゆたかなエンジニアが，自分の純粋な愉しみのために設計した習作はかくもあろうか，といった種類の車なのである．

（1973年3月号）

ロードインプレッション

BMW3.0Si

　ここに大きな4ドア・サルーンがある．タイアが，ファットなメッツェラー195/70VR14であることを除けば，一見，なんの変哲もない大型サルーンで，外観からは高性能車らしい手がかりを見出すことは難しい．街なかでは，レヴ・カウンターの針を2000以上に上げることなく，トップギアまでを使って粛々と滑るように走り，これまた高性能車とは思えぬほどリファインされたタウン・キャリッジの印象しか与えない．ところがである．谷田部テストコースで法のくびきから解き放たれると，この大型サルーンは仮面を投げ棄て，本来のスポーツサルーンへ一瞬にして変身した．1kmストレートの最高速度は207.85km/h，0-400m15.33秒，0-1kmは28.40秒で，最終速度は180km/hに達した．このジーキルとハイド的な二重人格を持つ車の名をBMW3.0Siという．

　ある日C/GオフィスにBMWディーラー，バルコム貿易の山田氏から電話があり，3.0Siをテストしませんかと言う．同社の役員が日常のあしに使っている，すでに9000kmほど走り込んだ車だが，1週間ほどドイツへ出張するのでその間乗ってみて下さいという，まことに魅力的な申し出で，むろん一も二もなく承諾したのは言うまでもない．現在，BMWの6気筒シリーズには4種のエンジンがある．いずれも多球形燃焼室を持ったスラント・シックスで，2500（2494cc150HP/6000rpm），2800（2788cc170HP/6000rpm），3.0S（2985cc180HP/6000rpm）および3.0Si（2985cc200HP/5500rpm）のうち，3.0Siのみはボッシュ電子制御燃料噴射を備える．3.0S/3.0Siにはショート・ホイールベースのクーペ（3.0CS/3.0CSi）があり，さらにこれをレース用に軽量化した3.0CSL（1380kg→1065kg）もあって，ヨーロッパのツーリングカー・レースで3ℓカプリと激烈なレースを展開していることは御承知のとおりだ．

　現在，日本へ輸入されている6気筒シリーズの主力は3.0S/Siサルーン，3.0CS/CSiクーペで，昨年1年間に約200台売れたという（BMW全車種では約660台）．日本ではいまBMWはちょっとしたブームなのだ．ヨーロッパや英国でも，6気筒BMWはメルセデス280S/SE/350SEと高性能大型サルーンの人気を二分し

ている．しかし同じドイツ車でありながら，この2車の設計態度は全く対照的である．メルセデスはすべてについてガリ勉的な優等生で，スタイリングでも安全性が優先し，四角四面な印象が強い．これに対して，BMWの故郷，南ドイツ・バイエルン地方の人びとは，人生はワインと歌と女で愉快に過ごすものだという気風が強く，こうした人生観は有形無形に彼らのつくる車にも表われているように思える．車は速く，快適で，しかもスタイリッシュでなければならず，BMWはまさにそのとおりなのである．だから，ドイツの街で見ていると，BMWに乗っている人びとは，服装からして派手であり，高級なメルセデスのハンドルを握るのは，見るからに保守的な，会社重役タイプであるのはおもしろい．日本ではこうした車はほとんど社用車だが，それでも社用にBMWを買うのは，一部上場のお固い会社にはないだろう．これはよいことかも知れない．BMWはたとえ大きな6気筒サルーンでも，第一義的にはドライバーズ・カーであり，この操縦の愉しみをショファーに独占させるてはないのである．

さて本題に入ろう．テスト車は深みのあるダークブルーに塗られた3.0Siサルーンである．トランスミッションは4段マニュアルとZF3段自動変速機から選べるが，日本へ輸入される3.0Siはすべてマニュアルが装備されている．この3.0Siで，なににも増して印象的だったのは，単に圧倒的な高性能だけでなく，それを一見なんの物理的な努力やノイズもなしに，さらりと出す，その容易さであった．燃料噴射200HPエンジンは驚異的によく粘り，街なかでは2000以上に回転を上げることなく，しかもトップギアまで使って，スムーズかつ静かに走れる．195/70という太いスティール・ラジアルにもかかわらず，こうした低速でも乗り心地はすばらしくソフトで，路面ノイズもよく遮断されている．だから，このような走り方では例外的に静かでスムーズだという以外には，全く普通の大型サルーンと同じである．いまよく粘ると言ったが，以前テストした2800（71年9月号）にくらべると，ボトム・エンドのトルクは若干弱いようである．2800は，静止からの発進が，クラッチをうまく放せばスロットルを踏まずに可能なほどだったが，3.0Siでは少なくとも1500まで踏むことを要した．本当の愉しみは3000以上から始まる．仮に3000をレヴ・リミットとしても，信号からのスタートで3.0Siに追従できる車はほとんどない．今回は谷田部で第5輪による加速データを採録しなかったので，メーカーの発表値（非常に正直であ

る）を引用すると，0-100km/hはわずか7.8秒である（BMW2800のC/Gテスト値は9.1秒で，これはメーカー発表値より0.3秒速かった）．これを同クラスのライバルとくらべると，メルセデス280SE（185HP／6000rpm）10.5秒，同350SE（V8 200HP／5800rpm，自動変速機）9.5秒，ジャガーXJ12（V12 5.3ℓ309HP〔gross〕，自動変速機）8.11秒で，疑いもなく最も速い．しかもレッドゾーンの6400にいたる全域にわたり，そのスムーズで静粛なことは，6気筒エンジンの極致と言いたい．エンジンだけでなく，ギアボックス，プロップ・シャフト，ファイナル，それにタイアまで含め，最高速にいたる全域にわたって，気になる振動は皆無なのである．静粛なことはしばしば述べたが，例えば130km/h（4000rpm弱）で一番聞こえるのはボディのかすかな風切り音であり，エンジンのメカニカル・ノイズは全く気付かないほど低い．100km/hくらいでは風切り音よりもむしろスティール・ラジアルの軽いハミングの方が聞こえる．エンジンのメカニカル・ノイズが聞こえ始めるのは5000以上である．排気音は，全域にわたって低く押さえられているが，かえって停止してアイドリングしている時にスポーティな音が最もよく聞こえるほどである．端的に言って，自動車技術者の言うNVH（noise, vibration, harshness）のコントロールがこのBMWほど巧みな車は，価格，サイズを問わず極めて少ないのではなかろうか．少なくとも，これほどの高性能車では，わずかにXJ12の名を挙げることができるにすぎぬ．

　谷田部における最高速は，1km直線平均で207.85km/hを示し，例外的に正確なスピードメーターはこのとき210km/h，レヴ・カウンターは6250rpmを示していた．なお，さきにテストした2800はちょうど200km/hであった．3.0Siのハンドブックによれば，長時間連続できるレヴ・リミットは6000と書いてあるから，理論上，200km/hは安全なクルージング・スピードの範囲内にある．平均的なドライバーにとっては，200は無理としても180は全く自然な巡航速度であろう．それほどに3.0Siは，高速走行が物理的にも心理的にも容易なのである．2800に比較して圧倒的に速いのはトップスピードよりも加速である．0-400mは15.33秒，0-1kmは28.40秒で，これは2800（それぞれ16.2秒と30.0秒）はもちろん，C/Gでテストしたフェアレディ240ZG（15.50秒と29.55秒）よりも格段に速い．特に増強されたのは3000-5500の中・高速トルクで，これはトップギア100km/h以上でのめざましい加速性能によって，如実に感じられた．100か

らスロットルを踏むと，並みのスポーツサルーンのサード以上にパンチの効いた加速が得られ，見る見る速度計は160に達する．したがって，混んだ高速道路でも，追い越しはトップギアで意のままだ．4段ギアボックスは非の打ちどころがない．ギア比は比較的分散しているけれども，異例に広いパワーバンドのため一向気にならぬ．6400のレヴ・リミットでは1速56，2速98，3速154km/hに達する．シフトは軽く確実で，極めて容易である．これに対してクラッチはストロークがやや深すぎ，ペダルの位置もフロアから高すぎるので，かかとを床につけたまま操作できないのは一考を要する．ただし軽いので，街なかの多用も苦にならない．発進加速のデータが非常によいのは，きれいなスタートが実に容易なことにもよる．テスト車はオプションのリミテッド・スリップ・デフ付で，5000rpmでクラッチを合わせると，メッツェラー195/70は数メートルにわたって適度にスピンしながら，理想的なすばやいスタートが切れる．オプションのZF自動変速機の経験がないので，それについてはノー・コメントだが，これほど容易で気持のよいマニュアル・ギアボックスなら，特に飛ばす向きでなくても抵抗なく受け入れられよう．これに対して，メルセデスだったら，筆者は躊躇なくオートマチックをとる．メルセデスのギアボックネは少々ぎこちなく，クラッチは重く，しかもエンジンはBMWにくらべて柔軟性を欠くので，ひんぱんなギアシフトを要するからである（もっとも，350SEにはオートマチックしかないが）．

　空車重量で1380kgの大型サルーンだが，いかなるスピードでも小型車のように軽快な印象を与える．その主因は言うまでもなく有利な馬力荷重（空車時6.9kg/HP）にあるが，少なくとも心理的にはすばらしく軽いコントロール類にある．このBMWを高速で縦横に馳けめぐらすには，肉体的な努力は一切必要とせず，ただ平均的な反射神経だけである．まず，ステアリング（オプションのパワー・アシスト）がスピードと舵角を問わず，常に軽い．ロックからロックまで3¾回転するが，これは異例に小さい回転半経（タイアで4.8m，バンパーで5.25m）を考慮すれば結構クイックだと言うべきだろう．しかし決して過敏ではない．直進時には適度な弾性的な遊び（と言えるほど大きくないが）があるので，高速で直進を保つのに無用な神経を使わずに済む．直進付近で過敏すぎるステアリングは，レーシングカーならともかく，長時間にわたって高速道路を飛ばす機会の多い実用車では，無用に神経を疲れさせるものだ．最近乗

った車では，シトローエンSMとコーヴェットがそうであった．BMWのステアリングは実用車としてちょうど適切な妥協点だと思う．操縦性は大型サルーンの域をはるかに抜き，軽いスポーツサルーンの平均以上である．公道上で可能なコーナリング・スピードでは操向性はほとんどニュートラルと感じられるほど，非常に高いコーナリング・スピードまで，舵を切れば切っただけ，正確に追従してくる．ミッド・コーナーで右足を上げると，わずかにノーズが内側へ引き戻されることによって，初めてかすかなアンダーステアであることを知るにすぎぬ．パワー・オンの場合，最終的にはテールが振り出され，オーバーステアに転ずるが，その推移は以前テストした2800よりゆるやかだ．絶対的なスピードは高いにもかかわらず，そのクリティカル・ポイント付近でのコントロールは，3.0Siの方がコントロールしやすい．3.0Siは，2800より1サイズ太い，195/70VRメッツェラーを6J×14リムに履いており，その効果は明らかだ．伊豆スカイラインの，アップ／ダウンの強い屈曲路を，スカイラインGTRとともに飛ばした経験では，コーナリング・スピードはほぼ互角であった．それは，GTRにくらべると車の絶対的なサイズが大きく，アンダーステアも若干強いので，こうしたスラロム的なSベンドの連続では振幅を大きくとらねばならず，対向車を考えてコーナリング・スピードをセイブせざるを得ないためでもある．もっと路幅が広ければ，パワーのはるかに余裕のあるBMWの方が速いだろう．BMWで特筆すべきことのひとつは，路面の不整によって安定性が全く損われないことだ．細かい洗濯板状になった路面のタイト・コーナーでも，2速のフルパワーを安心して与えることができる．これはサスペンションの設計だけでなく，明らかにリミテッド・スリップ・デフの強味である．このデフは25％のロッキング効果を持つもので，スポーツ／レーシングカーのそれのように急激に効かないから，操縦性を急変させることがなく，安全である．おそらく大多数のドライバーはその存在に気がつかないだろう．

　乗り心地はスピードを問わず非常に快適である．BMWはメルセデスを仮想敵視しているから，むしろ意識的に低・中速での乗り心地を重視しているふしが見られる．サスペンション・ストロークは前後輪とも200mmもとられている．71年までの6気筒BMWには，後車輪にボーゲ・ニフォマート自動車高調整ストラット（路面からの振動を受けるとポンプ作用で内圧が高まり，荷重のいかんによらず車高を自動的に設計値に保つ）をオプションで付けることができ

たが，現在は廃止され，バネは固定レートである．以前テストした2800は，高速で若干バネがソフトに過ぎると指摘したが，翌年から多少硬められたという．それでも，3.0Siの高いスピード・ポテンシャルにはまだ多少ソフトに過ぎるという感がなくもない．これはバネ・レートよりもむしろダンピングの不足というべきだろう．細かい路面の不整はスピードを問わず巧みに吸収するのに対し，長い波長のゆるいうねりを高速で飛ばすと，かすかなピッチングが依然として認められたからである．メルセデスは，街なかの低速では多少ゴツすぎるが，高速ではスムーズになり，より安定している．

　ブレーキは4輪ともベンチレーテッド・ディスクで，前後サーキットは独立しているのはもちろん，前輪（4ピストン）の各ペアはそれぞれ別系統である．スピードによらず常に軽く，すばらしくスムーズにかつパワフルに効く．パッドが冷えていても全く無音である．ソフトなサスペンションにもかかわらず，ノーズ・ダイブはごく軽微である．これは特殊な前輪アライメントによる．すなわち，ストラットは大きく後傾し，キャスターは9°30′と大きく，タイヤ接地中心とは大きくオフセットしている．このためにブレーキのトルク反力は，ノーズを持ち上げようとする方向に働くわけである．ハンドブレーキは後輪ハブに付いた別個の小径ドラムに効く．有効だがレバーを引き上げるにはかなりの力を要する．

　高性能はロハでは手に入らないことは当然で，ガソリンはそれ相応に食う．全テスト距離743.6kmの総平均は5.91km/ℓであった．このうち，東名を約100で走り，箱根，伊豆をギアボックスとパワーを駆使して走り回った距離が約200km含まれ，あとは市街地と混んだ国道の谷田部往復である．燃料タンクは大きく，75ℓ入るが，飛ばせば400kmはもたない．オイル消費は計測し得ぬほど微量であった．

　室内は5人の大人が楽々と長距離旅行できるほどルーミーである．シートは中央を粗い手触りのコーデュロイ，周囲をモケットで張った豪華かつ実用的なものだが，少なくとも平均的日本人の体格には少々サイズが大きすぎる．バックレストの形状が適切でなく，背中の上半部しか支えないので，長時間乗ると疲れやすい．これは特に，楽な姿勢で坐るパセンジャーにとって不都合である．常々思うのだが，運転するときの姿勢と，横で休むときとでは本来楽な姿勢が

異なるのだから，少なくとも高価格車では左右前席のデザインを変えて然るべきだろう．これに対して，後席の居住性は理想的である．ダッシュまわりのデザインについて，BMWとローヴァーは互いにコピイし合っているように見える．ダッシュの上が便利な棚になっているのは，63年以降のローヴァー2000のアイデアを頂戴したらしいが，ドライバー正面のすばらしく見易い計器パネルは，逆に71年のローヴァー2000/3500がそっくりまねている．大径の速度計とレヴ・カウンターを左右に配し，水温計と燃料計を間にはさんだパネルは，比較的高い位置にあって，昼夜を通じ実に見易い．メーターの示度が異例に正確なことはすでに述べた．細かいコントロールも概ね使い易い．ライトのメイン・スイッチのみはダッシュ上にあるが，ライト切り換え，ウィンカー，ワイパー（2段+断続作動）などはすべてステアリングから手を離さずに可能である．ヒーター／ベンチレーターは強力で，微妙なコントロールも効く．しかしガラス面積が非常に広いので，3月上旬の気候でも，昼間は冷風を導入したいほど室内は温かった．日本の暑い夏にはオプションのクーラー（35万円）がぜひ必要である．室内に小物を収納する場所がたくさんあるのはよい．パセンジャーの前には，これまたローヴァーと同じくソフトなパッドで覆われた大きな物入れがあり，左右前ドア，および左右前席の後ろにはポケットが付いている．広大なトランクを開けると，リッドの裏側には驚異的に完備したツールキットが収納されている．今日ではロールス・ロイスにさえ見られないほど良質，豊富なもので，スペアのスパークプラグとソケット，ヒューズ，ランプ球まで揃っている．懇切丁寧なハンドブックとともに，これはBMWが今なお，車をこよなく愛する人びとによって，世の愛好家のためにつくられていることの表われではなかろうか．

　3.0Siの日本での価格は442万円であるが，これは基本価格で，テスト車にはパワーステアリング（14万円），パワーウィンドー（14万円），全面色ガラスおよび熱線リアウィンドー（4万円）が組み込まれていたから，この状態では474万円となる．テスト車は左ハンドルだったが，右ハンドルも4万円高で注文できる．筆者の考えでは，BMW3.0Siはジャガー XJ12，メルセデス280S/SE/350SEとともに，大型サルーンのベスト3だが，BMWはこの中では最も安く，性能的には最速であり，オーナー・ドライバーに最も適した車である．

（1973年5月号）

ロードテスト

アルファ・ロメオ・アルフェッタ

　CAR OF THE YEAR賞こそ逸したが，アルフェッタは72年に発表された中で技術的に最も興味深い車なことはたしかだ（因みに，Auto Visie/Stern共催のコンテストで1位はアウディ80，2位ルノー5，アルファはこのアルフェッタとアルファスッドが3, 4位に入っている）．アルフェッタはエンジンこそ従来の1750と共用しているが，ボディも足回りも全くの白紙からスタートした新設計である．それは，広い車幅を除けばほぼ従来のジュリア1600ベルリーナに等しい外寸の4ドア・ファミリー・サルーンだ．伝統的な盾を象ったマスクと，これまた特徴的な，フレアしたフェンダーいっぱいに力強く張り出したタイアを別とすれば，外観はしごくおとなしく，アルファらしくない．ところが，この一見さり気ない外貌の下には，うわべだけの流行と生産コストばかりに気を奪われて仕事をしている（ように見える）日本の設計者が見たら，羨望のあまり卒倒するかと思うばかりの，高度な機構がかくされているのだ．詳細は別稿の解説に譲るが，理想的な重量配分と広い室内スペースを確保するために，アルフェッタの設計者は5段ギアボックスをファイナルと一体化して後席真下に固定するという，大胆な設計を採っている．スペックだけを見ると非常に魅力的でも，実際に乗ってみると案に相違して失望させられる車は世にいくらでもある．だがこのアルフェッタの場合，凝った設計が完全に正当化されるだけの効果をあげており，しかも全体として巧みにバランスのとれた車であることが，テストの結果立証された．
　アルフェッタの正式輸入はまだ当分先になるらしいが，ディーラー，伊藤忠オートの手でまず3台が最近サンプル輸入された．今回のテストはそのうちの2台を使って行なった．谷田部での定地試験には，すでに4台のアルファ（中にはGTAも含まれる）を乗り継いだ愛好家T氏の好意により，同氏のダークブルーの車を拝借し，また一般路上のロード・インプレッションは，主としてディーラー提供のライトグレーの車によって得た．したがって，このテスト・リポートは2台のアルフェッタによる経験に基いていることを予め御了承ねがいたい．

冒頭に述べたごとく，アルフェッタのスタイリングにはなんのてらいもない．だから，流行に過敏な国産車に毒された一般の眼には，なんらの印象も与えないらしく，どこへ行ってもほとんど注意を惹かなかった（東名で遭遇したサーブ・ソネットのドライバーだけは例外だったが）．けれども，ジュリアほど特徴的（あくが強過ぎるという意見もある）でないにせよ，やはり魅力的であり，なによりもファミリー・サルーンに必要な実用性が，すべてに優先しているのがよい．しかも，ボクシーなスタイルにもかかわらず，空気抵抗係数は0.42という優秀な価なのである（因みに，あの角張ったジュリアはやはり空力特性がよく，アルファ生産型のベストだったといわれる）．

　運転席につく．比較的高い着座位置からの視野はすばらしくよい．2台のテスト車のうち，一方のシートはファブリック，他方はビニールであった．形状，寸法は申し分ないが，むろんファブリックの方が吸湿性もあり，冬も温かく気持がよい．運転姿勢は，これまで乗ったアルファの中でベストである．一般的にイタリア車の主要コントロールは，腕が長く脚が短いドライバー（口のわるい英国の雑誌などでは，"イタリアの猿"と表現される体形）を規準にしてレイアウトされている．したがって，ステアリングにシートを合わせると，ペダルが近くなり過ぎるのだ．アルフェッタではこの点が大幅に改善されており，少なくとも標準的日本人ドライバーならほぼ理想的な姿勢をとれる．その理由は，ウッド・リム・ステアリングの角度がアジャスタブルになったため，最も低位置にすることにより，手前に引き寄せられるからだ．ペダル・レイアウトも，アルファとして初めて適切になった．従来型のペダルは依然として下ヒンジ（72年以降の2000ベルリーナを除く）で，角度が立ち過ぎているため，街なかで多用すると足首がひどく疲れるのだ．アルフェッタのは吊下げ式で角度もよく，ヒール＆トウも容易である．

　アルファの常で，ダブルチョーク・ウェバーを2基備えたDOHC1779ccエンジンはすこぶる寝起きがよい．3月末の早朝でも，チョークは不要で，2, 3度スロットルをあおってやるだけで始動し，ややラフながら約1000rpmでアイドルを続ける．低いギアでものの1kmも走れば水温計は80℃の適温に達し，ウォームアップは完了する．エンジン自体は従来の1750と同じで，122HP／5500rpm，17mkg／4400rpm（いずれもDIN）の出力，トルクも変わりないが，冷却ファンが電動式になったことが新しい．ウォームアップが異例に早いのは明らかに

このためだ．この電動ファンは有能で，街なかの渋滞に巻き込まれても，水温計は決して90℃＋以上には上がらず，走行中は常に80℃に保たれた．ファンが作動しても室内では全く気付かぬほど静かである．

アルファ・ロメオに慣れたドライバーなら走り出して直ちに，ギアレバーの手応えが従来型とまるで違うことに気付くだろう．後ろに置かれたギアボックスを長いロッドで操作するため，不可避的にレバーの動きが大きくなったのである．特に横方向の動きが大きく，ニュートラルから左（1－2速側）へ約15cm，右（5速－リバース側）へは約20cmもあるし，どのギアに入っていてもノブは普通のギアボックスのニュートラルほど横方向へ動く．作動は依然として確実だが，1速のみはときに入りづらいことがあり，軽いコクンという音を伴なう．この点を除けば使いやすく，従来のアルファとほとんど変わらぬすばやいシフトが可能である．ギアボックスは全くの新設計だが，5段のギア比は事実上従来型と変わらず，ただ5速が若干遅くなった（0.791→0.83）．しかしファイナルは1750ベルリーナの4.3より速い4.1なので相殺されて，5速1000rpm当たり速度で示されるギアリングはアルフェッタ33.5km/h，1750ベルリーナ33.7km/hと事実上等しい．車重は1060kgでこれまた1110kgの1750ベルリーナと大差ないので，動力性能は両車について大同小異であろうことが予想されたが，事実そのとおりであった．

谷田部での最高速は1km直線平均で177.34km/h，多少の追風を受ける部分では瞬間的に179km/hに達した．異例に正確な速度計はこのときちょうど180km/h，レヴ・カウンターはレッドゾーンの始まる5700rpmを指した．後に判明したのだが，このレヴ・カウンターはやや不正確でこのときの実際の回転数は約5400rpmだったと思われる．テスト車は既走行距離5400kmの実質的な新車であったが，メーカーの公称トップスピード180km/hを事実上マークしたのはやはりアルファ・ロメオの実力を物語る．最高速を数ラップにわたって持続しても，水温計はぴたりと80℃を指して変わらず，油圧も健康的な50psiを示していた．DOHCエンジンの軽く滑らかに吹くことはアルファの伝統に恥じない．5700というレッドゾーンは，前記のオプティミスティックな示度を考慮に入れてもひかえめで，低いギアでは全く容易に6500まで吹く．したがってアルファの場合，5700は長時間安全に持続することの可能なレヴ・リミットと解すべきだろう．日本では想像も及ばないことだが，ヨーロッパの高速道路では数

時間にわたって文字どおりフラット・アウトで飛ばすし，適度の起伏と屈曲に富んだB級路でも，速く走るには3速あるいは4速で常時レヴ・リミットまで使い続けるから，これは現実に必要な保証なのである．なお，データ表の各ギアのマキシマムを5700rpm時と記したが，実際にはレヴ・カウンターのエラーで，約5400rpm時の数値であるこどを御了承頂きたい．したがって，現実に可能な6000をレヴ・リミットとすれば，3速で120，4速で160は楽に出る．

　残念なことに，加速性能はクラッチ・スリップによって期待した好データが出せなかった．発進加速のデータを採るべく，わずか2，3度急発進を試みたところ，クラッチがひどくスリップし始めたのである．1ラップほどしてクラッチを冷やせば回復するが，やはり直ちに再発する．本来なら4500〜5000でクラッチをつなぐことが理想的なのだが，止むなく3000−3500に回転を押え，過度にスリップしないよう，静かにクラッチをつなぐほか方法がなかった．0−400m17.40秒，0−1km32.35秒というデータは，1.8ℓスポーツ・サルーンとして決して恥ずべきものではないが，クラッチさえ滑らなければ0−400mで17秒を軽く切ったと思われる．このクラッチ・スリップはテスト車の偶発的なトラブルと思われる．もう1台の車では特に急発進を反復する機会はなかったが，ヒルクライムを試みた際は，適度なホイールスピンとともに，きれいなスタートが切れたからである（谷田部で使った方の車は，ホイールスピンが全く不可能なほど，クラッチが弱かった）．なお，クラッチの踏力は依然として重い方だが，ペダルの角度が改善されたため，街なかでの多用も苦にならない．

　エンジンは4500を超えるとカム，チェン，吸気のうなり，健康的なエグゾースト・ノートがひとつに融け合って，アルファらしいメロディアスな調べを奏でるが，いったんクルージングに入ると，驚くほど静かである．合法的な100km/hは5速で約3000に相当するが，エンジン音はバックグラウンド・ミュージック的にしか聞こえない．2500rpm以下では，むしろ後部に置かれたギアボックスの高ピッチなギア音（決して耳障りではないが）の方が聞こえるくらいだ．また，ニュートラルで信号待ちなどの際は，ギアボックス内のギア・チャター（軽いカタカタ）が，一方のテスト車ではかなり聞こえた．これはギア・オイルの油温とも関係あるらしく，東名などを飛ばして来て，トール・ゲートで停止したときの方が，街なかの信号待ちの際よりも大きく聞こえた．クラッチとギアボックスがファイナルと一体のアルフェッタでは，長いプロップ・シ

ャフトは常時エンジンと等速で回転しているわけで，パワートレーンの僅かなアンバランスや振動は，大幅にアンプリファイされ得る．この点を特に注意して観察してみたところ，2台のテスト車では若干差が見られた．一方の車は，いかなる高速でも駆動系の振動は皆無だったのに対し，他方の車では，1，2速についてそれぞれ約2000rpmあたりで，ボディ全体の軽い共鳴という形で微振動が感じられた．この車のエンジンは，恐らくウェバー気化器の調整不良から，2000rpm付近に少々ラフなスポットがあり，これがトルクの強大な1，2速ではプロップ・シャフトの共振を起こすらしかった．いずれにせよごく軽微なもので，よほど神経質なドライバーでなければ気付かないだろう．とにかく，プロップ・シャフトがエンジンと等速で高回転しているという実感は全くないほど，駆動系のバランシングはすぐれている．

　アルフェッタの本領は高速域にあるのはもちろんだが，混んだ街なかでもハイウェイと同様，すこぶる使いやすい．エンジンはパワフルなだけでなく，異例に広い有効なパワー・バンドを持つからだ．本当にトルクが強まるのはおよそ2700rpmあたりからだが，3速は僅か1500rpmからでもフル・スロットル加速を受けつけるし，5速でさえ50km/hでスムーズな定速走行ができる．それゆえ，いったんスタートすれば上位3段のギアのみでほとんどあらゆるスピード・レインジをカバーできるほどである．特に急ぐ気がなければの話だが．

　燃費について．アルフェッタのような性格の車では特に，定速燃費のデータと実用燃費との相関性は薄いと言わねばならないだろう．ダブルチョーク・ウェバー2基の加速ポンプを多用すればてきめんに燃費に響くからである．そうでなくても，谷田部の定速燃費で見るかぎり，この車は100km/hクルージングの燃費がよくない．4速が9.52km/ℓ，5速が10.20km/ℓで，これは先月テストしたギャランGTO2000GSR（1995cc125HPソレックス×2）の11.76km/ℓ，12.35km/ℓよりはるかにわるく，BMW2002tii（1990cc130HP燃料噴射）の10.8km/ℓに比べても劣る．実際に路上を走って採取したデータでは，東名から箱根，伊豆の下田まで往復した408kmの平均10.0km/ℓがベストであった．この日の箱根はひどい霧と風で，平均速度はわれわれのいつものペースよりずっと低かった．したがって，このデータはアルフェッタから期待できる最良の実用燃費と考えてよいだろう．49ℓ入りのタンクは，この燃費とアルフェッタの性格からすれば小さすぎると言わざるを得ない．燃料ゲージの針が0に近づ

くと赤ランプが点く．テスト車では約310km走ったときに警告灯が点滅し始めたので給油したところ，31ℓ余りしか入らなかった．オイル消費は，2台とも計測できぬほど微量であった．ついでに付け加えると，従来のアルファで危険なほど路面に近く，しかも前輪より前方に突き出していたアルミ製オイルサンプは，アルフェッタでは偏平かつ後方へ引っ込んだので，悪路でぶつける可能性ははるかに少なくなった．しかし同時に，7.4ℓあった油量は約5ℓに減った．

操縦性と乗り心地は，アルフェッタの最も傑出した特性である．サスペンションも従来のアルファとは全く異なり，フロントは縦置トーションバーをバネに用い，ロアー・ウィッシュボーンとアッパー・コントロール・アームで支え，さらにたっぷりコンプライアンスのとられたスグリ型ラバーを一端に持つテンション・ロッドで上部を吊っている．リアはド・ディオン・アクスルとコイルである．ド・ディオン・チューブは左右端部から前方へ，ボディ・センターへ伸びる強固な三角形トルク・アームで前後方向を押え，さらに左右方向は，ワッツ・リンクでしっかりと位置決めしている．スタビライザーは前後に付く．ステアリングはアルファには珍しくラック・アンド・ピニオンである．操舵力はスピードとはあまり関係なく，常に大きい方だが，その反面コーナリング・スピードが上がっても舵は重くならない．ロックからロックまで3.5回転するが，回転半径は約5m（従来の1750は5.8m）と適度に小さい．キャスター・アクションは弱いので，街角をゆっくり曲がる際などには多少戻してやる必要がある．中速以上での応答性はすばらしく，その正確で確実な手応えはアルファの伝統に恥じない．高速での方向安定は抜群で吹流しが真横になびくほどの強風下でも100＋を保つのは全く容易である．筆者はいつもド・ディオン・アクスルを備えたローヴァーに乗っているので，特に気付いたことがある．ローヴァーはド・ディオン・アクスルを横方向に位置決めするのに，固定長のドライブ・シャフトとセミ・トレーリング・アームに頼っている．ところがこれのみでは完全でなく，高速ではたとえ無風でもかすかなヨーイング（ちょうど電車のそれに似ている）が起こる．すなわち，車は直進しているのに，ボディのみが別個にヨーイングし，後席パセンジャーは酔うことがある．これに対してアルフェッタは，ワッツ・リンクによってしっかりと横方向につかまえているので，この現象は全く起こらないことが判明した．

テスト車のタイアはイタリア製ファイアストーン165SR14だったが，そのロ

ード・グリップはドライ，ウェットを問わず非常に高い．操向性はわれわれが公道上で試し得た非常に高いコーナリング・スピードまで，事実上ニュートラル・ステアを示した．コーナリングの姿勢はすばらしく安定しており，ロールはきわめて少なく，4輪は常にしっかりと路面に吸い着いて離れない．いかにステアリングが正確かは，谷田部のコーナーを縁石から数センチの範囲で，150km/hを保って回れることからも推察されよう．しかも，このスピードで急にスロットルをオフにしても前輪の軌跡がタイアの幅くらい内側へ入るにすぎない．従来のアルファでは，限界に達すると内側後輪が浮き気味になって，徐々にファイナル・オーバーステアを示す．アルフェッタでは，前後のコーナリング・フォースのバランスがよすぎて，ウェットな路面で3速以下のフル・パワーをかける以外には，テールを意識的にスライドさせることが不可能に思えた．乗り心地は単独にそれだけ取り出しても，従来のアルファよりはるかにすぐれているが，それが例外的に高い操縦性と両立している点を評価したい．サスペンションは充分なストロークを持ち，あらゆるスピードで実に快適な乗り心地を，しかもすべてのパセンジャーに提供する．基本的にはむろん高速向きのfirmなサスペンションだが，低速で荒れた舗装や凹凸を乗り越えても，急激な上下動は起こらない．このファイアストーンがラジアルとしては"ソフト"で衝撃吸収性にすぐれることにもよるが，アルフェッタのNVH (noise, vibration, harshness) 遮断はまことにみごとだ．小型サルーンの模範と言いたい．路面ノイズの遮断は特に優秀で，滑り止めを施した粗い舗装路面でさえ，ラジアル特有のノイズと振動は，最小限に押えられている．ボディの剛性も高い印象を受けた．全輪ディスク・ブレーキはサーボが強すぎず，常に標準以上の踏力を要する．例えば，かなりの急制動に相当する，50km/hからの0.5G制動には20kgの踏力を要し，これはブレーキの重いことでは定評のあるスカイライン2000GTRに近い．しかし街なかの多用で困るほど重くはない．その反面，さすがに耐フェード性は抜群で，0-100-0テストでは最初の踏力16kgは5回めまで14〜15kgに減少し（ある程度温まると却ってミューが高まる高速用パッドであることを示す），10回めでも依然として19kg程度にとどまった．C/Gでテストした車の中では，ポルシェ914/2.0，ジェンセン・ヒーレーなどとともに最良の耐フェード性を示した．急制動時のノーズ・ダイブも普通以下である．

インテリアについて．外寸ではジュリアに等しいが，有効室内スペースは2000ベルリーナに近く，特に室内幅はそれよりも広い．フロント・シートは理想的な形状と弾性を持ち，バックレストは無段階に微調整が効く，乗り心地が前後席でほとんど差がないことはすでに述べた．後席は前席より着座位置が高く，前席ヘッドレスト（高さを調節できる）を越えて前方が見えるので気分がよい．センターアームレストを畳めば，3人掛けも無理ではない．ヒーター／ベンチレーターは完備し，冷・暖風を自由にミックスでき，別にダッシュ左右端にはフレッシュ・エアの吹出し口がある．熱線リア・ウィンドーも備わるが，広いリア・ウィンドーの上半分しか効かず，室内ミラーの視界でも半分しか見えない．室内に物を置くスペースとしては，あまり広くないロッカー，その下の浅い棚，センターコンソール上の棚のほか，前席バックレスト背後にマップなどを入れられるネットがある．角張ったリッド（キーなしでは開かない）を持つトランクは驚異的にルーミーで，スペアは床下の凹みに収納されるのでフルに使える．室内のフィニッシュ，特に計器盤まわりは，国産車の高水準に慣れた眼には少々安手に見える．テスト車は恐らくごく初期の量産車と思われるが，2台が2台とも，リア・ウィンドー内側周囲のラバーシールが，ぶざまに外れかかっていた．1台のテスト車はオリジナルのキャレロ，片方は国産のシールドビームが付いていたので両者のライトを比較できた．キャレロのメインビームはすばらしく強力だが，ヨーロッパ大陸車の常で，ディップすると本当に足元しか照射せず，不便である．国産のシールドビームでは，とうてい100km/hを安全に保てぬほど暗い．やはり，遠方を照射するにはオリジナルのキャレロを残し，外側の1対は国産またはルーカスのシールドビームに換えるのが，最良の組み合わせのようである．

　アルフェッタの価格は265万円で，現行の2000ベルリーナ（235万円）よりも高価である．正式の入荷は早くても来春だというから，今から貯金を始めることをお奨めする．

（1973年6月号）

ロードインプレッション

ポルシェ・カレラRS

　カレラRSを操縦したスタッフ全員の反応は，これ以上すばらしいスポーツカーがこの世界にあろうか，という点で完全に一致した．動力性能は911Sより格段に高く，しかもエンジンははるかに柔軟性に富むので，街なかでさえファミリー・サルーン並みに乗りやすい．この高い総合性能と実用性を考慮すれば，日本で780万円という価格も，高いは高いが決して法外ではないという気がする．気の早い読者は，それっとばかり，小切手帳を懐にディーラーへ飛んで行こうとするだろうが，実はもう遅いのである，グループ4にホモロゲートするため，生産された当初の500台は，完成する前にすべて買い手がついてしまい，日本へ輸入された10台も，すでに全部売約済みなのだから．しかし，ポルシェは急拠，次の500台を限定生産中と言われるから，あるいは日本へも"配給"されるかも知れない．

　カレラRSについては，つい7月号にポール・フレールの詳細かつ熱烈なテスト・リポートを載せたばかりなので，再び今月号にとりあげるのは無駄に思われるかも知れぬ．正直言って，最初はテスト・スタッフたち自身の個人的興味から，ディーラーを口説いて引っ張り出したカレラだったが，あまりにもその印象が強烈だったので，その感激と喜びをぜひ読者諸君と頒ち合うべきだという，職業的義務感が次第に強くなった．そこで，カレラRSのような超高速車を実際に日本の路上で乗ったらどうなるか，という点に焦点を絞って，再びここにリポートを載せる．

　カレラRSのスペックには3種類ある．これは主としてボディ内外装の相違で，RS"ツーリング"（社内呼称M472），RS"スポーツ"（M471），それにRS"レーシング"（M491）である．"ツーリング"はいわばデラックスで，内装は前席がよりバケット型である以外，ノーマルな911Sと変らず，例えば電動ウィンドーやラジオ/プレーヤーなどもそのまま付いている．"スポーツ"は，"ツーリング"からデラックス装備をとり外し，走るに徹した実用型，"レーシング"はさ

らに内装を簡素にし,一部ボディパネルの肉厚も薄くして100kgの減量を施した レース用の素材で,このモデルのみはサスペンションがいっそう硬められている. 先月号でポール・フレールがテストしたのは,このライトウェイト版であった.

日本へ輸入された10台は,中間的なRS"スポーツ"である.エンジンは,3種についてすべて共通で,2687cc (90×70.4mm),出力は210HP (DIN)/6300rpm,トルクは26mkg (DIN)/5100rpm,圧縮比は現在のすべてのポルシェ並みに低い8.5:1で,メーカーは91オクタン・ガソリンの使用を想定している.リッター当たり78HPという高出力エンジンだが,驚いたことに日本の厳しい排気ガス規準をりっぱにパスしたという.外観上の著しい特徴は,エンジン・カバーと一体の奇妙なスポイラーと,大きく張り出したホイールアーチである.前輪は911と同寸の6″リムだが,リアは7″を標準装備する.タイヤは前後でサイズが異なり,185/70VR15と215/60VR15の組み合わせで,テスト車はドイツ製ピレッリ・チンチュラートCN36を履いていた.サスペンションは,従来の911各車より硬められ,前後にトーションバー・スタビライザーを標準装備する (911Sでもフロントのみ).ダンパーはビルシュタイン製で,フロントのサブフレームは軽量な鍛造軽合金製に換えられている.ファットなタイヤにもかかわらず,ボディ内外装の軽量化により,車重はノーマルな911Sの1075kgから960kgに減量された.ボディ塗色はホワイト一色しかないが,側面およびテールのレタリングとホイールの塗色には,赤,青,黄の3種ある.

コクピットに座る.カレラには右ハンドルもあるが,日本へ入ったのはすべて左ハンドル型である.シートは,豪華なノーマル911用と,RS"レーシング"に標準装備される純バケットとの中間的なものである.バックレストは調節可能であり,横方向のサポートはすばらしくよい割に,乗り降りも楽だ.ステアリングの径が911より多少小さいことと,ラジオ,電動ウィンドーなどが付いていないことを除けば,計器盤まわりは911に等しく,時計さえもそのまま残されている.これに対して,+2的な後席は事実上"レギュレーション・シート"で,クッションはフロアに直接薄い布1枚を貼りつけたような代物に換えられている.短時間なら大人1人がなんとか乗れるといった程度の実用性は備えているが.

インジェクション・エンジンの例にもれず,スターターをかなり長く回す必

要はあるが，必ず最初のトライで爆発的に掛かる．スロットルを踏むと2.7ℓフラット6は間髪を入れずに吹き，8000までのレヴ・カウンターはワン・ラップしそうになる．いかにもフライホイールの軽い，レーシング・エンジンの感じである．レヴ・カウンターは7200〜7400に赤マークがあり，イグニッション・カットオフの作動により，これ以上のオーバーレヴを防いでいる．

　ところが，7月号にポール・フレールも書いていたとおり，カレラRSの911Sに対する最大のメリットは，ほとんどファミリーカー的と言えるほど柔軟なエンジンによる，一般的な乗り易さにある．発進は，深いクラッチを静かにつなばば，約1000rpmのアイドリング回転のまま，スムーズに行なえるし，歩むほどのスロー・ペースに落ちてもセカンドをキープして無理なく走れる．したがって，走行中にローへシフトダウンするチャンスも必要も皆無に近い．3速は40km/hから，4速さえ50km/h（約2000rpm）から充分に使えるといえば，いかにエンジンが柔軟性に富み，パワーに余裕があるかが想像されよう．端的に言って，街なかでこれほど乗りやすいポルシェはかつてなかったほどだ．外寸はすこぶるコンパクトで，前後の視界はサルーンカー並みによく，オーバーヒートすべき冷却水を持たないカレラRSは，街なかで最も乗りやすい250km/h級高性能GTなのである．

　タウン・スピードでの乗り心地は，ポルシェの水準ではもちろん，一般的な標準でもひどく硬い．914よりも硬いほどで，細かい路面の凹凸やマンホールの蓋などに敏感に反応し，強く上下に揺すられる．ところが，60km/hあたりから乗り心地は劇的に変化し，それ以上ではフラットな，ポルシェらしい快適さになる．

　この狭く混んだ日本の道路では，245km/hというマキシマムはむろんのこと，200を超える実用的な巡航速度も，事実上なんの意味も持たない．だから，ポルシェを，特にこのカレラRSのような高性能版を日本で乗るのはナンセンスだと言う人もいる．だが，われわれはそうは思わない．現代の混んだ道路で早く目的地に着こうと思えば，間断なく追い越しを敢行せざるを得ない．こうした状況では強大な加速力が安全のために不可欠だ．例えば分離帯のない2車線道路で前車を抜くには対向車線に出なければならないが，カレラRSほどの加速力があれば，危険に身を晒す時間と距離は最少限度で済む．これはカレラRSを正当化するためのこじつけかも知れない．もっと単純に割り切って言え

ば，カレラRSほどの強烈な性能なら，純粋にこのスピードと加速をエンジョイするだけのためにも，780万円を投ずる価値はあると考える人さえいるだろう．

さて，街なかをゆっくり走った限りでは，乗り心地がひどく硬いことと，エンジンが異例にフレキシブルな点を除いて，普通の911となんらえらぶところがない．だが東名高速に乗り，各ギアでいっぱいに踏み込んだ瞬間から，ゾクゾクするほどすばらしいカレラRSドライビングの愉しみが始まった．この日は生憎終日小雨であったが，3000くらいでクラッチをつなぎ，フル・スロットルを踏むと，テールはぐっと沈み，ほとんどホイールスピンなしに，背中を蹴飛ばされたような加速に移る．ローで7200まで踏み，2速にシフトアップするとレヴ・カウンターは一旦4000＋に落ちるが，再び針はすばらしい速さで盤面を駆けめぐり，瞬時にしてレヴ・リミットに達する．3速で7200に達したとき（スタート後わずか15秒ほど，400mを過ぎたあたり），チラッと速度計を見るとなんと160＋も出ていて，思わず右足をゆるめる．合法的な100km/hは4速の約3600rpm，5速では2800rpmにすぎず，まるで並みの車の50km/hより遅く感じられる．60でも危険なトラックと，200でも安全なポルシェを十把ひとからげにして100km/h制限を課する愚かさが，この日ほど痛感されたことはない．5速の150km/hは5000rpm＋にすぎず，ノイズ・レベルは普通の声で話が可能な程度である．エンジンがよく粘るとは再再述べたが，本当にパワーが出るのは3000以上である．したがって，東名を5速の100km/hで巡航中に前車を抜くには，1段飛ばして3速にシフトダウンしたくなる．カレラRSの5段ギアボックスは，911とほぼ共通だが，4，5速のみはよりハイ・ギアードなのだ．オートカーのテスト・データによれば，50－70mph（80－120km/h）の追い越し加速を5，4，3速について見ると，それぞれ7.8，5.0，3.1秒である．80km/hで3速にシフトダウンすると，回転数は約3700となり，トルクの厚い回転領域がフルに利用できる．スロットルを踏むのと体がシートにのめり込むのとは全く同時で，カレラRSはロケットのような急加速に移る．4000を超えるとエンジン・ノイズはレーシング・ポルシェ的な，名状しがたい快音に変わり，信じ難いパンチは7000＋のレヴ・リミットまで衰えない．この3速のインスタントな加速力のすさまじさは，いままでわれわれが乗ったどんなロード・カーでも経験できなかったものである．5段ギアボックスのパターンは，911が2.4ℓになった72年から変わり，アルファで代表される一般的な形式になった．けれどもアルファなどと

異なり，ギアレバーは3-4速側に強いスプリングで戻るようにはなっていないから，5速→3速への"Uターン"には少なくとも最初のうちは一抹の不安を伴う．ポルシェの例にもれず，ギアシフトは軽く，すばやい操作が可能だが，動きは大きく，特に5速はかなり遠くなる．クラッチは深いが踏力は適度であり，しかも抜群にグリップのよい後輪に負けぬだけの，強い"食い付き"を備えている．

　この日は終日雨にたたられたので，強力なワイパー/ウォッシャーの効果を充分にテストできた．ワイパーは3スピードで，ほかにレバーを手前へ引くことにより，ウォッシャーと連動して数回の作動が効く．ウォッシャーはそれこそ噴流のごとく強力で，一瞬にして汚れを拭う．これに対して，室内の換気はよくない．実際，この点だけがカレラ（および911一般）について言い得る実用上の欠点で，すでに10年になる設計の古さを感じさせる．奇異に思うだろうが，ダッシュ上にはフレッシュエアの出口がないのだ．車室が比較的せまいことも手伝って，夏はもちろん，この日のような梅雨空でも，室内はかなり暑くなり，常時ブロワーをフル回転させておかないと後窓も曇りやすい．911と同じく，有効な熱線リア・ウィンドーは標準装備されているが．

　911にくらべて100kgの減量にもかかわらず，ノイズ・レベルは長距離旅行で苦痛を覚えない程度に押さえられている．最大の騒音源はむろんエンジンで，フル・スロットル時には遠くから908の全力走行を聞くようだ．ピレッリCN36は粗い路面ではかなり大きく車内に反響する．

　肝心の操縦性とロード・ホールディングについては，雨のために充分納得のゆくほどテストすることができなかった．ポール・フレールもこの点では同様で，わざわざサーキットへ持って行った日は雨にたたられて，ピレッリのウェット・グリップのすばらしさを実験するだけに終ったと書いていた．われわれの僅かな経験でも，この点だけは確認された．前記のように，カレラRSはフロントに185/70，リアに215/60VRを履いている．空車時に41/59のリア・ウェイト・バイアスを持ち，しかも4.6kg/IPという馬力荷重のパワフルな車では，これはすこぶる当を得た設計である．ファットなタイアと，911より小径のステアリング・ホイールのために，タウン・スピードでの操舵力は911より大きいが，高速ではまさにちょうど適度な重さになる．恐らく前輪に比して後輪のグリップがよすぎるために，スロー・ベンドでは予想以上にアンダーステアが強く出

るのは，最近のよく設計されたミド・エンジンないしリア・エンジンGTカーの例にもれない．後輪のアドヒージョンを，公道上で失わせられる唯一の可能性は，ウェットな路面のスロー・コーナーから低いギアで脱出する場合だけだろう．急激にスロットルを踏みすぎれば，後輪は一瞬グリップを失うが，すばやくステアリングで修正すれば，"ドラマ"を演じないで済む．われわれはこれ以上実験できなかったので，代わりに近着のオートカー（5月31日号）のテストから少し引用しよう．同号には，カレラRSのハンドリングを示す，すさまじい写真が載っている．ウェットな路面で，前輪が10cm近くリフトするほどの高いコーナリング・フォースを発揮している写真である．説明によれば，テストコース上のかなりきついベンドへ，この状況では限界に近いスピードで進入する．最初は，後輪のアドヒージョンを故意に失わせ，小さく回り込む目的で，スロットルを踏んで回ろうとしたが，かえってアウトへふくらむだけだった．後輪のグリップがよすぎて，フロントが先に滑ってしまうのだ．そこで，この段階に到達する直前にスロットルを一瞬放し，バランスをわざとくずすテクニックを使った．こうすると後輪への荷重が一瞬減るのでグリップを失わせることができるのだ．間髪を入れず，カウンター・ステアを切ってスライド（または最悪の場合はスピン）を押さえ，スロットルを踏み込んで姿勢を安定させる．これをほとんど一挙動で，数分の1秒の間に行なわなければならないのだから，人並み以上にすぐれた反射神経が要求されるわけである．オートカーの写真はこれがうまく成功したときのものだが，ここまで到達するには恐らく何度となくスピンをやらかしたに違いない．とにかく，カレラRSのシャシーとピレッリCN36の優秀性を，如実に示す証拠写真であった．

　ポルシェはいまだにブレーキ・サーボなしで済ませている．決して軽くはないが，さりとて重すぎることもない．街なかのスロー・スピードでパッドが冷えているときには，普通の車から乗り換えた直後など，効きが甘い感じがするが，直きに慣れる．高速からは急制動時にも実にバランスがよく，信頼できる．911のボディは高速でノーズがリフトしがちであり，大雨の場合はアクアプレーニングの危険を伴ったが，72年以降はノーズにスポイラーを付けて，この傾向を有効に防いでいる．話が空力特性に及んだついでに述べれば，カレラRSのエンジンカバーに付いた奇妙なスポイラーは，ポルシェの説明によると

160km/h以上で後輪接地力を高め，直進安定性を向上させるという．また，空気抵抗は予想に反して減少することは，ドイツの雑誌がノーマルなエンジンカバー付カレラRSをテストしたところ，最高速が7km/hほど低下したことによって立証された．なお，カレラRSの最高速は，メーカーによれば，245km/hだが，ポール・フレールのテストでもオートカーでも240km/hにとどまった．ポール・フレールの経験で，これはメーカーの発表値に達しなかった唯一のポルシェだという．

トリップ・レコーダーが310kmを指したころ，燃料計に赤い警告灯が点滅し始めた．さらに約20kmほど走って次のサービス・エリアで給油したところ57.2ℓ入り，平均5.82km/ℓであった．燃料タンクは911と同じ62ℓ入りで，94ℓ入りタンクもオプションで注文できる．その場合はトランクにノーマルなスペア・タイアが入らなくなり，緊急用のスペース・セーバー・タイアとエア・ボンベを積むことになる．ポルシェの油量計はうっかりするとだまされる．フラット6エンジンはドライ・サンプであり，油量計はテールのオイルタンク内のレベルを示す．したがって急加速時にはオイルが大量に循環し，一時的に油量計の針が下がる．そしてクルージングに入ると再び油量が増すのである．正確にオイル・レベルを読むには，油温を少なくとも60℃に上げてから約1分半アイドリングし，水平な場所でディップスティックを読まねばならない．現在の911各車は右リア・フェンダーにオイル注口が移ったが，カレラRSは旧型並みに，テールゲートを開けて給油する．注入孔は奥まっているので，例えばBPの4ℓカンから直接給油することは困難である．

さて，カレラRSを総合的にどう評価すべきだろうか．911S（640万円）より最高速では15km/hしか速くないカレラRSは780万円する．911Sに対するカレラRSの最大のメリットは，ファミリーカー的とさえ言いたいほど柔軟性に富むエンジンと，圧倒的にすぐれた加速である．すでに10年になる911ボディのロードカーとして，カレラRSは恐らく究極的な発展型であろう．しかも，それは性能一点ばりの"仮装レーサー"ではなく，現実に911Sよりもはるかに街なかでも乗りやすいのだ．ポルシェびいきにとって，まさにこれは夢のような車であり，140万の差額以上の価値があるのではなかろうか．

（1973年9月号）

ロードインプレッション

フェラーリ・ディーノ246GT

　テスト車はすでに約4000km走っている純白の車であった．筆者にとって，ディーノは操縦したことはおろか，コクピットに坐るのもこの日が初めてである．車高1135mmの低いボディだが，コクピットへの出入りはとても楽だ．ドアは広く開き，"敷居"が浅いからである．コクピットへ入った第一印象は，ミドシップGTとしては異例にルーミーで，明るいことだった．ロータス・ヨーロッパで経験される閉所恐怖症的な感じは皆無だ．セミ・バケット型シートは一体成形で，バックレストは調節できないが，適切な形状なのでその必要も感じない．ディーノは純粋の2シーターで，シート背後に隔壁が迫り，ごく薄い書類入れ程度しかここには置けない．その反面，シートの前後調節量は例外的にたっぷりしており，身長178cmの筆者でもトラベルの中程で脚を充分に伸ばした姿勢をとれる．イタリア車のコントロールは，概して手が長く，脚の異常に短い体形を標準として設計されているようで，シートをペダルに合わせるとステアリングに手が届かなくなり勝ちである．この点でディーノは例外的であり，腕も脚も理想的なスタンスをとれる．足元も広い．

　理論上，数多くの絶対的な利点にもかかわらず，ミドエンジンが実用的なGTの主流となり得ないのは，解決困難な（特に経済的に解決しようとすると）いくつかの問題を内蔵しているからだ．すなわち，コクピットおよびトランク・スペースの狭さ，後斜方視界の悪さ，エンジン／トランスミッション・ノイズ遮断の困難さなどである．ところが，ディーノはミドエンジンGTに固有な欠点のほとんどから，実に巧みに免れている．コクピットが広いことはすでに述べたが，V6を横置きし，ギアボックス／ファイナル・ユニットをその背後，後車軸線より前方にうまく収めた結果，テールには何物にも邪魔されぬ，広く深いトランクを設けることができた．だが，ディーノが他のミドシップGTと比較して絶対的にすぐれているのは，抜群によい後斜方視界である．ピニンファリーナ・デザインのボディは機能に忠実であると同時に，10年後にも清新さを失わないであろうような美を備えている．ルーフからテールへ伸びるひれは，クォーター・ウィンドーおよび強く湾曲した後窓で切られ，ほとんど斜後方の死角

をなくすことに成功している．テスト車は左ドアにミラーを備えていたが，実用上は室内ミラーのみで充分な後・斜方視界が得られたし，振り向けば後窓を通してテールがはっきり目視できるほどである．低い車としては前方視界も同様にすばらしくよい．全長のほぼ中央に坐ったドライバーからは，低く落ちたボンネットは見えない代わり，高く隆起した左右フェンダーの峰が視野に入る．これは車幅（および前輪の位置）を正確に読むのに絶好の手がかりを与える．実際，ディーノほどコーナーで車を理想的なラインにのせやすい車は少ない．

　ディーノのデビューは67年トリノ・ショーで，当時は206GTと呼ばれ，フェラーリ設計，フィアット製作の65°V6 2ℓアルミ・ブロック180HP／8000rpmを，フィアット・ディーノ（フロント・エンジンの）と共用していた．その後69年ジュネーヴ・ショーにはフィアット130用鋳鉄ブロックの2418cc 65°V6 195HP／7600rpmに換装して現われ，246GTと名称を改めて今日に及んでいる．当初はベルリネッタのみだったが，72年以降はタルガ風ディタッチャブル・ルーフの246GTS（スパイダー）も生産されている．テストしたのはフィクスト・ヘッドのベルリネッタである．

　初めて街に乗り出して印象的だったのは，2.4ℓ V6の異例にフレキシブルなことだった．テスト車のエンジンは完調からは遠く，トリプル・ウェバーの調子が完全でないと見え，急に踏み込むとパンパンとバック・ファイアし勝ちであった．にもかかわらず，コールド・スタート直後から800の安定したアイドルを示し，住宅街では3速で40km/hを保ち，不当に周囲の注意を惹くことなく，おとなしく走ることができる．ディーノに乗る数日前，ポルシェ・カレラRSに2日間乗ったばかりで，まだその印象は生々しかったから，直接両車を比較することができ，いっそうこのテストは興味深かった．カレラはいわばセミ・レーシング・モデルだから，ディーノと同列に置いて論ずるのはフェアでないかもしれないが，タウン・スピードでの乗り心地はひどく硬い．これに対して，ディーノは低速から高速まで，一貫してすばらしい乗り心地を与える．サスペンション・トラベルは決して多くないし，むろん硬めだが，不整路面のコーナーでもボトミングは皆無である．60km/h程度の中速までは，路面の細かい不整を通過するたびに，ノーズが小刻みに上下動しているのが見えるが，重心付近に坐っている乗員にはほとんど振動は伝わらない．乗り心地はスピードを増す

につれてさらにフラットな,快適なものになる.タイア・ノイズもよく押さえられている.

前記のようにV6・4カムシャフト・エンジンは完調でなく,特に3000以下からスロットルを急に踏むと一瞬躊躇する癖があった.したがって信号からのスタートなどには,重いクラッチと回転をうまく合わせるのに無用な神経を使い,ともすればストールしそうになった.しかし,一旦回転が上がり始めると,7800のレヴ・リミットにいたる全領域にわたりデッド・スムーズそのものだ.リッター当たり80HP以上の高度にチューンされたエンジンとしては異例に広いパワーバンドを持ち,どのギアでも2000からならフル・スロットル加速を受けつける.いかにもフェラーリらしく,パワーは6000以上にいたっても衰えず,8000近いレヴ・リミットまでフルに使えるから,オーバーレヴを防ぐには絶えずレヴ・カウンターを注視せねばならぬ.この点で,計器盤のレイアウトは理想的ではない.相対的に位置が低く,普通の体格のドライバーでは,レヴ・カウンターの半ばがステアリング・リムに隠れて見づらいのだ.

5段ギアボックスのスペーシングは理想的だが,例えばポルシェ・カレラにくらべると全体にロー・ギアードである.例えば,100km/hは4速で4000rpm,5速でも3100rpmに相当する.カレラはそれぞれ,3500と2750である.法さえ許すなら,この混んだ東名でも150は安全かつ自然な巡航速度だが,5速で約4500に達する.この速度では,4本のテールパイプから出る健康的なエグゾースト・ノート,4本のカムシャフト,バルブギアなどの発するメロディアスなノイズが和して,ちょうど上昇中の727の機内くらいのノイズ・レベルになる.このスピードで最も気になるノイズといえば,フル回転にセットしたベンチレーター・ファンだろう.この日は暑かったし,ディーノの自然通風は充分ではないので,高速巡航中も常にブロワーをフル回転させることが必要だったからである.窓が閉めてあれば,空力的なボディ形状のため,ボディの風切り音は他の騒音にかき消されて全く聞こえないし,80程度の中速までは,窓を全開にしてもさほど風は巻き込まない.

ディーノは決して軽量車ではなく,車重は1080kgある.ポルシュ・カレラと比較すると,より小さい空気抵抗により,最高速はほとんど甲乙をつけがたい(外誌のテストによるとディーノ238km/h,カレラ240km/h).しかし加速の点では,100kg以上軽く,出力,トルクの両方において勝るポルシェの方が速い

のは当然だ．SS¼マイルはディーノ15.4秒，ポルシェ14.1秒，SS1kmはそれぞれ27.8秒と25.4秒である．ディーノの5段ギアボックスは，フェラーリの常で画然たるゲートを備えており，遠く離れたギアボックスにもかかわらず，シフトは正確で節度がある．パターンは旧型ポルシェと同じで，ローとリバースが通常のHの左側にある．レバーの動きは比較的大きく，正確にゲートをなぞらなければならないので，シフトは例えばポルシェのように素早くはない．また，テスト車だけの現象だろうが，エンジン／トランスミッションが温まるとシフトがしぶくなり，多少力を入れてレバーを押し込むことが必要であった．7800のレヴ・リミットまで踏むと，1-4速で66，95，130，177km/hまで伸びる．これはポルシェの63，110，160，220（しかも7200rpmで）にくらべるとかなりロー・ギアードである．リバースはレバーを押し下げてからシフトするのだが，テスト車ではひどく入りづらかった．

　燃費は2回計測の機会があったが，いずれも5.7～5.8km/ℓ程度であった．東名から伊豆，箱根を状況の許す限りの高速で駆けめぐった結果である．燃料タンクは比較的小さく65ℓ入りなので，安全な航続距離は320km程度，約3時間にすぎない．

　われわれがディーノをフルにエンジョイしたのは，平日の空いた伊豆，箱根のワインディング・ロードを飛ばしに飛ばしたときであった．テスト車は，標準のクロモドーラ製6½J軽合金リムに，ミシュラン205/70VR14X（これは古い呼称で，現在はXWXと呼ばれる）を履いている．カレラRSは前後でタイアサイズが異なるが，ディーノは共通である．端的に言って，C/Gテスト・グループの長い経験に照らしても，このディーノほど速く安全に，しかも容易に高速コーナリングを敢行できる車はない．

　ディーノにあっては，アンダーステア，オーバーステアなどという用語はほとんど意味をなさない．少なくとも公道上で可能な（しかも例外的に高い）コーナリング・スピードまで，ディーノは純粋にニュートラル・ステアを示し，車はステアリングに即答して正確に追従してくる．サーキット上ならともかく，対向車のある公道上では，低いGTカーはその高いポテンシャルにもかかわらず，パワフルで操縦性のよいサルーンカーに追いまくられることがしばしばある．われわれの経験では，それは単純に視界のわるさに起因する．その顕著な

例はロータス・ヨーロッパである．これに対して，ディーノはポルシェとともに，サルーンカーに劣らず視界がよいので，この面でのハンディキャップは皆無である．それに左右のフロント・フェンダーはコーナーで車を理想的なラインにのせるのに絶好なガイドとなるから，道幅の半分をギリギリに使い，しかも安全に高速コーナリングをエンジョイできるのだ．ポルシェは，低・中速コーナーで意外にアンダーステアが強く出るのに対し，ディーノは2速あるいは3速のフル・パワーをかけて回っても，前後タイアのコーナリング・パワーは絶妙にバランスし，事実上正確に舵角による軌跡どおりの弧を描いて回る．それぞれ95と130まで使える2,3速は，こうした起伏と屈曲に富む峠道を飛ばすには理想的なギアで，レヴ・カウンターは5000～8000の間をめまぐるしく上下する．ミシュランXVRのグリップは絶大で，ヘアピン出口などで2速のフル・パワーをかけても，ホイールスピンはもとより，スライドの気配さえ見せず，即座に背中を蹴飛ばされたような加速に移る．この日は公道上なので実験することはできなかったが，充分な高回転領域のトルクから見て，限界的なコーナリング中さらに踏み込めば，テールが徐々に滑り出すだろうと思われた．たとえその場合でも，クイックで応答性の抜群によいステアリングと，スロットル・ワークによって態勢をたて直すことは容易であろう．少なくともこの日の限られた経験でわかったことは，ポルシェよりもはるかに高速コーナリングが容易なことだった．カレラのテスト・リポートにくわしく記したように，ポルシェを本当に速く走らせるには，特に鋭敏な反射神経を要する．たとえカレラのようにファットなリア・タイアの力を借りても，ポルシェはやはり最終的なオーバーステアへの変化が唐突だから，一度でもそのスリルを満喫した経験者は，ポルシェに乗るとどうしても思い切ってコーナリングする気になれない．そこへいくとディーノはドライバーに対してもっと寛容であり，ハンドリングの特性はずば抜けてよいスポーツ・サルーンと基本的に大差ないから，心理的にも自信をもって操縦できるのだ．ラック・アンド・ピニオン・ステアリングはロックからロックまで約3回転し，タイト・コーナーの連続ではやや忙しい．たとえ多少重くなっても，筆者は個人的にはもう少し速いレシオを好む．荒れた路面ではキックバックを伝えるが，スポーツカー・ドライバーには前輪の挙動を正確にフィードバックするとしてかえって好まれるだろう．

　サーボ付4輪ベンチレーテッド・ディスクは，ディーノの高いスピード・ポテ

ンシャルに充分以上の制動力を与える．サーボは強すぎず，常にかなりの踏力を要するが，効果は漸進的かつ非常にパワフルである．峠道で急加速，急制動を30分以上にわたって反復しても，フェードの徴候は絶無であった．ペダルの配置もヒール・アンド・トウで制動／シフトダウンを行なうのに理想的だ．降坂中に急制動しても前輪はロックしにくい．

　高価なGTカーとしては当然ながら，装備品はよく揃っており，2人が長途の旅行に使っても不便はない．ワイパー／ウォッシャー，ウィンカー，ライト，スイッチはすべてステアリング・コラム左右に出た3本のレバーで操作できる．テスト車では左側が故障していたが，電動ウィンドーが備わる．速度計とレヴ・カウンターがステアリングに邪魔されて見にくいことはすでに述べたが，他の補助計器，すなわち油庄，油温，水温，燃料，アンメーター等は正面の見やすい位置に並んでいる．ダッシュボード全体は黒いベルベットで覆われ，見栄えはよくない代わり反射は皆無である．室内の小物収納場所としては，ダッシュのロッカーと左右ドアの浅いポケットのみで，脱いだ上衣などの置き場にも困る．反面，テールのハッチを開けると意外に深い（幅は狭いが）トランクが現われ小型スーツケースなら4個くらい入る．スペア，ツールキットなどはノーズのトランクに要領よく収まる．

　コクピット直後に横置きされたV6エンジンは，水，オイルの補給以上のサービスにはすこぶる不便だ．オイル・ディップスティックの点検さえ，いくらも開かないハッチが邪魔になって，夜間には不可能なほどだし，前側バンクのプラグ交換は，Uジョイント付の長いレンチを使っても手探り同然である．このテストでは箱根でファンベルトが切れるというハプニングに見舞われたので，サービス性のプアなことを否応なしに経験させられた．ファンベルト（同時に水ポンプ，ダイナモを駆動する）を交換するには，右後輪を外し，フェンダーのインナーパネル（FRP製）を外すと，ようやくベルトの一部が顔をのぞかせるというあんばいで，作業は困難を極めた．出先のこととてロクな工具もなく，あり合わせのオーバーサイズのファンベルトになんとか交換できたのは，日頃自分たちの古い車を苦労して直し慣れているC/Gスタッフなればこそだろう．ハンドブックが手元になかったので不明だが，オイル・フィルター交換のような単純なサービスでさえ，このディーノでは特殊工具とノウハウを必要とするだろう．ディーノのように高価な（ディーラー，西武自動車の新車価格は900万

円だが，今回のテスト車を提供してくれたローデム・コーポレーションなどのエキゾティック・カー専門店では，新車に近い中古車を600～700万円程度で売っている）車のオーナーのうち，果たして何人が自ら手をオイルだらけにしてサービスをするか甚だ疑問だが，たとえメインテナンスに苦労しても，苦労の甲斐は充分にある．365GTのようなフル・サイズ・フェラーリは，率直に言って大きすぎ，とても振り回す勇気を持たないけれども，このディーノならば，サイズといい，パワーといい，多少腕に覚えのある向きには絶好のミドエンジンGTなのである．

(1973年9月号)

ロードインプレッション

ポルシェ・カレラGTS 904

　64年5月の第2回日本GP.その直前,ひそかにドイツから急拠空輸されたカレラGTS904が,式場壮吉の操縦でGTⅡレースに勝った"事件"は,もはや歴史の1ページである.レースの平均速度は126.68km/h,ベストラップは2分48秒4であった.だが,このレースで注目すべきは,ポルシェの勝利よりもスカイライン2000GTの善戦だったろう.生沢,砂子らの2000GTは904と互角以上に走り,砂子は式場に遅れること僅か10秒でフィニッシュしたのである.

　904は,ポルシェ・レーシングカーの歴史の上で特異な位置を占めている.エンジンこそ,カレラ2(第1回日本GPにフォン・ハンシュタインが乗り,ドラマチックなコーナリングを披露した)と基本的に同じ4気筒4カムシャフト2ℓだが,他の点ではそれまでのポルシェおよびその後の各モデルとは全く異質である.すなわち,シャシーは深いセクションのプレス製ラダー・タイプであり,フロント・サスペンションはダブル・ウィッシュボーン/コイル,リアは4リンク/コイルで吊られラック・アンド・ピニオン・ステアリングを持つことでもそれまでのポルシェの文法を破っている.最初の計画では,エンジンさえ全く新設計になるはずであった.当時最終開発段階にあった901(後に911と改称)のSOHC6気筒を,レース仕様にチューンして搭載する予定だったのだが,時間的制約のため,既存のカレラ2用4気筒4カムシャフト2ℓユニットを適宜改造し,前後方向を逆にしてミドシップに載せた.だから元来6気筒用に設計された904のエンジン・ルームは4気筒には広すぎ,コクピットとエンジンの間には大きなギャップが見られる.904のエンジン(正式にはType587/3と呼ばれる)はベベルギアとシャフトによる4カムシャフト型で,ボアをフェラル加工した軽合金シリンダーを持ち,排気量は1966cc(92×74mm)である.圧縮比は9.8:1,2基のダブルチョーク・ウェバー461DM2またはソレックス44P11-4を備える.点火は各気筒2個ずつのプラグにより,コイルとディストリビューターも2組付いている.チューニングは2種のサイレンサーによってかなり異なる.ポルシェは,904がレースだけでなく,路上の実用にも使われることを期待はしなかっ

たにしても充分に予想しており，レース用マフラーのほかにストリート・マフラー付仕様がある．前者の出力は180HP／7000rpm，20mkg／5000rpm だが，ストリート・バージョンでは155HP／6900rpm，17.2mkg／5000rpmにドロップする．

最後尾に置かれた5段ギアボックスは，用途に応じて4種のギアセットから選べる．ギア比は不詳だが，標準ギアセットはニュルブルクリング用で，オプションとしてヒルクライム用，エアポート・レース用，および高速サーキット用がある．ファイナルは4.428の1種のみで，ギアリングは専ら5段ギアボックスのセットを交換することによって変える．今日の眼から見て，904の時代性を端的に示すのはタイアの細さである．前後とも僅か5JKという細いリムのスチール・ホイールで，標準タイアは165HR15ダンロップSP CB59ラジアルなのだ．レース仕様でもタイアはダンロップ・レーシング5.50L15R6で，リアのみ6インチ・リムを用いることが推奨されたに過ぎぬ．ブレーキは全輪ATE-ダンロップ・ディスクで，ハンドブレーキは後輪ハブにある小径ドラムに効く．

904はポルシェとしてFRPをボディに用いた最初の試みである．それまでは軽量なRSスパイダーでも，鋼管フレームとアルミ・パネル・ボディであった．904のスチール・フレームは，それ自体だけではねじり剛性がRSスパイダーなどの鋼管フレームに対して約半分に過ぎず，これにFRP製クーペ・ボディがボルトおよび接着剤によって一体化されて初めて，必要な強度と剛性を得る設計である．ボディはコクピットまでとそれより後部との二つに大きく分割される．コクピットまわりは，後部隔壁と一体化されたシートの採用により，きわめて強固な構造を成す．したがってシートは固定で，逆にペダルとステアリングのリーチを調節することにより，適当な運転姿勢を得る設計を採っている．

車重は，一見重そうに見えてその実非常に軽く，550kg（空車時）しかない．これに10ℓのオイルと110ℓの燃料を満たし，ドライバーが乗った状態でも約700kg程度に過ぎぬ．主要寸法は，ホイールベースが2300mm，トレッド1314／1312mm，全長4090×全幅1540×全高1065mm，最低地上高120mm，最小回転半径6.8m（ホイールで6.4m）．

GTとしてホモロゲートされるには当時100台が最少生産台数であったが，ポルシェは63年末から64年初めに100台を生産，64年にはGTとして認可された．

緒戦のセブリング12時間ではまだプロトタイプとして出走したが，ブリッグス・カニングハム/レーク・アンダーウッドは易易と2ℓクラスに勝った．64,65年にかけて，904はあらゆる種類のレースでGT2ℓクラスを席巻したばかりでなく，しばしばフェラーリやフォード・コブラなどの大排気量車を打倒した．64年にはタルガ・フローリオに総合優勝し，ルマンでは2ℓクラスに勝ち，6000kmに及ぶトゥール・ド・フランスでは2台のフェラーリGTOに次いで3位から6位に揃って入賞した．だが，904のオール・ラウンドな実力を如実に示したのは，65年のモンテカルロ・ラリーに，ベーリンガー/ヴュッテリッヒの904が見事に2位でフィニッシュしたことだろう．

　904は，29,700DMという破格な値段もあって，生産された最初の100台は64年シーズンが始まる以前，すでに買い手がついたほどである．そこで，さらに100台を追加生産すべく，シャシー・パーツの調達まで行なわれたほどだったが，結局20台だけ作られたのみで，904の量産は打ち切られた．合計120台生産された904のうち，10台には911の6気筒レーシング・エンジンが，6台には2ℓフラット・エイトが積まれ，それぞれプロトタイプとして各種のレースに活躍した．数例をあげれば，ルマンでは総合4位と性能指数賞を取り，タルガでは3位に入賞した．

　904の量産が120台を以て65年に打ち切られた理由はいくつかあった．ひとつは66年から変わったCSIのスポーツカー・カテゴリーのためである．この年からマニュファクチャラーズ・チャンピオンシップは50台シリーズ生産のグループ6スポーツカーに与えられることになる．ポルシェは，すでに10台存在する6気筒エンジン搭載の904をベースとして，50台を量産することは容易だったろう．しかし，本来ロードカーとレーシングカーの中間に位置する904では，来たるべき数シーズン，少なくとも2シーズンを通じてコンペティティブたり得るかどうかには，多大の不安があった．特に，フェラーリは2ℓディーノの開発を着々と進めていたからである．そこで，66年のためには路上での実用性を全く度外視した，レース専用の906カレラ6を以て臨むことになったのである．

　さて，話を"われわれの"904に戻そう．今回路上に引き出したのは，エキゾティック・カーの輸入商社，日本フェリックスが最近アメリカから持ってきた車である．シャシーNo904 102から想像するに，20台生産された後期型で，出

力も5HP多い185HP／7000rpmのはずである．因みに，式場氏の904（904 070）はその後さる愛好家の手に渡り，エンジンを2ℓの911S用と換装していまも健在である．前夜，日本フェリックスで車を受け取り，数km走って自宅のガレージに入れたまではよかったが，翌朝のコールド・スタートには散々てこずった．レーシングカーの常でチョークはなく，スロットルをあおってウェバーの加速ポンプを効かせ，スターターを回せば一発，と思いきや，発火はしても続かないのである．そのうちにバッテリーが弱くなり，ジャンプコードでスペア・バッテリーとつないで何度か試みたが，今度はプラグが濡れたらしく，事態は悪化するばかりである．意外に重いFRPリア・ボディをガバッと開け，プラグ交換にかかったがこれがすこぶる厄介至極なのだ．1筒当たりツイン・プラグで，深い冷却フィンの奥深く埋もれているから，Uジョイント付レンチを使って手探りでやるほかない．プラグはごく普通のチャンピオンN89Yで，果たして半数はびっしょり濡れていた．8本のプラグを2回，合計16本を脱着してもなお掛からず，遂に牽引して掛けることにして仲間の到着を待つ．ところが，やがて着いたスタッフの1人が，念のためにスターターを回したところ，全く簡単に轟然と掛かり，もうもうたるオイルの白煙を吹きながら2000rpmでラフなアイドルを始めたではないか．待っていた間に気温も上がり，バッテリーも回復して，条件が自然に整ったらしい．負け惜しみではないが，始動にてこずるあたりがかえってレーシング・エンジンらしくておもしろい．なにしろバルブ・オーバーラップは162°もあるのだから．

　高いサイドシルを越えて，低いシートへ尻餅をつくかっこうで転がり込む．純レース仕様のバケットシートは外人の細い腰に合わせて狭く，幸い痩せた筆者にぴったり合う．ステアリング下のレバーでリーチを調節し，フロアの小レバーで三つのペダルの角度を加減すると，ほぼ理想的な運転姿勢が得られた．美しい銀色のボディとは裏腹に，黒一色のコクピットはまことに殺風景だ．この車はアメリカでSCCAレースに出ていた由で，規定のロールバーが取り付けられ，薄いフロアカーペットの下にはFRP製フロアと補強材が露出している．ドアは，初期のロータス・ヨーロッパ流にFRPパネルがむき出しで，内張りもなく，独特の匂いが鼻をつく．911はもちろん，914に比べてもコクピットは狭くかつ暗く，およそロータス・ヨーロッパ並みに閉所恐怖症的である．全体に窓ガラス面積は狭く視界がよくないが，特に悪いのがリア・クォーターの視野

で，前夜バックで車庫入れするのに一汗かいた．ダッシュボードはおよそ当時の生産型に準じており，レヴ・カウンターを中心に速度計と集合計器（油圧，油温，燃料計）が並んでいる．速度計のスケールはむろん拡大されており，実に350km/hまで目盛ってある（式場氏の車の古い写真を見たら280km/hまでだったから，これは後にアメリカで改造したのかも知れぬ）．

10分ほどウォームアップし，10ℓのオイル（ドライ・サンプ）を充分に温めてから，低い鼻先を箱根方面に向けて出発する．第一印象はとにかくやかましいという一言に尽きる．回転数のいかんを問わず，常にすさまじいメカニカル・ノイズと少なからぬ微振動が狭いコクピットを震わせるのだ．それはかつて聞いたどのポルシェの音とも異なり，まるで古い大排気量の英国製モーターサイクル，例えばヴィンセントのようにわめき立てる．本来これほどうるさいはずはなく，レースで激しく使われたため，かなり全体にエンジンがくたびれているからだと思われた．式場氏は904で新婚旅行に出掛けたというし，その後街なかを普通に走っているのも再々見かけたから，メーカーが意図したごとく，904は稀に見るジーキルとハイド的性格なのだろうと考えていたが，"われわれの"車は案に相違して相当な桿馬であった．クラッチはポルシェの標準では異例に重く，アイドリングが2000と高いためもあって，静止からローへは入りづらい．特に最初は慣れないために，エンジンはひどくピーキーに感じられ，街なかではローとセカンドしか使えなかった．タウン・スピードでの乗り心地は硬く，細かい不整でも敏感に跳びはねる．ラジアルの振動とノイズも凄まじいエンジン騒音に加わって，ひどく居心地をわるくする．言い忘れたが，テスト車は現代の911S用6インチ・リム・マグホイールとXWX185／70VR15を履いている．5段ギアボックスはポルシェの例にもれず軽いけれども，ポジションが不明確なので慣れるまではミスシフトしやすい．東名に乗ると車ははるかに快調になり，ドライバーの方もようやく平静を取り戻す．この車のギアセットがどれに相当するのかは不明だが，レヴ・カウンターと速度計（3.3%甘い）を信用すれば全般にローギアードである．恐らくエアポート・レース用なのだろう．したがって，100km/h時にも3速で約5000rpm，4速で約4200rpm，5速でも約3200rpmになる．標準ギアによる904の公称マキシマムは約263km/hだが，この車は仮に5速で7200まで回ったとしても，約225km/hしか出ない計算になる．同じく，カタログによる加速性能は，0-400mが14.2秒，0-1kmが24.9秒であ

る．これは昨年ポール・フレールが計測した911カレラRSの1km25.4秒よりもまだ速い．904ははるかに軽量だし，空気抵抗も格段に小さいのだ．高度にチューンされたレーシング・エンジンは，当然ながら2000以下では言うべきトルクを持たず，特に低いローギアを以てしても，スムーズですばやいスタートを切るには，4000＋の高回転とクラッチの微妙な操作を必要とする．エンジンはさすがによく吹き，6500－7200のレッド・ゾーンまで，踏めば苦もなく上がる．不思議なことに，急にガバッとパワーの出るパンチは特にどこにも感じられない．強いて言えば4500－6000あたりだろうか．往路の東名は上り勾配が多いため，常時4速で，ごく稀に5速を使い，100～120で流す．3－4－5速のギア比はかなり接近している．したがって，5速で走行中に前車にブロックされ，90程度にスローダウンすると，再び速度を取り戻すには1段飛ばして3速にシフトダウンしないと充分な加速力を得られない．高速での方向安定は抜群とは言えないまでもすぐれており，また横風による影響もほとんど受けない．乗り心地も，高速でははるかに良好になる．しばらく東名を走るとだんだん寒くなってきた．これは最初の興奮が覚めたからではなく，ヒーターのない室内には，なんとなく足元から寒風が入ってくるためだ．ポール・フレールがどこかに書いていた如く，ポルシェは唯一の寒いレーシングカーなのだ．水冷エンジンならば，ミド・エンジン車でもたいていラジエターとエンジンを結ぶ水管がコクピットを通っており，自然に室内は暑くなるのだが，ポルシェにはこれがないからである．カタログによると，904はガソリン燃焼式ヒーターを標準で備えているはずだが，この車はレースに出ていたので取り外したのだろう．

　正月明けの空いた箱根を豪快に上る．ステアリングは過激と言えるほどクイック（15.5：1）かつ正確だが，標準の大径ウッドリムを小径革巻きに換えてあることもあって，操舵力は911カレラRSよりも重く感じられる．しかもレーシングカーらしく路面の僅かな不整も強いキックバックとして手に伝えられるから，ごく軽く保持していないと手が痛くなる．地をはうように低い姿勢と硬いサスペンション（前後にアンチ・ロールバーを備える）の相乗効果で，ハード・コーナリングでもロールは事実上ゼロだし，XWXはほとんど鳴かず，たとえ鳴き出しても凄まじいエンジン・ノイズにかき消されて聞こえないから，いったいまどのくらいのところでコーナリングしているのか，ドライバーには掴みにくい．データによると，当時のダンロップR6レーシング・タイアを履いた

場合,最大横向加速度は0.99gに達するという.この車のようにラジアルを履いた場合には,恐らく0.85g程度と思われ,これはおよそ現在の911並みである.だが,コーナリングの過渡的な挙動は,とうてい911カレラRSほどスムーズではないし,前後サスペンションのバランスもよくない.コーナリング中にスロットルを閉じると,かなり強く内側へ巻き込むし,2速などで強く踏めば簡単にテールアウトの姿勢をとる.この日は公道上の試乗なので試みるチャンスはなかったけれども,限界的なコーナリング時のセイフティー・マージンは,現代の量産型911よりずっと狭く,したがって操縦はむずかしく思われた.古典的なレーシングカーを現代の醒めた眼で見るなら,昔の人はよくこんな車でレースしたものだと,半ば呆れ,半ば感嘆させられる.64年の904に乗ってみた後の感想もほぼ同様で,この10年間の技術の進歩を痛いほど感じさせられた.ポルシェ904は,フェラーリGTOなどと同じく,レーシングカーがGTカーの終わるところから始まり,場合によってはオーバーラップさえしていたよき時代の,最後の例なのである.

(1974年3月号)

ロードインプレッション

アルファ・ロメオ8C 2300

　革のヘルメットとゴッグルに身をかため，狭いコクピットにつく．タイミング・レバーを下げ，スターターを押すとDOHC直列8気筒スーパーチャージャー付エンジンは轟然と掛かった．はやる心を抑え，油圧，水温を確かめてから，多板クラッチを深く踏んでローへ静かに入れる．2，3度ブリッピングして調子をととのえ，2500でクラッチを合わせると，アルファは悍馬のごとく砂利を蹴立て，猛然と飛び出した．レヴ・カウンターを見る暇もなくダブル・クラッチでセカンドに入れ，右足を強く踏み込む．スーパーチャージャー独特のギア・ノイズはクライマックスに達し，アルファは宙を飛ぶように加速する．ルーツ・ブロワーのわめき，頬を切る鋭い風，極度に硬いバネの間断ない振動，熱いオイルの匂い，ああ，これぞアルファ，これぞスポーツ．

　アルファ・ロメオ8C 2300！　この美しい響きを持つ名を聞いただけで鼓動の高まりを覚えるのは，あながち筆者だけではないだろう．ある晴れた晩春の一日，夢にまで見た真紅のスパイダーに乗る幸運を掴んで以来，いまだ興奮醒めやらずといった態なのである．8C 2300に親しんだ後では，これまでヴィンティッジ・スポーツカーの粋とナイーヴにも信じていたブルックランズ・ライレーすらも，まるで"boy's racer"に過ぎないかのように思えてくる．同時代のスポーツカーで，アルファ・ロメオ8C 2300に匹敵する総合性能と美しさを持つのは，恐らくブガッティ・タイプ43グランスポールくらいなものだろう．（筆者はまだタイプ43を操縦したことはないが，ブガッティの最高権威であるH.G.コンウェイ氏の横に乗って，たっぷり堪能したことがある）．仮にブガッティ・タイプ43とアルファ・ロメオ8C 2300が対等に走れるとしても，なぜかブガッティは当時のスポーツカー・レースでさしたる成績を収めなかった．これに対して，8C 2300は1931年から34年まで，連続4年にわたってルマン24時間を征覇しただけでなく，ミレ・ミリアでは32年に1−2位，翌年には1−2−3位でフィニッシュするという輝かしい戦績を残した．さらに，ロード・エキップメ

ントを外し，エンジンを高度にチューンした8C 2300は，4.9ℓのブガッティ・タイプ54, 2.3ℓタイプ51など，純粋のGPレーサーを相手としてグランプリに三度優勝を飾っている．因みに，8C 2300が活躍した1931－33年のGPレースは事実上フォーミュラ・リブレで争われ，排気量制限はなく，2座席ボディにドライバー1人乗ることが義務づけられていた．その代りレースは連続10時間(1931年)，もしくは5時間(1932年)という，今日では考えられぬほどの長距離耐久レースであったから，本来路上での実用を目的として設計された8C 2300は，純粋のGPマシーンより有利だったという事情は加味されねばならないだろう．もうひとつ，レースにおいてアルファがブガッティより好成績を上げた裏には，アルファが若き日のエンツォ・フェラーリという，有能なレース・マネジャーを擁していたことを挙げねばなるまい．1920年代初期からアルファ・ロメオのドライバーとして鳴らしていたエンツォ・フェラーリは，1929年12月以降独立してスクデリア・フェラーリを設立，事実上アルファ・ロメオの影のワークス・チームとして30年代を通じ，レース活動に専念したのである．スクデリア・フェラーリは，ヌヴォラリ，カンパーリ，ヴァルツィ，ボルザッキーニ，アルカンジェリ等，当時の錚々たる名手を抱え，エンツォの統率下で近代的に組織化されたレース活動を行なった．これに比べると，モールスハイムのワークス・チームは組織力に欠け，昔ながらの個人プレーに重きが置かれていたと見ることができる．アルファ・ロメオに対するエンツォ・フェラーリの貢献はこれのみにとどまらない．この8C 2300をはじめ，それ以前のP2レーシングカー，6C 1500／1750スポーツ，それ以降のP3モノポスト，8C 2900などを設計し，アルファ・ロメオに黄金時代をもたらした天才的な設計者，ヴィットリオ・ヤーノをフィアットから引き抜いたのは，エンツォ・フェラーリの進言の結果であった．

　8C 2300を語る前に，それに至るまでのヤーノの作品について簡単に触れておこう．1923年，アルファ・ロメオに入社したヤーノに与えられた仕事はただひとつ，GPレースに勝つマシーンを設計・製作することであった．驚異的な短時日で完成した彼の処女作が，P2と呼ばれる2ℓ DOHC直列8気筒スーパーチャージャー付レーシングカーである．これはフィアット時代に手がけた2ℓフォーミュラ・カー Tipo804, 805に倣った設計で，メイン，ビッグエンドともローラーベアリングを持ち，ルーツ型過給器付で140～175HP／5500rpmを出した．

P2はデビュー戦の1924年6月，クレモナ200マイル・レースに平均158km/hで優勝して以来，ブガッティ，ドゥラージュ，サンビーム，フィアットなどの強敵を相手として果敢に戦い，1930年まで活躍，アルファ・ロメオに無数の勝利をもたらした．次にヤーノに与えられた命題は，P2の余勢を駆って，基本的に同じ進歩的な設計のエンジンを使い，高性能小型車を設計・製作することであった．この結果1927年に生まれたのが6気筒SOHC 1487ccの6C 1500で，これは高品質，高性能な小型実用車であったが，それは不可避的にスポーツカーへと変容する．29年にはDOHCヘッドとルーツ型過給器で76HPにチューンされた6C 1500SSも現われ，28年のタルガ・フローリオに2位，ミレ・ミリアに優勝するなど，来たるべき輝かしいスポーツ・アルファの歴史を開いた．6C 1500のボア・ストロークをそれぞれ拡大した1752ccエンジンを，細部を改良したシャシーに積んだのが一連の6C 1750系である．これにもSOHCのおとなしいツーリスモから，DOHCヘッドとルーツ型過給器で武装し，軽快な2座スパイダー・ボディを架装したグラン・スポルトまで多くのバリエーションがある．中でも1750GSのレースにおける活躍は枚挙に暇ない．ミレ・ミリアを例にとれば1929年に1，3位，30年に1-2-3位，31年にはカラチオラの駆る巨大な7ℓメルセデス・ベンツSSKLに敗れて2位に甘んじたものの，翌32年にはアルファ自身の8C 2300 2台に続いて3位に入賞している．

8C 2300は1931年4月に発表され，その直後のミレ・ミリアにデビューした．緒戦はタイア・トラブルにつきまとわれ（ヌヴォラリは18回もタイアを交換したと伝えられる），カラチオラの白い巨大なメルセデスに名をなさしめたが，以後は文字どおり出場した主要レースのほとんどすべてに連戦連勝を続け，その活躍は1936年にまで及んだ．8C 2300の現われた1931年は，イタリアのみならず世界的大不況のさなかで，ベントレーは破産してR-Rに買収され，メルセデス・ベンツも170モデルによって量産車市場に活路を見出そうとしていたが，アルファ・ロメオも例外たり得なかった．自動車は，たとえ最も廉価なフィアット・バリラでさえ，大衆にとって無縁なラクシュリーであった当時のイタリアで（車はまだ150人に1台の割りであった），高価なスポーツカーを少量生産し，レースでも少なからざる財を散じたアルファ・ロメオの経営が楽であろうはずはない．果たして，政府からの補助金を引き出すために組織変えを強制さ

れ，1931年にニコラ・ロメオの個人所有から株式会社組織となる．33年にはさらに政府出資の産業復興公社（I.R.I.）に身をゆだね，メーカーとしてレースに参加することも止めたが，スクデリア・フェラーリが事実上のワークス・チームとして，以前にも増した活躍を続けたのは，さすがイタリアでありアルファであった．

　8C 2300は長距離の国際ロードレースに勝つことを目的として設計されたスーパー・スポーツであったが，当時の空いた路上では充分スポーツマンの実用車として使える柔軟性を備え，しかもストリップ・ダウンし，エンジンをチューンすれば純粋のGPレーサーと互角以上に戦える能力を秘めた，すこぶる稀なる万能選手だったのである．シャシーは従来の6C1750とほぼ共通で，剛性の低いチャンネル断面フレーム，スパンの短い，極度に硬い½楕円リーフで担われた前後の固定車軸，大径ドラムに効くメカニカル・ブレーキという，ヴィンティッジ・スポーツカーの文法どおりである．だが，細かくルーバーを切ったアルミのボンネットを開けて現われるDOHC直列8気筒スーパーチャージャー付2336cc（66×88mm）エンジンは，GPレーシング・ユニットに匹敵する高度な設計・製作技術の粋と言ってよい．実際，1年後に現われた有名なP3モノポストのエンジンは，基本的にこの8C 2300と同一設計である．その著しい特徴は，直列8気筒の不可避的に長いクランク軸を4気筒ずつに分割し，中央をボルトで結合してねじり振動を常用回転域外に追いやる設計を採ったことである．同時に，ギア・トレーンによるカムシャフト・ドライブもこのクランク軸中央から取り出される．従ってメイン・ベアリングは通常より1個多い10カ所のホワイト・メタルである．ヤーノの最初の8気筒アルファ，P2のクランク・スロー配置は4気筒を2つ連結したものであったが，8C 2300ではより進歩的な2−4−2配置を採った．エットーレ・ブガッティの8気筒は，34年のタイプ57で初めて2−4−2配置を採用するまで4−4で通していたから，アルファ8C 2300は同時代のブガッティ8気筒よりはるかにスムーズと評された．鋳鉄ドライ・ライナーを圧入した軽合金ブロック（ごく初期型は鋳鉄）もまた，4気筒ずつ2個に分割されているが，軽合金シリンダーヘッドは一体式である．2本のカムシャフトも中央でボルトにより結合された分割式で，重量軽減のため中ぐりされ，6カ所のブロンズ・ベアリングで支持される．1気筒当たり2個のバルブは三重バルブ・スプリングを持ち，相互に90度の角度をもって対置する．潤滑はドライサンプ式

で12ℓ入りタンクがパセンジャー・シート下に置かれる．市販ガソリンのオクタン価が60～65と低かった当時，レーシング・エンジンでも圧縮比はせいぜい6.5～7止まりであったから，高出力を得るにはスーパーチャージングが不可欠であった．8C 2300の過給は，2ローブ型ルーツ式（製作はアルファ）で，クランク軸中央からギアで駆動され，メミニ製3ジェット気化器からの混合気を圧送する．回転数はクランク・スピード×1.428で，ブースト圧は0.65kg／cm^{2}である．点火はボッシュのコイル／ディストリビューターによる．出力はチューンによって異なるが，142HP／5000rpmから180HP／5400rpmの間にあった．8C 2300のライバルたるブガッティ・タイプ43（SOHC2.3ℓ）は110～20HP，タイプ55（DOHC2.3ℓ）は約135HP／5500rpmだから，絶対的な出力の点でもアルファの方に歩があった．

8C 2300は1931年から34年にかけて生産されたが，その生産台数は僅か188台に過ぎない．ホイールベースは2種あり，2.75m型はコルト（short），3.1m型はルンゴ（long）と呼ばれた．この188台の中，少数はワークス・チームまたはプライヴェート・ドライバーのためにレース用にチューンされ，それはコルサと呼んで区別された．このほか，ルマン・レース用のワークス・カーは3.1mロング・シャシーに4座ボディを載せた特製で，8C 2300ルマンと名付けられたが，9台しか製作されなかった．さらに，フェンダーとライトを外せばGPレースにも出られ，実際に好成績をあげた純レース用がモンザで，これは僅か10台が製作されただけである．当然ながら8C 2300はすこぶる高価で，英国における価格はシャシーのみで£1675（ルンゴ），完成車は£1725～1975もした．ファンタムⅡロールス・ロイスのシャシー価格，£1850にほぼ匹敵する．MGミジェットJ2が£200足らずで買えた当時の話である．比較のために記せば，ブガッティ・タイプ43グラン・スポールが£1200，タイプ51GPが£1200，タイプ55スポーツは£1350であった．この高価格のために，8C 2300をはじめとするスポーツ・アルファの主な市場は地元のイタリアではなく，英国であった．これはブガッティについても同様であったが，8C 2300の場合は恐らく約半数が戦前すでに英国へ輸入されていたと思われる．8C 2300の生存率については不詳だが，6C 1750は今日でも100台以上が現存し，その過半が英国に棲んでいる事実によってもこれは裏書きされる．ここにとり上げた1931年製8C 2300も，筆者の友人が昨年英国で見付けて購入したものである．ホイールベース2.75mの"コルト"

で，8C 2300としてはごく初期型の1stシリーズ，シャシー／エンジンNo2111034から推すと34番めに製作された車だろう．したがって，エンジンは圧縮比5.75，出力142HP／5000rpmのはずで，8C 2300系の中では最もチューニングの低い標準型である．8C 2300の大半は，ザガトまたはツーリングその他の2座スパイダーだが，英国へ輸入されたシャシーの多くはジェイムズ・ヤング製2/4座ドロップヘッドが架装された．"われわれの"8C 2300も標準的なザガト・スパイダーで，英国から着いたそのままの状態だが，機構的にもボディもたいへんよい状態にある．

　手順さえ知っていれば，エンジンの始動はごく簡単である．まず右側ボンネット（給気側）を開け，スカットル上のAutovac（バキューム・ポンプ）の燃料コックを開いてから，ブロワーの先に置かれたメミニ気化器の浮子室をフラッドさせる．コクピットに着き，ステアリング中央にあるタイミング・レバーを遅らせる．ボッシュのスイッチパネルにあるキーをオンにし，スロットルを踏まずに（これがコツ）スターターを押すと，ほとんど瞬間的に轟然と掛かる．直ちにタイミング・レバーを進め，1500rpmくらいを保って12ℓという大量のオイルの温たまるのを待つ．ガレージの中は，太いテールパイプから吐き出される濃いエグゾーストで忽ちむせかえりそうになる．ミクスチャーはわざとリッチにセットしてあるためだ．これはパワーを出す目的だけではない．薄すぎると燃焼室が部分的に過熱して，軽合金ヘッドのバルブシート（特に排気）に亀裂が入りやすいからで，これが8C 2300のアキレス腱と言われる．軽いクラックならば温たまると自然に閉じるのであまり問題ないが，ウォーター・ジャケットにまで達する深傷だとひどいことになる．用心に越したことはない．

　ウォームアップを待つあいだ，改めてコクピットを見まわす．着座位置は，低い外観からは思いもよらぬほど高い．英国あたりのヴィンティッジ・スポーツカーだとコクピットにもぐり込む感じだが，アルファは馬に乗ったように高く，上半身は完全に風雨に晒される．その代わり，なんと視界がよいのだろう．この車には標準ウィンドシールドの位置に2つのエアロ・スクリーンが付いているが，ドライバーはそれを通してではなく，その上から前方を見ることになる．ステアリングはこの時代のイタリア車の常で，がっしりとした太いリムを持ち，直径はほとんど19"のワイアホイールほどもある．クラッチとブレー

キ・ペダルの間にあるスロットルをちょっと踏んでも，エンジンは文字どおり間髪を入れずにワッと吹き上がり，放せばサッと回転が落ちるのは現代のスポーツ・エンジン並みで，とても40年以上昔の車とは思えない．さて，路上に出よう．意外に軽い多板クラッチを踏み，一呼吸入れてから長いレバーで静かにローをセレクトする．スロットルを踏み込みながら左足を上げると，アルファは後輪をスピンさせて脱兎の如く飛び出した．レヴ・カウンターを確かめる暇もなく（スカットルのひさしに隠れて半分ほども見えないのだ）セカンドに入れ，（ガリッと言った．オーナーが隣りに居なくて幸い）右足を深く踏むと，ゴッグルが浮くほどの勢いで加速した．サード，トップとシフトアップを繰り返し，チラッと速度計を見るとまだ60しか出ていない．馬鹿に速い60km/hだなあと一瞬思ったが，すぐにこれはマイルであることに気付いて思わず右足をゆるめた．今まで耳を聾せんばかりに捻っていたブロワーやバルブギアのノイズ，排気音は一段低くなる．ギアボックスはもちろん平ギアで，ダウンシフトはかなりむずかしい．エンジンのレスポンスがよすぎるので，ダブル・クラッチの際どうしても回転が上がり過ぎるのだ．標準型8C 2300の安全なレヴ・リミットは5000で，チューンされたレース用は5500と言われる．各ギアで5000まで踏めば，1，2，3速で55，100，142km/hまで伸びるはずで，トップスピードは170km/h+である．加速は，SS ¼マイルが約17秒，100mph（161km/h）まで約30秒だから，当時はもちろん，今日の路上でさえ，大概の車より圧倒的に速い．むろんこの日は，40年前の貴重なアルファに敬意を表して，せいぜい4000までしか回さなかったのだが，少なくともそのスピード感と興奮は，FISCOで2ℓローラに乗ったときにも匹敵した．シャシーに対してリジッドに3点支持された直列8気筒エンジンは常に極めてスムーズで，ブガッティ・タイプ57に比べられるが，ノイズははるかにやかましい．ブロワーのギアトレーンの捻り，16個のバルブギアが発する機関銃のようなノイズ，それに豪快な排気音が和して，思わず大声で歌い出したいほどの興奮に駆られる．現代の車は計器によって何がボンネットの下で起っているかを告げるが，この古いアルファの情報源はむしろノイズである．一方，このブロワー付セミ・レーシング・エンジンは驚くほど柔軟性に富み，トップのまま1000rpmから踏んでも，吹き返しもせずスムーズに加速が効く．ファンはないが水温は常に70–75℃に保たれた．ロックからロックまで僅か2回転のステアリングは，低速でこそ多少重いが，50も出すと

すばらしく軽く，しかも鋭敏になる．ゆるいベンドを抜けるには，ステアリングを回わすのではなく，どちらかの手首を2cmほど下げるだけだ．アルファはドライバーの腕の運動ではなく，その意志に応じて敏感に反応する種類の車である．今まで乗った車で言えば，ロータス・エリートがこのアルファに似ている．ロード・ホールディングは，固定軸の車としては例外的にすぐれ，全くロールせず，路面に吸い着いたようにコーナリングする．スポーツカーが慢性的なオーバーステアにつきまとわれていた当時，アルファは現代の車のように軽いアンダーステアを示すのである．乗り心地は極度に硬い．短いスパンの板バネはほとんど撓まず，フレームの方が路面の不整で自由にひねれるのが感じとれるが，決して不快ではない．だが，この自虐的なコクピットでミレ・ミリアやルマン24時間を戦った昔のドライバーは，やはり超人的な体力の持主だったに違いない．

(1974年6月号)

ロードインプレッション

ランボルギーニ・ウラコ250S

　ディーノ308GT4に真向から立ち向うサン・タガータの闘牛，ランボルギーニ・ウラコ250Sのロード・インプレッションをお届けしよう．全く新しいSOHC V8 2.5ℓ 220HP／6500rpmを横向きに搭載したミド・エンジンGTで，911よりは多少広い後席を持つため，サイズは意外に大きい．低速からよく粘るV8と比較的ロー・ギアードなトランスミッションのため，この種のエキゾティック・カーとしてはとても乗りやすい．日本での価格は798万円もするが，輸入された最初の8台をすべて売り切ったという．

　1963年，全くの白紙から大胆にもスーパーカー・マーケットに打って出たランボルギーニは，大方の悲観的な予想を裏切って，今日ではフェラーリ，マセラーティに比肩される高い評価を受け，市場の一角に確たる位置を占めている．フェラーリと違い，ランボルギーニは純粋に経済的な理由から全くレース活動を行なわないから，レースでの成績を市販車のパブリシティに利用することもできない訳で，したがって今日のランボルギーニの声価は，専ら製品自身が創り出したものだと言える．冒頭に全くの白紙からスタートしたと述べたが，これは正確ではないかも知れぬ．確かに，フェルッチォ・ランボルギーニはこれまで車を生産したことはなく，農耕機と冷房機器メーカーに過ぎなかったが，フェラーリに対抗してスーパーカーの生産に乗り出すに当たっては，モデナやトリノからレーシング／スポーツカーの設計・製作に経験を積んだ多くの技術者やメカニックをスカウトして来たからである．実際，最初のランボルギーニ，350GT（後の400GT）からエスパーダ，ミウラと続く各車の主任設計者は，マセラーティから来たジャンパウロ・ダラーラであり，DOHC V12エンジンの原型はフェラーリ出身のジオット・ビッザリーニなのである．さらに約200人の工員の過半は，フェラーリ，マセラーティ，アルファから来たと言う．今日では量産によってのみ可能な高品質を，ランボルギーニ程度の生産規模で維持してゆけるのは，これらの工具の熟練労働があるからに他ならない．なによりも高

品質とそれによる信用を重んずるランボルギーニは，ほとんどの部品を自給する。5段ギアボックス，デファレンシャル，ハーフシャフトとジョイント，サスペンション部品はすべて自社で製作される。わずかに，ZFステアリングギア，ボーグ＆ベック・クラッチ，ボラニまたはカンパニオーロ軽合金ホイールなどが，大きい外注部品として挙げられるに過ぎぬ。完成検査も入念なものだ。かつて工場を訪問した山口京一氏によれば，エンジンは20～24時間にわたり，ダイナモメーターで慣らし運転とパワー測定が行なわれ，最終段階ではレヴ・リミットまで回転を上げると言う。また組み上がったギアボックスは，1基ずつ12時間の慣らし運転と騒音テストを受ける。完成車はテスト部門に7日間預けられ，各種の完成検査を受けるが，最終的にはニュージーランド出身の開発ドライバー，ボブ・ウォーレスのOKが出なければ，販売部門へは引き渡されないのである。

　こうした"古典的"とも言える製作態度は，当然ながら1台当たりの生産原価をひどく高いものにするだろうことは想像に難くない。少々古いデータだが，72年の生産実績は318台で，同じ年にフェラーリは1860台，マセラーティは557台，ポルシェは14265台を作っている。果たして，ランボルギーニの自動車部門は累積赤字を続け，本業の農耕機・冷房部門の土台まで揺るがしたが，数年前にスイスの銀行家，ロゼッティが株の過半と経営の主導権を入手して以来，自動車部門も黒字に転じたという。

　さて，話題をウラコに戻そう。70年のトリノ・ショーに原型が展示され，72年から市販が開始されたウラコは，従来のランボルギーニ各モデルよりも1クラス小さく，フェラーリのディーノや911Sと同じマーケットをねらっている。当然ハラマやエスパーダとは一桁違う量産規模（月産40～50台）で計画されており，ウラコ専用の生産ラインが設置された。今年初めから日本へも輸出が開始され，最初に入った8台（すでに全部売れた）に続いて続々入荷するというから，生産は順調に進展しているのだろう。ウラコの設計はダラーラではなく，彼がイゾに去った後，主任設計者の地位についたパオロ・スタンザーニの作品である。エンジンは全くの新設計で，コッグドベルト駆動SOHC90°V8 2463cc（86×53mm）と5段ギアボックス／ファイナルをミッドシップに横置した，ベルトーネ・デザインの2＋2クーペである。ディーノ246GTの向こうを張って計画されたものだろうが，ディーノが純粋に2座なのに対し，ウラコは狭いとはい

え後席を持つのがミソなのだ．しかしフェラーリも負けずに昨年2＋2のディーノ308GT4を出したから，マラネッロ対サンタガータの冷戦はますます白熱化した観がある．ウラコの2.5ℓV8が，これまでの慣例を破ってコッグドベルト駆動SOHC（V12はすべてチエン駆動DOHC）を採用したのは，言うまでもなく生産コストを考慮してのことである．同じことは燃焼室設計にも見られる．すなわちシリンダーヘッド下面は加工性のよい平面で，燃焼室はピストン頂部の凹みにあるヘロン型である．吸気は4基のツイン・チョーク・ウェバー40IDFIで，出力は220HP（DIN）／7500rpm，トルクは23mkg／5750rpmという強力なものだ（比較のために記せば，246GTの2.4ℓV6は195HP／7600rpmと23mkg／4800rpm）．ランボルギーニにとって横置ミドエンジンはミウラに次いで第2作だが，駆動系のレイアウトは異なる．ミウラのギアボックス／ファイナルはV12の下後方にあり，ドライブシャフトは左右等長なのに対し，ウラコの5段ギアボックスはクランクと同軸上にある．ファイナルはギアボックス背後に来るから，当然ボディ中心より一方（この場合は左方）に偏っており，従ってハーフシャフトは左右不等長である．フィアットX1／9も同様なレイアウトだが，ウラコのような2.5ℓV8では珍しく，実にコンパクトにまとめられている．サスペンションは前後ともストラットで，フロント・ロワーアームはウィッシュボーン，リアは逆Aアーム／シングル・ラジアスアームが用いられ，スタビライザーが前後に付く．ブレーキは278mm径ベンチレーテッド・ディスクでサーボは付かない．ホイールはカンパニオーロの軽合金7.5J×14，タイアはミシュランXWX205／70VR14．車重はドライで1100kgと発表されているが，これは恐らく設計目標で，実際はこれより100kgはありそうに思われた．ウラコには装備によって250と250Sの2種がある．250Sはいわばデラックスで，本革シート，熱線吸収ガラス，電動ウィンドーが標準で備わる．本国での価格は250Sが795万リラで，これはディーノ246GT（752万リラ）と308GT4（890万リラ）の中間にある．日本へ輸入されるのは250Sで，価格は798万円．ランボルギーニ製エアコンディショナーが備わるのは言うまでもない．

ランボルギーニのディーラー，横浜のシーサイド・モーターで受け取ったウラコは，想像したより大きな車であった．外寸，ホイールベースともディーノより10cm長いだけなのに，2＋2ボディの表面積が広いためか，たまたま隣にいた4.7ℓマセラーティ・ボラ並みに大きく見える．室内も246GTよりはるかに

広くて開放感がある．だがウラコのシートはどうもぴったり来ない．クッションは一見シトローエンSMに似た太い横うね状だが，厚みは薄くどんな姿勢でも快適とは言い難い．もし筆者がウラコ・オーナーだったら即座に911のシートに換えるだろう．極端に小径のステアリングは強いすり鉢型で，短いコラムはダッシュに埋没し，ホイールが直接計器盤に付いているように見える．ラック・アンド・ピニオン・ギアはコクピット直前の，強固な隔壁に取付けられ，ごく短いシャフトにはアコーディオン状のコラプシブル機構が介在し，安全性を高めている．ミドエンジン車の常で，前席は比較的前進しているから，大きく車内に張り出した前輪ホイールハウスとセンターコンソールにはさまれた足元は狭い．ペダル類は若干オフセットしているが気になるほどではなく，左足のためにしっかりしたフートレストが設けられている．パセンジャー側にもフートレストの備えがある．計器盤のレイアウトはあまり機能的ではない．最も頻繁に見る必要のあるレヴ・カウンターと速度計が，幅広い計器パネルの左右端に振り分けて置かれているので，両者を一度で読むことは不可能だ．スポーツカーの計器盤設計としては甚だ不可解である．日常多用するスイッチ類も，ステアリングから手を離さずに作動できるのはライト切換えとウィンカーのみで，他はダッシュボード上に散在している．後席は，写真で見ると広そうだが，たとえ前席を最前部にずらせても，レッグルームは無に等しく，普通の大人なら頭が天井に触れる．ポルシェ911の後席と選ぶところがなく，やはり豪華な荷物室と考えた方がよい．それでも，この＋2後席のあることは，ウラコの実用性を倍加している．例えばディーノ，ロータス・ヨーロッパ，914などに2人乗った場合，車内には脱いだ上衣やブリーフケースひとつすら置くスペースはないのだ．それに，ディーノやヨーロッパの場合，ドライバーの頭の直後には隔壁ひとつ隔ててエンジンがあり，単にやかましいだけでなく，心理的な圧迫感も受ける．そこへゆくとウラコでは，振り返っても後席があるので，エンジンの存在がさほど気にならない．設計者もこの点に神経を使っているようで，コクピットとエンジン・ルーム間の隔壁には濃い着色ガラスが用いられ，室内からはエンジンはほとんど見えない．

3月末の暖かい気候では，朝のコールド・スタートにもチョークは不用で，2,3度ヤケに重いスロットルをあおって4基のウェバーに生ガスを噴射してからキ

ーをひねれば，一発で爆発的に掛かる．2, 3分スロットルで1500くらいに保ってウォームアップし，直ちに走り出しても躊躇なく引っ張れる．高速道路へ至る道は混んでいたが，1760mmという車幅さえ気を付ければ街なかでも意外に気易く乗れることがわかった．第一印象は，ディーノよりも乗用車的要素の強い，リファインされたGTカーだということだった．最初の街角を回って気付いたのは，ステアリングがとても軽い代わり，ひどくローギアードなことだ．90°の角を曲がるにはフルに1回転半は回さねばならない．V8エンジンは低・中速でも充分以上にパワーがあり，せいぜい60km/hの街なかでは3000以上に回転を上げることなく，しかも4速まで使って走れる．サードでは40km/h（約2000），トップでも50km/hを保って苦もなくスルスルと走る．クラッチはすこぶる重く，ストロークも深いがつながりはごくスムーズだ．5段ギアボックスのシフトパターンは，旧型ポルシェと同じく，リバースとローが一番左の列にある．シフトはディーノよりずっと確実な代わり，レバーの動き，特に横方向のそれがひどく大きく，20cm以上動く．重いクラッチと相まって，ギアチェンジは意識して行なうことを要するのがいかにもイタリアのスーパーカーらしい．ミドエンジンGTでいつも問題になる後方視界は，室内ミラーだけでも実用上困らないほどよいが，左ハンドルなので右後方に迫った車は室内ミラーでカバーしきれず，右へ車線を変える際などにはそれ相応に神経を使う．205/70VR（ミシュランXWX）という太く硬いタイアだが，乗り心地は街なかの低速でもすこぶる快適で，この点でも実用性は高い．モノコック・ボディの剛性は高く，路面騒音の遮断もすぐれている．ただし，ステアリング・ダンパーを備えるにも拘らずキックバックは強く，都内の荒れた路面では軽く握ったステアリングが細かく左右に震える．

　高速道路に出てスピードを上げる．街なかであまり気にならなかったエンジン・ノイズは，4000を超えるあたりから俄然大きくなるが，着座位置からエンジンまで多少距離があることにも助けられて，全体のノイズ・レベルはミドエンジンGTの水準では低い方である．加速時には，排気音よりむしろ4基のウェバーが息づく，荒い吸気音の方が聞こえ，4500を超えるといかにもイタリアの高性能車らしい，癇高いメカニカル・ノイズがコクピットを満たす．スロットル・レスポンスのすばらしさは実に胸のすく思いで，間髪を入れずワッと吹く．最初不当に重いと詫ったスロットル（小型車のクラッチほども重い）は，スム

ーズに走るために不可欠なのである．レヴ・カウンターは7500－9000がレッドだが，実際に7000以上まで易々と回る．反面，オーバーオール・ギア比は意外に低い．例えば100km/h時の回転数は3,4,5速についてそれぞれ約5500，4100，3200rpmである．したがって，カタログによるマキシマム，240km/hはちょうど5速でレヴ・リミットの7500に相当する．もっとも，イタリアのアウトストラーダでは，石油危機以来布かれているスピード・リミットがまだ解除されていないのだが．日本の路上での実用に話を限るなら，このSOHC V8は異例に広い有効なパワー・バンドを持つので，せっかくの5段ギアボックスもあまり意味がない．100km/hの東名ではほとんど常時5速で用が足り，シフトダウンは必要からではなくむしろ愉しみのために行なうようなものだ．100で巡航中，最も耳につくのはエンジン・ノイズよりむしろリアクォーターまわり（吸気取入れ口が開いている）の風切り音で，80程度にスローダウンするとトランスミッションの発する高ピッチのギア音がかすかに聞こえ始める．いずれにしても，標準装備のフィリップス製ステレオが充分に楽しめる程度のレベルである．

　街なかではひどくローギアード（ロックからロックまで4回転強，回転半径5.7m）に感じられたステアリングは，高速ではウソのようにクイックになり，車線を変えるにはリム周で10cmとは動かさずに済む．しかも適度に重くなるので（ちょうどシトローエンSMのようだ），ただ軽く保持するだけで矢のように直進する．路面を横切る継ぎ目などではかなり強いショックを手に感じるが，直進性そのものはなんら損なわれない．この気候ではランボルギーニ製エアコンディショナーを試すチャンスはなかったが，ベンチレーションはブロワーの助けを借りなくても強力に効く．ウラコのラジエターは低いノーズにあり，2個の電動ファンを備える．一方はサーモスタットで自動的に作動するが，他方は水温計をにらんで任意にオン／オフできる．この日のテストではその必要はなく，高速走行中はもちろん，混んだ市街でも90℃以上に上昇することはなかった．ドライバー正面の見やすい位置にある油温計は，100km/h巡航程度では80℃にも達しなかった．

　ウラコは，ポルシェとともに4輪ディスク・ブレーキをサーボなしで用いている稀れな例である．そう言われなければサーボ付と思うほど軽く，しかも冷間時にもよく効く．恐らくミューの高い，"ソフト"なパッドを使っているのだろう．急制動，急加速時の姿勢変化はごく軽微である．箱根から伊豆へかけての

山岳道路を飛ばして判明したのは，抜群のロードホールディングである．上りのヘアピンカーブをローで抜けて一気に加速しても，後輪は確実に路面をグリップし，全くホイールスピンを起こさない．前後のコーナリング・パワーのバランスは絶妙で，中速ベンドをサードのフルパワーで加速するとごくかすかに前輪が先に鳴り出すことによって，事実上ニュートラルに近い弱アンダーステアであることがわかる．絶対的なコーナリング・スピードの点では恐らくディーノ246GTと互角だろうと思うが，筆者にはこうした状況ではディーノの方がはるかに振り回しやすい．それは主として前方視界の差による．ディーノはもっとボンネットが低く，レーシングカーのようにフェンダーだけが盛り上がっているので，直前の路面や縁石がよく読める．ウラコのボンネットはもっと長くフラットなので，はるかに大きく重い車の印象を与える．この視界の差と心理的な影響で，ウラコではディーノほど思い切ってワインディング・ロードを飛ばす気にはなれないのである．メーカーとしても，ディーノよりもおとなのユーザーをねらっているのだろうから，これはこれでよいのであろう．

　燃費は，東名経由で箱根・伊豆まで往復した267kmで平均5.93km/ℓであった．タンクは80ℓ入り．指定燃料は98－100オクタンだが，現在のスーパー（約94～95オクタン）なら低速から急加速してもなんらピンキングは認められなかった．問題は日本の厳しい排気ガス規制だが，ディーラーは触媒マフラーを装着してパスさせている．この日のテスト車は未装着だったが，後日短時間乗った別の車にはこれが付いていた．性能を計測した訳ではないので断定的なことは言えないが，性能低下はもしあったとしても，日本の路上での実用性はほとんど影響されない程度であろう．ランボルギーニ・ウラコは，2+2の豪華なGTが欲しいがポルシェは嫌だという向きには絶好だろう．

（1974年6月号）

ロードインプレッション

フェラーリ365GT/4 BB

　フェラーリ・ベルリネッタ・ボクサーの現物に初めてお目にかかったのは，10月のある週末，いつも暇があればそうするように自宅で車の手入れをしていたときだった．浮谷洸次郎氏（東次郎の父君）の御親友ですでに何台かのスーパーカーを所有され，一時はランボルギーニ・ミウラを浮谷氏と共有されていた市川人世氏の車で，この日も御両人連れ立って東名を御殿場まで"流して"来た帰りとのことであった．初めて見る365GT/4BBは思ったよりコンパクトで，同じくミドエンジンのディーノ246GTと大して違わぬように感じられた．それに外から聞く限り，エンジン・ノイズはよく抑えられ，静かな住宅地でもさほど気を遣わずに済む．早速ステアリングを握らせて頂き，近所をひとまわりしただけでも，フラット12の物凄いパワーの片鱗は充分にうかがわれた．いつかゆっくり乗ってみて下さいと言い残して，真紅のBBは6本のテールパイプから底力のある排気音を立てながら夕闇の巷に吸い込まれて行った．それから約2週間後，改めてBBに乗るチャンスを与えられたわけである．

　乗り出す前に例によってスペックをざっとおさらいしておこう．ディーノ246GT，308GT4を別とすれば，この365GT/4BBは"フル・サイズ"フェラーリとして初めてのミドエンジン生産車で，365GTB/4デイトナに代るべき純粋の2シーターである．だが後部に縦置きされたエンジンはV12ではなく，フラット12である．ディーノ246GTでV6を，ディーノ308GT4ではV8をテールに横置きしたフェラーリだが，このBBでは敢えてそれを採らず，フラット12を縦方向に搭載する．V12を横向きに置くことも恐らく可能だったろうが（ランボルギーニ・ミウラはその例），それをしなかったのは多分，エンジン・ノイズの遮断がより困難だからに違いない．エンジンの機械的ノイズの大半はクランク・ケース側面から発生するのであり，横置きエンジンではパセンジャーの耳とクランク・ケース側面は，薄いバルクヘッド1枚を隔てた至近距離にある．ディーノ246GTでの経験によれば，室内のノイズ・レベルは相当なもので（フェラーリを愛する者にとっては"音楽"だとしても），長距離ドライブでは心理的な疲労

の原因となり得る．エンゾ・フェラーリとしては，ディーノならともかく，$30,000もする"本物"のフル・サイズ・フェラーリには，快適なロング・ディスタンス・トゥアラーの資質をぜひとも与えたかったのだろう．また，お手のもののV12ではなく，敢えてフラット12を採用したのにも正当な理由がある．V12を縦方向に搭載すると，ギアボックスは後部にオーバーハングされ，したがってホイールベースは延び，ボディ全長も純2シーターとしては無用に長くなり過ぎる．そこで採られた解決法はまことに巧みなものだ．すなわち，フラット12エンジンをギアボックス／ファイナル・ユニットの上に載せてしまったのだ．言い換えれば平たいドライサンプ・フラット12の下に，ギアボックス／ファイナルを一体化したのである．これならばV12とギアボックスを前後に配置する通常のレイアウトにくらべ，重心高はさほど変らないし，ロードカーとして重要な後方視界にも問題はない．全長が大幅に短縮できること，および理想的な重量配分（乗車時44／56）が得られることは言うまでもない．BBのスペックをかいつまんで述べると，ホイールベース2500mm（デイトナ2400mm），全長4360mm（同4425mm），車重1160kg（同1200kg）のピニンファリーナ・デザイン，スカリエッティ製2座ボディの後部に，水平対向12気筒4カムシャフト，4390ccエンジンを縦方向に搭載している．ボディ／シャシー構造はディーノと同じく，角断面ボックス・セクションのペリメーター・フレームをベースとする．このフレームの上下に鋼板が溶接され，事実上ダブル・スキンのフロア構造をかたちづくる．この主構造の前部には，フロント・サスペンションの付くメンバーが結合され，後部にはやはり角断面スチール・チューブで組み上げた複雑な構造物が付き，これにエンジンとリア・サスペンションがマウントされる．キャビンは，後部のヘビー・デューティー・ロールバーと強固な前部スカットル，およびそれに連なる強固なスクリーン・ピラーにより，非常によく保護される．サスペンションはフェラーリの例に洩れず，前後ともダブル・ウィッシュボーン／コイル・ダンパーによる．リアは，例えばジャガーXJと同じく，コイル・ダンパー・ユニットを左右それぞれ2本備えている．ブレーキはむろん全4輪ベンチレーテッド・ディスクと4ポット・キャリパーである．ディスク径は288mm／297mm径．前後2系統なのはいうまでもなく，急制動時のバランスを保つプロポーショニング・バルブを備える．

ベルリネッタ・ボクサーの"ボクサー"は，水平対向エンジンを俗にボクサ

ーと呼ぶことから来ている．けれども，365GT/4BBのフラット12は正確な意味のボクサー・エンジンではない．本当のボクサー・エンジンでは，左右バンクの対応するピストンが同じ動き方，つまり両方から近づき，また離れる運動を繰り返す．これには各ピストンが別個のスローを持った複雑なクランク（フラット12ならば12スローの）を要する．ポルシェは907のフラット8レーシング・エンジンで，8スロー・クランクを持った本当のボクサー型を採用したが，917のフラット12では6スロー・クランクに戻った．フェラーリBBも917と同じで，左右バンクの対応するコンロッドはクランクピンを共用する．それゆえ，バランスの上ではいわば180°V12であり，120°6スロー・クランクシャフトは完璧にバランスする．ただしねじれ振動に対してはクランク先端にトーショナル・ダンパーを備える．したがってクランク自体は他のフェラーリV12と共通で，クラッチ側ドライブ機構が異なるに過ぎない．それのみか，81×71mmのボア・ストロークも他の365GT系V12と共通で，当然4390ccの排気量も等しい．フェラーリほどの高価格車でも，出来得る限り主要部品の共通化を図っているのだ．

フェラーリはこのフラット12で初めて（生産型として），4カムシャフトのドライブにコッグド・ベルトを採用した．その理由は騒音低減と，タイミング・ケースまわりの工作を単純化することにあったと思われる．カムシャフト自体は7ベアリングで支持され，1筒当たり2個のバルブをバケット型タペットを介して作動する．バルブ・ギアまわりの設計にはフィアットの影響が見られる．すなわち，クリアランスの調節は，バケット型タペット上部の凹みにシムを加減するもので，専用工具でタペットを押し下げ，磁石によりシムを取り出して容易に交換できるのは，現代のOHCフィアットと同じである．ほぼペント・ルーフ型の燃焼室を持ったヘッドの圧縮比はデイトナのV12より低い8.8:1だが，出力はデイトナの352HP/7500rpmより高く，380HP/7500rpmと発表されている．リッター当たり比出力は86.6HPで，大排気量スポーツカー・エンジンとしては異例に高い．F1やスポーツカー・レースでは燃料噴射に多年の経験を持つフェラーリだが，生産型ではいまだにウエバー気化器に固執しており，このエンジンでも4基の3チョーク型を用いている．点火系も依然としてフル・トランジスターを採用せず，接点を持ったマレリ・ディストリビューターとコイルに頼っている点でも意外に保守的だ．

トランスミッションは，前記の如くフラット12エンジンの下に畳み込まれて

いる．それは事実上，312Pスポーツ・プロトタイプ用トランスアクスルを前後逆にしたものだ．クランクとの連結はディーノと同様，3個の小さいピニオンより成るトランスファー・ギアによる．そこから長いシャフトが前方へ延び，ファイナル・ドライブの横を素通りして5段ポルシェ・サーボ・シンクロ・ギアボックスのファースト・モーション・シャフトとかみ合う．ZFリミテッド・スリップ・デファレンシャル付ファイナルのピニオンは，セカンド・モーション・シャフトの一端にある．5段ギアボックスのレシオはすべてインディレクトで，3.075，2.120，1.572，1.250，0.964，R2.670．ひとでのような5スポーク軽合金ホイールは7$\frac{1}{2}$インチ・リム，タイアはミシュランXWX215/70VR15が指定で，前後同サイズである．トランク（ノーズにしかない）スペースを節約するために，スペアタイア／ホイールは応急用の105R19Xという特殊サイズである．非常に細いセクションの5kg/cm^2という高圧タイアで，それでも150km/hが許容される．

最高速はフェラーリによれば302km/hという超高速車だけに，ボディの空力特性には多大の苦心が払われただろうことは想像にかたくない．ピニンファリーナ設計のボディ・プロファイルは，低く長いノーズから，思い切りよくスパッと切り落とされた短いテールへかけて反りかえった典型的なウェッジ・シェイプである．空力的な附加物と言ってはリア・クォーターからテールへ延びる"方向安定板"と，ルーフ後端に付いたひかえめな"ウィング"のみで，どちらも全体形と巧みに融け込み，なんら不自然な感じを与えない．ボディ下面はきれいに整形されており，ノーズ下面を通るエアの大部分はラジエターから上へ抜けるようになっている．

さて，約束の日，オーナー，市川氏の大きなガレージで再び真紅のBBと対面する．同氏は356SC，2台のミニ・クーパー（主として社員用だが，）それにメッサーシュミットKR200（スリーホイラー）もお持ちで，このBBが来るまではランボルギーニ・ウラコと元式場氏の904GTSにも乗っておられた．まず市川氏が操縦席につく．コールド・スタートはレーシングカー並みで，スターターはガッ，ガッと断続的に，いかにも苦しそうに回わり，一旦発火してもなかなか続かない．一度しくじると掛かりにくいのだそうで，それでも5,6回これを繰り返すうちに突如として轟然と掛かった．注意深くウォームアップした後，高速道路の方へ長い鼻先を向けて出発する．狭い，曲がりくねった裏通りを，

市川氏はローとセカンドを使い，かなりのハイペースで走り抜ける．背中を蹴飛ばされるような加速，ゾクゾクするようなフェラーリ・サウンドに圧倒されて，しばしは声も出ない．ややあってようやく我れに返り，周囲を見回わす．極端に傾斜した広いウィンドスクリーンは額に迫り，コクピットは外から想像するより狭い．快適なセミ・バケットシートの直後はもうバルクヘッドで，2人乗った場合は脱いだスポーツジャケットの置き場にも困るほどだ．振り返ると30cmほどのところに垂直なリア・ウィンドーがあり，両側の家並みがすばらしい速さで後方へ飛び去って行く．あまりに車高が低い（1120mm）ために，夜は後続車からまともにライトを浴びるそうで，オーナーはこのリア・ウィンドーとクォーター窓の内側に濃いブルーの防眩用プラスチックを貼ってそれを防いでいる．ディーノもそうだが，このBBもタウン・スピードでの乗り心地が決して荒くないし，路面ノイズはよく遮断されている．高速道路の手前で運転を代る．ミドエンジン車の常で，室内に大きく張り出したホイールアーチを避けるため，シートはやや内側へ向いている．バックレストは固定だが理想的なアングルのシートを，並みのスポーツカーを運転する時よりも若干前寄りにセットする．フェラーリのクラッチは非常に重く，しかもフルに踏まないと切れにくいからだ．画然としたゲートを持つ5段ギアボックスのパターンをもう一度頭に入れ，ライト，ウィンカー・レバーの位置を確かめてから，"思い切り回わして下さって結構ですよ"というオーナーの言葉に勇気づけられてスタートする．レーシングカー的につながりが鋭く，しかも重いクラッチと，グリップの良すぎる215/70VRミシュラン，それに比較的高いローギアのために，スムーズな発進にはなかなか気を使う．ギアチェンジは横置エンジンのディーノよりはるかに確実だ．ただ，まだ車が新しいせいか作動は固いし，軽合金ゲートに沿って意識的に操作するので，電光石火という訳には行かない．それに，フラット12エンジンはフライホイールの軽いレーシングカー並みで，踏めばワッと吹き，放せば瞬間的にサッと回転が落ちる．それゆえ，いま述べた比較的スローなギアチェンジのため，シフトアップしてクラッチをつなぐときには意識的にスロットル開度を合わせる必要がある．並みのスポーツカーなら，フライホイールの効果で回転はこれほど急に落ちないから，気易くシフトアップできる．またダブル・クラッチを使ってシフトダウンする際も，ギアレバーを操作している間に一度ブリッピングさせたエンジンの回転は下がってしまう．ポルシ

ェ・タイプのサーボ・シンクロは強力無比だから，実用上はダブル・クラッチを使う必要はないのであるが．この，スロットルに即答してワッと吹き，緩めるとサッと瞬時に回転の下がる感じは，われわれが体験した生産車では911カレラRSしかない．BBのフラット12は，とても4.4ℓの大排気量とは思えぬほど軽やかに吹く．スムーズなことは言うも愚かである．高速道路へ乗り入れ，ようやくサードにシフトアップして，80〜100の混んだ流れに飛び込む．ミドエンジン車としては，バックミラーによる後方視界は上々の部類だが，斜め後ろにはやはりリア・クォーターによるブラインド・スポットがあり，混んだ高速道路では瞬時も気を許せない．それに車幅は1800mmもあり，道幅が急に狭まった感じである．数キロ走ってやや道も空き，気も落ち着いて計器に注意を払う余裕を取り戻した．深いナセルの奥に並んだ計器類は，ちょうど航空機のそれのように，黒地に鮮やかな赤で文字が刻まれている．配置は他のフェラーリと同じで，大径の速度計（330km/hまで目盛ってある）とレヴ・カウンター（10,000まで．7000—7700が許容限界）が正面の高い位置にあり，その間に水温，油圧計が配される．いずれも，革巻き3スポークのステアリングにさえぎられることなく，チラッと眼を走らせれば一瞬で読める．この日に経験したスピードについてはノー・コメントとしておこう．幸か不幸か（？）電気式速度計が不調で，最初は120くらいまで上がったが後には全く作動を止めてしまったからである．資料によれば，1〜4速でフルに回転を上げれば87, 128, 173, 225km/hに達することになっている．5速のマキシマムはフェラーリによれば302km/hで，1000rpm当たり42.5km/hのギアリングから逆算すればちょうど7000rpmまでトップでも回る勘定になる．テスト段階で，フェラーリのドライバーは実際に317km/hを出したと伝えられるから，BBが今日世界最速のロードカーであることは，ほぼ確実だろう．好敵手のランボルギーニ・カウンタックLP400のトップ・スピードは300km/hと称されているからだ．

　フラット12が本当に目醒めるのは3500以上だが，絶対的にトルクが強大だから，その気になれば5速で2000以下でも易々と走れる．3000までのノイズ・レベルは，この種の超高性能車としては驚くほど低いが，それ以上ではあの形容しがたいフェラーリ独特の"音楽"が次第に高まり，小さな密室をいっぱいに満たす．そのうちに車内がひどく暑くなったことに気付いて水温計に目を走らせる．80℃あたりを示し，油温も90℃を指しており，全く正常である．はじめ

はヒーターが効いているのかと思ったが,市川氏に尋ねるとそうではなく,フロントのラジエター,オイルクーラーの熱気が,バルクヘッドを通して車内へ伝えられるためなのであった.窓から手を出してごらんなさい,と言われ,電動ウィンドーを開けて見ると,なるほどボンネット・ルーバーから出てくる熱風は相当なものだった.エンジン・ルームの熱くなることでは定評のあるEタイプ・ジャガー並みである.その理由は,フロント・ノーズの空力的形状によるらしい.さきに述べたように,ラジエターを通るエアの大部分は,ボディ下面へ流れて揚力として働かないように,ほとんどボンネット上のルーバーから排出されるのだ.これに対し,普通の車では熱気をボディ下面へ逃がすようになっている.いずれにしても,この断熱の不良は,フェラーリBBのひとつの欠点であり,クーラー(標準装備)は絶対に不可欠である.

　乗車時に44/56という理想的な重量配分のため,ステアリングは低速でも決して重くない.その反面,高速でも軽すぎることはなく,常に重量車らしい手応えがあって好ましい.ロックからロックまで3回転+だが,高速で車線を変えるのにはリム周で数センチも動かせば足りるほどクイックになる.一方高速での方向安定はまさに抜群で,手放ししても全く不安ない.コーナリング能力については,この日の限られた経験ではなにも断定的なコメントは下せない.この途方もない高性能ミドエンジン車を限界まで振り回わすには,一流のレーシング・ドライバーに匹敵する技倆とともに勇気を必要とすることは確かだ.個人的に言えば,筆者はあまりにも長くフロント・エンジン車に親しみ過ぎたので,ミドエンジン車に乗るとなんとなく心理的に漠たる不安感を覚えるのだ.また,ローとリバースが同列にあるBB(およびデイトナ,ディーノ)のシフトパターンを,個人的には好まない.レーシングカーではローは発進専用だからこれで問題ないが,実用的なロードカーでは現在のポルシェなどのようなパターンの方が使い易い.写真を撮る段になり,方向転換を何度かやってわかったことは,レバーを下へ押しつけてセレクトするリバースがひどく固くて入れにくいことと,やはりパーキング・スピードではステアリングがとても重いことだった.けれども,これは高性能と卓越したハンドリングに対する小さな犠牲に過ぎないのだし,それを厭うくらいなら最初からフェラーリに乗る資格はないのである.フェラーリは,やはり男の中の男が乗る車なのだ.

(1975年1月号)

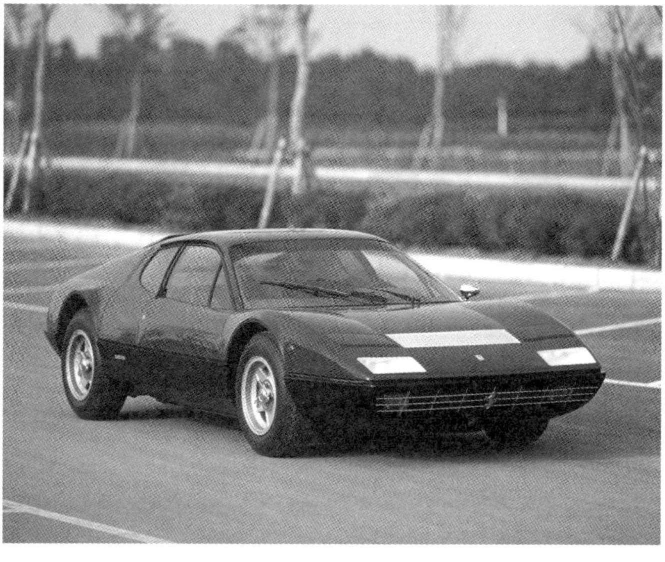

ロードテスト

BMW320

　66年にまず1600の名でデビューしたBMWのコンパクトな2ドア・シリーズは、その後カブリオレ、ツーリングなどのボディ・バリエーションと、サルーンカー・レースでの経験を随所に採り入れた燃料噴射エンジン搭載の高性能版、2002tiiなどを加えながら、この10年間を成功裡に推移して来た。わが国でも、このコンパクトなBMW、なかんずく2002tiiの人気は依然として高く、75年度にバルコム・トレイディングを通じて輸入されたBMW約1400台のうち、およそ7割が02シリーズによって占められている。ところで、BMWは75年半ば、"3"シリーズと名付けた新しい2ドア・サルーン系を発表した。それは1.6ℓ、1.8ℓ、2.0ℓの排気量に従って、それぞれ316、318、320、320i（燃料噴射）と呼ばれる。そして、現行の02シリーズは、ごく最近追加されたばかりのエコノミー版、1502（1.6ℓシングル気化器90HP）を除いては、全てこの新しい"3"シリーズ各モデルにとって代わられる。日本では、まず320と320A（オートマチック）が来春から発売になるが、当分のあいだは02シリーズも併売される。なお、320の価格は316万円で、2002より20万円しか高くなく、逆に2002tiiに比べて16万円安い。

　320は、一言にして言うなら520系と軌を一にしたスタイルと安全設計の2ドア・ボディシェルに、基本的には02系と同じメカニカル・コンポーネンツを組み込んだものである。新旧2台を並べると、320の方がはるかに大柄に見えるが、それは主に錯覚であって、実際にはホイールベースで65mm、全長は90mm、全幅で20mm大きくなったに過ぎない。車高は逆に30mm低められている。車重は1060kgで、これに相応する2002に比較すると40kg増えているが、18%増したと言われるボディの捩り剛性や、大量に加えられた遮音材を考慮するなら、これはなかなか見事な軽量設計と言うべきだろう。

　エンジンはおなじみのSOHCスラント4 1990ccで、320の場合はレギュラー・ガソリン（91オクタン）が使えるよう、圧縮比を8.1に下げ、2バレルのソレックス32-32DIDTA気化器1個ながら、2002の100HP/5500rpmより9HP多い109

HP/5800rpmを得ている。トルクは変らず16mkg/3700rpm。サスペンションは基本的に変らず，フロントがマクファーソン・ストラット，リアはセミ・トレーリング・アームによるが，バネ・レートは変えられ，フロントで25％低められた反面，リアは40％高められている。シャシーで大きな変更はステアリングがウォーム・ローラーからラック・アンド・ピニオンに変えられたことだ。路面からのキックバックを緩和するために，318以上の車種にはステアリング・ダンパーが備わる。ギアボックスは従来型とギア比まで全く同一の4段，タイアも同サイズの5J×13に165SR13を履く。ただし最終減速比は3.9で，2002/2002tiiの3.64より遅い。

動力性能

テスト車は谷田部で動力性能を測定した時点でも走行距離3000に満たない実質的な新車であり，しかもこの日は季節外れの物凄い集中豪雨に見舞われるという，最悪の気象条件であったから，採録したデータは幾分実力より低いものであったろうと推定される。しかしこの点を考慮しても，320の性能は100HPの2002とほぼ同等か，種目によっては逆に若干低下しているように思われる。谷田部での最高速は瞬間的には170km/hちょうど，1km直線平均は169.01km/hであった。カタログによるとマキシマムは175km/hである。C/Gでは2002を計測したことはないが，メーカーのデータでは170km/hとなっている。また，C/Gでテストしたクーゲルフィッシャー・メカニカル・インジェクション130HPのtiiは，3500km走行の新車ながら184.42km/hという，ほとんどカタログ・データに迫る好タイムを出した。320のギアリングは2002，2002tiiより低く，トップギア1000rpm当たり速度で比較すれば前者の29.7km/h及び31.4km/h（現在02とtiiのギアリングは同一だが，C/Gがテストした72年型tiiは02より速い3.45だった）に対して約28km/hである。谷田部で170km/hを出したとき，レヴ・カウンターはちょうど6000を示した。レヴ・リミットは6400だが，ハンドブックによると連続使用を許される最高回転数は6000なので，170は実用上のクルージング・マキシマムと言うことができる（もっとも，今日の世界でこのスピードが合法的なのはドイツのアウトバーンだけであるが）。BMWのSOHCスラント4は，4気筒としては例外的に高回転までスムーズによく回ることで定評がある。320の場合も全くその通りで，800rpmのアイドリングから6400のレ

ヴ・リミットまでデッド・スムーズだし，なによりも好ましいのは異例に広い有効なパワーバンドを持つことだ．気化器は1個の2バレル・ソレックスだが，パワーは6000を超えるまで衰えないことが，発進加速を採録して判明した．すなわち，各ギアで6400のレヴ・リミットまでいっぱいに引っ張った方が，6000でシフトしたときよりも確実に速かったからである．前記のように，動力性能の計測は路面の各所に水深2～3cmの水溜りが散在するほどの，凄まじい豪雨のさなかに行なわざるを得ず，従って急発進時にかなりのホイールスピンを伴なった．0－400m17.35秒，0－1km32.95秒というタイムは，全く実用的な5座ファミリー・サルーンとしてどこへ出しても遜色ないデータであるが（参考までに記すと，C/Gでテストしたアルフェッタは17.40秒と32.35秒，アウディ80は17.55秒と33.74秒），2002tiiの16.50秒，30.90秒には当然ながら遥かに及ばない．だが，"羊の皮をまとった狼"の2002tiiとは対照的に，320のねらいは性能よりもむしろ，ファミリーカー本来のオールラウンドな使いやすさにあるのであって，それはエンジンのパワー特性，ギアリングの設定にも明らかに窺われる．すでに見たように，最終減速比は2002tiiの3.45／3.64より遅い3.9なので，下位3段ギアのマキシマムは50，90，138km/hと，72年型tiiの54，103，155km/hよりかなり低い．その半面，日常多用する80km/h以下の速度帯における追い越し加速は，130HPのtiiよりも却ってよいのである．例えば40－80km/h加速は320の場合，2速5.00秒，3速8.03秒，4速11.49秒なのに対し，tiiはそれぞれ5.60秒，8.60秒，11.70秒を要した．tiiも高度にチューンされたエンジンとは思えぬほど柔軟性に富み，街なかでも実に使いやすいが，320はいっそうこの感が深い．せいぜい50km/h止まりの都内でも3000以上に回転を上げることなく，しかもトップギアまでを楽に使って交通の流れを断然リードできる．クラッチは02より遥かに軽く，ほとんど指先で操作できるほど作動の軽くて容易なギアボックスと相まって，混んだ市街地の運転も一向に苦痛でない．サードは僅々30km/hくらい（約1400rpm），トップでも50km/h（約1800rpm）からならスロットルに即答して加速が効き，ピンキングの徴候すら見せない．コールド・スタートは，一旦深くスロットルを踏んで自動チョークをセットすれば一触即発で，1600のファスト・アイドルは数分後にブリッピングすると安定したノーマル・アイドリングの800rpmに落ち，直ちに走り出してもためらいなく引っ張れる．エンジンの調子は，谷田部で豪雨中をフラットアウトした直後も，1時間以上に

わたって微速走行を余儀なくされたときも全く不変で，優れたフューエル・インジェクション並みに安定した挙動を示した．エンジンに関してただひとつ失望したのは3500〜4000あたりをピークとするノイズ・レベルの高さであった．主として排気系のこもり音で，これは従来の2002にはなかったものである．不幸なことに，これは日常高速道路上で持続する100〜120km/hの速度域に相応するため，実際よりもロー・ギアードな印象を与えるし，長時間乗ると音で疲れてくる．トップエンドのパワーは充分以上であり，120からでも踏めば明確なレスポンスを示すから，2002／2002tii並みのギアリングに引き上げることが望ましく，それによって加速性能はほとんど影響を受けまいと思われた．

燃費

圧縮比は8.1:1と低く，カタログはレギュラー・ガソリンを指定していたが，最近の無鉛レギュラーは品質にバラツキの多いことをふだんから経験しているので，このテストでは大事をとって有鉛スーパーを使用した．定速燃費のデータで見る限り，50km/h時の13.33km/ℓをベストとして80km/hまでは130HPの2002tiiより優れているが，100km/hから上では逆にtiiの方がよい．tiiは140km/h時にも8.3km/ℓを示したのに対し，320は5.78km/ℓと急激に悪くなる．原因はギアリングの差よりもむしろ，燃料噴射の方がシングル・ソレックスより高回転時には遥かに分配が均一で効率がよくなるためだろう．この意味で，320iがどのような性能と燃料経済性を示すか甚だ興味深い．路上で計測した実用燃費はほぼtiiと同等であった．東北高速を使って宇都宮に至り，川俣の近くまで往復した450kmの平均が9.32km/ℓで，これが平均的なツーリング燃費と思われる．タンクは2002の46ℓより大きく52ℓ入り，残量が7ℓになると警告灯が点く．4ℓ入るエンジン・オイルは，710kmにわたる高速テストでも事実上全く減らなかった．

操縦性と乗り心地

320で初めて採用されたラック・アンド・ピニオン・ステアリングはすこぶる好ましい印象を与えた．ステアリング・ホイールは02より若干小径になったように思えるが，操舵力は微速のパーキング時を除いて常に軽い．減速比は02系より多少大きくなり，ロックからロックまで4回転するけれども，これは5m弱

のコンパクトな回転半径を考慮に入れる必要がある．操舵がやや忙しく感じられるのは，90°の街角をゆっくり曲がる際で，手を持ちかえることを要するが，一旦スピードに乗れば適度にクイックとなる．直進安定は抜群によい．谷田部で最高速テスト中，ストレートのここ，かしこで水深3cmほどの水溜りを突破すると，一瞬わずかに車全体が横へそれたが，ステアリングを軽く保持していれば自動的に元のコースに戻った．ステアリングは適度に敏感だが決して過敏ではない．要するにスポーティーなファミリー・カーとして最適な妥協に思われる．操舵系全体の剛性は高いのに，ステアリング・ダンパーの効果でキックバックはほとんど手に伝えられない．

テスト車のタイヤはフェニックス2010Sという見なれない銘柄の165SR13で5Jリムを持つ．タウン・スピードでは細かい不整をコツコツと拾い，特によいとは思えなかったが，豪雨中を谷田部でテストした際に判明したのは，例外的にすぐれたウェット・グリップであった．一面に厚い水膜で覆われたスキッドパッド上でも，このタイヤと320のコンビはあたかもドライな路面でもあるかのように確実にグリップし，ハード・コーナリングでは普通に悲鳴をあげた．ハンドリングに関して，320は2002tiiの一般的に高い水準をさらに抜いているとさえ言える．操向性は事実上ニュートラルと言ってもよいほどで，コーナリング・スピードを上げて行っても操舵力はほとんど変わらない，20R程度の定常円を画いて2速でコーナリングしながら次第にスピードを高めてゆき限界に達すると，テールがゆるやかにスライドし，ファイナル・オーバーステアを示す．だがアンダーからオーバーへの過渡期の挙動はごく緩やかであり，充分に予知できる性質である．内側のホイール・スピンは，こうしたウェット・コンディションでもごく軽微であり，例えばコーナー出口から安心して2速のフルパワーを与えられる．また，コーナリング中にスロットルを放すとテールがわずかにリフトすると同時にタックインするが，この場合も挙動はスムーズなので，すこぶるコントロールしやすい．以上はウェットな路面におけるハンドリングであるから，ドライではもちろんこれ以上の性能を発揮することは，言うまでもない．

乗り心地に関しては多少期待外れの点もあった．前後とも200mm近いたっぷりしたホイール・ストロークを持つ撓やかなサスペンションは，2002に比べてフロントのバネ・レートを25％下げた反面，リアは逆に40％も高められてい

る．一般的にはもちろん非常に快適なのだが，荒れた舗装やコンクリートの目地などには意外に鋭く反応し，上下に揺すられる．その一因は踏面の硬いフェニックス・ラジアルによることも確かで，それ相応の音も立てる．また，典型的にドイツ流の，表面の硬いシートもこうした場合には助けにならず，車体の振動をそのまま乗員に伝えやすい．

ディスク／ドラム・ブレーキはサーボ・アシストも適度であり，ウェットな路面でも30kg踏力で0.95Gを記録した．耐フェード性も充分だ．0-100-0テストでは当初の踏力16kgが，6回目で20kg，10回目でも23kgに微増したに過ぎず，効きは最後まで安定していた．6気筒モデル及び520系でまず採用された，大きく後傾したフロント・ストラットによるアンチ・ダイブ効果はこの320でも明らかであり，急制動に際してはむしろテールが多少持ち上がるだけで，ノーズはディップしない．2002系に比べ，総じて急加速，急減速に伴なう姿勢変化は少なく，よくチェックされている．

居住性と装備

このコンパクトなBMWはまずなによりも"driver's car"であり，カタログも謳っているように"運転の純粋な愉しみ"をファミリーカーの枠内で，という条件付ながら特に重視している．さすがに運転姿勢は申し分ない．BMWの伝統的特徴で，比較的高い運転席から広いスクリーンを通して見る四方の視野はすばらしく，事実上死角は皆無である．計器パネルの設計は他車もまねて欲しいほどのグッド・デザインだ．大径の速度計，レヴ・カウンターを中心に，燃料計と水温計及び各種警告灯群を左右に配したパネルは正面の見易い高位置にあり，夜間はオレンジ色に間接照明される．黒地に明瞭な白文字で表示された計器は実に機能的で，また美しい．コントロール類の配置もよく考えられており，初めて乗り出しても全く自然に操作できる．ライト・メインスイッチのみはダッシュ左端にあるが，その切り換え／パッシング／ウインカーはステアリング左の小レバー，ワイパー／ウォッシャーは右手レバーにより，リムから手を放さずに指先で操作される．ヒーター／ベンチレーター・コントロールはダッシュボード中央に配されているが，この部分は3点シートベルトを着用したドライバーから容易に手が届くよう，運転席の方へ斜めにせり出している．2002から乗り換えたドライバーならば，ペダルが普通の吊下げ式であることを

有難く思うだろう。旧型では時代遅れな下ヒンジで，角度が立ち過ぎているため踏みにくかったのである。なお，320は目下のところ左ハンドル型しかない。

ビニールレザー張りシートの寸法，形状は適切で，充分な前後スライド幅，無段階に調節の効くバックレストと相俟って，あらゆる体格のドライバーに的確な運転姿勢を可能にする。ヘッドレストも高さを変えられる。ただし，クッションは硬く，平均的日本人の体重ではほとんど沈まないほどで，明らかにヘビイウェイトの巨漢向きである。2ドアの通弊で，広いドアにも拘らず後席への出入りは不便だが，一旦着座するとヘッドルーム，レッグルームともに2人の大人には適当にとられている。バックレストは前席並みに湾曲しているので，320は事実上4シーターである。室内装備に関して，320が2002に比べて画期的に進歩したのはベンチレーターである。2002では驚いたことにフェース・レベル・ベンチレーションが皆無で，原始的な3角窓に頼るほかなかった。それが320ではほとんどダッシュ全幅にわたって，4ヵ所のアウトレットからフレッシュ・エアを導入できる。これはヒーターとは独立しており，理想的な頭寒足熱の状態を意のままにつくり出せる。ただし，走行時も流速のみでは不充分で，3スピード（最強は物凄くパワフル）ブロワーの助けを必要とする。そして，ベンチレーターの強さは左右前席で別個にコントロールできるのは親切な設計だ。エア・ミックス方式のヒーター／デミスターの設計もすぐれ，デリケートな温度調節，足元／スクリーンの振り分けが2つのレバーで容易にできる。標準装備のリア・ウィンドー・デミスターは非常に強力で，ほとんど瞬間的に効き始め，3分も経てば完全に晴れる。たびたび述べたようにテストの日は豪雨にたたられたのだが，効率のよいデミスター，ベンチレーターのお蔭で，四方の視界は常に完全に保たれた。テスト車はサンプル輸入車だったが，後席の横窓ははめごろしであった。もちろん日本で販売されるモデルは本国ではオプションの，前縁をヒンジとして外側へ開くタイプが付く。BMWは特に窓面積が広いので，日本の暑い夏にはクーラーが必需品である。従来の2002系に日本のディーラーが装着したクーラーは率直に言って極めて不満足なもので，クーラーを最も切実に必要とする状況ではほとんど使いものにならなかった（ヨーロッパの小型車で，満足にクーラーの効く車は皆無と言えるが）。このリポートを書いている時点で，ディーラーは320をクーラー・メーカーに送って，センターコンソールのヒーター・アウトレットを利用したクーラーを試験中だったので，その性能

についてはまだ不明である．室内に小物を収納するスペースは豊富にある．センターコンソール上の，カメラやハンドバッグくらい置ける物入れをはじめ，助手側ダッシュ下には上級BMWと同じ，巨大なロッカーがガバッと開いて，ブリーフケースなどさえ楽に入る．角張ったトランクの深さ，奥行きともたっぷりあり，スペアは床面に寝かせて格納されるため，床はフラットで使いやすい．トランクリッド裏には，6気筒モデルほど数は多くないにせよ，現代のこのクラスには珍しい工具キットが，プラスチック容器に入れて格納されている．ボディ内外のフィニッシュは，嬉しいことに依然として高水準にあり，この点では国際的水準を遥かに超えた日本車と比べても決してひけはとらない．316万円という価格は，アルフェッタ（285万円），アウディ80（228万円），カプリ2（229.5万円）などと比べると割高と言わざるを得ないが，性能，燃費，操縦性，居住性，それに設計時点の新しさなどを総合した評価では，このクラスのトップをアルフェッタと争う車であることは間違いない．

(1976年1月号)

ロードテスト

ホンダ・アコード LX

5月7日発表された待望のホンダ・アコードは、1.6ℓに拡大したCVCCエンジンを、シビックよりひとまわり大きい2ドア＋テールゲート付ボディに搭載したフル4シーター・サルーンである。それは基本的コンセプトにおいて、例えばルノー14、シムカ1307／8などに見られる、最新型ユーロピアン・ミディ・サルーンの"国際規格"にぴったり合致している。すなわち、基本設計においては横置エンジンによるFWDと全輪独立懸架であり、4人の大人と大量の荷物を楽に呑み込むハッチバック・ボディの収容能力、多用途性の点でも、ヨーロッパの同クラス車に匹敵する。従来のシビックが、ファミリー・モータリングにおける"シビル・ミニマム"を目指した車であったとすれば、アコードは居住性と収容力、乗り心地と操縦性、動力性能と燃費などの各面で、国際的にも通用する高度なトータル・バランスをねらい、そして成功した車であると言える。

ボディの基本型、エンジンの仕様は4種あるバリエーション（SL、GL、LX、EX）について共通だが、最上級のEXにはホンダ独自の速度感応式パワー・ステアリングが標準装備される。価格はSLの90.6万円からEXの112.6万円にわたるから、価格的には直接のライバルと目されるスプリンター・リフトバック上級車種にほぼ対応する。しかし実際にテストしたC/Gの印象では、アコードの車としての効用はその車格以上に高く、もっと上級市場からも顧客を惹きつけ得ると思われた。

動力性能

アコードの1599ccCVCCエンジンは基本的な鋳鉄ブロックをシビック1500（74.0×86.5mn）と共用し、ストロークを93mmに延ばしたロング・ストローク型である。圧縮比は従来のCVCCより僅かに高い8.0:1で、副燃焼室用小型気化器を持った2バレル1基により、80HP／5300rpmと12.3mkg／3000rpmを発揮する。因みに、シビック1500RSLユニットは70HP／5500rpmと10.7mkg／3000rpmである。アコードのトランスミッションには4段／5段マニュアルと2

段オートマチックの3種があるが，5段マニュアルは上級車種のLX及びEXにのみ標準装備される．テストしたのはLX5と呼ばれる5段ギアボックス付であった．この5段ギアボックスはシビック1500RSLと共通で，ノーマルの4段型の上に0.714のODトップを付けたものだ．最終減速比は1500RSLの4.642よりさらに速い4.428．タイア・サイズは同じく155SR13なので，アコードは国産1.6ℓ級としては異例なハイ・ギアリングを持つことになる．トップギア1000rpm当たり速度で示せば，4速でも28.5km/h（1500RSLは26.7km/h），5速では実に33.8km/h（同31.2km/h）となる．車重はLXの場合860kgで，はるかに大きいボディにも拘らず，シビックに比べて重量増加を約100kgに抑えることができたのは賞讃に価する．したがって，10HP強化された出力による馬力／荷重比では，シビック1500RSLよりごく僅かながら有利である．

　CVCCの常で，コールド・スタートは全くフール・プルーフだ．5月の気温では，2段階のチョークを1段引いてキーをひねれば文字どおり一触即発で，約1500rpmの安定したファスト・アイドルに入る．直ちに走り出してもためらわずに加速し，ものの1kmほどでチョーク警告灯が輝くのと同時にブザーが鳴る．街へ乗り出した第一印象は，シビックに比べて圧倒的に静粛なことであった．それは，ひとつには柔軟性に富むエンジンとハイ・ギアリングのため，せいぜい40〜50km/hの街なかでも4速が常時使え，稀には5速さえセレクトできるほどで，エンジン回転数を常に2500以下に抑えて走れるからである．この印象はハイウェイに出てますます顕著となる．5速は理想的な高速巡航用ギアで，100km/hは僅か2900＋rpmに過ぎない．100〜120という実用的な高速域におけるリファインされた走行性に関して，アコードは同クラス車はもちろん，国産の6気筒2ℓ級さえも凌ぐほどと言いたい．エンジン自体も本来静かだが，シビックより改良されたエンジン・マウント，防／遮音処理のために，100km/h＋で走行中もエンジンのノイズ／振動はほとんど室内には伝えられない．さらに，ボディの風切り音は例外的に低く，路面ノイズ（テスト車のタイアはヨコハマGT Special Sports Line）もよく抑えられているから，5段ギアボックス付のアコードは理想的なハイウェイ・クルーザーである．東名高速で遭遇する程度の上り勾配は，前車にブロックされたりして50〜60以下にスローダウンしない限り5速のまま上れるから，一旦ハイウェイに乗って巡航スピードに達すれば，事実上常時ODトップで用が足りる．この5段ギアボックスはすでに述べたよう

に，4段型の上に約16%高い5速ギアを付加した名実ともに4段＋OD型で，しかもファイナル・レシオは4段，5段型とも共通である．したがってしばしば高速道路で遠出をする向きには，この5段型が理想的だろう．反面，混んだ都市内で主に使うのであれば，5段ギアボックスはわずらわしいだけだから4段型で充分だし，むしろオートマチックの方がはるかに適している．ただし，5段ギアボックスが上級車種のLX，EXにしか付かないのは不親切だ．

　従来のシビック，例えば63HPの1200から乗り換えても，アコードの"加速感"は若干頼りない印象を受ける．だがそれは，主として異例なハイ・ギアリングと，ピークがどこにも感じられないほどフラットな，1.6ℓ CVCCエンジンのトルク特性による錯覚であることが，谷田部での計測で判明した．驚いたことに，アコードの最高速はこれまでC/Gがテストしたすべてのシビックより速く，加速についても旧1200RSを除けば最速なのである．すなわち，1kmストレートで計測した2方向の平均タイムは，5速が145.21km/h，4速でもほとんど変わらず144.05km/hを記録した．この日は多少風があったので，追い風を受ける側の1kmストレートでは5速で148.14km/h（4600rpm），4速では146.93km/h（5500rpm）に達した．アコードのパワー・ピークは5300rpmで，レヴ・カウンターのレッドゾーンは5800rpmから始まる．74×93mmというロング・ストロークと排気対策のため，5000から上の吹け上がりは従来の1.5ℓエンジンより鈍い．5500以上に回転を上げても得るところは少なく，またその必要もないから，このギア比の設定はまさに的確であると判断される．特に，4600という比較的低い回転数でマキシマムに達する5速の設定は適切で，勾配のかなりきついドイツやフランスの高速道路では，4速と5速を使い分けながら，130〜140を保って高速巡航することは容易だろうと想像される．この意味でもアコードはヨーロッパの同クラス車と対等に戦える国際性を有している．因みに，ヨーロッパへ輸出されるコンベンショナル・エンジンの出力は90HP＋と言われる．比較のために示せば，シビック1500RSLの最高速は142.00km/h（5速）／138.46km/h（4速），また1200cc76HPの高性能版RSは142.86km/h（4速）／133.33km/h（5速）であった．以上のデータでも判るように，活気に満ちた低・中速域における走りっぷりから予想されるほどには最高速の伸びない従来のシビック各モデルに比して，ノーズが長くテールの傾斜も寝ているアコードは空力特性がベターであると見え（前面投影面積では大きいにしても），絶対的なマキシマムは確

実に上である．一方，加速性能の方も，"加速感"とは裏腹に，測って見れば1500RSLより確かにすぐれている．ただしそのマージンはごく僅かであるが．すなわち，0－400m 18.85秒（1500RSL19.00秒），0－1km35.60秒（同36.40秒），0－100km/h15.50秒（同15.90秒）であった．さらに，国内市場で直接競合するカローラ・リフトバック1600（85HP／5400rpm，車重955kg）に比べると，アコードの優位はいっそう明らかだ．カローラ・リフトバックは，トップギア1000rpm当たり速度27.9km/h（4速は24.1km/h）という，アコードよりはるかに低いギアリングを持つにも拘らず，最高速（136.88km/h），加速（0－400m19.69秒，0－1km37.85km/h，0－100km/h17.91秒）の両面で大幅に水を開けられる．

　あらゆる意味において，アコードの動力性能は決して目覚ましくはないにせよ，日本の路上で使う限り全く適当にして充分と言うに尽きる．しかし細かい不満もないではない．まず指摘したいのは，ロー及びセカンドを使って2000以下で低速走行する際に限り発生する一種のスナッチである．これは，スピードに対して相対的に高過ぎるギア（例えばトップで20km/hを維持して走るような）で走行する際に起きるトランスミッション・スナッチではなく，明らかにエンジン自体の低回転域における回転ムラによる現象と思われる．その証拠に，同じ低速をサードあるいはトップギアでキープしても，走行抵抗にエンジンが負けて，トルク変動が殺され，スナッチとして顕在化しない．この現象は従来のCVCCエンジンでも多少看取されたが，アコードでは一般により顕著である．またそれは車によって個体差のあるのも特徴的で，谷田部でテストしたLXは実用上ほとんど問題にならぬほど軽微であったのに対し，箱根で乗った別のLXは不快なほど強く感じられた．もうひとつの小さい不満は，回転数の全域で感じられる瞬発力の欠除である．特に，3000～4000といった多用する中速域でこれが顕著に感じられる．例えばサードなどで追い越しをかけるべく，急にスロットルを踏んでも即答しないだけでなく，一瞬スポッと力が抜けるようなフラット・スポットが感じられる．そこまで行かない場合でも，あらゆる速度域を通じスロットル・レスポンスはシビックよりも鈍いと言わざるを得ず，それは特に多少とも上りの勾配で痛感される．それはきれいな排気と，次に述べる優秀な燃費に対する小さな代償というべきであろう．

燃費

　燃費は驚異的によかった．谷田部で計測した定速燃費は，5速／50km/h時の20.40km/ℓをピークとして，30km/hから120km/hに至る広い速度域できわめて優秀な価を記録した．特筆すべきは，排気量で100cc，出力は10HP大きく，車重で100kg重いにも拘らず，燃費の良さでは定評のあるシビック1500RSLよりもよいデータを示したことである．すなわち，5速の60km/hはアコード19.60km/ℓ，シビックRSL 16.67km/ℓ，100km/hはそれぞれ14.28km/ℓと13.70km/ℓ，120km/hは11.76km/ℓと10.87km/ℓという風に，いずれもアコードが勝っている．路上で計測した実用燃費はいっそうアコードの経済性を裏付ける結果となった．最良の燃費は，比較的空いていた東名を御殿場から東京まで平均100km/h＋で帰って来たときで，16.33km/ℓという信じ難いほどよい燃費を示した．明らかにハイ・ギアリングの効果で，100km/hで走行中にスロットルをゆるめてもほとんどエンジン・ブレーキが効かぬほどだから，車自身の重量を逆手にとり，慣性を極力利用すれば驚くほどの好燃費が得られる．以前ほぼ同じ条件でテストした1500RSLは15.02km/ℓ，旧CVCC1500は13.48km/ℓであったから，ホンダCVCCエンジン自体の燃費は絶えざる開発によって着実に改善されつつあると言ってよい．一方，東京から典型的に混んだ6号線で谷田部に至り，約160kmに及ぶ各種定地試験を済ませて帰京した322km区間の平均は9.88km/ℓを示した．同じ条件で測った1500RSLの燃費は8.87km/ℓである．総テスト距離の平均は11.05km/ℓで，これは1500RSLの10.57km/ℓ，旧CVCC GFの9.84km/ℓ，トヨタ・カローラ・スプリンター・リフトバック1600の8.70km/ℓのいずれよりも確実によい．燃料タンクは50ℓと燃費の割りに大きいから，好条件の高速巡航なら優に東京−神戸を無給油で走破できる．シビックでは，次第に改善されたとはいえ，給油の際の吹き返しが甚しく，口までいっぱいに補給するのが困難であるが，この点アコードは問題ない．残量が約9ℓになるとダッシュボードに警告灯が点く．

乗り心地，操縦性，制動力

　サスペンションの基本的設計はシビックのそれを踏襲しており，前後ともストラット／コイルによる独立懸架であるが，シビックと異なり当初から硬いラ

ジアル・タイアの装着を意識して設計されている．タイア・サイズは1500RSLと同じ155SR13で，テスト車はヨコハマGT Special Sports Lineを履いていた．走り出して先ず感じた嬉しい驚きは，都内の荒れた舗装路における低速時の乗り心地が，シビックとは比較にならぬほどスムーズになったことである．ヨコハマGT Special Sports Lineというタイアは初めてだが，ラジアルとしては踏面が柔らかいらしく，舗装の継目や段差によるショックは軽微であるし，路面ノイズもシビックに比べて格段に小さい．特に後輪からのノイズ遮断は優秀で，普通のセダンのように後席とトランクの間に隔壁（有効な防／遮音壁となる）がないにも拘らず，粗い路面でもロード・ノイズはほとんど高まらない．ボディ全体の剛性も高く，ラフ・ロードを飛ばしてもスカットルまわりやフロアボードなどの振動や変形は全く看取されない．乗り心地だけを単独にとり出せば，アコードはあらゆる速度域において適当の一語に尽きる．高速での乗り心地もシビックに比べていっそうフラットに感じられ，たっぷりしたよい形状のシート（後に述べる）にも助けられて，長距離をノン・ストップで走ることは物理的にも精神的にも全く容易である．前後席で乗り心地に大差ないのは，ファミリーカーとして特に好ましい点である．確かに，アコードの乗り心地は一般にプアな国産車の中ではベストの部類に属するが，例えばたっぷりしたホイール・ストロークと腰のある有効なダンパーを備えたフランス車の水準には，未だ残念ながら到達していない．アコードはタウン・スピードでの乗り心地を重視する余り，高速では若干ダンピング不足でソフト過ぎるという意見もあったことを付記しよう．

シビックより大きく，重くなったアコードだが，ステアリング（テスト車はLXなのでパワー・アシストはない）の重さは低速でもほぼシビック並みに保たれている．ラック・アンド・ピニオンギアの総減速比は，シビックの17.1：1に対して17.4：1，ロックからロックまで3.3回転に過ぎないから，操舵力の軽減をギア比の増加に頼っているのではないことは確かだ．シビックに比べ，ステアリングを切り始めた瞬間のレスポンスは若干鈍く，直進付近に多少"dead"な感じがあるように思われるが，依然としてレスポンスの良さと正確さという美点は充分に残されている．ゆっくりと街角を曲った後などのキャスター・アクションは，シビックより弱いので，初心者にはより扱いやすいと感じられるだろう．シビック，特に初期型は，舵の復元力が強過ぎ，街角などを曲ってステ

アリングから気を許すとパッと直進に戻ってしまい，蛇行し勝ちなのである．同じ理由により，急発進時にステアリングが左にとられる傾向もシビックに比べるとずっと弱い．アコードの操舵力を評価するために，C/Gの女性スタッフに街なかで運転させて意見を求めたところ，2人とも現状でべつに問題なしとのことだった．われわれも全く同意見で，パワー・ステアリングは必要ではないが，軽い舵に慣れた人には望ましい，というところだろう．

　アコードの高速安定性は非常によく，谷田部で試したところでは最高速時にも安心してハンド・オフが可能なほどであった．後日，強い横風の吹く日の東名を走ったら，若干風に影響されることが判明したが，すぐれたナチュラル・スタビリティのために，一瞬振られるだけで自然に元のコースに戻る．一般的なハンドリングはシビックよりもいっそうリファインされたFWD，という印象が強い．1400／1390mmというワイド・トラック，低い重心高，フロント・スタビライザーの相乗効果で，ロールは常によくチェックされる．アンダーステアはFWDの水準からすれば軽くミッド・コーナーでスロットルをゆるめた際のタックインも弱い．したがってFWDの短所とされる性格はよく矯められており，たとえ初心者の手にあっても安全なハンドリングだと言えよう．その反面，腕に覚えのある向きには，シビックほどには面白くないという声も聞かれた．その意味は，シビックならばコーナーのアペックスへ向けて車をセットアップし，ここぞと思うときにスロットルをいっぱいに踏み，あるいはゆるめてタックインさせ，自在に姿勢をコントロールすることができるのに対し，アコードはその自由度が少ない，ということである．まず第一に，こうした走り方をするには絶対的にアンダーパワーであり，前輪のスクラブ抵抗に負けて，コーナリング・スピードはある程度でスタビライズし，それ以上には高まらない（だから"セイフティ"がビルトインされているのだ，と設計者は嘯くだろう）．それゆえ，スロットルで姿勢を制御する唯一の方法は，ミッド・コーナーでスロットルを閉じ，あるいはゆるめてせいぜいアンダーステアを弱めることくらいしかないのである．だが，ゆるい下りのコーナーで試みたところでは，アコードの限界的なコーナリング・スピードにおける挙動は，シビックRSなどと同じく，パワーオンで軽いオーバーステアに転ずることが判明した．それゆえ，もっとパワーがあれば，アコードはファスト・ドライバーにとっても面白い車になる可能性を秘めている．ただしその場合は現在のサスペンションで

は少々ソフトに過ぎ，より有効なダンパーを必要とするだろう．現在のスピードでも，コーナー途中に波状があると一瞬ゆらっと揺動し，方向安定が乱れることがある．

さりとて軽過ぎず，微妙なコントロールも容易である．20kgの踏力ですでに0.92Gの大きい減速度が得られた．シビックでは特に濡れた路面で後輪の早期ロックが甚だしく，PCVの必要性をC/Gはテストの度毎に叫んできたが，アコードではそれが採用されている．確かにそれは有効と思われるが，決して万能ではない．例えば，パニック・ストップに近い30kg踏力の場合は，右後輪が2m，左後輪は5mにわたってロックし，制動距離を20kg踏力のときよりも延ばした．一方，従来のシビックで不充分だった耐フェード性は，アコードでは全く問題なかった．0-100-0フェード・テストの結果は，当初の12kg踏力が4回めまでに一旦10kgまで下がり，以後は漸増するが10回めでも14kgにとどまるという，すこぶる優秀な成績を示した．急制動時のノーズダイブは少なくないからダートなどでは腹を打たぬよう，注意を要する．

居住性と装備

アコードは一見VWシロッコに似ているから，スタイリングのために後席居住性が犠牲にされているのではないか，と想像されても不思議はない．ところが事実はさにあらずで，アコードは正真正銘のフル4シーターであり，5人乗ることも無理ではないのである．運転席に着くと，まずその快適で明るい雰囲気と，四囲のすばらしい視界に感銘する．LXの場合，シートは中央部がファブリック，周囲がPVC張りだが，サイズもたっぷりなら形状も適切なので，長時間乗り続けても決して不当に疲れない．フロント・スクリーンは丈も高く，大きく傾斜しているが，例えばVWシロッコやアルフェッタGTのように，上縁が額に迫って圧迫感を与えることは皆無である．安全性のためにスクリーン・ピラーの断面は非常に太いのだが，ドライバーの眼の位置からは決して視野の妨げにはならない．ステアリング・ホイールの高さ，角度はまさに的確で，シートに対して正対しており，同様にペダル類もオフセットせず，自然な正面の位置に配されている．FWDとしては実に稀有なことに，ホイールアーチの室内への張り出しが少ないためで，足元の広さは実に印象的である．ダッシュボードのデザインは，最近の模範とされるBMW3／5シリーズに比べても遜色ないどこ

ろか，むしろ総合的にはアコードの方がすぐれているほどだ．無反射ガラスと深いフードに包まれた，正面の見易い位置にある計器盤には，黒地に白文字，先端が赤く塗られた白い指針の計器が4つと，各種の警告灯群が収められている．半ドアやブレーキ灯の断線は，単に警告灯だけでなく，車の平面図でその部位が図示される．また，速度計の下には，エンジン・オイル，フィルターの交換時期，タイア・ローテイションの時期を，緑→黄→赤と変わるランプ（距離計と連動して変化する）で知らせる御親切な装置まで備わる．これに類するランプは1930年代のアメリカの超豪華車，デューセンバーグに付いていたのが唯一の例だろう．計器盤についてただひとつの不満は，夜間の照明が明かる過ぎることで，照度調節もない．輸出型にはコントロールが付いている由だが，国内向きにはなくても，もう少し輝度を下げるべきである．特にハイビーム・インディケーターが強すぎる．

アコードの室内装備で高く評価したいのは，センターピラー内蔵のイナーシャ・ロック式ベルトを前席に備えたことだ．これは片手でスルスルと引っ張って掛けられ，ふだんは束縛感もなく，使わぬ時はピラーに自動的に巻き込まれ，後席への出入りに邪魔になることがない．当然といえば当然なことだが，ヨーロッパでも高級車しか標準装備していないこの内蔵式ELRベルトを，アコードのような比較的安い車に採用したホンダの見識を大いに多としたい．総じて，アコードの装備はセンシブルで，必要なものはすべて揃っている代わり，国産他車のようにあらずもがなのアクセサリーは何ひとつなく，大いに好感が持てる．

ベンチレーションの設計は特によい．ダッシュ上の4ヵ所にあるフェイス・レベルのアウトレットからは，タウン・スピードでも強力に外気が入り，3スピード・ブロワーの助けをほとんど必要としないほどだ．4つのアウトレットそれぞれは風向，風量を個別に調節できるし，ダッシュ両サイドのそれはドアとダクトで通じており，雨天の際などのドア窓デミスターとして働く．メルセデスなどの高級車には見られるが，日本のように雨が多く湿度の高い国でこそ，最も必要とされる装置である．リア・ウィンドーにはむろんデフォッガーとワイパー／ウォッシャーが付く．後席への出入りは，広いドア開口部のお蔭で，並みの2ドア車よりは楽だ．後席の居住性のよさは前席にさほど劣らぬくらいであり，身長170+のドライバーの後ろに坐っても，レッグルームは充分に残されている．たっぷりした寸法のシートはバックレストの角度，クッション高さが

適切なので，自然な姿勢で掛けられる．前席を通しての前方視界も，最近の車の中では最良の部類であるから，アコードの後席パセンジャーは決して孤独感を味わわずに済む．これまでのホンダ各車は運転を愉しむdriver's car であったが，このアコードはどの席に乗せられても快適な，初めてのホンダと言える．

アコードの大きな魅力のひとつは，大きなハッチバック・ドアと，後部車室につくり出せる「可変空間」である．後席を普通位置にセットした状態でも，トランク・ルームは並みの国産車以上だが，後席バックレストを前へ倒せば，幅1315×奥行1377×高さ740mmという，ワゴンに近い荷物スペースが出現する．比較までに示せば，カローラ・リフトバックの荷物室は，幅と奥行では大差ないものの，高さでは110mmも低い．荷物室とはいえ全面カーペットで覆われ，金属部分の露出は皆無だから，傷つき易い物も安心して置ける．小さい不満は，テールゲートが外からは鍵なしでは開かない（室内からは運転席右下のレバーで開く）ことだ．これは実際に買物に行ってみればすぐわかることで，両手いっぱいにペイパーバッグを抱えて車に戻り，ポケットを探ってキーを取り出し，解錠するのは厄介なものだ．従来の3ドア・シビックのように，キーなしでもテールゲートを外から開くようにした方がはるかに便利だし，第一つくる方にとっても安上がりではないか．

アコードをフル・テストしたC/Gの評価を総括すれば，それは全体のコンセプトから細部設計にいたるまで，よくできた最新のユーロピアン・ミディ・サイズFWDサルーンに匹敵する車だということである．特に，シビックで欠点とされた乗り心地の荒さ，後席居住性とトランク・スペースの不足は，このアコードでは国際的水準にまで改善されている．従来のシビックでは成長する家族の必要に応じられなくなった若い"ニュー・ファミリー"には最適なチョイスであろうし，これまでもっと上級車種に乗っていた人びとも，このルーミイで快適なマルチ・パーポス・カーを，抵抗なしに受け入れるのではなかろうか．

（1976年7月号）

ロードテスト

ルノー 5GTL

　ルノーが日本市場にカムバックした。73年のR16TSを最後に、ルノーの輸入は主として排ガス規制をめぐる諸事情からここ数年途絶えていたが、今年度からR5GTLを手始めに、輸入が再開されることになった。同時にディーラーも、従来の日英自動車から、これまで長くオースティンを扱っていたキャピタル企業株式会社に移った。

　72年春にデビューしたR5は、VWポロ／フィアット127／シビックなどと全く同クラスに属するいわゆるスーパーミニで、フランス国内では依然としてベストセラーの位置を占めている。本国では782cc/956cc/1289cc/1397ccの4種の排気量と、適宜に異なるグレードで売られているが、今回日本の51年排ガス規制をクリアして発売されるのは、対米輸出型をベースとした1289ccのGTLである。3ドア・ボディの寸法は3615×1535×1525mmだから、対米仕様のバンパーのため、本国版より約100mm延びている全長を除けば、ほぼシビックに相当するサイズである。このクラスでは横置エンジン前輪駆動がもはや定形化した観があるが、R14を除き、R4からR30まで、縦置レイアウトを採っており、最もコンパクトなR5もまた例外ではない。しかも4気筒エンジンはクラッチ側を前方に向けて搭載され、4段ギアボックスがボディ最前部に位置するレイアウトを採っている。理論上、これはスペース・ユーティリティの上で最も不利に思われるが、後に述べるようにR5の室内は実にルーミィなのである。その一因は2400／2430mmという充分に長いホイールベース（左右で異なるのは、リアの横置トーションバーの長さをボディ全幅までとるため、左／右側で30mm前後してアンカーしているから）にあり、4½Jリムの145SR13は文字どおりボディの四隅に位置する。もうひとつは、例えばシビックより実に200mmも高い車高で、比較的直立した着座姿勢をとることによって後席レッグルームをかせいでいること、及びサスペンション・ストロークがフランス流にたっぷりとられていることを示している。因みにサスペンションは、フロントがダブル・ウィッシュボーン／縦置トーションバー、リアはトレーリング・アーム／横置トーシ

ンバーによる.

　前述の如くエンジンはR5系列では上級の, 1289cc (73×77mm) ロング・ストロークOHVユニットを積んでいる. 圧縮比8.5：1, ウェバー32気化器付の出力は57HP／6000rpm, トルクは9.4mkg／3500rpm (いずれもDIN) と, 本国の5TS (64HP／6000rpm, 9.6mkg／3500rpm) はもとより, 対米仕様 (59HP／6000rpm, 9.6mkg／3500rpm) よりも若干低下している. 排気対策はEGRと触媒が主で, 2次エアは用いていない. 車重は, これらの排ガス対策や前後に延びた対米仕様バンパーのため, 本国版5TSより30kg増して830kgになっているが, ギア比は5TSと同一である. 因みに, 本国版の5GTLは同じ1.3ℓながら極力パワーを絞り (44HP／5500rpm), ギア比を高くとって (トップギア1000rpm当り速度をTSの27.7km/hから31.5km/hに), 燃料経済化を図った節約型で, 日本仕様のGTLとは全く異なる. 日本仕様5GTLは前記の排ガス対策57HPエンジン, 強化されたバンパーの他, 熱線リアウィンドー, リア・ワイパー／ウォッシャーなど豊富なアクセサリーを備えるが, 本国版にはオプションで付き, 魅力のひとつにもなっているファブリック製の簡単なサンルーフは, 少なくとも目下のところは付かない. 価格は未定だが, 日本では直接のライバルになるVWゴルフLSE (169.8万～211.3万円), アルファスッド (193万円) より高価とならざるを得まい. ディーラーによれば初年度に600台を輸入し, 以降は次第に台数を増やしてゆく他, いずれはR14, R30も輸入してゆく方針という.

動力性能

　830kgの車重に57HPのルノーは, 例えば約700kgに63HPのホンダ・シビック1200・3ドアなどに比べ, 少なくとも紙の上ではハンディを負っているように見えるが, 実際の路上では全く遜色ないばかりか, 谷田部で計測した最高速テストでは, むしろシビック1200を上回わった. すなわち, 1km区間の最高速度は140.90km/hで, これはC/Gでテストしたシビック1200・3ドアの131.63km/hより殆んど10km/hも速い. 5GTLの1.3ℓ・OHVエンジンはルノーの例に洩れずよく回わる. レヴ・カウンターの備えはないが, この51年対策エンジンでも6500rpmは容易に回るから, 最高速 (約5100rpm) は事実上クルージング・スピードである. サニー／チェリーのA10型エンジンに似た性格で, 全域を通じてごくスムーズだし, 低・中速トルクも強い. 4段ギアボックスのレシオは不可

避的に比較的広く分散しているが（3.667，2.235，1.456，1.026），この広い有効なトルク・バンドのため，実用上はなんらハンディとはならない．エンジンの柔軟性に富むことは特筆すべきだ．サードで20km/h，トップでも30km/hを保って全くスムーズに定速走行が効くし，ローなどはアイドリング・スピードのまま，あたかもオートマチックのクリーピングのように微速走行が可能なほどだ．圧縮比は8.5:1で，むろん触媒を備えるため，レギュラー・ガソリンを使用したが，例えばトップの40km/h（約1450rpm）からフル・スロットル加速しても，躊躇なくスムーズな加速に移り，ピンキングやトランスミッション・スナッチなどは皆無である．したがって，40km/h走行を余儀なくされる都内などでは，特に急ぐ気がなければ1，2速で40まで加速し，サードを飛ばしてトップに入れるイージーな運転法を，良心の呵責なしにとれたほどである．加速も，現代の1.3ℓ級としては平均的で，0-400mを19.75秒で走った．実用上のレヴ・リミットである6000まで踏めば，1，2，3速でそれぞれ約46，77，118まで伸びる．しかし，絶対的なパワー，特にトップエンドでのそれは限られ，サードでもトップでも90を超えてからの加速が鈍いのは致し方ない．登坂力も同様で，例えば箱根の乙女峠の上りは，サードよりもセカンドをより多く使わざるを得ない．

　ギアボックスは，平均的日本人の体形にはレバーが短く，サードが遠くなることを別とすれば至極使い易い．長いロッドを介して操作する割りにはシフト感覚もよく，作動は確実で軽く，シンクロは強力無比だ．クラッチも軽いので，よく粘るエンジンと相まって，頻繁な発進，停止を繰り返すタウン・ユースにも，このルノーはすこぶる適している．

　ノイズについて．加速時にかなり勇ましい排気音を伴なうが，一旦クルージングに入れば，80程度までは気にならない．90+からは全体にノイズ・レベルが著増し，100では声を大にしないと隣りと話がむずかしくなる．その半面，風切り音は例外的に低く，100でも気にならない程度であるし，硬いミシュランZXにも拘らず，路面ノイズが一般によく抑えられているのは，フランスの小型軽量車では常識ながら，やはり日本車には望めない美点である．

　このエンジンはすこぶる寝起きがよろしい．単純な気化器付の強味で，マニュアル・チョークを引いてスイッチをひねればコールド・スタートは文字どおり瞬間的で，直ちにチョークを戻しても安定したアイドルを保つ．谷田部にお

ける苛酷な加速テスト，最高速走行，渋滞，登坂など，あらゆる条件の下で，エンジンは常に好調を保った．水温計の備えはないが，こうした状況でも走っている限り電動ファンはめったに作動しないから，水温は安定しているのだろう．ただし，エンジンを止め，数分経ってから急にファンが回わり始めることが時々あった（むろんキーをオフにしてから）．冷却水の循環が止まると，サーモ・スイッチのある辺りの水温が局部的に高まるためらしく，場合によっては10分も回わり続けることがある．これは，熱がエンジン・ルームに籠り，気化器のパーコレーションを誘発することを防ぐのが主な目的と思われ，それが有効なことは，温たまったエンジンの再スタートが常に瞬間的だったことで裏書きされた．（ホンダCVCCエンジンは，この点でいまだに難がある）．しかし，エンジンを止めて3分も経ってから突如ファンが回わり出すことがあるから，自分で整備する向きは充分注意されたい．

少なくとも短時日の経験に即して言えば，このルノーの排ガス対策は非常にうまくできている．性能的に適当な水準を保ち，いわゆるドライバビリティには全く問題ないし，次に述べるように燃費の点でも好成績を示したからである．

燃費

ルノーの燃費は，51年対策車の中では経済的と言われているシビック1200より若干多い程度である．箱根往復，谷田部での性能試験を含む，典型的なC/Gテスト・パターン630kmの総平均は10.29km/ℓであった．東名を100km/hで巡航した際がベストで，12.68km/ℓを記録した．因みに，同区間でシビック1200・4ドアGF（63HP．車重725kg）は17.09km/ℓという驚異的によい燃費を示した．ルノーは，燃料経済を心がけた運転でもあまり燃費が伸びない代わり，悪い条件の下でもひどく低下することがないようである．例えば，2, 3速を駆使して箱根山中を走り回った区間が10.27km/ℓ（同区間，シビックは10.37km/ℓ），谷田部での定地試験と往復を含むセクションが10.11km/ℓ（同10.85km/ℓ），純粋に都内の通勤のみでも8.22km/ℓであった．排ガス対策に触媒を使うため，もちろん無鉛ガソリンが指定される．燃料タンクはフランス車としては小さく，38ℓしか入らないのは，長距離旅行を好むドライバーには不評を買うだろう．約360km走ったら燃料計はゼロを指し，給油したら35.3ℓ入った．なお，燃料フィラーは直径が小さく，5軒の異なったガソリン・スタンドの中，1

軒のノズルは太過ぎて給油にアダプターを必要とした．日本へ輸入されるルノーは対米輸出仕様で，アメリカでは有鉛と無鉛ガソリンの混用を防ぐため，後者用はフィラー径が小さいのである．ルノー・ディーラーによれば，日本のスタンドは余程旧式な設備の所でない限り，問題なく給油できるはずなので，特に改造する予定はないという．

乗り心地・操縦性・制動力

　同クラスの国産車と比較して，ルノーが最も傑出しているのは乗り心地である．1人乗ってもぐっとボディが沈み込むことでも判るように，小型車としては異例に（フランス車としては普通に）たっぷりしたホイール・ストロークを持つ．乗り心地は，荷重，路面状況，スピードのいかんにはほとんど関係なく，常にピッチ・フリーの快適な水準に保たれる．日本の小型軽量車が最も不得意とするような，細かく荒れた都内の舗装路などはみごとにサスペンションに吸収されるし，大きい凹凸を高速で乗り越えても反応は緩やかで，有効なダンパーのために振動は一度で止む．硬い踏面のミシュランZXを履くので，コンクリートの段差などではそれ相当の音は立てるが，一般的にロード・ノイズ，振動の吸収性は，小型軽量車の模範と言えるほど優れている．この快適な乗り心地を生み出す源は，いうまでもなく充分なストロークを持つサスペンションと有効なダンパー，適切なコンプライアンスにあるが，それと同時に適度の重さを持つことを指摘したい．例えばサイズではほぼ等しいシビック1200（680～695kg）やチェリーFⅡ1200（740～775kg）に比べ，ルノーは830kgもあるのだ．
　ハンドリングは，徹頭徹尾強いアンダーステアに終始する，典型的なFWDサルーンのそれである．ラック・アンド・ピニオン・ステアリングは低速でも軽い代わり，ロック・トゥ・ロック3¾回転とロー・ギアードなので，街角をゆっくり回わる際やパーキングでは結構忙しい．スピードを上げても，例えばアルファスッドのように俊敏なレスポンスは得られないが，少なくとも極めて正確で扱い易い．快適無比な乗り心地の代償として，コーナリングはいかなる標準を以てしても過大なロールを伴なう．読者は恐らく，モナコGPの前座などで行なわれるルノー5のワン・メイク・レースの写真を御覧になったことがあるだろう．平均的なファミリー・モータリストが日常行なう程度のコーナリング・スピードにおいても，あのレース・フォトに近いほどぐらりと傾くので，特に

パセンジャーは不安感を抱くかも知れぬ．しかしこうした状況でも，たっぷりしたホイール・ストロークのお蔭で，内側後輪も決して路面を離れることはなく，基本的にセイフなハンドリングだが，少なくともはた目には大迫力ではある．ZXのグリップは，ウェット，ドライの別なく非常に高く，めったに鳴かない．

　ディスク／ドラム・ブレーキはノン・サーボなので，最近の軽いブレーキに馴れた足には最初オヤッと思うほど重く感じるかも知れない．テスト車のブレーキは，リア・ドラムの調整不良でストロークが過大であったから，余計この感があったが，馴れれば踏力に応じてじわりとよい効き味を示し，べつにサーボの必然性は認められない．ソフトなスプリングは急制動に際しては平均以上のノーズ・ダイブを許す．谷田部で行なった0－100－0フェード・テストでは，しかしながら耐フェード性に不満が認められた．当初の踏力17kgは，6回めには倍増し，最終的には42kgまで増えた．しかし少なくとも最後までバランスは崩れず，制動時の方向安定は完璧に保たれた．実際の路上では，箱根山中をブレーキを酷使して駆けめぐっても，2年前にフランスの2級道をフラット・アウトで飛ばした際も，ブレーキに関する不満は一切感じなかったことを付記しよう．

居住性と装備

　寸法的に見ればシビックと選ぶところのないルノーだが，室内の実質的な広さははるかに上である．その秘密は，充分にボディの高さをとり，乗員に比較的直立した姿勢をとらせることによって，特に後席パセンジャーのレッグスペースをかせぎ出していることだ．同じ理由により，窓の丈もたっぷりしているから，視覚的な開放感とともに，広い四方の視野も確保されている．ディメリットとしては，高い重心高による過大なロールを招来していることはすでに述べた．運転姿勢はごく自然でよい．ペダルは多少左へオフセットしているが，不自然さを感じさせるほどではない．左足を休めるスペースにもこと欠かないが，うっかりするとフロア左隅にある足踏式スクリーン・ジェットを踏んでびっくりすることがある．ヘッドレストと一体のフロントシートはソフトな手触りのビニール張りで，若干クッションの長さが短いが，本来直立に近い姿勢をとるドライバーにはべつに不満はない．低いシートにリクラインして沈み込み，浅いウィンド・スクリーンから前方を覗く，といった感じの平均的な国産車（実に悪しきデザインの傾向だ）からルノーに乗り替えると，高い，直立した着座

姿勢がいかによい視界と安全性をもたらすかがよくわかる．実際には太いフロントピラーも，右側のそれはドライバーの視点からはか細く見え，広大なドア窓と相まって，右折の際なども完全な視界を与える．言い忘れたが，日本へ輸入されるルノーはすべて左ハンドル型なのだ．前席は，バックレストを倒すと同時にクッションも前方へ傾き，その位置にとどまるので，後席への出入りは2ドアの割りに至極楽である．後席はフラットなベンチながら，見かけよりは楽で，3人の大人が無理なく坐れる．レッグルームは，175cmのドライバーの背後に坐っても適当に残され，高い天井（ライニングは直接貼り付けられている）のお蔭でヘッドルームもたっぷりしている．

インテリアのフィニッシュは，例えばドアパネルの周囲に金属が露出していることでも判る如く，豪華な国産車に馴れた目には少々安手に見えるが，つくりそのものは悪くない．計器パネルも同様にすこぶる簡素で，計器と言っては四角形の速度計（距離計のみ，トリップはなし）と燃料，電圧計しかない．テストしたのは10月末だったから問題なかったが，真夏にフランスで乗ったときに判明したのは，ベンチレーションの不足であった．ダッシュ中央には風向き，風量を調整できるフレッシュ・エア・アウトレットがあり，ダッシュ左右には，風向が固定の小さいエア吹出口（いずれも2スピード・ブロワーと連動）があるが，真夏の経験によればこれのみでは絶対的に不足で，高速道路でもドア窓を開放する必要があった．特に，後席の横窓ははめごろしなので夏季には問題である．クーラーは，ディーラーによれば目下検討中というが，コンプレッサーの駆動法がむずかしく，実際には不可能に近い．ほとんど唯一の解決法はサンルーフを装着することで，これも現在研究中だから，来年夏までには実現するだろう．本国ではオプションのファブリック製サンルーフがあり，われわれもそれを試みて有効なことを経験したが，つくりはチャチなので，むしろ日本で売られている既製品を取り付けた方が，アフター・サービスの面でもよさそうである．

ルノーの室内について，もうひとつの大きな魅力は，後席を折り畳むことにより，簡単に小型バンに匹敵する広大な荷物室をつくり出せることである．日本の3ドアと違い，テールゲートがバンパー高さまで広く開くのは，実際に重量物を出し入れしてみれば実に便利なことがわかる．

結論として，われわれはルノー5GTLから極めてよい印象を受けた．その耐

久性については，近くスタートするC/G長期テストがいずれ明らかにしてくれるだろう．

(1977年1月号)

ロードテスト

フォルクスワーゲン・ゴルフ・ディーゼル

　ウォルフスブルクからやって来た"四角いビートル,"VWゴルフはこの2年ほどの間に, 日本市場にもすっかり定着した観がある. 76年5月には, ヨーロッパ小型車のトップを切って50年排出ガス規制適合モデルを発売, すでに各モデル合わせて年間7000台が市場に滲透している. 本国には1.1ℓ及び1.6ℓの2種の排気量があるが, ヤナセを通じて日本へ輸入されているゴルフは燃料噴射1.6ℓ型で, ボディは2/4ドアが選べる. 価格は, ドイツ・マルクの高騰により, 度々の値上げを余儀なくされており, 最も高価なゴルフGLE 4ドア・オートマチックはほとんど200万円にもなった. にも拘らず, 輸入車中トップの人気をかち得ている最大の理由は, ビートル以来25年以上にわたってつちかわれて来たブランドに対する信用と, 全国に張りめぐらされたサービス体制の賜物だろう.

　そのVW ゴルフに, 昨年からもうひとつ, 興味深いバリエーションが現われた. 1.5ℓディーゼル・エンジン版で, いよいよこの夏から日本市場でも販売されることになった. ゴルフのディーゼル・エンジンは, 75年までのゴルフ/シロッコ用1471ccガソリンエンジンをベースとしている. というより, シリンダーヘッドと補機類を別とすれば, ほとんどの主要コンポーネンツをそれと共用していると言ってよい. ガソリン・ユニットがすべて1588ccとなったのに, ディーゼル版が元の1471ccに固執している理由は, 前者のシリンダー・ボアがサイアミーズで, ボア間に冷却水路を持たないからである. ディーゼルは圧縮圧力がガソリン・ユニットの2倍も高く, 機械的及び熱的ストレスも遥かに大きいから, 充分な冷却水路が必要なことは言うまでもない. ゴルフDの場合, 圧縮比は23.5：1で, 出力は50HP/5000rpm, 最大トルクは8.2mkg/3000rpmである. シリンダーブロックはトップデックを補強した以外はガソリン用と変わらず, クランク軸, コンロッドは全く共通だ. シリンダーヘッドはリカルド式スワールチェンバーを持ち, ここに噴射ノズルが斜め上方から, また始動用グロープラグが水平方向から入る. シリンダーヘッド面はフラットで, 燃焼室はピストン頂部に設けられている.

通常のディーゼル・エンジンでは，アクセレレーター・ペダルでインレットのスロットル・バルブを作動させる．ところが，ゴルフDでは，回転数は吸入エアに応じて供給される燃料の量によってコントロールされる．燃料のディストリビューター／インジェクション・ポンプはボッシュ製のごくコンパクトなユニットで，ヴェーン型燃料圧送ポンプ，ライン圧力制御バルブ，高圧噴射ポンプ，遠心ガバナー，噴射タイマーがすべて一体に組み込まれている．

車体側の変更点と言っては，外観上気付くのはボンネット裏面に張られた厚い防音／防振材くらいだが，エンジン・マウントの位置，ラバーの硬度などには細心の注意が払われたことは想像に難くない．

ゴルフDのスペックは，およそガソリンのゴルフE仕様，つまり標準仕様に準ずる．このリポートを書いている時点では，まだ販売価格は最終的に未定だが，ヤナセではゴルフEよりも10数万高程度で売りたい意向と言う．とすれば，テストした4ドア・ゴルフDは180万円を若干上回ることになる．なお，ボディには2ドア，4ドアがあるのはガソリン車と同様だが，トランスミッションはマニュアル4段のみで，オートマチックはない．

動力性能

ディーゼル・エンジン車のひとつの利点は，少なくとも現在及び近い将来まで，ガソリン車に対するような排ガス規制の影響を受けないことだ．したがって，このゴルフDもドイツ本国仕様のまま，日本の路上を走れるわけである．とは言え，ガソリン車の相当車種より15kg重い車体に，それより40％も低い出力のエンジンを載せている訳だから，少なくとも紙の上で見ればゴルフDは全くアンダーパワーで，燃料経済性以外にはなんらメリットはないかに見える．われわれも，実際に乗ってみるまでは性能に関してひどく悲観的な予測を立てていたのだが，それは嬉しい誤算であった．それは予想したより遥かに活発に，しかもアイドリング時以外にはディーゼルを意識させないほど，スムーズで静かに走るのだ．

ディーゼル・エンジンの常で，このゴルフDもすこぶる寝起きがよい．運転席のコントロールでゴルフ・ガソリン車と異なる点と言えば，ダッシュ右端にグロープラグ指示灯のあることと，ステアリング・ホイール付根に"チョーク・ノブ"が備わることだけである．ハンドブックによれば，コールド・スタート

時には外気温に関係なく，この"チョーク"をいっぱいに引き出すことになっている．このノブの機能は，実際には混合気を濃くするのではなく，燃料の噴射時期を通常よりも若干早めて，始動性を向上させることにある．コールド・スタートの要領は全く簡単だ．キーをひねり（グロープラグ指示灯が点く），スプリングに抗してその位置を保持していると，気温15～20℃ほどの昨今では5,6秒で赤ランプが消える．さらにキーを回せば，必ず一発で始動する．前記の"チョーク"を直ちに戻しても，安定したアイドリングは一向に損なわれない．仮にこのノブを戻し忘れたとしても，エンジンに実害はないし，性能的にも影響ないが，ノイズは通常よりも多少大きくなる．すでに温まっているエンジンの始動は，単純にキーを回すだけでいつも確実にスタートした．始動した瞬間は薄青い排煙を吹くが，それは一瞬のことで，ふだんはガソリン車と変わらず無煙である．

　初めて車をヤナセから借り出し，エンジンを掛けたときは，アイドリングが標準（850rpm）よりかなり高い1050rpmにセットしてあったためもあって，ディーゼル特有のノイズ／振動がゴルフの少々つくりの安手なダッシュパネルと共振し，あまりよい印象を受けなかった．ところが，ウォームアップもそこそこに走り出した途端から，この不満は次第に薄れ始め，ものの30分も続けて走るうちに，ディーゼル車に乗っているということさえ，ともすれば忘れがちになった．それほどに，一旦走り出せばノイズ，振動はウソのように静まり，またスロットルのレスポンスはオン／オフともにガソリン車並みにすばやいのである．例えば，ディーゼル乗用車としてこれまでベストとわれわれが考えていた5気筒3ℓのメルセデス300D でさえ，急加速時にはディーゼル独特のメカニカル・ノイズが，厚いバルクヘッドを越えて室内で聞き取れるというのに，この小型軽量のゴルフDは小癪にも，フル・スロットル時さえガソリン車並みの騒音／振動レベルに保たれるのは，実に驚異というほかない．回転も，ディーゼルの標準では例外的によく吹け上がる．ガバナーでコントロールされたカットオフ・ポイントは5400rpmだが，このリミットに至るまでパワーは衰えず，回転をフルに使えるため，特に街なかではすこぶる活気に富む．ゴルフDはむろんレヴ・カウンターを備えていないが，今回は特に小野測器に依頼して，同社が開発したディーゼル専用回転計を取り付け，加速テストの参考に供した．この計器は，インジェクションのパルスを直接パイプ外側から捉え（ちょうど医

者が脈拍を指頭で感知するように），それを電気信号に置き換えて表示するユニークな設計である．5000をレヴ・リミットとした場合，1，2，3速ではそれぞれ41，70，107km/hまで楽に伸びる．実際の路上でも，例えば高速道路や山間などを他の車と一緒に速いペースで走ろうと思えば，各ギアで目いっぱい踏むことを要するが，容易に高回転が効くので一向に心理的なストレスは感じない．4段ギアボックス，及び最終減速比はゴルフ・ガソリン車と共通である．したがって，82HPのガソリン車に比べて50HPのディーゼルの動力性能がかなり劣るのは当然で，例えば最高速はゴルフLSEの162.90km/hに対し，137.21km/hにとどまった．このとき回転数はちょうど5000rpmの最大出力点と一致したから，ゴルフDのギアリングはまさに的確と判断される．4段ギアボックスのギア比配分も，ディーゼルのパワー特性とよくマッチしている感じで，実用上重要な100km/h程度までの加速は到底50HPのディーゼル車とは思えぬほどよい．0—400mは20秒フラット，0—100km/hは18.62秒であった．驚くべきことに，このデータはメルセデス300Dオートマチックよりも速いのである（300Dはそれぞれ21.30秒と21.10秒）．もっと身近な同クラス車と比較するなら，マツダ・ファミリアAPには0—400m（19.66秒）と0—100km/h（17.73秒）で若干劣るものの，それより上の高速域では逆にゴルフDの方が速く，最高速ではやはりゴルフDが3.4km/h速い．シビック1200と比較してもほぼ同様で，100km/hまでの加速では僅かに劣るものの，それ以上での加速と最高速ではゴルフDの方に軍配が上がる．加速性能に関しては，およそ国産の1.2ℓガソリン車程度と考えてよい．

　こうした絶対的な性能データは，現実の路上ではほとんど問題にならず，むしろ低・中速域の粘りや応答性の良し悪しの方が，使い勝手の上からは重要な決め手となる．この点でもゴルフDは傑出しており，これほど使い易い車も少ない．有効なトルクバンドの幅は広く，ちょうどよく粘る一昔まえのガソリン・エンジンのように柔軟性に富む．テスト期間中には春闘の国鉄ストがあり，長時間にわたって国道が渋滞したが，ゴルフDはスロットルを全く踏まずに発進し，直ちにセカンドにシフトアップ，アイドリング（約900rpm）のままでスムーズな微速走行が効くほどで，一瞬オートマチックに乗っているような錯覚に捉われたくらいだった．ただしトップで40km/h（実速）を保つのは，軽い胴震いを伴うため，少々苦手である．45km/hも出せば全く問題ないのだ

が，ドイツの市街地制限速度は50km/hだから，ギアリングはそれに合わせて設定されているのだ．50〜80km/hという，日常多用する速度域におけるトップギアのレスポンスはきわめてよい．登坂力も充分で，例えば御殿場側から箱根の乙女峠を上る場合，50km/hを保ってほとんどトップギアのみで用が足りるほどである．このトップギアのパワーは，決してギア比を低めて得られたものではない．ファイナルは82HPのガソリン・ゴルフと共通で，トップギア1000rpm当たり速度は27.8km/hという，かなりのハイ・ギアリングなのである．一方高速域では，130のフラットアウトも物理的には全く容易ながら，ノイズ・レベルの点では95km/hというのが最良で，それ以上では室内にブーンという音がこもり，やや耳障りになる．トップギアによる100km/h近辺からの加速もトラックなどを抜くには充分だ（100—120km/h加速はファミリアAPのサードより速い）から，ノイズのためにはトップのギア比をもう少し高くとるか，オーバードライブ5速があれば理想的に思われた．

　再び騒音と振動について．アイドリング中のゴルフDは，車外で聞く限り，やはりまごうかたなきディーゼル・ノックを発している．走行中はずっと静かになるとは言え，窓を開けてあれば常に小型のディーゼル・トラックと並進しているかのような錯覚をおぼえるが，決して不快ではない．ディーゼルなるが故のノイズが大いに気になる状況といえば，静かな住宅地でのコールド・スタートや，深夜の御帰館だけだろう．

　以前テストした初期型ゴルフのギアボックスは，シフトがぎこちなく，C/G長期テスト・ゴルフにオートマチックを選んだのも，ひとつにはこのギアシフトを嫌ったからでもあった．ところが，最近のゴルフは，今回のディーゼルを含めて，この点でも画期的に改善されている．軽く確実で，タッチは小気味よく，横置前輪駆動車のシフトとして最良のひとつと言えるほどである．もうひとつ，ゴルフに乗っていつも感心するのは，エンジン／トランスミッション・マウントの設計が優秀なために，低いギアで走行中，乱暴にスロットルのオン／オフを繰り返しても，全く駆動系のスナッチを起こさないことだ．ともすればラフなスロットル操作でギクシャクし勝ちな前輪駆動車，特に横構きエンジン車にあって，その性癖が全く見られないゴルフは賞賛に価しよう．

燃費と経済性

　ディーゼル・ゴルフの燃料経済性はわれわれの期待を大幅に超えるほど，すばらしいものだった．谷田部で定速燃費を計測したとき，あまりにもデータが良過ぎるので，われわれは最初計測器を疑って，何度もやり直したほどだった．ところが，後に路上で実用燃費を綿密に収録しても，やはり同様に例外的な好燃費が得られたので，ようやく信用したような訳であった．定速燃費は40km/h時の31.25km/ℓをベストとして，80km/hでも21.27km/ℓを示した．それより上の速度域では，下降のカーブは比較的急であり，120km/h時には13.33km/ℓにまで下がる．実際の路上では，東名を御殿場まで，正確に制限速度を守って巡航した際が最良で，21.23km/ℓという信じ難い好データが得られた．これはC/Gの長い経験でも群を抜くベストである．同じコースの帰途は，多少ペースを上げたため，18.48km/ℓを示した．東京から箱根周遊の268.4km区間に要した軽油は僅か15.1ℓで，平均17.77km/ℓとなる．因みに同行したC/Gのゴルフ・オートマチックは平均11.53km/ℓだった．ディーゼルの利点は，発進，停止の頻繁な市街地でも燃費がガソリン車ほど大幅に低下しないことである．時間的制約のため，市街地のみの燃費を正確に計量できなかったが，前後の情況から推して，どんなに悪くても12km/ℓを割ることはまずあるまいと思われた．燃料タンクは45ℓ入るから，高速巡航では優に800km以上，無給油で走れる長い足を持つことになる．ディーゼルは単に燃費率がよいだけでなく，軽油の値段（60～65円くらい）がガソリンの約半分だから，燃料代の差はいっそう大きく開く．仮にゴルフDの100km/h時燃費を18km/ℓ，ガソリン・ゴルフを12km/ℓとし，軽油をℓ60円，ガソリンを120円として100km走行するのに要する燃料代を計算すると，ディーゼルは333円，ガソリンは999円で，ちょうど$\frac{1}{3}$になる．早い話，ディーゼル・ゴルフなら東京から神戸まで，僅か2000円の燃料費で行き着けるのだ．しかも望むならばノン・ストップで．ディーゼル・エンジンは一般にオイルの劣化が早いため，オイル交換のインターバルが短いが，このゴルフDは7500km毎と，これまたガソリン車並みである．オイル劣化の元凶は，ブローバイ・ガスであるが，ゴルフDのシリンダー・ブロックは特に剛性が高く，ピストン・クリアランスを0.025～0.040mmという異例に小さい値までつめることができたからだという．

操縦性・乗り心地・制動力

　われわれがゴルフ・オートマチックをすでに2年間，7万km以上にわたって長期テストに供しているのは先刻御承知のとおりである．ゴルフの操縦性／乗り心地がともに高い水準で両立していることは何度も繰り返して述べて来たが，C/Gゴルフに関してわれわれが常に抱いている小さな不満は，低速での舵の重さである．ところが，今回テストしたゴルフDはスピードを問わず，実にステアリングが軽いことにまず感銘した．C/Gテスト車は5Jリム／155SR13なのに対し，ゴルフDは4½J／145SR13コンティネンタルTS771を履いていたこと，及びC/Gゴルフはクーラーを装備していることが考え得る唯一の相違点であるが，それだけで印象はひどく異なる．われわれの見解では，乗用車のタイアは荷重とスピードに対して可能な限り細い（軽い）方が好ましいのだが，ゴルフD程度の性能では，タイアさえ選べば145サイズで充分である．テスト車のコンチネンタルTSはスチールラジアルだが，踏面は比較的柔らかく，荒れた路面の低速走行時にもショック，ノイズともに低い方であり，ゴルフのサスペンションによくマッチしている．ゴルフの乗り心地はスピードを問わず適度にソフトであり，しかもダンピングは特に高速でよく効き，決してあおることがない．よい乗り心地は改善されたシートによっても大いに助けられている．E仕様に準ずるゴルフDのシートは，GLEのモケットよりむしろ魅力的な黒／白グレンチェック・ファブリックで，適度に腰があって好ましい．C/Gゴルフのシートは妙にフワフワで，車体の揺動がかえって増幅されるきらいがあるのだ．

　ゴルフのハンドリングについては，その腰高な姿勢とは裏腹に，極めて高度に洗練されたものであることは，すでに度々述べて来た．今回は，同時にテストしたスポーツカーと一緒に，筑波サーキットを走る機会があったのだが，改めてこの点が再確認された．驚いたことに，ゴルフDのラップ・タイムは，メルセデス280SE（オートマチック）とほとんど互角なのである．比較的高い重心高のため，コーナーでのロールは大きいが，グリップは例外的にすぐれ，すこぶる安定している．アンダーステアは，こうした限界的なコーナリングでも決して過大にはならず，またスロットルのオン／オフによる軌跡の変化も軽微であるから，ファスト・ドライバーの好みにも合い，同時に初心者の手にあっても安全性のマージンは高い．

ディスク／ドラム・ブレーキは標準でサーボを備える．このゴルフ・ディーゼル・エンジンは前述のように吸気管にスロットル・バルブを持たず，したがって吸気マニフォールドから負圧を取れないため，ブレーキ・サーボ用に専用のベルト駆動バキューム・ポンプを持っている．踏力は常に軽く，効きもナチュラルで好ましい．0—100—0フェード・テストでも，当初の踏力14kgが10回自に20kgまで微増しただけだから，きわめてよい耐フェード性を有すると判断される．

居住性と装備

ジュージアロ設計のゴルフは，同じ手になるスタイリッシュなシロッコとはまさに対照的に，文字どおり実用一点張りな四角い箱である．外寸は，全長ではシビックとチェリーFIIの中間ながら，幅（1610mm）と高さ（1410mm）では遥かに広く，背が高い．室内は充分なヘッドルームと丈の高い窓面積のため，心理的な開放感にあふれ，事実すこぶるルーミーである．室内の有効幅員はたっぷりしており，特に後席は大人3人が無理なく坐れる．テスト車のシートは黒／白グレンチェック装で，見た目に魅力的であるばかりでなく，汚れにくく，ゴルフの実用的な性格によく似合う．後席は，バックレスト，クッションをパタパタと折り畳み，前方へ倒すことによって，へたなライトバンにも匹敵する荷物スペースを創り出せる．C/Gゴルフのような初期型では，テールゲートのパーセルシェルフまわりから軋み音が絶えず，大いに印象を悪くしたが，現在のモデルは接触部にウレタンを貼るなどして，かなりこの面でも改善のあとが著しい．また，後部フロアからの路面騒音をより有効に遮断すべく，パーセルシェルフも初期型と異なった，吸音性の高い材質に変えられている．

装備品はガソリンのゴルフEに準ずるが，実用上必要なものはすべて揃っている．よりデラックスなGLEとの差は，シガーライター，時計付コンソール，計器盤照明調節，リアウィンドー・ワイパー等のないことだけである．初期型から見ると，細部に改良が見られる．例えば前席バックレストがハンドホイールにより，無段階に傾きを変えられるようになったことや，スロットル・ペダルが長さを増し，右足がペダルから外れる恐れがずっと減少したことなどを挙げることができる．なお，ガソリン・ゴルフにはオプションで付くクーラーは，少なくとも今年のゴルフDには間に合わない．メーカーは目下準備中とのこと

で，恐らく78年型からは装着可能になろう．その代わり，ドアには今どき珍しい3角窓が備わり，低速時のベンチレーションには大きな効果を上げる．これにオプションのサンルーフを付ければ，なにもクーラーを取付けて，ただでさえ限られたディーゼル・エンジンのパワーを犠牲にすることもあるまいという気がする．ゴルフ・ディーゼルは，かつてのビートル1200がそうであったように，イニシャル・コストも維持費も最低に押さえた，あくまでも質実剛健な実用車を目指した車なのだから．近い将来，ディーゼル乗用車は日本でもヨーロッパでもさらに数と種類を増すと思われるが，このゴルフDは目下のところベストであり，小型ディーゼル車に新しい規準を設定したと言うことができる．

(1977年7月号)

第3章
1980-1989

1980年代のCG

　経済的に安定していた1980年代の自動車産業は海外も日本国内も順調な発展を示した。80年代中盤、世間が浮かれに浮かれたバブル経済の到来（当時は誰も気づかなかったが……）に呼応するかのように、日本車は一見豪華なボディを纏うも中身はオーソドックスなクルマもなくはなかったが、CVT搭載のジャスティやハイテク満載のハイパワー・スポーツセダンである32型スカイラインGT-Rが姿を見せるなど、印象的なクルマもあった。外国車に目を向けると、アウディ・クワトロ、フェラーリF40といったクルマ好きのハートを掴む興味深いモデルがいくつも登場している。

　CG（小林はこのCGという表記を好んでいて、一時は誌名もCGに変更するつもりだった）の売り上げ部数が最高潮に達したのもこの時期である。多くの読者の支持を得ただけでなく、それに準ずるかたちで広告の量がぐんぐん増えた。今日では考えられないくらいの広告収入があったが、結果として雑誌は厚くなり重くなり、気軽に読めなくなったと読者からお叱りを受けたほどである。

　CGでのトピックは動力性能用計測機器のリニューアルだ。第5輪の代わりに光学的なセンサーを利用して速度と距離を測れる非接触式の計測器の導入である。まずドイツ製のライツ・コレヴィットと小野測器製の通称オノヴィットを、それぞれ80年2月号、82年2月号から使用している。第5輪に比べて一度の計測で複数項目のデータを採れることと、リアバンパーを外すことなく吸盤により車体に装着できるので着脱が楽であることが特長で、これにより計測時間の大幅な短縮に繋がったのである。

　海外メーカーによる日本法人の設立が相次ぎ、同時に海外での日本のモータージャーナリストおよびメディア向けの試乗会が次第に増えていったのもこの時代である。海外で新型車を試乗するためにメーカー広報に連絡（手紙かテレックス！）して手配していた昔とは大違いだった。これによりデビュー直後（あるいは場合によってはデビュー前でさえ）新型車に乗れるようになったこととコスト削減には繋がったとはいえ、企画面でのCGの独自性が薄れたことは否定できない。それはともかく、CGスタッフは海外に出向く機会がぐんと

増え、80年代の小林の試乗記も海外を舞台にしたものが多くなっている。

また1980年から10年にわたり日本カー・オブ・ザ・イヤーの実行委員長を務めたことや、それに伴う雑務、CAR GRAPHICの顔として必要不可欠な"外交"もあり、従来より試乗記を執筆する頻度は少なくなる。ただ、新型車に乗らなくなったわけではなく、「乗りたいクルマに乗る、書きたいクルマに乗る」、そんなスタンスのようでもあった。それは小林の豊富な知識と体験を盛り込んだエッセイ的な趣きのある試乗記である"Editor at the wheel"に感じとれる。

そして小林は1989年3月末、27年間務めた編集長の座を部下にバトンタッチする。本書巻末のベントレー・ターボRの試乗記は、小林の編集長時代最後の作品である。小林の新しい肩書きはCAR GRAPHIC・NAVI編集総局長。大所高所から二玄社の自動車部門を見守ることになるのだが、小林はCGにもコラムの連載だけでなく機会あればロードインプレッションを書いていく。

「ものを書くということは私の天性であり、いちばん好きなことだから、今後その機会はむしろ増えるだろうし、そうありたいと思っている。編集長というのは一見カッコよく見えるが、その実体は雑用雑務の塊みたいなところがあって、ほとんど個人的な時間がないほどの激務である。今後はできるだけこうした雑用から解放していただいて、もっと好きなことに時間と精力を使いたいと思う」CG89年5月号の連載コラム"From Inside"（一部抜粋）にこう綴ったとおり、Super CGをはじめCG、NAVIにも執筆をつづける。雑誌だけではない、自身で企画した単行本にも執筆するなど、書く時間は編集長時代よりも多くなったようにすら感じる活躍ぶりだった。

2013年10月に亡くなるまで、モータージャーナリスト＆自動車愛好家、小林彰太郎が「生涯現役」を貫いたことは、みなさんご存知のとおりである。

（文中敬称略）

ロードインプレッション

トヨタ・ソアラ2800GT

auf den Autobahn

　ケルン郊外でアウトバーン61に乗ってからもう小1時間，正面のデジタル・スピードメーターのディスプレーには，ずっと160〜180の間の数字がめまぐるしく点滅しているのだが，完全空調の効いたソアラ2800ＧＴエクストラの室内は，とてもそんな高速で飛ばしているとは思えぬほど，リラックスした雰囲気に包まれている．このスピードで最も大きな音はといえば風切り音で，それさえ隣り同士の低声の会話を妨げるほどには高まらない．エンジンの機械的騒音は皆無に近く，よく抑えの効いたエグゾースト・ノートも，風切り音にかき消されて聞こえない．ちょうどブリューゲルの絵を想わせる，いまにも雪でも落ちて来そうな鉛色の冬空の下を，ケルンからコブレンツの方へ南下する61号線は，幸い比較的空いており，週末をスイス／オーストリア・アルプスで過ごすのであろうか，ルーフラックにスキーを積み，テールが深く沈むほど荷物を満載したファミリーカーの群が，遥か前方に点在するくらいである．ドイツのアウトバーンは，カーブやきつい登坂路で特別の表示のない限り，今日でも速度リミットはない．ただしオイルショック以降，主に燃料節約の見地から130km/hの"推奨速度制限"が導入されている．そのためであろうか，5，6年前から比べるとアウトバーンを走る車のスピードが全体にスローダウンしたようで，大半の車は130程度で巡航しており，かつてのようにライトを激しく点滅させながら，200＋で気違いのように飛ばすメルセデスやＢＭＷの姿は，めっきり減ったようである．この日も，ケルンからマンハイム郊外でアウトバーンを下りるまで約250kmの間に，わがソアラを抜いたのはたったの2台，Ｓクラス・メルセデス（トランクリッドにはなんの数字も付いていなかったが500SELに違いない．Ｓクラスでは，オプションでエンブレムの付かないトランクリッドを注文できる由．日本では，6気筒280SEに450SEのバッジを貼るのが流行ったらしいが）とＢＭＷ7シリーズのみであった．

この日はかなりの横風が吹いていたが，160以上の高速でもソアラのナチュラル・スタビリティは優れ，軽くステアリングを保持するだけで，文字どおり矢のように直進する．ただ，2両連結の長大なトレーラーを180くらいで抜き去った途端だけ，僅かに進路を乱されるに過ぎぬ．日本の高速道路に比べて著しい相違は，乗用車とトラックの比率で，圧倒的に前者の方が多いことと，トラックの速度が相対的にずっと低いことである．この辺りのアウトバーンは片側2車線であるが，出口付近は1km以上手前から3車線になっており，下りる車の列が本線上の流れを乱さないように配慮されている．東名の横浜，厚木インターのように，下りる車の列が本線上にはみ出してノロノロ走るなどということはあり得ないのである．また，アウトバーン上には5％以上のきつい上りがしばしば存在するが，そこでも走行車線は3列に拡がり，一番高速側は90km/h，中間は60km/hと最低速度が決められている．60さえ保てない大型トレーラーなどは，最低速度制限のない，一番右側車線を上るわけである．要するに，アウトバーンは高速で移動するための道具であり，すべてはこの観点から考えられているのだ．走行のマナーも，日本から見れば模範的である．たとえウィンカーを上げて追い越しの意志を示しても，後方から速い車が接近していれば絶対に出て来ないし，追い越せば直ちに元の車線に戻る．

　話をソアラに戻そう．われわれの2800ＧＴエクストラは5段マニュアル仕様で，エンジンはむろん基本的には日本仕様ながら，有鉛ガソリンが使えるよう（ヨーロッパではいまだに無鉛ガソリンは販売されていない），触媒を外してあるほか，180で効く燃料カットや速度警報などは当然ながら取外されている．全般にハイギアードな駆動系の設定は，ヨーロッパ大陸を高速旅行するのにもほぼ理想的に思えた．1000rpm当たり39.5km/hの5速は180でも4500rpmに過ぎず，静粛でしかも経済的なクルージング・ギアとして最適である．ただし加速力は当然ながら弱いので，180をコンスタントに保って速く走る場合には130くらいに落ちたらすかさず直結の4速にシフトダウンし，160（4速で約5200）まですばやく加速してシフトアップ，というパターンをとるべきである．またそれが全然苦にならないほど，ソアラのギアボックス，クラッチとも操作が容易であり，特にギアシフトは軽く，シフトの感覚は小気味よい．
　この辺りのアウトバーンは案外曲線部や坂が多く，頻繁に速度制限区間が現

われるため，最高速を試みるチャンスはめったになかったが，たった1度だけ，前方の空いたのを見はからって全力加速を試みたところ，速度計に203km/hの数字が現われ，このときの回転数は5000+であった．日本へ帰ってから聞くと，夜の谷田部でも202.9km/hを記録したとのことなので，条件さえよければ，205〜210km/hというのがソアラの実力ではないかと思われる．これは280SLCより速く，およそ628CSiに匹敵するが，160以上の高速域で，ソアラはこのいずれよりも格段に静粛であると断言できる．その主な理由はソアラの方が絶対的にハイギアードだからである．ドイツのファスト・ドライバーは，トップギアにも高速での瞬発力を期待するから，3ℓ近いパワフルな車でも5段ギアボックスは例外で，4段が普通である．だからドイツ人をソアラに乗せたなら，恐らく5速はパンチが効かないとして使わず，専ら4速をレッドゾーンまでフルに使うのではないだろうか．

乗り心地は，ケルンの街なかでは結構硬めに思われたのに，アウトバーンに乗るとむしろ少々ソフト過ぎるように感じられた．決してあおったり，浮き上がったりはしないけれども，ソアラほどの高いスピードのポテンシャルには，もう少しフラットな，スポーツカー的な味つけが欲しい気がする．踏面の硬い195/70HR14ミシュランにも拘らず，ハーシュネスが見事に消されており，ステアリングへのキックバックが皆無なのは賞賛さるべきであるが，エンジン回転数感応式のパワーステアリングについても同様で，高速域ではもう少し確実な手応えのある方が，筆者は個人的には好きである．

マンハイムでアウトバーンを下りる．ケルン付近で給油した地点からここまで227kmを1時間半で走破して，平均151.3km/hである．ハイデルベルグ郊外で給油すると，264.4km（3.2%甘い距離計補正済み）で33ℓのスーペル・ベンツィーンを消費，平均8.0km/ℓと出た．これは予想以上によい燃費というべきであろう．

Alt Heidelberg

マンハイムの街を通り抜け，制限速度70km/hの一般道を鉄道沿いにしばらく進むと，今夜の宿泊地と決めたハイデルベルグに着く．筆者のように旧制高等学校で学んだ者にとって，ハイデルベルグはただその名を聞いただけでも，甘くまたほろ苦い青春の思い出に胸がうずくほど懐しい町である．ネッカー河

に沿ったAltstadt（旧市街）は，500年にわたってプファルツ選帝侯の居城のあった，静かでロマンティッシュな学問，文化都市で，1386年に同侯が設立したハイデルベルグ大学はドイツ最古の大学である．その名もよきAlt Heidelbergというホテルにチェックインを済ませると，私は早速独りで町にさまよい出た．64年に初めてここを訪れたときはちょうど夏のバカンスの最中で，ネッカー河の反対側に宿をとらねばならなかったが，今度は旧市街まで歩いて行くことができた．その中心部は，78年から車の進入が禁止されてプロムナードになっており，観光客相手のショッピングセンターに変っていたのはちょっと興醒めであった．しかし，メインストリートから一歩脇へ入ると，そこはもう，中世からいくらも変らぬ静寂の支配するたたずまいで，数百年の年を経てツルツルにすり減った石畳を踏む自分の足音だけが，周囲の建物に大きく響く．

　有名な昔の学生酒場の俤を今に伝える，"Seppl"と"Roten Ochsen"は，プロムナードの外れ，バーデン大公官殿の広場近くに2軒並んで立っている．"Roten Ochsen"（赤牛亭）の扉をそっと押して入ってみる．中は薄暗く，まだ時間が早いせいか客は1人もいない．隅のテーブルに坐り，あたりを見回わす．壁には，日本でいえば明治か大正初期と覚しき時代の，恐らくほほ髭の下には決闘でつくった刀傷がかくされているに違いない，当時の大学生の黄ばんだ写真がびっしりと掛けられ，天井の梁にはフェンシングのマスクやすね当て，学生クラブのペナントなどが飾られている．そして，テーブルはおろか椅子や壁の腰板にまで，一面に刻まれた名前や落書き，また落書き．フェルスター作の，当時の大学生生活を扱った小説，アルト・ハイデルベルグに出てくるケーティが働いていたのも，こんな酒場だったのだろうか．"Guten Abent！"いつの間に出て来たのか，黒い服に白いエプロンを掛けたウェイトレスが目の前に立っていた（残念ながらケーティのように若くも美人でもなかったが）．ビールと，この家の名物だというParkschitteを注文する．やがて"Gut Appetit"の声とともに持って来たのは，直径20cmはあるソーセージの厚切りを焼いたもので，なかなか美味であった．アウフヴィーダーゼーエンの声に送られて外へ出ると，幸いさっきまで石畳を濡らしていた小雨は止んでいた．マルクプラッツ（市場の広場）では，酔ったどこかの観光客が大声で歌を唄っている．まだ宿へ帰るには惜しく，しばし人通りの絶えた裏通りを歩いてから，そこだけ明るく灯の洩れていたViktoriaというKonditorei（喫茶店）に入り，クリームの

沢山入った濃厚なパフェとテーを注文する．日本から来たと覚しき男3人，女子2人のグループに話かけると，学生だけの団体ツアーの仲間だそうで，C/Gの読者でもあることがわかり，お互いに奇遇を喜び合った．

nach Nürburgring

　日本ならば，ハンドリングをテストしようと思えば箱根に行けばよいが，ドイツではそうはいかない．地図をにらんで考えた挙句，ニュルブルクリングへ行ってみよう，ということになった．レースのないときには，いくばくかの料金を払ってサーキットを走れるからである．コブレンツの先でアウトバーンを下り，一般道でマイエンを目指す．マイエンの町は，以前に比べるとずいぶん変わり，ニュルブルクリングへ上る道がわからずに何度か人に尋ねる．やがて道は次第に上りになり，くねくねと曲り始める．生憎小雨が降り始め，霧も出て来た．64年に私のホンダS600でドイツGPを見に来たときは，もっと舗装は悪く，S600は半ば宙を飛ぶようにしてこの山道を登ったものだった．ソアラは，3速と4速を使い分けながら，スムーズに路面をトレースして行く．

　ところが，せっかく行き着いたニュルブルクリングは雨と霧で，しかもサーキット上には雪さえ残り，とても走れる状態ではなかった．それで，パドックで記念撮影をし，そこだけは開いていたスポーツホテルのレストランで食事をして帰ってくるほか仕方なかった．

　再びアウトバーンに乗り，ケルンへ向う．まだ小雨は止まず，前車のはね上げるしぶきでスクリーンはすぐに汚れてくる．こんなときに，4点から噴射される強力なスクリーン・ウォッシャーと，2秒〜10秒にわたって無段階にインターバルを調節できるワイパーの間欠作動はたいへん有難い存在で，瞬時に広いスクリーンを払拭してくれる．メルセデスやポルシェは伝統的にウォッシャーが強力だが，ソアラはそれに匹敵する．ワイパー自体はコンシールド式で，ふだんは視界から隠れており，そのためにスイッチを入れてもほんの一瞬ながら作動に遅れがある．高速での浮上りは，少なくとも160km/hまでは起こらない．それ以上では，雨量にもよるが傾斜のゆるいスクリーンを，雨水が下からかけ上ってくるために，いずれにしてもワイパーはあまり有効ではなくなる．大体，雨の中を160以上で走ること自体が無謀なのだが．

さて，ソアラ2800GTをヨーロッパの道で走らせた経験に基いて，ヨーロッパ人の眼から見たソアラの総括を試みてみよう．まず性能だが，メルセデス280SL／SLC，BMW628CSiとなら，充分に太刀打ちできるだけの実力を備えている．それに，メルセデスは高速になると結構カムチェンのノイズが高まり，BMWも吸気の唸りが大きくなるし，排気音も耳につくのに対し，ソアラの室内は絶対的に静かである．ただし，感覚的には，トルク・カーブに明確な山のあるメルセデス，BMWの方が，パンチが効くように思われるだろう．ソアラが，全体に極めてスムーズでフレキシブルながら，なんとなく迫力に欠けるように思われるのは，オーバーオール・ギア比が高過ぎるために他ならない．もしヨーロッパ大陸に輸出するならば，トップギアにもっと瞬発力を与えるよう，全体にギア比を大きく（現在3.727のファイナルを2ℓ車並みの3.909又は4.100に）すべきだと思う．ハンドリングについて，今回は思い切って振り回わすチャンスが皆無であったので，断定的なことは言えないが，サスペンション，ステアリングとも，もう少しスポーツカー風の味に近付けた方が，私個人としては好ましいと思う．現状では，日本の旦那衆の好みには合うだろうが，ヨーロッパのこのクラスの購買層には，あまりに普通の乗用車に近過ぎると批判されるだろう．室内について，シートの寸法，形状は概ねよく，客席，特に後席の広さがたっぷりしているのはよい．ただし，シートの材質はソフトに過ぎ，80～90kgというヨーロッパの巨漢が乗ると深くめり込んでしまうだろう．デジタル計器に関しては，はっきり意見が二つに分れるだろう．どこにでもいる新し物好きは歓迎し，大多数を占めると思われる平均的ヨーロッパ人（このクラスの車を買うのは若者ではない）は見にくいとしてアナログ式を要求するだろう．われわれの乗った車は濃淡2色のブラウン塗装に，ベージュのシート，チョコレート色の計器まわりであったが，どうもこのカラリングはピンと来ないだけでなく，一向に人目を惹かなかった．スタイリング自体も非常におとなしく，ヨーロッパの強い個性的な車の中に置くと全く迫力に欠けると言わざるを得ない．要するにdistinctiveではないのである．それから，これは日本車全般について言えることなのだが，タイアまわりが貧弱に見える．このクラスで，これからヨーロッパ市場にデビューしようというのであれば，60％プロファイル・タイアが不可欠（実用上は70％で充分だとしても，"商品性"のために必要）ではなかろうか．

（1981年5月号）

ロードインプレッション

アルピーナ CI-2.3

　ある日の編集会議．もう朝から数時間も会議は続いており，誰の顔にもやや疲れが見えてきたころを見はからって，ぼくは尋ねた．"もし，会社が値段を構わずに，長期テストを買ってくれるって言ったら，君たちは何を買ってもらう？"途端みんなの顔が一斉にパッと輝いた．"そりゃあ，もちろんサンク・アルピーヌだなあ．いや，まてよ，エスコートに1.7ℓターボを積んだRS1700Tかな．"こんなときいつもレスポンスの早いスポーツ・エディターのQがすかさず答える．"マーコスGTを買いませんか．英国じゃあまたキットの形で売り出したんですよ．"ブリティッシュ・ライトウェイトに魂を奪われているKKが，目を輝かして言う．"それならアウディ・クアットロだな．これからの高性能車は4駆ですよ．断然．"と言ったのは，数ヵ月前に谷田部や筑波サーキットを走ったときの感激，いまだ醒めやらぬ態のスタッフの一人である．Sクラスがいいの，スーパー7だ，いやアウトビアンキ・アバルトだのと，しばらくは勝手なことを言い合っていたが，やがて"ところで編集長は何ですか？"と問われたぼくは，ウーンと唸って絶句した．遊び車なら，特に古い車でもよいのならば，欲しい車はいくらでもあるが，現在生産中の車で，しかも長期テスト用となると，さあてと考え込んでしまう．ぼくは基本的に前輪駆動車が好きでないから，FWDは最初から選択の対象にならない．主な理由は，よい後輪駆動車のように，スロットルでコーナリングの姿勢を自由にコントロールできないからではない．（最近のよいFWDはそれが可能である）そんな高次元？のことではなくて，FWDは一般に，パワフルな車はとりわけ，ドライブトレーンに柔軟性がなく，スロットルやクラッチの操作に神経を遣うのが，ぼくは嫌いなのだ．ありていに言えばスムーズに走るのに無用に気を遣わねばならず，毎日のあしとしては，少なくともぼくの考えでは失格なのである．（むろん，オートマチックならよい．全く，自動変速機はFWDの七難を隠してくれる救いの神だ）そこへ行くと，エンジンと駆動輪の間に長いプロップシャフトを持つ後輪駆動車は，それがクッション材としてはたらくので，たとえ無雑作にスロットルやクラッ

チを扱ってもスナッチは起こりにくい．プロップシャフトを，FWDの礼賛者は目の仇にするけれども，物には無用の用というものがあるのだ．いくら自動車評論家でも，四六時中神経をピリピリさせて運転している訳ではないのであって，時には疲れて横着な運転をしたくなる．ぼくが毎日のあしに，できればFWDを避けたい理由はここにあるのだ（ならばなぜアルファスッドに乗っているかって？ それはこういうことだ．現代の小型車にとって，FWDは避けられない一種の必要悪みたいなものだと思う．アルファスッドは，小型FWDファミリーカーの中ではFWDの悪癖が最も少ない車のひとつで，操縦性と乗り心地が充分に容認できる水準で両立しているし，なによりも値段がぼくの予算に合ったから買ったに過ぎない）．さて，話を理想の車に戻すと，性能的には充分に速くないとつまらないが，それを条件にするとSクラス，V12ジャガー，6／7シリーズBMWクラスの大型車になってしまう．大体が一人で乗る機会が多いのだから，これは馬鹿気ているし，現実に混んだ東京では大き過ぎて不便である．308GTBのようなスポーツカーは面白いけれども，これで毎日通勤する気にはなれない．だから，コンパクトな後輪駆動のサルーン，できれば4ドアで，性能とハンドリングは一流のスポーツカー並みかそれ以上，ただしターボは御免蒙る（ターボはやはり"段差"があって使いにくく，個人的には好きになれない），というのがぼくの理想とするあしの条件になるが，現実にはありそうでなかなかない．

ところがである．あの編集会議から1週間も経たない頃，そんな車にめぐり遭った．BMW／アルピーナ C1-2.3である．年齢のせいか，近頃は新しい車に乗ってもめったに心を動かされないが，このアルピーナ C1-2.3にはいささかよろめいた．

アルピーナとそのボス，ブルクハルト・ボーフェンジーペンについては，C／Gでも度々リポートしたのでよく御存知と思う．63年に，父の経営するタイプライター工場の一隅を借りて，BMW1500のエンジンをツイン・キャブレターでスープアップするキットを作り始めて以来，彼はBMWのスーパーチューナーとしての道をただひたすらに追い求めて来た．その一貫した努力は，同社のグループ2・BMW3.0CSiクーペが，78年のユーロピアン・チャンピオンシップ

を手中に収めたことにより，充分に報われた一方で，年々厳しくなる安全・排ガス基準の点から見ると，個人の車を注文によってチューンする仕事はもう先が見えていることも明らかになって来た．そこで同社は79年，生産型BMWをベースとしながら，全く独自のスペックによる完成車を製作する，独立したメーカーとして再スタートすることにした．そのためにはかなりの設備投資を要し，ミュンヒェンから70kmほど離れたブーフローエに従業員100人を擁する工場を建設，まず年間250台のペースでスタートした．最初の年には3種のアルピーナがカタログに載せられた．最もベイシックなモデルがB6-2.8で，これは3シリーズの2ドア・セダン・ボディをベースとし，標準では184HPの2.8ℓを200HP／6200rpmにチューンして積み，約DM48,000で売られる．他の2つはB7ターボとB7ターボ・クーペで，それぞれ5シリーズ・4ドア・セダンと6シリーズ・2ドア・クーペを基に，3ℓの300HP／6000rpmターボ・ユニットが積まれる．価格はDM64,000とDM87,000もするが，ともに250km/hが可能な超高性能車である．エディターは79年にジュネーヴ・ショーへ行ったとき，PFがたまたまB7ターボに乗って来て，一緒に近くのオートルートを走ったが，瞬時に200km/h以上に達する加速力のすばらしさとともに，トップでも僅々1000rpmで粛々と走れる柔軟性に一驚したことがある．その後，アルピーナは日本へも輸入されるようになり，C/Gでは四国・松山に住む読者・オーナーの厚意により，B7ターボを充分にテストすることができたし（80年9月号），最近はB8を試乗する機会にも恵まれた（81年8月号）．B8というのは聞きなれない名前だが，これは後に加わったエンジンの名称である．これは3.3ℓユニットをベースに，標準の197HPを240HPにチューンしたもので，6又は7ボディに搭載が可能であり，すでに633や733を持っているが，その性能にいまひとつ，という向きには最適なチョイスだ．

　たしかに，これらのアルピーナは結構ずくめではあるが，少量生産車だけに価格もまた結構で，B7ターボは日本では1300～1400万円，ベイシックなB6-2.8でさえベースとなった3シリーズ6気筒の2倍もする．特に後者の割り高な感じはドイツでも同様だったと見えて，B6-2.8の下にC1-2.3というベイシック・モデルが，80年から出現した．これが今回テストしたモデルに他ならない．

　C1-2.3のベースはBMW323iである．その2291cc"ライト・シックス"エンジンは，7ベアリング，12個のカウンターウェイトとトーショナル・ダンパーを備

えたSOHCユニットで，本来スムーズでよく回ることでは定評がある．アルピーナではこれに更に手を加え，標準の142.8HP／6000rpmを170HP／6000rpmにチューンしている．シリンダーヘッドは，燃焼室をほぼ半球型に加工しており，ピストンも圧縮比を高めた強化型だが，他のアルピーナとは異なり，ボッシュLジェトロニックとトランジスター点火装置は生産型のままである．だから，エンジン・ルームの外観はノーマルの323iと事実上変わらないし，B6やB7ターボには付いているアルピーナ製を証明する銘板も，C1-2.3にはない．このように，C1-2.3のエンジンは軽くチューンされているに過ぎないが，むしろ魅力的なのはサスペンションのチューンである．前後のコイルスプリングは可変レートに，ダンパーはビルシュタインに変えられ，リアにもスタビライザーが付く．323iは本来4輪ディスクだが，C1のフロントは特製の，放射状冷却孔を開けたベンチレーテッドに改装されている．ホイールはアルピーナ・オリジナルの軽合金で，フロントは6×15，リアは7×15サイズ．タイアはピレッリR7で，前後のサイズは異なり，それぞれ195/50 V R 15と205/50 V R 15を履く．外観上は，ホイールを除けばノーマルの3シリーズBMWと異なるのは前後のスポイラーと，ボディ側面を走るアルピーナ独特の矢がすり模様ステッカーのみだが，それだけでまるで別の車のように見える．

　現在のところ，BMW／アルピーナの正規ディーラーはなく，いくつかの業者を通じて輸入されている．今度テストに使った車は，自身レーシング・ドライバーであり（つい最近ではトニー・トリマーと組んでRX-7-253に乗り，鈴鹿1000kmで2位にフィニッシュしている），ビジネスマンでもある在日ドイツ人，ニコ・ニコルのNicole Racing Japan株式会社（03-485-****）が輸入したものだ．価格は基本価格が785万円で，テスト車にはオプションのサンルーフ，リミテッドスリップ・デフが付いていた．この基本価格には，本国ではオプションの，P7と15インチ・ホイール，エアコンディショナー，熱線吸収ガラスなども含まれている．

　アルピーナのような車は，高速で飛ばせば飛ばすほど面白いし，メリットのあることは，乗るより前からわかっている．ぼくの個人的な興味は，C1が日常のあしとして使えるかどうかにあったので，まずこの点から述べよう．

　ガレージ伊太利屋で車を受け取る．レカロ製バケットシートに着き，380mm

径4本スポークの革巻きMomo製ステアリングを握り、左足を滑り止めのついたフートレストに踏ん張っただけでも、このサルーンがただ者でないことを予見させるに充分だ。計器盤は意外なことに標準型323iのままなので、油圧計も付いていない。だから、いま述べたレカロ・シートと革巻きステアリングを除けば、室内は普通の3シリーズBMWと変わらず、つくりは頗るよろしい。このレカロ・シートは、レース用フル・バケット型ではなく、バックレストは調節ができ、街なかでの実用上、不便な点は全くない（C/Gコロナ2000ＧＴに付けたレカロはフル・バケット型で、バックレストの側面がまわり込んでいるので、頻繁に乗り降りする街なかでは大変不便だった）。3シリーズBMWのボディ・サイズは、ふだんのあしとして理想的な寸法だが、惜しいことに2ドアである。ぼくが実用車に2ドアを嫌う理由は、後席への乗り降りが厄介だからではない。そうでなくて、2ドアは不可避的にドアの幅が大きいので、横に充分なスペースがないとドアが広く開かず、ドライバー自身も乗り降りしにくいからである。トヨタ・ソアラを日常使ってみればこの意味がよくわかるだろう。駐車場へ戻って来ていざ乗ろうとすると、隣にぴったりと駐車されていてドアが広く開かず、アクロバット的演技を強要されて腹立たしい思いをすることがしばしばある。さらに左ハンドル車では、運転席から降りようとすると歩道にたいていガードレールがあるので、いっそう出入りしにくい。（ぼくが左ハンドルを決して買わない主な理由はこれである）アルピナC1の場合、たしかに左ハンドルの2ドアという、ぼくにとっては好ましからざるコンビネーションではあるが、ドアの幅が不当に広くないために、実用上なんとか我慢できる範囲に収まる。

　Lジェトロニックと無接点フル・トランジスター点火を備えた2.3ℓ6気筒は、冷えていても高速走行直後でも、常に一発で始動し、およそチューンされた高性能エンジンにあり勝ちな気まぐれとは全く無縁であった。コールド・スタート直後は2000rpmまで回転が上がるが、待つほどもなくひとりでに約1200rpmの、ノーマル323iよりはラフなアイドリングに落ちる。そして、直ちに走り出しても、なんのためらいもなく豪快に引っ張れる。323iは有効なトルク・バンドが実に広く、分厚く、きわめて乗りやすいと思ったが、柔軟性に関してもC1はほとんどそれに劣らないことが、ちょっと走っただけでもわかった。ただ、1000〜1500という低い回転領域でのトルクは、ノーマルな323iよりは明らかに

弱いようで，1，2速以外では常に2500以上を保つ必要がある．したがってせいぜい60km/hの市街地では，ほとんど2，3速，稀に4速を使う程度であるが，クラッチは決して重くはないし，ギアボックスはこの新車でもごく軽いので，頻繁なギアチェンジも一向に苦にならない．ヨーロッパの高性能車を日本の混んだ街なかで使う場合，まず心配になるのはエンジンの過熱とそれに基く不具合である．テストの日は幸い特に暑くはなかったが，このアルピーナの水温はいかなる場合でも適温に保たれた．しかも標準で備わるエアコンディショナーを多用しての話だから，これは立派という他ない．

50％プロファイルのP7を履いたアルピーナは，舗装の荒れた都内ではさぞかしひどい乗り心地を示すだろうと思えばさにあらずで，細かい路面の不整には意外に無関心である．むろん硬いことは硬いけれどもむしろ心地よく，直接的なハーシュネスはほとんど感じられない．P7を履いた車でときに経験されるステアリングの過大なキックバックは，絶妙なZFパワーステアリングが巧みに吸収してくれる．ただしこのステアリングはほとんど4回転もして，街角を曲るにも手を持ちかえる必要のあることだけは不可解である．以上を総括すると，このアルピーナはそれに最も似つかわしくない舞台である．混んだ市街地でも，充分な実用性を示して，これならば毎日の通勤に使えるなと，ぼくは思った．

東名に乗って初めて右足を深く踏み込む．このC1-2.3は，例えば大排気量のB8やB7ターボのように爆発的なパンチはない代わり，3000から6000に至る広範囲にわたって，ほぼ一様に力強い加速力を発揮する．スムーズさは高回転になるほど強調される感じで，真円度の無類に高いP7と相まって，文字どおり滑るように走る．エンジンのメカニカル・ノイズは事実上皆無で，いかにもそれらしい，健康的な，しかし低く抑えの効いた排気音のみが，後を追って来る．ドイツの高性能車の標準ではギアリングは案外高く，100km/hは4速で約3200，5速では約2600に過ぎないこともあって，この速度ではウソのように静かである．当然ながら5速の加速力は弱いから，バックミラーで法の象徴の不在を確かめ，4速に落として140くらいまで一気に加速してみる．特筆すべきはノイズレベルが100でも140でもほとんど変化しないことで，駆動系の絶妙なバランスとともに窓まわりのシール性の良さを示している．

翌日，深夜の谷田部で高速走行を試みた．2年前テストした標準の323iは，

194.6km/hの最高速，0 - 400 16.0秒，0 - 1km 29.5秒をさらりと出して，BMWの実力を如実に示したが，C1のデータはそれを若干下回った．すなわち，最高速は192.5km/h（5速で5000弱），0 - 400m 16.6秒，0 - 1km 30.5秒にとどまったのである．これには注釈がいる．この日は生憎台風が接近中で，時に強い雨が降り，路面が濡れていたため，スタート時にホイールスピンが甚しかったこと，及び新しいエンジンを労わって，どのギアでも回転を6000にとどめた（レッドゾーンは6400）からである．（因みに，メーカーによる最高速は208km/h，0 - 100km/hは7.9秒）データはともかく，印象的だったのはアルピーナの高速安定性である．せいぜい100～120止まりの東名では特に云々するほどでないように思われた安定性は，160～190という高速域になると，恐らくフロントのエアダム，テールのスポイラーが明確に効いているのだろう，ピタッときまってあたかもレール上を走る列車のように感じられる．ステアリングのすわりの良さは抜群で，最高速時にもただ軽く保持しているだけで，車は矢のように直進する．ステアリングはすばらしく鋭敏だが，過敏ではない．これは，常時150～180で何時間も飛ばすアウトバーンでは，実用上必須の条件である．瞬時もステアリングから気を抜けないほど過敏な車では，タバコに火をつけることも，ラジオをチューンすることもままならないではないか．

　C1がその最良の面を発揮したのは，箱根から伊豆スカイラインにかけて，際限なく続く中速コーナーの連続を，2速と3速を瀕繁に使い分けながら存分に駆けめぐったときであった．2速で5000まで引っ張るとほとんど90に達し，3速にシフトアップすればほぼ最大トルク点の3400rpmになって，絶好の加速態勢をとる．ここで改めて認識したのは足回りのチューンの高さである．コーナリング・スピードは並みのスポーツカーより2，3割は高い感じで，P7はほとんど鳴かず，4輪が完全にグリップしたまま，拍子抜けがするほどすんなりと回わって行く．3速で回れる中速コーナーでは，ロールはドライバーには感知されないほど軽微であり，ただ強大な横Gだけを上体に感じる．それは，レース仕様のサルーンで富士の100Rを抜ける感じに近い．ZFパワーステアリングはこうした場合でもごく自然なフィールで，充分な路面感覚を伝えてくれる．この車で注意を要するのは2速で回るスローベンドである．2速のトルクはさすがに強いから，アペックス付近で不用意にフルパワーをかけると，25%

リミテッド・スリップ・デフの効いたテールはてきめんにパワースライドを起こし，ザッと外へ流れ出す．とっさに正確なカウンターステアを与えるには，このパワーステアリングはローギアードに過ぎるので，ともすれば一瞬振り遅れ，位相ずれを起こして蛇行を許し勝ちである．しかし，これは多分に馴れの問題であろう．適度の緊張を伴なうLSDによるテールスライドは，このアルピーナの操縦をいっそう面白くするものだと言いたい．

　ブレーキも信頼できる．むろん4輪ディスクで，フロントはレーシングカー並みにチーズのような小孔が一面に開いたタイプである．サーボは過度でないから，速度を問わず微妙なコントロールが容易であるし，前後のバランスが的確なので，姿勢がすこぶる安定している．一度豪雨中の高速道路で100km/hからのフル・ブレーキングを試みたところ，ほとんどドライと変らぬ効きを見せた．P7の排水性もよいのだろう．

　燃費も悪くない．最良は東名を100＋で流したときの8.9km/ℓ，箱根・伊豆を150kmにわたって駆けめぐったときが6.6km/ℓ，典型的に混んだ国道を東京から谷田部まで行った際が6.4km/ℓという具合で，走行条件による差がごく少ない．約600km走った総平均は7.5km/ℓと出た．以前テストしたノーマルな323iが8.0km/ℓだったから，これは妥当なところだろう．

　というわけで，ぼくはこのアルピーナに相当参ったのである．785万という価格は，不当に安い？国産車から見れば法外に見えるかも知れないが，BMWのスローガン，"Sheer driving pleasure"を追い求める熟達したドライバーにとっては，それに価する以上の喜びを与えてくれるだろう．

（1981年12月号）

ロードインプレッション

アウディ80クァットロ

　アウディ80クァットロの発表・試乗会を，サン・モリッツで開くので，ぜひ出席されたしとの招請を受けたCGエディターは，日本からのもう一人の参加者，徳大寺有恒氏と共に12月初めのスイスへ向った．

VORSPRUNG DURCH TECHNIK

　Vorsprung durch Technik（技術による進歩）をモットーに，アウディの進況は最近特に目覚ましいものがある．実用的な4ドア・セダンでありながら，Cd＝0.30を実現して全世界の自動車技術者を瞠目させたアウディ100は，果たして82年度のユーロピアン・カー・オブ・ザ・イヤーに選ばれたし，高性能実用車と4WDを結びつけたクァットロは，挑戦2年めにして早くもワールド・ラリー・チャンピオンシップ（メイクス）を見事に獲得した．アウディの優れた技術陣のボスは，言わずと知れたフェルディナント・ピエヒで，Dr. フェルディナント・ポルシェのお孫さんであることもここに繰り返すまでもない．アウディに来るまではポルシェにあって，917を含むいくつかのレーシングカーを設計した経歴の持主だけに，彼の息がかかってからのアウディは格段にライトウェイトとなり，同時にスポーツ性を高めたのは当然であろう．Dr. ピエヒは，あらゆる路面状況で最大限の駆動力を伝え得るフルタイムの4WDが，特にハイパワーな車の場合，安全性の面から不可欠であると確信している．2年ほど前，東京で会った際，なぜパートタイムでなく，フルタイム4WDなのかと尋ねたら，常に4輪に駆動／制動トルクを分散しているフルタイム4WDの方が，操縦性がコンスタントであり，制動性能も安定しており，安全性が遥かに高いからだと即座に答えてくれた．そして，近い将来，100HP以上の実用車の半分は，4WDになるだろうという，大胆な御託宣を賜わった．この予言が的中するか否かはまだ予断を許さないが，アウディは既定の方針に従って，クァットロに次ぐ第2弾のフルタイム4WD，80クァットロを世に送り出した．オリジナルのクァットロが，ドイツでもDM60,000以上する，200HPターボ・エンジン付の高性

能・高価格GTクーペであるのに対し，新しい80クァットロは価格的にも約半分の普及版で，5気筒2.2ℓアウディ80 4ドア・セダンをフルタイム4WD化した実用車である．

アウディはよほど80クァットロに自信があるか，ジャーナリストの腕前に関して楽観的なのか，あるいはその両方なのだろう．12月初めのスイス，それもスキーのメッカであるサン・モリッツと言えば例年雪に覆われるのが常だが，わざわざこの時期にヨーロッパ各国のジャーナリストを呼び集め，雪と氷の峠道を走って貰おうというのだから．

約束の時間にチューリヒ空港で待っていると，程なくアウディ広報部員が現われて，地下のスイス国鉄駅に案内される．アウディに限らずヨーロッパ・メーカーの広報活動はまことにスマートかつ豪勢だ．今回もそうで，チューリヒから約2時間，アルプスへの登り口であるクーアまでは，定期列車の後部に増結されたアウディ専用の豪華な1等車の旅である．後にサン・モリッツで合流した人々を含めて，約30人のグループはいずれもドイツ人だが，案に相違してわれわれと同業のモータージャーナリストは居らず，政治家，役人，実業家から女性歌手に亘る各界のお歴々であった．中で唯一の顔見識りは元ポルシェのドライバー／レースマネジャーだったフシュケ・フォン・ハンシュタインで，もう70近いはずだが中々精力的に活躍しており，ヨーロッパのあちこちで顔を合わせる．後で聞くと，ドイツではこうした新型車の発表会に際して，各界の影響力の強い人々を招待するのが習慣とのことであった．クーア駅に着くと，われわれの乗った後部の車両だけが切り離され，降り立ったプラットフォームには，なんと20台余りの全く同色のアウディ80クァットロが，ズラリと整列して待っているではないか．各自それぞれ1台ずつ車を与えられ，簡単なロードマップを頼りに約80km離れたサン・モリッツまで，勝手に走って行くわけである．車中での説明によれば，幸か不幸か今年のヨーロッパは暖冬で，サン・モリッツまでの道に雪はほとんどありませんが，ユリア峠にはたっぷり氷を準備しましたと言うのでいささか緊張する．なにしろ80クァットロは見るのも初めてだし，予備知識と言っては5気筒2.2ℓ136HPエンジンの80 5Eをクァットロ流に4WD化した車である，という以外には全くないのだから．外観上，それはフロントの深いエアダム，トランクリッド上のラバー製スポイラー，クロームの

代りに黒一色で仕上げられたウィンドー周りを除けば，ノーマルの80と全く変わらぬ4ドア・セダンだが，これだけで印象は大いに異なり，ずっと精悍に見える．早速車に乗り込む．室内もほとんど普通の80上級車種，CDモデルあたりと大差ないが，シートだけは兄貴分のクァトロと実質的に同じく，深いサイド・サポートを持ったセミ・バケット型である．ドライバー側にはハイト・アジャストもあって，実に自然なよい運転姿勢が可能なのだ．ステアリング・ホイールもクァトロと同じ革巻きで，径は38cmと比較的大きいが，小径ホイールを好まない筆者には最適に感じられた．ダッシュボードや各コントロールの在りかをすばやく確かめる．本物のクァトロの計器盤も，あれほどの高性能車にしては呆れるばかり簡素で，油圧計はおろか水温計さえ警告灯によって代用されているが，この"普及版"ではいっそう素っ気ない．220km/hの速度計と8000rpmまでの回転計の間には燃料計とエコノメーター(吸気管負圧を示す)があるに過ぎない．メルセデスもそうだが，ドライバーには不必要な情報を与えて注意をそらすべきでない，というのが，アウディの設計方針なのだろう．室内でノーマル80との相違を言えば，センターコンソールのラジオの下に設けられたデフ・ロックの引出し式スイッチくらいである．80クァトロの4WDシステムは全くクァトロと同一で，5段ギアボックス直後に，前後車軸間の差動装置である第3のデフがある．前記のコンソール上のスイッチを1段引くと，先ずこのセンターデフがロックされ，更に引くと後車軸のデフもロックされる．

雪のサン・モリッツへ

そうこうコクピット・ドリルに数分を費しているうちに，気の早いドイツ組はみんなスタートしてしまい，われわれ日本組3台(徳大寺氏のほか，日本から同行したロバート・ヤンソン氏．彼は事実上の日本におけるアウディ代表者)が残された．ラリーのスタートよろしく，アウディのカメラマンが1台ずつ写真を撮ってから，地図を頼りに一路サン・モリッツを目指す．地理に詳しいというのでヤンソン氏が先ずリーダーになる．第1印象は実に運転しやすい車，それにすばらしく洗練されている車，ということだった．町を外れると道は直ちに2車線の典型的な田舎道になる．地図にそえられた注意書きによれば，町中は60km/h，他は100km/hのはずだが，ヤンソン氏は委細構わずバンバン飛ばす．コールド・スタート直後から，この5気筒2.2ℓインジェクション・ユニ

ットは全く躊躇なくスムーズに吹ける．クラッチは軽く，5段ギアボックスのタッチも軽く確実で，実に扱い易い．忽ち毎日乗り慣れている車のように，自信を以て不慣れなはずのスイスのワインディング・ロードを飛ばし始めた．CGでは昨年夏，日本へ入ったばかりのクァットロをテストし，筆者も谷田部や公道で短時間ながらステアリングを握った．その際の主な印象は，200HPのハイパワーと220km/hのポテンシャルを持つ高性能車にしては，あっけないほど容易なコーナリングと，荒々しさをみじんも感じさせない，リファインされた高級乗用車並みの走行性であった．ノン・ターボ136HP／5900rpmの80クァットロは，むろんクァットロの3000以上で体験された鋭いダッシュこそないものの，2500から6000の広域に亘り，右足に即答して従いて来る，よく躾けられた充分なトルクを持っている．24.3mkgの最大トルク点は4500rpmという比較的高いところにあるが，これはあくまで紙の上の話であって，実際には模範的にトルク・バンドの広い，理想的な性格を備えている．一方これは高回転域も常用できるタイプで，カットオフの起こる6500まで，いささかの淀みも見せずに吹け上がる．80クァットロは絶対的にもかなりの高性能車で，メーカーの数値によれば最高速は193km/h，0－80km/hを6.2秒，0－100km/hを9.1秒で加速する．

ユリア峠を越える

　道路にこそ雪はないが，道は次第に登りにかかり，銀白の雪を頂いたアルプスの山々が両側に迫って来る．気がつくと，いつの間にかペースは上り，コーナーを結ぶストレッチでは，130から時には160にも達した．箱根などに比べると，この辺りの山岳道路はずっと高速を保てる．コーナーは速い車なら100で抜けられる位の中速ベンドが多く，それを結ぶストレッチも長いからである．3速と4速を頻繁に使い分け，稀れに2速をレヴ・リミットまで回しながら（90まで延びる），ハイペースでリードするヤンソン氏を追って走った最初の20分ほどは，正直言って無我夢中で，本能的にギアシフトを反復し，操舵に専心していたに過ぎなかった．やがて落着きを取り戻し，さあ，今度は4WDに切り換えて走って見ようと，コンソールのボタンに手を伸ばしかけてハッと気付いた．そうだ，80クァットロはフルタイム4WDだったのだ．実にわれながら愚かしいことだが，このときはそれまで2WDで走っているような錯覚に捉われていたのである．やはり，自分ではまともなつもりが慌てていたのだろう．逆に言え

ば，これは80クァトロの走りっぷりがいかにリファインされており，"ノーマル"であるかを裏書きしている．ドライブ・トレーンはデッド・スムーズで，速度を問わず駆動系からの不快な振動やギアノイズの類は看取されない．80-100で抜けられる中速コーナーの連続では，4WDで走っているという実感は更になく，まるで飛び切りよく出来たFWDのように，スロットルを踏んでいる限り，車はごく軽いアンダーステアを示し続けるのだ．それにステアリングがすばらしい．無類に正確で，ロックからロックまで3.5回転のギア比は適切であるし，コーナーを回って手を緩めた際のキャスター・アクションが，また実に自然でよいのである．乗り心地はスピードを問わず絶品と言いたい．サスペンションは事実上クァトロと共通で，前後ともストラットとコイルがサブ・フレームを介してボディにマウントされている．ホイールはノーマルの80より1サイズ上のアウディ100用5.5J×14で，タイアは175／70HR14を履く．テスト車には，グッドイヤーが開発したHR仕様の新しいオールウェザーが付いていた．乗り心地は角のとれたスムーズなもので，足回りからの振動・騒音はよく消されており，実に洗練されている．このグッドイヤーは190km/hまで許容されており（80クァトロの最高速は193km/h），ドライな路面でのハンドリングも普通タイアに遜色なさそうに思われたから，文字どおり年間を通じて使用できるだろう．

　1時間ほど走ると道は次第に険しくなり，標高2284mのユリア峠にかかる．あたりは一面の銀世界だが，幸い路面に雪はない．しかしアルプスの日暮れは早く，山蔭の道はもう凍り始めた気配である．そこでコンソールのスイッチを1段引き，センター・デフをロックする．一瞬のタイムラグがあってから，コンソール上のインディケーターがグリーンに輝き，それがロックされたことを示す．デフ・ロックのオン／オフはどのギアで走行中にも可能である．いずれの場合も全くショックはない．気のせいか，駆動系全体が一段とソリッドになった感じで，スロットルのオン／オフがより直接的にホイールへ伝えられるように思われた．この点を除けば，心理的な安心感を別にして，車の挙動には明確な変化は認められなかった．サン・モリッツに近付くにつれて，ルーフラックにスキーを積んだ車に頻繁に遭遇するようになった．感心したのは普通の2WDのくせに，いずれも結構なペースで飛ばしていることだ．日本車では圧倒的にスバル・レオーネ4WDが多く，カリブさえ1台見かけた．彼らは本能的に

4WDの有用性を知っているのだ．写真を撮るために止ったり，速い前車を抜くのに手間取ったりしている間に，ヤンソン氏や徳太寺氏とは別れて，この頃にははぐれ狼となっていた．20年近くも前，日本から遥々運んだ私のホンダS600で，妻と2人ヨーロッパ各地を1万2000kmに亘って旅した時も，このユリア峠を通ったっけ．と，しばしば追憶にふけりながらブラインド・コーナーへ進入すると，これが意外にきつく，思わず右足を緩めた途端，ズルリとテールが流れて一瞬胆を冷やした．山蔭で路面が凍っていたのだろう．この時はセンター・デフをロックしてあったのだが，4WDも決して万能ではないことを思い知らされた．

デフ・ロックについては得心の行かぬまま，サン・モリッツに着いてしまったが，その効果を体感したのは，翌朝雪に覆われた近くのオリンピック競技場を走ってみた時である．アウディはここにパイロンを並べた"サーキット"をしつらえ，ミシェル・ムートンにラリー・クァットロと80クァットロでデモ走行をさせたのである．われわれはデモの始まる少し前に着いたので，自分の80クァットロを雪上でトライすることが出来た．ここで最大の発見は，デフをロックすることによって，制動力が劇的に向上するという事実であった．最初デフをフリーの状態で高速からフル・ブレーキングを試みたら，前輪は早期にロックして空走した．次にセンター・デフをロックして同じことをテストしたところ，4輪は全くロックせず，確実にブレーキが効いた．理論上，後輪がロックしない限り，前輪もロックしないはずで，4つのホイールは路面の許す範囲で最大の制動力を発揮するのである．以前PFが情熱的に書いていたように，フルタイム4WDのクァットロは200HPの大パワーをあらゆる路面でフルに利用できる魔法のカーペットで，これは特にスイスのような山国の冬には絶大な威力を発揮するだろうことは，僅かな経験からも容易に推察できた．その晩，アウディ社長のDr．ハッベル，Mr．ピエヒ等首脳陣すべてが出席したディナー・パーティーで聞いた話では，この小さなサン・モリッツの町だけで，40台のクァットロが登録されており，スキー・シーズンのピークには120台から150台ものクァットロが，ヨーロッパ中から集まるという．さすがにヨーロッパで最も贅沢なウインター・リゾートだけのことはある．

Mr．ピエヒによれば，80クァットロは136HPだから，1輪当たり34HPに相当し，これはあらゆる状況でどんな人でも非常に安定した走行が可能な駆動力なのだ

と言う．高価なクァットロは，高性能＋フルタイム4WDのコンセプトの優秀性を，まずラリーでの成功によって全世界にプロモートしたが，今度の80クァットロはもっと安い実用車で，言うなれば"for everybody for everyday use in every weather"のクァットロであると述べた．オリジナルのクァットロは，あの高価格にも拘らず，2年間に4080台が生産されたが，80クァットロは最初の年に5000台，次年度からは8000台生産を見込んでいる．価格は，しかしDM31,850（約320万円）だから，サイズの割りには決して安い車ではなく，アウディ100やBMW525iより高価である．確かに，スバルやカリブのような安い4WDのマーケットは存在するが，アウディは賢明にも，それらとまともに競合する低価格の4WD，例えば4気筒エンジンやパートタイム4WDシステムの車を生産する意図は全くないと言う．

　日本へ帰って数日後，PFから手紙を受取った．彼もわれわれとは別の日にサン・モリッツへ行った由で，ごく簡単に80クァットロの印象が認められていた．彼は半年ほどメーカーからクァットロを長期貸与されていて，最近"しぶしぶ"返したばかりなのだそうだが，80クァットロはそれに比べてボディが異なるのとターボがないことを別とすれば全く同じだと言う．むしろ，ハンドリングは80クァットロの方がよい．というのは，足回りの細部が改良されているためだ．最も重要な相違は，後輪のアラインメントを決めるトラック・ロッドのピボット点を変更し，制動時には後輪が僅かにトーインを，加速時には逆にトーアウトをとるようになったことである．この結果，ハンドリングは後輪セッティングに影響されにくくなり，同時に制動時の安定性も向上したと，PFは宣う．

　さて，80クァットロはいつ日本へ輸入されるだろうか．ディーラーのヤナセでは，まだ時期尚早でなんとも言えないと言うが，同種のエンジンが日本の排ガス規制をパスしていることから，100台までの少数台数の例外規定を活用して，ぜひとも早期に輸入して欲しいと思う．

（1983年3月号）

ロードインプレッション

メルセデス・ベンツ190／190E

　5ナンバーで乗れるメルセデスが誕生した．去る12月9日に正式発表された190／190E（コードナンバーW201）がそれである．CGエディターは5人の日本人ジャーナリストと共に，スペイン南部アンダルシア地方で行われた発表・試乗会に招かれ，数百kmに亘って存分にテストする機会を得た．

第一印象——空港からセヴィリアまで

　ロンドン・ガトウィックからBAC11-1チャーター機で約3時間，スペイン南端に近いヘレス・デ・ラ・フロンテラ空港に着く．タラップを降りると，なんと50台余の色とりどりの190／190Eが，ズラリと並んでわれわれ——英国，アメリカ，オーストラリア，それに日本の合計約50人——を待ち受けているではないか．さすがは"世界に冠たる"ダイムラー・ベンツの威光というべきか，入国手続きもスペインの役人の方から出向いて来て野天で簡単に済み，各自どれでも好きな車を選ぶと，約100km内陸のセヴィリアの町まで勝手に走って行くことになった．ホイールベースが2665mmと異例に長いことを別にすれば，外寸はアウディ80並みの小型車だが，初めて見るW201は中々の貫録で，とてもそんなサイズには見えない．先ずは手近にあったオートマチック，パワーステアリング仕様の白い190Eを確保し，実業之日本編集長の吉田信美氏と組んで行くことにする．強いウェッジ型ボディのテールは高く，充分な深さを持つトランクには大型スーツケースを2個重ねて積むことが出来た．運転席に着く．これはまさにまごうことなきメルセデスである．たっぷりしたサイズのシートはW123コンパクト・メルセデスと寸分違わぬタイプだし，4本スポークと広いクラッシュパッドを持った大径（410mm，これでもW123より10mm小さい）ステアリングの感触や，各コントロールの位置，パターンは，従来のモデルと基本的に同じだから，走り出した瞬間からふだん乗り慣れた車のような自信と安心感を覚える．黒地に白文字の古典的な計器も従来どおりの意匠であり，流行のデジタルなんぞ絶対に使わない，設計者の強い意志が感じられて小気味よい．

メルセデスの設計理念は，ドライバーに過剰な情報を与え，無用に注意を逸らすことを許さないのである．W201のエンジンは，W123の200と基本的に同じ，4気筒1997cc（89.0×80.25mm）で，キャブレター仕様の190が90HP／5000rpmと16.8mkg／2500rpm，燃料噴射の190Eが122 HP／5100rpmと18.1mkg／3500rpmである．トランスミッションは4段が標準で，5段と新設計の4段オートマチックがオプションで付く．このオートマチックには，シフト・プログラムを手動により，標準又はエコノミーに切り換えるオプションもあるのだが，テスト車には付いていなかった．

　最新のDB自動変速機は，停車中のクリーピングを防ぐため，アイドリング中はギアが2速に入った状態で待機し，スロットルを踏むと初めて1速がセレクトされ，発進するようになっている．従って，踏んでから発進するまで僅かだがタイムラグがある．これを知っている人は，左足でブレーキを踏んだまま，一瞬早めにスロットルを踏む習慣が身についているから，実用上は全く問題ない．空港から直ぐ道は幹線道路に出て，一路セヴィリアを目指す．車重1100kg に対して122HP（DIN）と4段AT の190E は中々活発に走る．速度計には各ギアの許容スピードが例によって記されており，1速50km/h，2速90km/h，3速145km/hである．これはフル・スロットル加速の際のシフトアップ・ポイントと一致し，ほとんどレヴ・リミット（6000—7000がレッドゾーン）に近い，5900rpmに相当する．2車線の国道は時々トラックやちっぽけなフィアットなどに追い付く他にはほとんど交通がなく，少なくとも50台は走っているはずのメルセデスには，不思議なことに抜きも抜かれもしない．いずれも腕に覚えのあるジャーナリストばかりなので，期せずして同じスピードで――ということは状況の許す限りの高速で飛ばしているからだろう．190Eのエンジンは決して静粛ではないが，4気筒としては頗るスムーズに軽く吹ける．ギアリングは100km/h時に3000弱というところで，まず妥当な設定に思われた．120km/h（約3400）近辺に4気筒の振動の節があり，それを超えると一旦かえってノイズ・レベルが下がるが，140以上で次第にまた騒音が大きくなる．それでも160で走行中，隣り同士普通の声で会話が可能だから，絶対的には決してやかましい車ではない．パート・スロットルでキックダウンが容易に効くのはよいが，強く踏むと意図に反して4速から一気に2速へ，あるいは3速→1速へ1段飛ばしてシフトダウンし勝ちであった．スイッチが少々過敏なように思える．その代り，

キックダウンの遅いW123のように，セレクターを手動で頻繁にD⇔Sにシフトして積極的に低いギアをセレクトする必要はあまりなくなった．これが本来のATの使い方であろう．自動的シフトアップはごくスムーズだが，軽量車だけに全く乗客が気付かないと言えばウソになる．

メーカーのデータによれば絶対的な性能は2ℓ ATとしては例外的に良く，最高速は190km/h，0-100km/h 11.0秒，0-1km 32.5秒である．5段マニュアルのデータはそれぞれ195km/h，10.5秒，31.8秒だから，いかに新しいDB4段ATの効率が優れているかが解るだろう．燃費に関してもATの落差は少ない．すなわち，市街地サイクルでは共に9.7km/ℓ，90km/h定速は5段型17.2km/ℓに対して14.5km/ℓ，120km/hが12.8km/ℓ対11.5km/ℓという具合である．

スペインの道は幹線でも舗装が荒れており，路面キャンバーも強いのだが，190Eは軽くステアリングに手をそえているだけで矢のように直進する．後述のようにフロントはマクファーソン・ストラット，リアは片側それぞれ5本のリンクで位置決めされた独特の全輪独立懸架を持つW201は，絶妙のハンドリングと乗り心地を併せ持つ．タウン・スピードでの乗り心地は，従来のW123では決して褒められたものではなかったが，この点ではむしろそれより小型，軽量なW201の方が確実に優れている．それに，荒れた舗装を高速で踏破しても，みしりと言わぬボディの高い剛性感と品質感は，より大型のW123やW126（Sクラス）に勝るとも劣りはしない．セヴィリアの町まで約100km，1時間半ほどの短いドライブで，たった一点だけ従来のW123に劣ると思ったのは，路面騒音の点である．荒れた舗装では，主としてフロント・サスペンションからポコポコといういささか安手なノイズが室内へ伝えられた．軽量ボディとマクファーソン・ストラット前輪懸架の代償であろうか．

セヴィリアの宿はアルフォンソXIIIという由緒あり気な古いホテルであった．一休みしてから正装し，W201の公式発表会に臨む．技術担当重役のブライチュヴェルト博士よりW201の概要説明があってから，サスペンション設計やボディの安全設計の専門家からそれぞれ詳しい解説が行われたが，独→英の同時通訳が上手でなく，本当を言って何が何やらよく解らなかった．スペイン風の盛り沢山なディナーとワインの後，歩いて10分くらいの所にある古い酒場へ行き，本場のすばらしいフラメンコを鑑賞した．12月というのに気温は20℃近く，11時はまだスペインでは宵の口と見えて人々は町をそぞろ歩く．ちょっと惜し

い気もしたが，明日に備えて早めに宿に起こしてくれるよう頼むと，深いベッドにもぐり込んだ．

荒野のサーキット

　翌日は8時にホテルを出て，セヴィリアの町外れにあるホワン・ゴメス牧場跡——現在はスペインでも指折りの闘牛博物館になっている——に一旦集結，ここをベースキャンプとして半日の，痛快なテスト・プログラムが始まった．DB社はW201のテストのために実に絶好のコースを設定していた．1周68kmの"サーキット"の大半は，ほとんど無人の荒野にくねくねと延びる狭いワインディング・ロードで，起伏に富み，路面は適当に荒れていると言った具合だから，サスペンションとハンドリングにとって，これほど苛酷な試験路はない．

　この日は車を替え，先ず5段マニュアルの190Eで"サーキット"に飛び出した．マニュアルのメルセデスは日本ではめったに乗る機会がないが，この190Eのクラッチは軽く，シフトの感触も頗る良い．ギア比は3.91，2.17，1.37，1.00，0.78で，公称195km/hの最高速はODの5速ではなく，直結の4速（計算上5660rpm）で出る．前日のAT車では判然としなかったが，この190Eのエンジンはトップエンドのパワーもさることながら，非常に広範囲に亘って強いトルクを発揮する，極めて柔軟性に富んだユニットなのであった．最大トルク点は18.1mkg／3500rpmだが，それの80％に相当するトルクを，1500〜5500rpmという広い回転領域で発生する．実際に走っても全くその通りで，4速は150km/h（約4300）から踏み込めば，100km/h（約2900）からと同様，力強く反応する．DB社は実に万全な準備で安全を期しており，たまに通過する町角には星のマークの小旗を持った"コース・マーシャル"が立って，方向を指示してくれるし，それどころかスペインの警官まで動員し，テスト車を他の交通に優先して通してくれる程だった．町を抜けると，路面はよくないが事実上交通は皆無の，カントリー・ロードになる．コーナーはよく見通しがきくので，加速のよい190Eは僅かのストレッチでも軽く150−160に到達する．コーナー直前まで全速で接近，ヒール・アンド・トウで3速へシフトダウン／ブレーキング，100＋でコーナーへ突入する．全輪ディスク・ブレーキは強力なことは勿論だが，なによりも良いのは効きがプログレッシヴなことと，ノーズダイブ，テール・スクォットがいずれも軽く，姿勢が極めて安定していることだ．3速フルパワーで

回れる中速コーナーのスタンスは事実上ニュートラルで，正確無比なステアリングの舵角一定のまま，素直に回ってゆく．この日，結局3台の車を乗り継ぎ同じコースを4ラップしたので，次第に車にも道にも慣れ，スピードも速くなった．1ヵ所，ゆるい上りの中速ライトハンダーでトリッキーなコーナーがあるのだが，2周めにオーバースピードで進入し，思わず右足を緩めた．すると，果たしてテールがスムーズに流れ，一瞬の当て舵できれいに回ることが出来た．その後，別の車で2ラップした時も，このコーナーへ来る度に意識的にテールを流し，軽いオーバーステアで回った．パワーアシスト付ステアリングは$3\frac{1}{3}$回転（16.7：1）というクイックなギア比で，すばらしく剛性が高いのはメルセデスの伝統だ．不整路面では軽いキックバックが感じられるのは却って手応えがあって好ましい．サスペンションは充分に撓やかで，タウンスピードでは若干硬めな乗り心地は，スピードを増すにつれてスムーズでフラットになる．メルセデスは決して過度にタイアに頼らない主義だが，それはW201でも踏襲され，ただの70シリーズを5Jリムに履いている．テスト車はユニロイヤル・ラリー340/70の175/70HR 14だったが，この車のポテンシャルに対して充分，という印象を受けた．

又してもスペイン風の美味なランチとワインを，穏やかな冬の陽差しの下でとってから，今度は日本から同行されたヤナセ広報室の石井さんと，2台のコンボイでサーキットへ飛び出した．今回は私が4段マニュアルの190E，石井さんは190の4段型である．4段型は5段に比べ，2，3速のレシオが若干大きいほかは変らず，3.23の最終減速比も全車に共通だ．これで最後，という思いもあって，この時は前にも増して飛ばしに飛ばしたが，160程度までなら190でもぴたりと190Eに追尾できることが解った．しかし一度速度計で200に達した時だけは，ブルーの190はミラーの中で遥か後方の黒点になってしまったが．後に資料を見て驚いたのは，この時の190Eがマニュアル・ステアリングだったことである．低速でも決して重くないし，高速ではそれまでに乗ったパワーステアリングと変らぬクイックな反応を見せたので，これがアシストなしとは俄に信じ難い程だった．実際にはロックからロックまで5回転もするのだが，ギア比がバリアブル（21.6－24.0，メルセデスとしては初めて）なので，直進からの小舵角ではこの数値から想像されるよりずっと鋭敏なのである．

日本への正式輸入は84年半ば？

　190／190Eは1月から先ずドイツ国内で発売される．13％の物品税を含んだドイツ国内価格は，190がDM25,538，190EがDM27,741.5（260万円と280万円位）である．これは何も付いていないベース価格なので，例えばAT，パワーステアリング，集中ロック，ABS，軽合金ホイールなどをこれに加えると，忽ち350万円以上になる．190／190Eは，当面ジンデルフィンゲンで年間10万台が組立てられるが，84年にはブレーメンでも専用ラインが稼動し，年産を20万台に高める．ただし，W123（及び84年にデビューする後継車W124）とはある程度競合するので，マーケットの動向によって両車の生産比率をフレキシブルに対応させるという．

　さて日本へはいつ正式に輸入されるか，であるが，ヤナセでは84年半ばと言っている．車種はむろん燃料噴射の190Eで，右ハンドルと左ハンドルの両方を持って来る．テストリポートでは触れる余地がなかったが，W201の後席はW123に比べてやはり狭いので，ショファー・ドリブンの社用車には適さない．従ってW201の主たるユーザーは，従来のメルセデス・オーナーとは異なり，もっと若いオーナー・ドライバーが主体となるだろう．主力はAT仕様だろうが，新しいユーザー層のために，5段マニュアル・ギアボックス，ノン・パワー・ステアリングの右ハンドル英国仕様に，エアコンだけを装着した実質的なモデルを，相応の価格で提供するのもよいのではなかろうか．とにかく，サイズがよりコンパクトなだけで，品質，安全性，操縦性／乗り心地，それに名状し難いメルセデス独特のフィールまで，すべて大型のメルセデスに勝るとも劣らぬこの190／190Eが，一日も早くヤナセによって正式に輸入されることを祈ろうではないか．

（1983年3月号）

ロードインプレッション

ジャガーXJ6 4.2 & XJS

なんでいまさらXJ-6なのかという話

　長期テストにジャガーXJ-6を買ったぞと言うと，相手はまず例外なしに，へえーッ？という顔をする．いまや世は軽・薄・短・小が流行りだというのに，ジャガーときたらすべて正反対で，重・厚・長・大である．それに68年にデビューして以来もう15年になるXJ-6は，当時とはすっかり変ってしまった社会環境にあって，もはや時代錯誤も甚しいと，一般には思われるからだろう．また，少し車に詳しい人なら，ジャガーとオーバーヒートは同義語に等しく，夏場は全く実用にならないよと，したり顔で言うに違いない．ジャガー？　ああ，あれはトラブルの塊さ．ルーカスの電装には全く泣かされたよ，とメカニックは言うかも知れない．確かについ3年ほど前までのジャガーは，全くその通りだった．特に60-70年代のルーカス製品のクォリティの低さは，長年英国車に親しんだ人ならよく知っている．あるアメリカの友人が教えてくれたのだが，アメリカでは"The British Drink Warm Beer Because They Have Lucas Refrigerators."というジョークを染め抜いたTシャツが売られているくらい，ルーカスは信用がないそうだ．因みに，最近は英国でも冷やしたビールを売っているパブが増えたし，ルーカスの名誉のために記せば，冷蔵庫は作っていない．

　ところが，このジャガーに近年大変化が起こったのである．冬場には東京あたりで多数走っているジャガーが，夏ともなれば何処ともなく消え失せるのが恒例だったのに，去年の夏には文字どおり涼しい顔をして，都心の渋滞を泳ぎまわるXJが数多く見られた．ちゃんと窓を閉め切ってである．それから，今年の2月初め，ディーラーの日本レイランドはジャーナリストを谷田部に呼び集め，83年型XJ-6の高速テストを実施した．この目的のために，1台1000万円以上するXJ-6の新車を5台，惜し気もなく投入したのである．日本レイランドは，これまで三井物産とBLの合弁会社であったが，このほど三井物産が資本を引揚げたため，4月1日から100％英国資本の企業として再発足することになった．

この大胆なXJテストデーは，新会社の積極的な姿勢を示すと同時に，83年型XJ-6の性能，品質に対する大きな自信のほどを窺わせる画期的なイベントであった．

最近英国を訪れて心和むのは，長い不況のトンネルの先に，かすかな光明が見えて来たように感じられることだ．特にフォークランド以後，戦勝がきっかけになって国民全体の志気が高揚し，なんとなく街に活気と明るい気分が横溢してきたように思える．自動車界も，特に国営企業のBL傘下メーカーから，MGメトロ・ターボ，ローヴァー・ヴィテス，オースティン・マエストロなどニューモデルが続々誕生して，久々に活況を呈している．ジャガーのニューモデル，XJ40（後述）のデビューは84年を待たなければならないが，その代り現行モデルの品質は過去2年間に目覚ましく改善され，アメリカのある輸入業者をして，ジャガーは300％ 良くなったと言わしめた．論より証拠で，アメリカでの販売実績は，81年の4,700台から，82年には10,300台へ倍増したのである．注目すべきは，品質の改善は同時に生産性の向上を伴なったことだ．81年度，ジャガーは従業員10,500人で僅か14,000台を生産したにとどまったが，82年には7,600人に人員削減しながら22,000台を作り，生産性を2.2倍に高めたのである．この，奇跡的とも言えるジャガーの大変革をもたらした原動力が，80年春に懇請されて会長に就任した弱冠43歳のジョン・イーガンである．エディターは81年春にジャガー社を訪問し，イーガン会長にインタビューしたことがある．彼は日本式の経営方針の信奉者で，就任すると直ちに全重役夫人を呼び集め，今後1年間，貴女方の主人を私に預けてくれ，これまでのように毎週末を一緒に過ごせるとは思うな，そうして1年間頑張れば，貴女方の主人も，我が社の将来も私が保証する，と演説をぶったというから凄い．彼はジャガーの故障の原因が，社外の購入部品の低品質にあることを，綿密な調査（100台のジャガー・オーナーを選んで詳細な質問を行なっただけでなく，最大のライバルであるメルセデスとBMWに関しても，同様な調査を実施した）の結果究明した．そこで納入部品の受入検査を厳格にする一方（これが日本式なのだが）下請メーカーの設備改善や経営問題にも，親会社が手を貸したという．更に，トヨタや日産がやっているのと同様なQC運動を工場に導入し，経営陣，技術者，ブルーカラーが直接話し合い，そこで出された提案を採用した．そして，会社主催のパ

ーティーを時折開き，そこでは管理職がビールを注いで回ったそうである．これはホワイトカラーとブルーカラーが決して同じテーブルでは食事をしない英国の国柄では，まさに社会革命とも言うべき大胆な試みなのだ．

　顧客サービスも改善された．ジャガーを買ったお客から毎月300人（英国内150人，米国150人）を無作為に選び，購入1ヵ月後と8ヵ月後の2回，電話でインタビューし，苦情や感想を聞く．経営陣はそのテープを自分の車のカセットで通勤中に聞くのが義務になっている．海外市場への積極的対応も，イーガン政策の重要な柱で，オーストラリア，カナダ，西ドイツへ度々サービス・マネジャーを送って，ジャガーが現地の苛酷な条件にどう耐えているかをチェックさせている．イーガンによれば，この3国は"the hottest, coldest and fastest roads"なのだそうで，これに近々日本がthe slowest road のサンプルとして加えられるとか聞いた．

　第2次大戦のBattle of Britainではないが，英国人は壁際まで追いつめられると，俄然底力を発揮するようである．70年代を通じて堕ちるところまで堕ちたジャガーの評判を，僅か2年ほどで回復したジョン・イーガン以下の努力は大いに賞讃されて然るべきだろう．そのジャガーが，日本の苛酷な使用環境でも，四季を通じて実用になるか否かは，実際に使って見なければ判らない．そこでCGでは，敢えてXJ-6を長期テスト用に購入し，社長の常用に供することにした．それに，3年余使ったローヴァー3500を，正当な価格で下取りに取ってくれるところは，日本レイランドしかないという，現実的な事情もある．冒頭に述べた如く，重・厚・長・大なジャガーは時代錯誤であり，何たる贅沢という読者の批判はもとより覚悟しているが，一方日英貿易不均衡の解消に少しでも貢献できれば，という大義名分もある．

外装チュードル・ホワイト　内装はブルー

　CGで購入したXJ-6 4.2シリーズⅢは，今年1月に発売された最新の83年モデルである．新型の変更点は，最終減速比が3.31から3.08に上がったこと，外観ではホイールが6J×15サイズの軽合金製になったこと，ダッシュボードの意匠が変わったことなど，マイナーチェンジに過ぎないが，塗装や内装のつくり，仕上げの良さは3, 4年前のジャガーとは到底比べものにならぬほど，大幅に改善されている．外装は13色から選べるが，CGの車は英国の伝統的な，温かみのあ

るホワイトで，ゴールドのコーチラインが側面に入っている．内装は上品なブルーである．日本レイランドでは，オプション部品の組合せによって，独自に4種のタイプを設定しているが，CGジャガーはタイプ2と呼ばれ，アルミホイール，クルーズコントロール，トリップコンピューターを標準装備する．定価は1070万円で，3年近く使用したローヴァー3500を200万円の下取りに出した．タイプ3ではこの上にヘッドライト・ウォッシャー／ワイパー，タイプ4では更に今年から新設された電動サンルーフが加わる．これはいずれも実用上必要だし，魅力的なオプションだったが，生憎日本レイランドの手持ちストックには該当車がなく，タイプ2で我慢することにした．

　CG　XJ-6の初仕事は，納車の翌日から，XJ-Sクーペと一緒に神戸へテストを兼ねた高速取材旅行に行くことだった．神戸行の目的は，芦屋在住の英国車愛好家，高橋哲弥氏（CGでもすでに同氏の1930年アストン・マーティン1½ℓと1937年ジャガーSS100を紹介した）が最近入手されたDタイプ・ジャガーの取材である．

　筆者がXJ-6にまとまった距離乗るのは，79年春，シリーズⅢの発表会に招かれて英国でテストして以来だが，XK120でデビューしてから35年にもなるこのDOHC6のスムーズさと豊かなトルクには，いつ乗っても感銘を受ける．日本仕様は本国版より30HP少ない175HP／4750rpmだが，トルクは30mkg以上もあって，BW66型ATとの組合せでも，1.8トンの大柄なボディを軽々と走らせる．エンジンの静粛なことは実に印象的で，140（3500rpm）でもメカニカル・ノイズはもちろん，排気音さえ殆んど聞こえないので，ともすれば100位と誤認し勝ちである．筆者の独断と偏見によると，本当に静粛でスムーズなエンジンは，次の二つの条件を満たすことが出来なければならない．1）信号待ちしている時，エンストしたかと錯覚すること．2）120で走行中，隣りの車（むろん乗用車）の音の方が，自分の車内音よりも大きく聞こえること，XJ-6がこの二条件を易々とパスすることは言うまでもない．RRはもちろんこの条件を満足させるが，ジャガーのようにダイナミックな魅力も性能もないし，特にハンドリングはジャガーの比ではない．ジャガーのような車にとって，高速道路を使い，神戸まで往復するといった種類の使い方が最も適しているのは勿論で，一気に570kmほどを走破してもドライバー，乗客ともに疲労が非常に少ない．全行程1317kmの平均速度は，車載のコンピューターによれば68.8km/hであった．こ

れには，約180kmの東京，神戸の市街地や六甲山の走行が含まれる．燃費は，高速道路区間が7.2～7.3km/ℓ，トータルでも7.1km/ℓであった．4.2ℓのAT車としては望外の好燃費と言うべきだろう．これより前，2月に谷田部で行った同型XJ-6の計測結果を示すと，最高速は187.5km/h（5000rpm），0-400m 18.3秒，0-1km 33.4秒で，絶対的にもかなりの高性能であることがわかる．無風に近い状態では，XJ-6は矢のように直進するが，神戸行の際は吹流しが横になびく位の強い横風が吹いており，風の"息"によってXJはかなり直進性を乱された．15年以上前に設計された，エアダムもダックテールも持たぬ美しいボディの，唯一の代償であろう．

　一方，XJは狭い街なかでも意外にとりまわしが楽な車である．車幅は1,770mmしかないこと，4,960mmの長大な車にしては回転半径が6.2mと小さいことが主因だが，外から見るよりも乗るとずっと小ぶりな車のように感じられて，筆者は好きだ．

　CGの車は，205/70VR15のピレッリP5を履いている．XJは68年デビュー当時から，太いラジアルの路面ノイズの遮断が巧みなことでは定評があるが，これは今日の水準でもベストの例に入る．ただ，P5というタイヤは乗り心地重視型で，この面では文句のつけようのないものの，操舵した時の踏面の変形量が大きいためか，直進からの切り始めに反応のあいまいな部分がある．それに，車がまだ新しいせいかとも思うが，ステアリング系にフリクションが多い感じで，キャスター・アクションもごく弱いのが，筆者の個人的な好みからすれば少々不満である．これまでに乗ったことのあるXJは，いずれも少々頼りない位，パワーステアリングが軽かったから，使っているうちになじむことを期待しよう．日本でジャガーを使う上で最も気懸りなオーバーヒートの問題は，まだこの気候では何とも言えない．これまでの走行3500kmで，最も悪い条件は筑波のSCCJレースからの帰途，雨の中を2時間近く走ったり止まったりの渋滞を続けた時だが，ずっとエアコンを使いづめでも，水温計の針はぴたりと90℃を指して変らず，エンジンも全く調子を崩さなかったことを付記しよう．

英国的，いかにも英国的

　週末にジャガーを自宅へ乗って帰ったとき，たまたま車好きの友人が訪ねて来た．形通り近所をひとまわりした後，2人は後席に座って30分も飽きることが

なかった．ダークブルーのレザーシートはよく体になじみ，良質の革が心地よく匂う．後席からは，趣味のよいウォールナットの計器盤が，程よい距離にあって目を楽しませる．計器は黒地に白文字の古典的な意匠だが，速度計は機械式から電気式になったし，コンソールには自動式エアコンや，モダンな車載コンピューターが，小綺麗にビルトインされている．英国人は古い家を好み，200年以上経ったハーフティンバーの農家などをレストアし，目立たぬように最新式のセントラル・ヒーティングを組込んで快適に住んでいるのをよく見かけるが，ジャガーのような英国製高級車を見ていると，同じ心情を以て改良が行なわれているように思える．ジャガーは基本的にはドライバーズ・カーであり，ショファーに運転させて後ろに乗る種類の車ではないが，シリーズⅢで後席ヘッドルームが増し，乗り降りも多少楽になった．窓の面積は程よい大きさで，明る過ぎもせず，さりとて閉所感もなく，室内は適度にプライバシーが保たれる．ジャガーも車だから，もちろん走らなければ意味がないが，使わない時に，ただ静かに中に坐っているだけで気持が安まり，豊かな気分になれるのだ．その代り，ジャガーは使いっぱなしの出来る車ではない．愛馬を愛でるように，ボディを磨き込み，革シートを手入れし，カーペットを掃除し，機械の方もきちんと定期的にチェックする必要がある．また，そうすれば長年にわたって気持よく使えるし，そうでないとジャガーの値打ちは本当に出て来ないのだ．そこへ行くと，メルセデスは全く対照的だ．たとえ最高級の500SELでも，メルセデスは超一流の実用品だから，日夜を分たずブンブン駆使して初めて価値があるのであって，使い切ったら思い切りよく次の新型に乗り替えるべきだし，またそうしてもべつに心が痛むことはない．パワフルでアグレッシヴな面構えのメルセデスに乗ると，知らぬうちに運転が荒くなり勝ちだが，ジャガーのような英国高級車に乗ると，こういうマナーの悪い運転はしたくても出来ず，"After you, sir!"と紳士的に道を譲りたくなってしまう．これがジャガーなのだ．

XJ-S短評

今回の神戸行には，V12のXJ-Sも連れて行った．このクーペは日本レイランドの役員用車で，中味は82年型の日本仕様車だが，外装だけを今後輸入される83年型に仕立ててある．旧型との相違はごく細部で，ホイールのデザインが違

うのと，ノーズにジャガーの顔を象ったバッジが付いたこと位であるが，本国のV12は81年からH.E.（ハイ・エフィシェンシー）モデルになって，スイスのエンジン設計者，ミハエル・マイ特許の"ファイアボール"シリンダーヘッドを装着した高出力，高効率エンジンに進化した．これは圧縮比12.5：1で295HP／5500rpm（DIN）を発揮する．このH.E.エンジンは排ガスもクリーンで，すでにUSA仕様も出来ており，それをベースとした日本仕様が，今後は輸入されるという．因みに，USA仕様は圧縮比11.5で無鉛ガソリンが使え，出力は266HP／5000rpmというから驚く．今回テストしたXJ-Sは従来の日本仕様なので，5.3ℓV12は圧縮比7.8：1と低く，出力も240HP／5250rpmにとどまる．

　XJ-Sのスタイリングはジャガーとしては珍しく失敗作だっと思う．擬似イタリアン・スタイルというべきか，妙にもってまわった歯切れの悪い意匠で，どうも好きになれない．乗り降りは頗る不便で，体を二つ折りにしないと低い"鴨居"に頭をぶつけやすい．それにダッシュボードの意匠がひどいものだ．XJサルーンとは大変な違いで，すべて安手なプラスチック製なのは全く理解に苦しむ（幸いなことに，最新型からダッシュにウォールナットが用いられるようになった由）．というわけで，外観はどうにも戴けないが，走ってはさすがにV12で，6気筒のXJより遥かにダイナミックな魅力があることは認めざるを得ない．特に100以上での加速は実に豪快で，ふと気がつくとXJ-6がバックミラーの中の小さな点になっていたりして，慌てて右足を緩めたことも再々あった．静粛性もXJ-6に劣らず，100-120で巡航中，最大の音はスクリーンをたたく雨の音だった．ATはXJ-6よりローギアードで，100km/h時に回転計は2800rpmを指している．

　XJサルーンとの最も大きい差はハンドリングである．XJ-SはダンロップSP Sport Super 205/70VR15を履いていたが，操舵感覚はピレッリP5のXJより遥かにシャープであり，同時に軽い．六甲の峠道で軽くトライしただけでも，XJ-Sはサルーンより遥かにロールが少なく，アンダーも軽く，ATセレクターを2にほうり込んでおけば，軽い小型スポーツカーにほぼ匹敵する身軽さで，ワインディング・ロードを駆けめぐれることがわかった．わが家の庭のように勝手知った六甲の山道を，ハイペースで駆ける高橋さんのDタイプは，XJ-6サルーンではとても追い切れないが，XJ-Sならば楽に追従できる．それにしてもDタイプの速さは大したものである．

因みに，谷田部で計測したXJ-Sの最高速は216.8km/h，神戸往復の燃費は5.3km/ℓであった．

これからのジャガーはどうなるか

現在，XJサルーンはすべて右ハンドル仕様だが，今後は顧客の要望に応えて右，左共に輸入されるようになる．また，近くXJの最高級仕様であるヴァンデン・プラが，XJ-6, XJ-12の双方に導入される．因みに，これまでヴァンデン・プラはデイムラーのみだったが，輸出市場ではこの名は使われず，すべてジャガーと呼ばれることになった．XJ-Sが，次に入荷する分から高効率のH.E.仕様になることはすでに述べた．更に，XJ-Sのコンバーティブル型が，来年発売になり，恐らく日本へも入って来るだろう．このコンバーティブルには，次期XJに積まれる新型エンジンが先ず搭載される公算が強い．それは全く新設計の総アルミ軽量スラント6で，SOHCながら4バルブだと言われる．排気量は2.8ℓと3.6ℓ．XJ-6に代わる新世代のサルーン，XJ40は今から1年以内にデビューする．ボディ外寸は現行モデルと大差ないが室内はずっと広く，車重は200～300kgも軽いという．だから，古典的なDOHCエンジンを積んだXJ-6サルーンとV12のXJ-Sが買えるのは，この1，2年しかないということになる．近未来のジャガーとしては，XJ80又はFタイプと呼ばれる2+2スポーツクーペもある．これは78年にピニンファリーナが発表したXJ-Sベースのスパイダーと，オリジナルのEタイプのイメージを合わせたようなクーペで，すでにモックアップは最大の輸出市場と目されるアメリカでクリニック（事前にユーザーの反応を探る御内覧会）に供されたという．デビューはかなり先で，86年と言われる．という具合に，ジャガーは今後の数年間に大きな発展を遂げるはずで，これまでメルセデス，BMWに独占されていた観のあるこの分野にジャガーがカムバックすることは，英国車の愛好者としては大いに愉しみである．

（1983年6月号）

ロードインプレッション

メルセデス・ベンツ500SEL

　Sクラス・メルセデスのトップモデル，500SEL の日本仕様車が，ヤナセからやっと発売になった．現行Sクラス（W126）のデビューは79年秋だが，これまで日本（及び北米）市場向けはひとまわりエンジンの小さい380SE／SELだけだったのである．むろん3.8ℓ・V8の380だって，たかだか100km/hしか合法的に出せない日本では充分以上に速いし，経済性は500より当然ながら良く，これで文句を言えばバチが当るくらいのものだ．しかしそこはそれ，最高のものでなければ承知しないのが，世のお金持の心理というものである．だからこそ，切歯扼腕するヤナセを尻目に，すでに2000台という途方もない数の500SE／SELが，並行輸入の形で入って来たわけだ（一説によれば並みの380に500のバッジだけを貼った車もある由）．

　今年のヤナセの輸入計画はなかなか野心的で，合計5500台のメルセデスの内訳は6割がSクラス，4割がコンパクト（W123）となる．Sクラスのうち，500SELは1053台，500SEC391台，380SEL800台で，残りが6気筒280SE とディーゼルターボ300SD である．

　日本仕様500はロングホイールベースのSEL（3075mm）のみで，SE（2935mm）はない．+140mmは専ら後席レッグルームに充てられているのは言うまでもない．シリンダーブロックも軽合金の90°・V8（これのみで旧型鋳鉄V8に比べて47kg軽減された）4973ccユニットは，ヨーロッパ仕様では231HP／4750rpm，41.3mkg／3000rpmだが，この日本仕様は圧縮比を9.2から8.0に下げ，O_2センサーと三元触媒，2次エア噴射で排ガス規準をクリアしているため，出力，トルクはそれぞれ190HP／4500rpmと35.0mkg／2000rpmに下がっている．その反面，最終減速比はヨーロッパ仕様の異例に高い2.24から2.474に僅かながら引下げられて，若干パワーロスを補なっている．1725kgという車重はヨーロッパ標準車より70kgほど大きいが，これには全自動エアコン，アルミホイール，パワーシート，それにABS（アンチロック・ブレーキ）などの装備が，すべて標準で含まれていることを考慮する必要がある．価格は1385万円で，従

来からあった380SELより約200万円高い．

　ヤナセでシルバーブルーのテスト車を受取る．ベロア張りのたっぷりしたシートを調節しようとして座席下を探ったがレバーがない．すぐ思い出したが，8ウェイ・パワーシートは，ドア側面に付いた，シートと同じ形をしたスイッチで調節する便利な仕掛けなのである．Cd0.36の，前後を強く絞った空力的ボディのせいで，Sクラスは特に前後から見ると実際よりずっと小ぶりに見える．しかし乗ってみれば大きさは正直に5135mm×1820mmあって，日本の路上ではさすがにフルサイズらしい貫禄を見せる．例によってよく切れるステアリングのため，5.8m（バンパーで6.2m）とサイズの割りに小回りの利くのは救いだが．エンジンを掛けてまず感銘するのは，従来のいかなるSクラスよりも室内が静かなことだ．アルミブロックが鋳鉄製より静かであるはずはなく，これは新設計の二重構造スカットル（遮音のためだけでなく，熱に対して敏感な電子機器を保護する役目を果たす）の効果に違いない．路上へ出ると，室内の静粛性はいっそう印象的である．4段ATのDポジションは常にセカンドギアから発進する．650rpmのアイドリングから静かにスロットルを踏めば，1500rpmでしっかりとグリップし，2000rpmくらいで2→3, 3→4へシフトアップする．だからせいぜい50～60km/hの街なかでは，巨きなV8は僅々2000かそこいらでゆるゆると回っているに過ぎず，ギアリングはかつての大型アメリカンV8と同じなのだ．筆者は4段ATのメルセデスに乗ると，街なかではDではなく，3を常時セレクトして走る．Dでは50km/hくらいで早くもトップに入ってしまい，エンジンブレーキが全く効かず，微妙な速度調節もやりにくいからである．この500SELでも最初3をセレクトしていたが，不用意にスロットルを踏むと後輪が容易にホイールスピンしがちなことが判明し，以後はDで我慢することにした．後にわかったが，これはあながち5ℓ・V8がパワフルなせいだけではなく，履いていたミシュランXVS205/70HR14のグリップが，予想したより低いことも一因だったようである．

　街なかを走ってもうひとつの新たな発見は，これまで乗ったどの新型Sクラスより，乗り心地がソフトに感じられたことである．メルセデスはサイズの大小を問わず，何よりも高速での挙動を重視する設計方針だから，50km/h程度までのタウンスピードでは乗り心地が堅いのは，金属スプリングを使う限り避

けられない宿命のようなものだ．ところがこの日本仕様500SELは，荒れた舗装の都心部をゆっくり走っても，従来のSクラスのように揺すられることがない．シート地が手触りのソフトなベロアであることも手伝って，"メルセデスは堅いから嫌いだ"という人に有無を言わせぬだけの，優れた乗り心地をスピードを問わず提供する．これは前席でも後席でも変わらない．後席のレッグルームの広さは大したもので，パワーシートをいっぱいに前方へずらした位置で脚を組んでもまだ余裕がある．まさにエグゼクティヴの走るラウンジで，むろん後席専用のフレッシュエア吹出口が足元にあるし，ラジオのリモートコントロールも備わる．

この500SELにとって，日本の高速道路は退屈千万の一語に尽きる．100km/hは僅か2100rpmに過ぎず，速度計で110になるといまいましい速度警報（大変やかましくて耳障り）が鳴り出すので，さすがの筆者もおとなしく合法的スピードで走らざるを得なかった．メルセデスの自動変速機は，伝統的にキックダウンの反応が鈍だが，新設計の，この4段ATはフルスロットルを踏まなくてもキックダウンが効く．4→3は望めば140からでもキックダウンするが，日本の高速道路ではほとんどその必要がない．約1000rpmから3800rpmくらいまで，35mkg近い大トルクをフラットに示すので，トップのままどこで踏んでも一様に力強い加速が得られる．空力的ボディとつくりの良い窓まわりから想像されるように，風切り音は無類に低い．エンジン，路面騒音を含めたトータルなノイズレベルは，いまだにジャガーV12がベストだと思うが，この500SELも120km/h程度ならそれとほぼ互角に思えた．

日本の路上で走る限り，この日本仕様とヨーロッパ仕様の性能差は事実上ないに等しいが，谷田部へ持ち込んで計測した結果もこの印象を裏付けた．0-400mと0-1kmはそれぞれ16.6秒と30.5秒であった．因にCGでテストしたヨーロッパ仕様500SE（初期型で240HP，最終減速比は2.82という有利なスペック）は15.9秒と291秒，その後にテストした500SECクーペ（231HP，最終減速比2.24）は16.0秒と29.4秒を示した．今回のデータは単純にDレンジでフルスロットルを踏んで得られたもので，各ギアをレヴリミットまでホールドしても事実上タイムは変らず，今更ながらDB4段ATの優秀性を立証したにとどまった．Dで床までスロットルを踏み込むと，滑り出した直後にまず2→1のキックダウンが起こ

り，短いホイールスピンを伴いながらダッシュする．1速は約45km/h（4500rpm）まで引っ張って2速へ，3速へは約98km/h（5000rpm）で入り，約170km/h（5000rpm）まで加速してトップへシフトアップする．1km直線で計測した最高速は206.6km/h（4400rpm）で，カタログの210km/hには達しなかった．この速度での方向安定はまさに模範的で，ステアリングから全く手を放しても矢のように直進する．しかし最高速に関する限り，ヨーロッパ仕様との格差は歴然たるものである．CGでテストした231HPの500SECクーペは221.7km/hを出したからだ．因に，ヨーロッパ仕様のメーカー公称値はセダン，クーペとも同じ225km/hである．

新型Sクラスの美点のひとつは，アンチダイブ，アンチスクォット設計のみごとさで，この比較的ソフトに吊られたパワフルな重量級にして，急発進，急制動に際してもほとんどノーズダイブ，テールスクォットを伴わない．急ブレーキでも鼻が沈まないのは，後車軸にビルトインされたアンチテールリフト設計による．すなわち，ブレーキキャリパーが通常のようにアクスルではなく，サスペンションアームに固定される．ブレーキトルクの反力はアームを下方へ押し下げる力となり，制動時にテールが上るのを効果的に防ぐ．もうひとつの優れた安全設計は，標準装備されたABSである．片側前後輪を路肩の砂利に乗せて，60km/hから全制動を試みたら，かなり強い（プレリュードほどではないが）ブレーキペダルへのキックバックと共にABSが働いて，500SELの巨体は全く進路を乱されることなく，スムーズに停止した．

燃費はこうしたメルセデスのオーナーにとって大きな関心事ではないだろうが，約800km走った総平均は6.0km/ℓで，先にテストした500SEの5.7km/ℓ，500SECの5.8km/ℓより多少良かった．ベストは東名100km/h巡航時の9.2km/ℓ，深夜の国道と首都高速を谷田部から東京西郊の自宅までかなり飛ばして帰った際が6.7km/ℓ，箱根中心に走り回ったときが5.3km/ℓという風で，走行パターンによる落差の少ないのが意外であった．車重1.7トンの5ℓV8フルサイズとしては望外の値というべきだろうか．

ハンドリングについて，最後まで何も書かなかったのには訳がある．率直に

言って，筆者はちょっとがっかりしたからである．メルセデスのハンドリングを批判するのは神を批判するようなものかも知れないが，敢えて言わせてもらえば，この日本仕様車はあまりにも乗り心地重視型過ぎる．メルセデスだと思ってワインディング・ロードをそれらしく走ると，ロールが過大で，Sベンドなどでは次のコーナーまで揺り返しが残り，足元がよろけるのだ．およそメルセデスらしくないのである．箱根の芦ノ湖スカイラインのようなアップダウンと曲折の連続するコースでは全く手に余るというのが正直なところで，以前テストしたヨーロッパ仕様とはまるで別物のように感じられた．タイアの絶対的なグリップも決して高くはなく，タイトベンド出口で低いギアをセレクトして不用意に踏むと容易にホイールスピンしてテールを振り出し勝ちであった．スロットルのオン／オフによる挙動変化も大きい方である．前記のようにタイアはXVSで，ヨーロッパ仕様車のXDS又はXWXよりグレードが低い．このXVSは旧タイプのレーヨン製で，案外踏面が硬く，首都高速の目地をよく拾う．XVSでも新型はケヴラーを使い，もっとショック吸収力に富む．有難いことにステアリング・レスポンスはヨーロッパ仕様に劣らず正確で，パワーアシストも自然でよいのが救いであった．

　日本の平均的な500SELオーナーはまず自分でステアリングを握らないだろうから，この日本仕様のサスペンション設定は当然であり，妥当だと思われる．しかし少数だが確かに存在する，ずっとメルセデスを乗り継いで来た熱心なオーナー・ドライバーは，このセッティングに決して満足しないだろう．オプションでヨーロッパ仕様の足回りを注文出来たらと希うのは筆者独りではあるまい．

（1984年3月号）

ロードインプレッション

BMW735i

　宿年のライバル，BMWとメルセデスは，いまやすべてのマーケット・セグメントで真正面からぶつかり合っている．メルセデスは82年秋にW201（190シリーズ）を出して，これまでBMWの独壇場に等しかった中型スポーティー・サルーン市場に進出したが，さらに翌年高性能の190E2.3-16を送り込んだ．ここに及んで，BMWはまずM535iを，次いで325iを繰り出し，190E2.3-16を上下から挟撃する戦法に出た．一方メルセデスも負けてはおらず，85年フランクフルトには190に6気筒を積んでグレードアップを図った190E2.6を登場させた．これに対してBMWは，M3を86年春に発売，5000台生産してグループAホモロゲーションを取得した後，ツーリングカー・レースの分野でも打倒メルセデスに満々の闘志を燃やしているというわけだ．

　そしていまや舞台はプレスティッジ・クラスに移った．今回BMWのトップカー，7シリーズ・サルーンがほぼ10年ぶりに根本的なモデルチェンジを敢行したのである．この魅力的なマーケットは世界的に25万台の需要があるが，メルセデスをはじめ，BMW，ジャガーなどが企業の名誉と存亡を賭けて激烈に争っている．BMWの人々は紳士だからけっして直接的な表現はとらないが，新しい7シリーズがSクラスにターゲットを絞り，それを超えたスーパー・サルーンを目指していることが，今度の取材中言外にひしひしと感じられたのである．むろん，敵は560SELだけではない．新7シリーズとほとんど同時にジャガーからはXJ40（当面は6気筒のみ．近い将来V12も）が発表されたし，このところ急速に上昇気流に乗っているアウディからは，V8・3.6ℓの"300"が87年度中にも登場するといわれるからだ．

3機種，V12もあり

　新しい7シリーズ（社内呼称E32）には，730i，735i，750iの3機種があるが，今回まず発売になったのは750iを除く2機種である．従来のE23は，728i，732i，735i，745iの4機種であった．新型7には745iのようなターボはなく，来年6月に

追加される5ℓV12の750iが，"ベスト・カー・オブ・ザ・ワールド"の地位を窺うことになる．BMWにとって新型7の発表は戦略的によいタイミングであった．最大のライバル，メルセデスの，V12を含む新Sクラスの出現は，早くても89年と言われるからだ．

　ミュンヘンのオリンピック競技場まえにあるBMW本社で初めてニュー7と対面する．すでに写真は見ていたが，実物は遥かにグッド・デザインだというのが第一印象だった．軽やかだが安定感があり，しゃれていて気品もある．しかもどこから見てもまごうかたなきBMWなのだ．旧型7はC_D0.42が示すように空力的にはひどく遅れていたから，ニュー7の開発にあたってこの点の改善に大きな努力が払われ，C_Dは0.32〜0.34に向上している．しかしBMWのエンジニアは空力のための空力的設計を採らなかったことを力説し，この点で少々やり過ぎの感がなくもないアウディやメルセデスをやんわりと批判していた．例えば空力的にはもっとスクリーンを寝かせた方がよくても，実用上の便利を考慮して妥協したという．ニュー7，特にV12は少なくとも250km/hは出る高速車だから，低い空力的リフトと強い横風安定性は，安全な高速走行のために不可欠だが，これを低い空気抵抗と両立させるのはきわめてむずかしい．メーカーによれば，空力リフトはフロントで25%，リアで75%も減少しているし，横風に対する抵抗力を示すC_Lはフロント0.16，リア0.05という優秀な値である．平たく言えば，130km/hで走行中に80km/hの強い横風を食らっても60cmしか横に流されないということだ．

　新型ボディはこれまでより僅かに長く，広い代わり若干低い．ホイールベースは2832mmで僅かに長く，トレッドは2.5cm広い．標準型に加えて11.4cm長いロング・ホイールベース型もあり，750iではこれがスタンダード，6気筒モデルではオプションとなる．CAD／CAMを駆使して設計，製作されるボディシェルは旧型に比べて遥かに少ない数のパネルと30%も少ないスポット溶接点で済ませているが，動的捩り剛性は50%，静的曲げ剛性は実に67%も高められているという．にもかかわらず，また装備品は旧型より遥かに完備しているのに，車重は約50kgしか増えていない．前後の重量配分も改善され，従来は48%しか負担していなかった後車軸が，新型では51%を支えるようになった．

日本車を超えた装備

ニュー7シリーズには日本車顔負けの完備した装備が，多くは標準で付いている．そのいくつかを示そう．パワーシートが3種類のメモリーを持つと聞いてもわれわれは驚かないが，それが左右のドアミラーの角度と連動していること，およびシートベルトのBピラー側アンカーが最適な高さを自動的にとるのは，さすがというべきだろう．しかも，ギアをバックに入れると，歩道のへりが見えるよう，ドアミラーが自動的に角度を変える．駐車してドアをロックしてから，ドア窓が開けっぱなしだったことに気付いて舌打ちした経験は誰にもあるが，ニュー7ではこれはあり得ない．集中ドアロック・キーで，すべての窓，スライディング・ルーフは自動的に閉まるからである．

2本のワイパーは広いスクリーンの87％を有効に拭うが，車速に応じ圧着力が自動的に5段階に変化する．また，間欠作動のスピードも，車速に応じて変化する．フロント・スクリーンの基部にはヒーター・ワイアが組み込まれており，パーク中もワイパーを予熱して凍結を防ぐ．リア・スクリーンのヒーターは，最初フルパワーで働くが，10分たつと弱まって電力を節約するように配慮されている．凝りに凝った空調は，前席左右で独立したコントロールを持つようになり，この点ではようやくメルセデスに追いついた．また，望むなら，ドアやトランクを力で閉める必要はない．軽く押せばあとはモーターが静かに確実に閉めてくれる（ルノー25の高級仕様車がリアハッチで先鞭をつけたが）．

エンジンは6気筒3.0ℓ，3.5ℓ，およびV12・5.0ℓの3種

伝統的なストレート・シックスは依然として7シリーズの基本エンジンだが，いずれも細部をさらにリファインされている．730iの2989cc（89×80mm）は従来の2788ccをボアアップしたもの，735iの3430ccはサイズこそ変わらぬものの，性能は向上している．いずれもキャタライザー付きとなしがあるが，特に前者の性能改善が目覚ましく，出力はキャタなしの－4％に迫っている．すなわち，730iのキャタなしが197HP／5800rpmに対して184HP／5800rpm，735iは同じく220HP／5700rpm対211HP／5700rpmである．このパワーアップは主として吸気ポートとバルブ・サイズの拡大，タービュランスの増加，圧縮比の増加（8→9:1），およびキャタライザーの大型化（容量で40％，断面で50％）などの

総合的な結果だという.

ニュー7の旗艦, 750iのV12ユニットについては, 現物を展示するとともに, データも公表された. それは70年代初めに生産化寸前まで開発されながら, 石油危機のため不発に終わったV12とはまったく別物だ. それは鋳鉄ブロックだったが, 新型はアルミブロックのチェーン駆動SOHC60°V12である. 興味深いのは, 絶対的な信頼性のために, 左右バンクはそれぞれ完全に独立した点火／インジェクション制御のモトロニック・システムを持つことで, これは航空機と同じ思想である. このV12の出力は, "ライバル・メーカーが非常に知りたがっているので" 現時点ではあまり発表したくない様子だったが, プレスキットには272HPとあった.

トランスミッションは従来どおりゲトラーク製5段マニュアルとZF製ロックアップ付き4段ATの2種. 後者は, 735iと750iについては "スポーツ" と "エコノミー" のシフトパターンおよび下3段をそれぞれロック可能な電子制御式. なお, 4WDの計画はないとのことだ

Automatic Stability Controlなど

サスペンションは基本的に従来と同じである. フロントは独特のツイン・ピボット・ロワーウィッシュボーンとストラット, リアは13°後退角を持ったセミ・トレーリングアームだが, 主として路面騒音遮断とコンプライアンス・ステアを最小にするために細部は改良されている. 750iには, ハイドロニューマティック式セルフ・レベリング・システムが後車軸に標準で備わるほか, オプションで硬めのスポーツ・サスペンションも選べる. 標準のダンパーはガス入りダブルチューブ式だが, 高温の未開地用にはガス入りでない, ヘビーデューティー型ダンパーも注文できる. ブレーキは従来と基本的に変わらないが, 標準装備のABSはさらに改良されたという. リサーキュレーティング・ボール・ステアリングはエンジン回転数感応式サーボだが, ギア比は17.9から14.5に速められた. 来年夏に出る750iでは, 車速感応式の "サーボトロニック" パワーステアリングが導入される.

タイア・ホイールは730iには6.5Jリムと205/65VR15が, また735iには7Jリムと225/60VR15が付く. 750iではミシュランのTDセイフティ・タイア230/55VR390と鍛造ホイールが標準となる.

さきに，この7シリーズには4WDの計画はないことを記したが，これほどの高性能車でただのリアドライブでは危険ではないのか，という疑問が当然起こる．これに対してBMW技術者は，ASC（Automatic Stability Control）なる電子制御システムで応えている．これは，ABSと共用するセンサーにより，前後ホイールの回転速度の差によって駆動輪のスピンを検出し，路面とホイール間の摩擦係数に対し最適な駆動力が発揮されるよう，エンジン・トルクを自動的に調節するシステムである．簡単に言えば，滑りやすい路面ではたといくらフルスロットルを踏んでも，ASCが働いてスロットル・バタフライ，点火，燃料噴射量を自動的に調節し，ホイールスピンを最小に止める．ASCは常時作動しているが，雪や泥ねいでスタックし，故意にホイールスピンさせて脱出を図る場合や，フルパワーを発揮してスポーティーに走りたいときに備えて，システムをオフにする手動スイッチが付いている．万一故障の際には，ビルトインされたセイフティー・サーキットが働いて全システムがオフになる．ニュー7は，BMWとしてはもちろん，ヨーロッパの標準でも異例にエレクトロニクスに多くを依存している．従来，BMWのエレクトロニクスは，信頼性の面で問題のあったことは彼ら自身も認めるところだ．調査によるとトラブルの大半はマルチ・コネクター・プラグの接触不良という単純な原因によることが判明した．そこで新型ではこれを腐食，振動，湿気に強い改良型に変えたという．これまでも高級なBMWは，広範なインフォメーション／ウォーニング・システムにより，トラブルや放置すればトラブルに至る情報を液晶ディスプレイで表示したが，新型ではこれを重要度に従って3ランクに分け，それぞれ異なった方式でドライバーに注意を促す．たとえばブレーキ故障，エンジン油圧不足など，重要度のもっとも高いトラブルは常時ディスプレイされ（6ヵ国語のどれかで．将来は日本語も），同時に赤三角マークが点滅する．一方スクリーン・ウォッシャー不足など軽度の警告は，20秒間表示された後に消える．

　今回は7をはじめ全車種が1000台／日の割りで生産されるディンゴルフィング工場を見学する機会があった．特に印象に残った点を記すと，1シフトに5台の割りでボディが抜き出され，コンピューター制御の精密な計測器により，ボディ各部を430ヵ所にわたり，工作公差のチェックが行なわれる．同様な検査はどのメーカーでもやっているが，これほど厳格かつ徹底的ではない．もうひとつ，完成車のホイール・アライメント検査は，ロール上で走行状態をシミュ

レートしながら，特殊なゴムローラーで左右からタイアを押しつつ行なっていた．メルセデスはどうやっているのか知らないが，W201，W124などのマルチ・リンクではアライメントが正確に出ていないと直進性がひどく損なわれ，実際にそういう車が多かった（少なくとも初期には）ことから，BMW方式は採っていないのではなかろうか．

7シリーズの生産計画を，同社のNo.2に相当するクラマー氏に聞いたところ，9月立ち上がりは30台／日だが次第に増やし，来年11月までには250台／日，年産5万台のフル稼動に持ってゆく．モデル・ミックスは25%がV12，全体で15－20%がロング・ホイールベース型になるだろうとのことだった．彼は輸出の責任者であり，日本向けも来年中に開始する由で，筆者が右ハンドル仕様の必要性を力説したら，よくわかった，責任をもって実行すると言ってくれた．

On the Road

テスト車はすべて735iであった．1台に二人ずつ乗り，1日めは本社から途中レーゲンスブルクに建設中の新工場とディンゴルフィング工場に立ち寄ったのち，ランドシュットという美しい街まで走る約260kmであった．筆者はBMWジャパンの関さんと組み，白い735iの5段マニュアルを確保した．第一印象は率直に言って芳しくなかった．アウトバーンを160～180で巡航中も無類に静粛なことは確かだが，エンジンのどこにもパンチが感じられなかったのである．日本を発つ直前，比較のために旧型735iに乗っておいたのだが，それに比べてもむしろパワーは劣ると思った．ハイギアードなためかとも思ったが（5速100km/hは約2300rpm，210km/hで5000rpm弱），日本仕様AT車より遅いというのはどう考えても尋常ではない．この日はあとで聞くと非常に強い風が吹いていたそうだが，横風の影響も結構受けた．逆によいと思ったのは軽く確実なギアチェンジ，静粛性，特に風切り音と路面騒音が例外的に低いこと（タイアはユニロイヤル・ラリー340／60）であった．ランドシュットへ着いてから，さっそく状況を説明し，どうもあの白い車はおかしいので，帰途は別の，出来ればAT仕様を貸してほしいと依頼した．食事の際話した技術者は，この日のテスト車が正式の生産車ではないためバラツキのあることを了承してほしいと言い訳をいい，翌日は希望の車種を調達してくれた．帰りはほとんどアウトバーンの75kmほどだった．嬉しいことに，この735iAT仕様はさきに乗った白い車

とは，まったく別物のようにすべての点で非の打ちどころがなかった．4段ATはセレクター根元のスイッチで"エコノミー"，"スポーツ"および"マニュアル"の3パターンを選べるのは，従来と同じである．ただ，スイッチの形状が変わってスライド式になったが，これはあまり使い勝手がよくない．もっとも，パワーは充分なので，普通のドライバーは常時"エコノミー"で通すだろうから，さほど問題ではないかもしれぬ．ギアリングはやはり高く，1000rpmは4速で55km/h，3速で35km/h程度である．フルスロットルを与えると各ギアで殆ど5000まで引っ張り，微かな排気音とともに胸のすくような加速力が得られる．キックダウンもメルセデスより敏感に落ちる．だが絶対的なパンチではむろん560SEの敵ではなく，420SE程度の性能と想像された．だから対メルセデス戦略には，どうしてもV12・5ℓの750iが必要なのである．この短いテストでは即断できないが，直観的に言えば，メルセデスSクラスに比べ乗り心地はスピードを問わずBMWのほうが優れ，ノイズ，特に路面騒音の点でも後者に分がある．ステアリングのフィールも，特に直進からのレスポンスはBMWのほうが好きだ．メルセデスは強いネガティヴ・オフセットを採るため，切り始めにデレっとした部分があってどうも気に染まない．高速での直進安定性は甲乙なし．ただしレーンチェンジなどの際に，735iは一瞬めまいを感じさせるような，奇妙にダイアゴナルな揺れを感じた．個人的な好みでは，もう少し高速でのダンピングが強い方がよいと思う．スピード・センシティヴなダンパーが，750iには付くというから，それに期待しよう．この日ミュンヘン本社へ着いてから，車載コンピューターを押したら，平均速度は68.8km/h，燃費は6.8km/ℓと打ち出された．なお，前日の白い5段マニュアル車は，アウトバーンを180～200で飛ばしたせいか6.6km/ℓに留まった．いずれにしても状況から言って悪くない数値である．

　さて新しい7シリーズをどう総合評価すべきだろうか．V12が出るまで断定的な評価は控えたいと思うし，まだ乗っていないジャガー"XJ40"とも比較しなければならない．こうした条件つきで敢えて言うなら，新しい7シリーズはSクラスを超え，現状では世界でベストな大型サルーンだと思う．

（1986年12月号）

ロードインプレッション

ベントレー・ターボR

　ここは南イングランドにある，元RAF飛行場を転用したブランティングソープ・テストコース．ベントレー・ターボRの速度計の針は，素晴らしい加速度でグングン盤面を駆け上り，ついに143mph（230.2km/h）に達した．6.75ℓ V8ターボは4000rpmで唸っているが，微振動だにしない．と，長いストレートの終わりを示す赤いパイロンが物凄い速さで迫ってきた．左足を軽くブレーキペダルにかける．瞬間，巨大な見えざる手で襟首を掴まれたかのごとく，強力なマイナスGとともに速度計の針がサッと下がる．ベントレーとしては太めの革巻きステアリングを，回すというより僅かに傾ける．この重量2.4トンに余る巨体は，驚くほど軽快にノーズを振り，130km/hのライトハンダーに向かって猛然と立ち上がった……．

　今日び英国を代表する車はジャガーの観がある．特に今年はルマンを22年ぶりに制覇し，チャンピオンシップも併せて獲得したので，いっそうその人気は高い．だが，ある年輩以上の英国人にとって，ジャガーは戦後派（前身のSSは1931年に生まれたとしても）にすぎないのであり，骨太のジョンブルにとって本当の誇りは，ベントレー．1920年代に5度もルマンを制したあのエバーグリーンのベントレーでなければならない．当時ベントレーに乗ったドライバーたち—Bentley Boysと呼ばれた—は例外なくいわゆるジェントルマン・ドライバーだった．つまりみな上流階級に属し，ただベントレーでレースする純粋な愉しみのために出場したのである．その典型はダイアモンドで巨万の富を成したウルフ・バルナートで，ベントレー社が破産に瀕するや，同社のオーナーとなって財政的に援助する一方，ナンバー1ドライバーとしてルマンに三たび優勝した．レースを離れれば彼らは社交界の華で，ロンドンはグロヴナー・スクエア辺りの高級フラットを舞台に，日夜華やかなパーティに明け暮れたという．いわばスポーツマンのbeau idealであった．この伝統は，今日でも英国のBDC（Bentley Drivers Club）に受け継がれ，スポーツイベントに社交に色濃く残っ

ている.

　ところで，いまでも休日には3ℓヴィンティッジ・ベントレーに乗り，シティの銀行か証券会社の重役室へ出勤する際にもBDCのラペルバッジを（裏返しに）着用するような，dyed in the wool ベントレー愛好家にとって，戦後のベントレーはふがいない限りであった．1931年ロールス・ロイス社に併合の憂き目を見たベントレーは，戦後1955年のS1タイプ以降，ただラジエターに付いたバッジの上だけに存在することになったからだ．極論すればロールス・ロイスのクローンになり下がったのである．だからロールス・ロイスとベントレーの相違は，リッツやクラリッジなどの玄関でボーイに車を託するときの，チップの差くらいだというジョークが生まれたくらいである．こうした事情は，ベントレーの人気におおいに影響を及ぼした．戦後生産を再開した当時は，ベントレーとロールス・ロイスでは前者の方が遙かに多かったのが，次第にその比率を下げ，82年には僅か10%という最悪のレベルに落ち込んだ．それも無理からぬところだろう．英国でもロールス・ロイス／ベントレーは，少なくともジャガーの2倍から3倍する超高価格車だし，中古車価格にも大きな差があるとなれば，ベントレーを買うのはよほどの物好きだけだろう．ロールス・ロイスに付きまとう仰仰しさや，ヌーヴォーリッシュ的いやらしさを嫌って，わざわざベントレーを選ぶほど趣味のよい人は，いまやこうした高所得層には稀になったのであろう．良識ある人は，事実上ロールス・ロイスに等しいベントレーに大金を投じるくらいなら，性能的にははるかに上で，価格は$\frac{1}{3}$にすぎないV12気筒ジャガーか，この際趣味性にはあえて眼をつぶり，SクラスかBWW7シリーズでも買おうかという気になっても不思議ではない．実際，そういう状況が長い間続いてきたのである．

ベントレーを再びドライバーの手に

　こうした事態を深い憂慮の念をもって見守っていた人々が，BDCメンバーだけでなく，ロールス・ロイス社首脳部の中にもいた．その筆頭は新たに着任した若手の筆頭専務，ピーター・ウォードだった．彼は，通勤にも911を使うほどの熱心なドライバーである開発担当役員のマイク・ダンとともに，ベントレー活性化対策を着々と打ち出した．マイク・ダンの父はアルヴィスの有名な主任設計者で，マイクも若いときアルヴィスに在職し，筆者も64年に同社を訪れた

ときに会ったことがある．82年ジュネーヴ・ショーでV8にターボを装着して一気に性能向上を図ったミュルザンヌ・ターボを発表したのを皮切りに，84年4月には内装を簡素化し，サスペンションも固めたオーナードライバー専用の"エイト"をデビューさせるとともに，豪華なコンバーティブルを66年以来初めて，コンティネンタルの名で復活させた．さらに88年に入ると，ミュルザンヌ・ターボをいっそうスポーティーに改良したターボRを送り出した．この一連のニューモデルは，ベントレーをロールス・ロイスから分離し，別の独立したアイデンティティーを持たせ，かつての栄光ある伝統に復帰させようという，新しいポリシーの具体的な表われなのだ．この大胆な政策はみごとに成功し，いまや英国ではベントレーとロールス・ロイスの比率は50：50にまで高まった．オーナーの平均年齢も，ロールス・ロイスの54歳に対してベントレーは46～47歳だという．

ブロワー・ベントレーの復権

89年モデル・ベントレーには4車種あって，価格の高い方から順にコンバーティブルのコンティネンタル，ターボR，ミュルザンヌS，エイトとなる．このうち特にターボRはかなり大幅にグレードアップされ，いっそうスポーツ性を高めた．オールアルミ製V8 6750ccエンジンは，87年にそれまでの気化器からボッシュKジェトロニックに変わり，同時に左右バンク独立した点火系を持つようになった．ターボはギャレットT04Bで，インタークーラーを新たに備えるようになった．89年モデルの改良点は，クランクシャフトのメインベアリング・キャップがクロスボルトで締められるようになって，さらに剛性が高められたことだ．これらの改良の結果，出力は10％上がったとメーカーは豪語する．よく知られているように，ロールス・ロイス社は一切エンジン出力を公表しない方針を貫いており，How many horses？という質問に対しては，常にsufficientという，人を小バカにした答えが返ってきた．だから，このターボRの馬力も正確には不明である．ところが，ロールス・ロイス社にとって困った事態が起こった．数年まえから，ドイツでは税制のために正確なDIN出力を申告する義務を，メーカーは負うことになったのである．しぶしぶ発表したロールス・ロイス・シルヴァースピリットの馬力は，198HPであった．当時のターボRはこれより50％増しと称されたが，現在のインタークーラー付きはさらに10

％プラスだという．これから計算すると，現代のターボRは328HPを発揮しているはずである．ちなみに，ヴィンティジ・ベントレーの華，1930年ブロワーは，巨大な4気筒4½ℓにルーツ・スーパーチャージャーで12psiのブーストを加え，240HP／4200rpmと称した．本当のベントレー乗りのためのブロワー・ベントレーが，いまここに帰ってきたのである．

外観上も89年モデルは若干変わった．まず目につくのはヘッドライトが7インチの丸型4灯式になり（ロールス・ロイスは依然角型のまま），トランクリッド中央のWinged Bバッジの色が，ターボRはレッド，他の機種はブラックになったことである．

ON THE TEST TRACK

バーミンガム・ショー会場でプレス・オフィサーのデイヴィドに会い，彼の運転するノーマルのシルヴァースピリットでテストコースを目指す．ベントレーは絶対的には大きな車で，外寸は5268mm×2008mm×1480mm，車重は2320kgもある．だが，操縦しては，たとえば筆者がいつも乗っているXJ6ジャガーなどよりもコンパクトな気えさえするのは，運転席が伝統的にずっと高く，視界が抜群なためだ．それは別としても周囲より肩ひとつ抜きん出た高みから，メルセデスやBMWを遙かに見下して走るのは，たいへん気分がよろしい．ほどなくメーカーがテストによく利用する元飛行場転用のブランティングソープ・テストコースに着く．すでに，ロールス・ロイス社のテスト・スタッフがふたり，ターボRとお伴のルノー・エスパスにタイアや工具一切を積み込んで，われわれを待ち構えていた．これはふだんロンドンのメインディーラーでデモに使われている車だそうで，すでに9000マイル走っているから，ガンガン回して結構ですとのありがたい仰せである．

歴代のロールス・ロイス／ベントレーのコントロール類はちっとも変わっていないから，いきなり乗り出しても一向に困らない．こうした車の典型的なユーザーは，もう何台も乗り継いだ人だから，意識的にレイアウトを変えないのは，メルセデスと同様である．意外なことに，英国における平均的なロールス・ロイス／ベントレー・ユーザーは，2, 3年おきに車を取り替えるのだそうだ．日本と同様，節税対策なのであろう．

ベントレーのトランスミッションはすべて，専用のGM400 3段ハイドラマチ

ックである．セレクターはステアリング右に出た細身の華奢なレバーで，PRNDLのポジションがある．これは単なる電気スイッチで，実際のセレクトは電気モーターで行なわれるため，指先で軽く操作できるが，そのタッチのデリケートで正確なことはロールス・ロイス社の伝統に恥じない．最近のパワーアップに伴って，本来ハイギアードだったファイナル・レシオを，加速性能を損なう恐れなしに，さらに高い2.28（他のベントレーは2.69のまま）に引き上げた．ターボRだけが履いている7.5 Jリムとエイヴォン・ターボスピードCR27 255／65R15と組み合わせると，トップギア1000rpm当たり速度は，実に35.6mph（57.3km/h）にもなる．

　まず，この道40年というウォルター（「俺がロールス・ロイスに入社したのは戦時中の1944年で，マーリン・エアロ・エンジンを生産していたよ」）が運転して，コースを下見に出る．ここは2マイルのストレート，最高速が出せる．ここは100mphの高速コーナー，ここにはパイロンを並べてあるからスラロームを試してください．ではgood luckてなことを言って，遠くへ行ってしまった．

　なるほどこの加速感覚は圧倒的だ．ターボラグなんて皆無で，あたかも大排気量NAのように，どの回転数からでも踏めばモリモリとトルクが沸き上がる感じである．フルスロットルを踏むと，1→2は約68mph（110km/h：4400rpm），2→3は約92mph（147km/h：4000rpm）でそれぞれシフトアップが起こる．3→2のキックダウンは90mphまで効くが，一般路上ではその必要もなく，トップのままで事実上すべて用が足りる．レヴカウンターのレッドゾーンは4500〜5000で，これまであったレヴリミッターは今回外された．2周慎重にコースを下見したのち，気を入れて周回を始める．160km/hで回れる高速コーナーを通過し，2マイル・ストレートに出て右足に力を込める．速度計の針は，ほぼコンスタントな加速度でグングン上がり，コーナーへの減速区間直前で143mph（230.2km/h）に達した．直進性は，文字どおり模範的で，この途方もないスピードでもなんらの修正舵を要さないし，その気になれば手放しだって可能なほどだ．ブレーキは強力無比である．通常の油圧シリンダーとサーボではなく，エンジン駆動オイルポンプから動力を得るパワーブレーキだが，かつてテストしたどのロールス・ロイス／ベントレーよりもペダルのタッチが過敏でなく，微妙な制動がやりやすい．ボッシュのABSが付いているが，作動してもほとんどそれと気づかないほど，ペダルへの反動は軽微である．

サスペンションは，従来のミュルザンヌ・ターボやエイトに比べると，当然ながら格段に固められている．周知のようにフロントはウィッシュボーン，リアはセミ・トレーリングアーム／パナールロッドで，主スプリングはコイルだが，油圧車高調整装置を備える．ラック・ピニオン・ステアリングは非常に正確だ．常に適度の重さを保ち，レスポンスも鋭いし，路面感覚を忠実に伝えてくれる．このステアリングの感触は，例えばXJジャガーよりも上である．これらの相乗効果で，ターボRは自信をもって高速でコーナリングを敢行できる，初めてのクルー・ベントレー（戦後はみなチェシャーのクルー工場で生産されるので，戦前のダービー・ベントレーと区別してこう呼ばれる）となった．コーナーへのターンインは素直で，ロールも軽微なら，戦後のベントレーで長年の宿弊だった過大なアンダーステアも解消している．スラロームを試みて印象的だったのは，これほどの大型重量車としては例外的な，軽い身のこなしであった．高いドライビングシートからの抜群によい視界にも助けられ，パイロンをギリギリにかすめてヒラリヒラリと，軽量小型車並みにクリアでき，決して姿勢は乱れない．適度にリミテッド・スリップの効いたリアを，パワーで滑らせることは常に可能だが，比較的クイックなステアリングで修正を加えることも同様に容易である．

　乗り心地について，いままでわざと触れないできた．テストコース上では，高速度を慮って，テスト用の同種のエイヴォンに履きかえ，空気圧を適度に高めてあったし，旧飛行場のコンクリート路面は荒れ放題に荒れていたから，乗り心地自体も硬かったし，ロードノイズもとうていロールス・ロイス的水準ではなかったからだ．後に普通の路上を走ってみてわかったが，タイアを標準空気圧に戻しても，やはり乗り心地は，たとえばジャガーやBMW735／750よりは遙かに硬めである．でもこれは好ましくこそあれ，けっして欠点ではないと思う．この動力性能を自信をもってエンジョイするには，この足回りはぜひとも必要だと思った．

　ブランティングソープでのテストを終わって，ピットへ帰ってくると，プレス・オフィサーのデイヴィドがメカに，彼女らにもういいと言ってこい，と小声で告げるのが耳に入った．筆者がコースへ乗り入れるのと同時に，St. John Ambulance Brigadeと横に記した白い救急車がいずこからともなく現われたのに気がついていた．もしやと思ったのはやはり本当で，決して僥倖を当てに

しないロールス・ロイス社は，筆者ひとりのためにわざわざ救急車を呼んでおいてくれたのだ．

Gentleman's Carriage par excellence

テストコースでの高速試験を終えた途端，ザッと雨になった．公道上を合法的な速度で走る限り，ターボRはリファインされたオーナードライバーのための高級サルーンである．周囲の車より肩ひとつ抜きん出て高い座席から見下ろすので，前方で渋滞してもはるか前から気がつくし，危険を未然に回避する可能性も高い．回転半径が5.8m（車体で）と巨体の割りに小さいことも，ロールス・ロイス社製品に共通する美点で，混んだ街なかで使うタウン・キャリッジとして非常に使いやすいのである．

もちろん細部についてはいくつか気になった点もある．例えばワイパーを操作するのに，ダッシュ上のスイッチにいちいち手を伸ばさねばならないし，サッとひと拭きする手立てのないのも不便だ．特に日本市場では，ドアミラーが電動でないことは許されない怠慢と映るに違いない．

日本市場では

ロールス・ロイス／ベントレーの日本への輸入も，年を追って急増しているだけでなく，後者の比率が次第に高まってきている．85年度にはロールス・ロイス75台に対してベントレーは僅か6台だったが，87年度には241台／50台，今年88年の1月〜8月だけでも167台／60台が登録されている．コーンズ・アンド・カンパニーでは輸入目標については明言を避けているが，前年の60%プラスを目指すと言っている．両者の比率も，現在は7：3程度だが，ゆくゆくは英国並みの5：5にしたいという．なお．日本で販売されているベントレーは3機種で，エイト（2300万円），ミュルザンヌS（2700万円），それにこのターボR（ホイールベースに長短あり．ショート3200万円，ロング3500万円）である．これを高いと見るか，案外安いんだなと思うかは，ポケットの深さによってはっきり二分されるだろう．

(1989年1月号)

小林彰太郎
モータージャーナリスト／自動車社会史研究者

1929-2013

略歴

1929年11月12日	誕生
1954年3月	東京大学経済学部経済学科卒業
1956年	『モーターマガジン』で自動車ジャーナリストとしてデビュー
1961年	単行本『スポーツカー』『クラシックカー アメリカ』を出版（二玄社）
1962年3月	CAR GRAPHIC創刊（二玄社）
1963年	日本自動車ジャーナリスト協会副会長（～1989年）
1964年	ホンダS600でヨーロッパ取材
1966年	CAR GRAPHIC初代編集長就任
1968年5月	二玄社取締役就任
1980年	日本カー・オブ・ザ・イヤー実行委員長（～1989年）
1989年4月	CAR GRAPHIC編集長退任
	二玄社常務取締役兼自動車部門編集総局長就任
1991年	日本クラシックカークラブ(CCCJ)会長
1996年	カー・オブ・ザ・センチュリー名誉専門委員会副会長（～1999年）
1998年	ヴィラ・デステ・コンクール・デレガンス審査委員（～2004年）
2010年5月	二玄社相談役兼編集顧問退任
2010年6月	株式会社カーグラフィック顧問兼CAR GRAPHIC名誉編集長就任
2013年10月28日	逝去（享年83歳）

小林彰太郎 名作選
1962-1989

2014年11月1日 初版第1刷発行

写真	内山 勇、下野康史、小林 稔、畑野 進、三本和彦（五十音順）
資料提供	小林満里子
発行者	加藤哲也
発行所	株式会社カーグラフィック 東京都目黒区目黒1-6-17　目黒プレイスタワー10F 代表　03-5759-4186 販売　03-5759-4184
印刷	株式会社光邦
装幀	アチワデザイン室

Printed in Japan
ISBN978-4-907234-05-8
©CAR GRAPHIC
無断転載を禁ず

生産 3184
(72)

1860

7331

280

Cloth

Fuel

80 90 130
Water T.

wipe wipe wash
1-2

R 2 4
1 3 5

MOTOR FAN

117 ↑ 60-80

130
oil T.

0 + 8
Kg/cm²

window

75
40

amp

Light Fan Hazard Lamp.
Def.